普通高等教育“十一五”规划教材
PUTONG GAODENG JIAOYU SHIYIWU GUIHUA JIAOCAI

Soil Mechanics and Foundation

TULIXUE YU DIJI JICHU

土力学与地基基础

（第二版）

主　编　孔　军
副主编　高　翔
编　写　肖俊华　魏焕卫
　　　　田洪水　孙剑平
　　　　吕丛军
主　审　战永亮

中国电力出版社
http://jc.cepp.com.cn

内 容 提 要

本书为普通高等教育“十一五”规划教材，是根据教学大纲要求，并结合作者多年的教学实践编写而成。全书共分12章，主要内容包括工程地质概述、土的物理性质与工程分类、地基中的应力、土的压缩性和地基沉降、土的抗剪强度和地基承载力、土压力与土坡稳定、工程地质勘察、浅基础设计、桩基础、软弱土地基处理、区域性地基等。书中系统介绍了土力学的基本概念、基本原理，基础工程设计原理和方法。编写时在注重知识体系的完整性和实用性的同时，还注意采用新规范、新材料、新技术。为了便于学生复习与自学，各章还安排了内容提要和大量的思考题和习题。本书内容选择合理，突出了基本原理和方法，语言简练，图文并茂。

本书可作为高等院校土木工程专业建筑工程方向及其相关专业，如建筑管理、工程造价等专业的教材，也可作为建筑施工企业、工程咨询部门工作人员的参考书。

图书在版编目（CIP）数据

土力学与地基基础/孔军主编. —2版.—北京：中国电力出版社，2008

普通高等教育“十一五”规划教材

ISBN 978-7-5083-7681-3

Ⅰ.土… Ⅱ.孔… Ⅲ.①土力学-高等学校-教材②地基-基础（工程）-高等学校-教材 Ⅳ.TU4

中国版本图书馆CIP数据核字（2008）第100285号

中国电力出版社出版、发行

（北京市东城区北京站西街19号 100005 http://jc.cepp.com.cn）

汇鑫印务有限公司印刷

各地新华书店经售

*

2005年1月第一版

2008年7月第二版 2011年7月北京第八次印刷

787毫米×1092毫米 16开本 16.5印张 399千字

定价 **26.00** 元

前　言

为贯彻落实教育部《关于进一步加强高等学校本科教学工作的若干意见》和《教育部关于以就业为导向深化高等职业教育改革的若干意见》的精神，加强教材建设，确保教材质量，中国电力教育协会组织制订了普通高等教育“十一五”教材规划。该规划强调适应不同层次、不同类型院校，满足学科发展和人才培养的需求，坚持专业基础课教材与教学急需的专为教材并重、新编与修订相结合。本书为修订教材。

为了适应改革开放以来，社会主义市场经济发展的需要，全国各地高等学校正在进行专业改革，以拓宽学生的专业知识。由于全国各地高等学校层次不同，就需要不同的课程教材。本教材适用于土木工程专业建筑工程方向，兼顾相关专业如建筑管理、工程造价等专业的教学需要，也可作为建筑施工企业、工程咨询部门的工作参考书。教学时各校可根据具体情况灵活选用。

本书是根据教学大纲要求编写，系统介绍了土力学的基本概念、基本原理，基础工程设计原理和方法，注重知识体系的完整性和实用性。为了便于学生复习与自学，各章还安排了内容提要和大量的思考题和习题，以加深学生的理解和掌握。本教材第一版发行以来，得到了很多院校的选用，提出了宝贵的修订意见，该教材是在第一版的基础上，结合使用情况进行修订而成。

全书由山东建筑大学组织编写，孔军主编。具体编写人员分工为：孔军、田洪水编写第一章、第七章、第九章，高翔编写第二章、第三章、第四章，肖俊华编写第五章、第八章，吕丛军、田洪水编写第六章，孙剑平、魏焕卫编写第十章、第十一章、第十二章。

全书由石油大学战永亮主审。

本书在编写工程中参考了大量的文献资料，在此谨向这些文献的作者表示衷心感谢，由于篇幅有限，文献目录未能全部列出。

对本教材第一版发行以来，提出了宝贵的修订意见的同行专家表示衷心感谢。

鉴于编者水平有限，书中难免存在不当之处，恳请读者批评指正。

编　者

2008.6

第一版前言

为了适应改革开放以来社会主义市场经济发展的需要，全国各地高等学校正在进行专业改革，以拓宽学生的专业知识。由于全国各地高等学校层次不同，就需要不同的课程教材。本教材适用于土木工程专业建筑工程方向，兼顾相关专业如建筑管理、工程造价等专业的教学需要，也可作为建筑施工企业、工程咨询部门的工作参考书。教学时各校可根据具体情况灵活选用。

《土力学与地基基础》的第一版于2005年1月出版发行，是普通高等教育"十五"规划教材。本书的修订，是根据教学大纲的要求编写，系统介绍了土力学的基本概念、基本原理，基础工程设计原理和方法，注重知识体系的完整性和实用性，结合第一版的使用反馈信息，对某些章节进行了部分修订。为了便于学生复习与自学，加深学生的理解和掌握，各章还安排了内容提要和大量的思考题与习题，与之配套的《土力学与地基基础学习指导》已经出版，可供学生选用。

全书由山东建筑工程学院组织编写，孔军主编。具体编写人员分工为：孔军、田洪水编写第一章、第七章、第九章，高翔编写第二章、第三章、第四章，肖俊华编写第五章、第八章，吕丛军编写第六章，孙剑平、魏焕卫编写第十章、第十一章、第十二章。

全书由石油大学战永亮主审。

本书在编写工程中参考了大量的文献资料，在此谨向这些文献的作者表示衷心感谢，由于篇幅有限，文献目录未能全部列出。

鉴于编者水平有限，书中难免存在不当之处，恳请读者批评指正。

编　者

2008.1

目　录

第一章 绪 论

第一节 土力学与地基基础的概念

在自然界中，岩石是一种或多种矿物的集合体，其工程性质在很大程度上主要取决于它的矿物成分。土是由岩石经物理、化学、生物风化作用，以及剥蚀、搬运、沉积于自然环境中所形成的各种沉积物，由于其生成年代、生成环境以及矿物成分不同，工程特性也千差万别，但在同一地质年代和相似沉积条件下，又有其相似的性状。因此，充分了解、研究建筑场地相应土层的成因、构造、地下水等，正确判断土的工程性质以及是否存在不良地质条件，对建筑场地作出正确评价，是非常重要的。

土力学是研究土体的一门力学，它是研究土体物理、化学和力学性质，以及在外界因素作用下其应力、变形、强度及稳定性的一门学科，是地基基础设计的理论基础。

任何建筑物（包括构筑物）都建造在地层上，地基是地层的一部分。地层包括岩层和土层，它们都是自然界的产物。岩石可分为岩浆岩、沉积岩和变质岩。土是岩石经风化等作用而形成的，其颗粒有的粗大，有的极细小。土可分为粘性土、粉土、砂土和碎石土等。作为建筑物地基的土和岩石，它的形成过程、物质成分和工程性质非常复杂。未经人工处理就可以满足设计要求的地基称为天然地基；若地基软弱，其承载力不能满足设计要求时，需要对地基进行加固处理的，称为人工地基，人工地基的处理方法有换土垫层、碾压夯（振）实、土桩挤密、振动水冲、排水固结和胶结加固等。一旦拟建场地确定，人们对其地质条件，便没有了选择的余地。人们只能是尽可能对它了解清楚，加以合理地利用或处理。

建筑物在地面以下的部分，承受上部荷载并将上部荷载传递至地基的结构，就是建筑物的基础，它是建筑物的一部分。基础底面至设计地面的垂直距离，称为基础的埋置深度。通常把埋置深度不大、只需经过挖槽、排水等普通施工程序就可以建造起来的基础称为浅基础，如柱下的单独基础、墙下的条形基础、片筏基础和箱形基础等；反之，若浅层土质不良，须把基础埋置于深层好的地层时，就得借助于特殊的施工方法，建造各种类型的深基础，如桩基、沉井、沉箱和地下连续墙等。建筑物的全部荷载，都由基础下面的地基来承担。对于埋置深度和平面尺寸不大的基础，受到影响的地层，其深度大约相当于几倍基础底面的宽度。

基础的作用是将建筑物的全部荷载传递给地基；地基的作用是承受建筑物基础传来的荷载。地基基础是保证建筑物安全和满足使用要求的关键之一。

为了保证安全，地基基础必须满足两个基本条件：

(1) 地基的土（岩）体必须稳定，且具有一定的承载力。在建筑物使用期间，不会发生开裂滑动和塌陷等有害的现象；要求作用于地基的荷载不超过地基的承载能力，保证地基不发生整体强度的破坏。

(2) 地基的变形（沉降和不均匀沉降）不超过建筑物地基的容许变形值，保证建筑物不因地基变形而发生开裂、损坏或者影响正常使用。

建造基础的材料，常用的有灰土、砖石砌体、混凝土和钢筋混凝土等。与上部结构相同，基础应有足够的强度、刚度和耐久性。基础的材料、类型、埋置深度、底面尺寸和截面需要设计人员进行选择和计算。

基础的设计和施工，不仅要考虑上部结构的具体情况和要求，也要注意地层的具体条件。基础和地基互相关联，不能忽视地基情况孤立考虑基础的设计与施工。虽然建筑物的地基、基础和上部结构的功能不同，研究方法相异，但是，对一个建筑物来说，在荷载作用下，这三方面却是彼此联系、相互制约的整体。应该从地基—基础—上部结构相互作用的整体概念出发，全面地加以考虑，才能收到理想的效果。由于基础工程是建筑物的隐蔽工程，一旦失事，不仅损失巨大，且补救十分困难，因此，在土木工程中具有十分重要的作用。

随着我国基本建设的发展，大型、重型、多高层建筑和特殊建筑物日益增多，在基础工程设计和施工中积累了不少经验和教训，只有深入了解地基情况，掌握地质勘察资料，精心设计与施工，才能使基础工程做到既经济合理，又能保证工程质量。

第二节　本课程的内容及学习要求

本课程包括土力学和基础工程两部分，涉及工程地质学、土力学、结构设计等学科领域，内容广泛，综合性、理论性强，学习时应从本专业出发重视工程地质的基本知识，培养阅读和使用工程地质勘察资料的能力，掌握土的应力、应变、强度、土压力等土力学基本原理，应用这些基本概念和基本原理，结合建筑结构理论和施工知识，分析和解决地基基础问题。

第二章主要阐明岩石和土的成因类型，地质构造的基本类型以及常见的不良地质条件，地下水按埋藏条件划分的基本类型以及土的渗透性，渗透系数和动水力的概念，以及产生流砂破坏的条件。

第三章阐明土的组成，土的结构和构造，土的物理性质指标的定义、试验及其换算方法，无粘性土的密实度的定义及其判别方法，粘性土的物理特性及其物理状态的评价方法，地基土的工程分类方法。

第四章阐明自重应力和附加应力的概念，基底压力的简化计算方法和基底附加压力的计算方法，均质土及成层土中的自重应力计算方法，矩形和条形均布荷载作用下附加应力的计算方法和分布规律。

第五章阐明地基土的压缩性、应力历史与土的压缩性的关系、地基沉降的计算方法及地基沉降与时间的关系。土的压缩性和压缩指标的确定，计算基础沉降的分层总和法和规范法。

第六章阐明土的抗剪强度的概念和测定强度指标的常用方法及取值，影响土的抗剪强度指标的因素，土的极限平衡概念，计算地基的临塑荷载、塑性荷载和极限荷载。

第七章阐明各种土压力的概念及产生条件，朗金和库仑土压力理论的计算方法；重力式挡土墙的墙型选择、验算内容和方法。

第八章阐明工程地质勘察的目的、内容及常用勘察方法，勘察报告的内容、阅读和使用。

第九章阐明浅基础的类型，基础埋置深度的选择，地基承载力特征值的确定，基础底面尺寸的确定，刚性基础、扩展基础的设计方法，柱下条形基础、十字交叉基础、墙下筏板基础及箱形基础的设计要点，减轻不均匀沉降危害的措施。

第十章阐明桩基的适用条件及类型，单桩竖向承载力与桩基础验算，桩基础设计内容与方法。

第十一章阐明软弱土地基的特性和各种软弱地基处理方法的要点与适用范围。

第十二章阐明区域特殊土如湿陷性黄土、膨胀土、红粘土等的特性与评价，以及相应防止工程事故的措施。

土力学部分为专业基础课，研究的对象“土”由固体矿物、液体水和气体三相组成。具有碎散性、压缩性、固体颗粒之间相对移动性和透水性等特性。学习时应特别注意土的特性，理论联系实际，抓住重点，掌握原理，准确计算。基础工程部分为专业课，有很多经验总结的技术，重在工程应用。学习时要学会与相关课程和现行规范的理解与贯通。

学习时在理论上主要掌握土力学的基本理论和概念、各类地基基础的计算原理和有关的结构理论。由于问题的复杂性，进行理论研究时，常需要作出某些假设和忽略某些因素。虽然现有的理论还难以模拟、概括地基土的各种力学性状的全貌，但本书所介绍的基本理论是读者应当掌握的。有的理论比较抽象，但如果理解了，就能使它在工程实践中发挥作用。本书的计算公式较多，要求主要了解公式的来源、意义和应用。通过试验，了解土的物理力学性质和当地土的特性，为现有理论的应用提供计算指标和参数，还可以验证现有理论、发现规律和建立新的理论。常规的室内试验较简便，但有时不完全符合现场实际情况，而且试件易受到扰动，所以常需要进行现场原位测试。现场测试比较理想，但有的比较费时费钱。主要要求学生掌握常规室内的各种试验，掌握各项最基本的土工试验技术。只凭经验没有土力学的基本理论不行，但是只靠这些基本理论也难于解决问题。试验资料是需要的，但很可能与实际条件有差别。这些都需要根据实践经验加以判别和修正。因此，经验也是重要的，工程技术人员在完成一项工程设计或解决一个工程问题之后，应从现场实测、成果评价与理论计算的比较中取得认识，并从这些比较中改进自己的经验积累。虽然这需要很长的工作经验的积累，但具有这样的意识是很重要的。

第三节　本学科的发展概况

本学科的发展经历了漫长的过程，是人类在长期的生产实践中发展起来的一门学科。18世纪欧洲工业革命开始以后，随着资本主义工业化的发展，城市建设、水利、道路等建筑规模也不断扩大，从而促使人们对土力学与地基基础加以重视并加以研究。作为理论基础的土力学方面，通常认为太沙基（1925年）出版的第一本《土力学》著作标志着土力学学科的形成，从而带动了各国学者对本学科的研究与探索。在此以前，很多科学家也对土力学学科发展做出了突出贡献，库仑于1773年根据试验建立了库仑强度理论，随后还发展了库仑土压力理论。达西1856年研究了砂土的渗透性，发展了达西渗透公式。朗肯1857年研究了半无限体的极限平衡，随后发展了朗肯土压力理论。布辛涅斯克1885年求得了弹性半空间在竖向集中荷载作用下应力和变形的理论解答。弗伦纽斯1922年建立了极限平衡法，用于土坡稳定分析。这些理论的建立与发展为土力学学科的形成奠定了基础。同时这些理论与方法，直到今天，仍不失其理论与实用的价值。基础工程工艺更是早在史前的人们的建筑活动中就出现了，例如西安半坡村新石器时代遗址中的土台和石础，公元前2世纪修建的万里长城，后来修建的南北大运河，黄河大堤以及天坛、故宫、苏州虎丘塔、赵州桥等宏伟建筑，虽经历沧桑变迁，仍能留存至今。随着土力学学科的发展，以土力学作为理论基础的基础工程也得到了空前的发展。

随着新技术的发展，特别是计算机技术、计算技术以及现代测试技术的发展，有力促进了土力学与基础的发展。如人们试图建立较为复杂的考虑土的应力—应变—强度—时间关系的计算模型，在工程实践中考虑较为复杂的土的应力—应变关系。与此同时新的基础设计理论与施工技术，也得到了迅速发展，如出现了补偿性基础、桩—筏基础、桩—箱基础、巨型沉井基础等，在基础处理技术方面，如强夯法、砂井预压法、振冲法、深层搅拌法及压力注浆法等方法，都得到了发展与完善。

由于基础工程是处在地下的隐蔽工程，工程地质条件极其复杂且差异较大，虽然土力学与基础的理论与技术比以往有了突飞猛进的发展，但仍有许多问题值得研究与探索。

思　考　题

1-1　试说明地基与基础的意义、作用和分类，并说明建筑物对地基与基础的要求。

1-2　试联系实际说明学习本课程的重要性。

第二章 工程地质概述

本章提要

通过本章的学习，掌握岩石和土的成因类型，了解地质构造的基本类型及常见的不良地质条件，了解地下水按埋藏条件划分的基本类型及土的渗透性，掌握渗透系数和动水力的概念，了解产生流砂破坏的条件。

工程地质与建筑物的关系十分密切。在地球形成至今的约46亿年的历史中，地壳在内力和外力地质作用下，经历了一系列的演变过程，形成了各种类型的地质构造和地形地貌以及复杂多样的岩石和土。地表的工程地质条件的优劣直接影响建筑物的设计、施工和使用。对于不同的地区，场地的工程地质条件可能有很大的差别，勘察人员常根据该地区的地质构造和地形地貌对建筑场地进行稳定性评价，并根据该地区岩石和土的工程性质对建筑物地基强度和变形进行评价。

地壳表层的岩石和土常作为建筑物地基。岩石形成年代较长，颗粒间牢固联结，呈整体或具有节理裂隙的岩体，在山区或平地深处都可遇到。而土是松散的沉积物，它是岩石经风化、剥蚀、搬运、沉积而成，形成年代较短，一般在第四纪（在地质年代中新近的一个纪）时沉积，故土又称为"第四纪沉积物"。

第一节 岩石的类型和特征

组成地壳的岩石，都是在一定的地质条件下，由一种或多种矿物自然组合而成的矿物集合体。矿物的成分、性质及其在各种因素影响下的变化，都会对岩石的强度和稳定性发生影响。

一、主要造岩矿物

矿物是地壳中天然生成的自然元素或化合物，它具有一定的化学成分和物理性质。岩石的特征及其工程特性，在很大程度上取决于它的矿物成分。组成岩石的矿物称为造岩矿物。

地壳上已发现的矿物有三千多种，但最主要的造岩矿物只有三十多种，如石英、长石、辉石、角闪石、云母、方解石、高岭石等。矿物按生成条件可分为原生矿物和次生矿物两大类。原生矿物一般由岩浆冷凝生成，如石英、长石、辉石、角闪石、云母等；次生矿物一般由原生矿物经风化作用直接生成，如由长石风化而成的高岭石、由辉石或角闪石风化而成的绿泥石等，或在水溶液中析出生成，如水溶液中析出的方解石和石膏等。表2-1列出了几种主要造岩矿物的特征。

二、岩石的成因类型

自然界中岩石种类繁多，按其成因可分为岩浆岩、沉积岩和变质岩三大类。沉积岩主要分布在地壳表层。在地壳深处，主要是岩浆岩和变质岩。

表 2-1　　主要造岩矿物特征表

矿物名称	形　状	颜　色	光　泽	硬度等级	解　理	比　重
石　英	块状、六方柱状	无色、乳白色	玻璃、油脂	7	无	2.6～2.7
正长石	柱状、板状	玫瑰色、肉红色	玻　璃	6	完　全	2.3～2.6
斜长石	柱状、板状	灰白色	玻　璃	6	完　全	2.6～2.8
辉　石	短柱状	深褐色、黑色	玻　璃	5～6	完　全	2.9～3.6
角闪石	针状、长柱状	深绿色、黑色	玻　璃	5.5～6	完　全	2.8～3.6
方解石	菱形六面体	乳白色	玻　璃	3	三组完全	2.6～2.8
云　母	薄片状	银白色、黑色	珍珠、玻璃	2～3	极完全	2.7～3.2
绿泥石	鳞片状	草绿色	珍珠、玻璃	2～2.5	完　全	2.6～2.9
高岭石	鳞片状	白色、淡黄色	暗　淡	1	无	2.5～2.6
石　膏	纤维状、板状	白　色	玻璃、丝绢	2	完　全	2.2～2.4

注　解理是指矿物受外力作用后沿一定方向裂开成光滑平面的性能；硬度等级越高，硬度越大。

1. 岩浆岩

岩浆岩是由岩浆侵入地壳或喷出地表而形成的。岩浆喷出地表后冷凝形成的称为喷出岩；在地表以下冷凝形成的则称为侵入岩。

岩浆岩的矿物成分有两类：一类是石英、正长石、斜长石等含铝硅酸盐矿物，比重较小，颜色较浅，称浅色矿物；另一类是角闪石、辉石、黑云母、橄榄石等含铁硅酸盐矿物，比重较大，颜色较深，称深色矿物。正长石和斜长石是岩浆岩主要矿物成分，其次为石英，它们是岩浆岩的鉴别和分类的根据。

常见的岩浆岩有花岗岩、花岗斑岩、正长岩、闪长岩、安山岩、辉长岩和玄武岩等。

2. 沉积岩

沉积岩是在地表条件下，由原岩（即岩浆岩、变质岩和早期形成的沉积岩）经风化剥蚀作用而形成的岩石碎屑、溶液析出物或有机质等，经流水、风、冰川等搬运到陆地低洼处或海洋中沉积，再经成岩作用而形成的。沉积岩是地壳表面分布最广的一种层状岩石。

沉积岩的物质成分主要有三种：

（1）原岩经物理风化后保留下来的抗风化能力强的矿物，如石英、白云母等矿物颗粒；

（2）硅酸盐的原岩经化学风化作用后产生的粘土矿物；

（3）从溶液中结晶析出的物质，如方解石等。

此外，还有把碎屑颗粒胶结起来的胶结物。胶结物的性质对沉积岩的力学强度、抗水性及抗风化能力有重要影响，常见的胶结物有硅质的（SiO_2）、钙质的（$CaCO_3$）、铁质的（FeO 或 Fe_2O_3）和泥质的粘土矿物。上述胶结物以硅质（呈白、灰白色）硬度最大，抗风化能力最强；铁质（呈红色或褐色）、钙质（呈白色、灰白色）次之；泥质胶结物硬度最小，且遇水后很易软化。在工程实践中，常遇到不是由单一胶结物胶结的沉积岩石。因此，分析沉积岩工程性质时，必须鉴别它以何种胶结物为主。在沉积岩的组成物质中，粘土矿物、方解石、白云石、有机质等是沉积岩所特有的，是物质组成上区别于岩浆岩的一个重要特征。

常见的沉积岩有砾岩、砂岩、石灰岩、凝灰岩、泥岩、页岩和泥灰岩等。

3. 变质岩

变质岩是由组成地壳的岩石因地壳运动和岩浆活动而在固态下发生矿物成分、结构构造的改变形成的新岩石。引起变质的主要因素是高温、高压以及新的化学成分的加入。例如石灰岩类在炽热的岩浆烘烤下，岩石中的矿物重新结晶，晶粒变粗，成为大理岩；富含铝的泥质岩石，在地壳运动和温度作用下，变成矿物有定向排列的板岩、千枚岩，这些新的岩石均称为变质岩。变质岩不仅具有自身独特的特点，而且还常保留着原来岩石的某些特征。

变质岩的矿物成分有两种：

(1) 与岩浆岩或沉积岩共有的矿物，如石英、长石、云母、角闪石和方解石等；

(2) 变质岩独有的矿物，如滑石、硅线石、红柱石、蛇纹石和绿泥石等。

常见的变质岩有片麻岩、云母片岩、大理岩和石英岩等。

不同类型的岩石，由于它们生成的地质环境和条件不同，产生了各种不同的结构和构造。鉴别岩石方法有很多，但最基本的是根据岩石的外观特征，用肉眼和简单工具（如小刀、放大镜等）进行鉴别。

第二节 土的成因类型

土是在第四纪（距今约一百八十万年）中由原岩风化产物经各种地质作用剥蚀、搬运、沉积而成的。第四纪沉积物在地表分布极广，成因类型也很复杂。不同成因类型的沉积土，各具有一定的分布规律、地形形态及工程性质。根据地质成因类型，可将第四纪沉积物的土体划分为残积土、坡积土、洪积土、冲积土、湖积土、海积土、风积土、冰积土等。

一、残积土

残积土是指由岩石经风化后未被搬运而残留于原地的碎屑物质所组成的土体，如图 2-1 所示，它处于岩石风化壳的上部，向下则逐渐变为强风化或中等风化的半坚硬岩石，与新鲜岩石之间没有明显的界限，是渐变的过渡关系。残积土的分布受地形控制。在宽广的分水岭上，由于地表水流速度很小，风化产物能够留在原地，形成一定的厚度。在平缓的山坡或低洼地带也常有残积土分布。

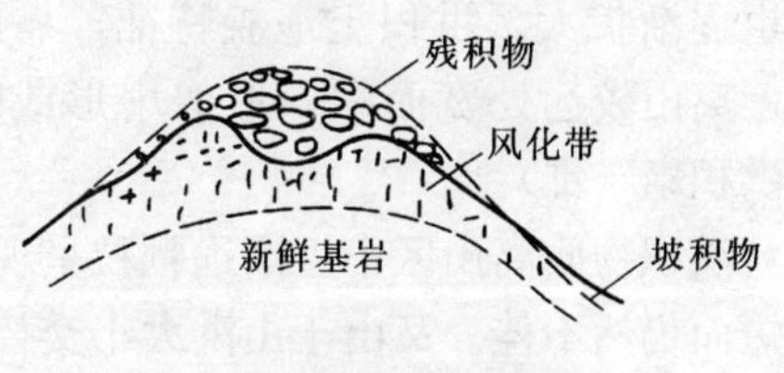

图 2-1 残积土

残积土中残留碎屑的矿物成分，在很大程度上与下卧母岩一致，这是它区别于其他沉积土的主要特征。例如，砂岩风化剥蚀后生成的残积土多为砂岩碎块。由于残积土未经搬运，其颗粒大小未经分选和磨圆，颗粒大小混杂，没有层理构造，均质性差，土的物理力学性质各处不一，且其厚变化大。同时多为棱角状的粗颗粒土，孔隙度较大，作为建筑物地基容易引起不均匀沉降。因此，在进行工程建设时，要注意残积土地基的不均匀性。我国南部地区的某些残积层，还具有一些特殊的工程性质。如，由石灰岩风化而成的残积红粘土，虽然孔隙比较大，含水量高，但因结构性强故而承载力高。又如，由花岗岩风化而成的残积土，虽然室内测定的压缩模量较低，孔隙也比较大，但是其承载力并不低。

二、坡积土

坡积土是雨雪水流将高处的岩石风化产物，顺坡向下搬运，或由于重力的作用而沉积在

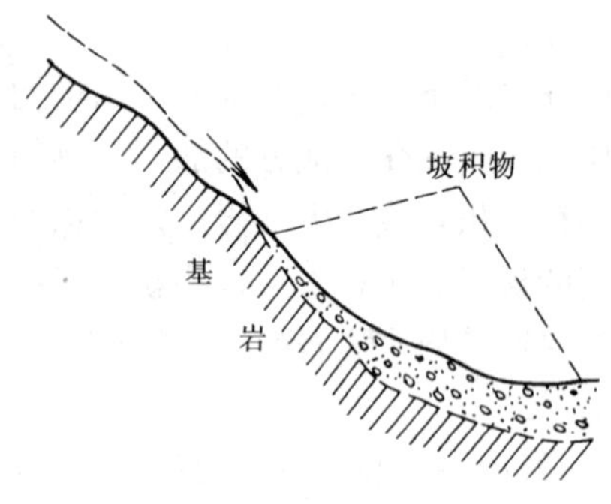

图 2-2 坡积土

较平缓的山坡或坡角处的土，如图 2-2 所示。它一般分布在坡腰或坡脚，其上部与残积土相接。

坡积土随斜坡自上而下逐渐变缓，呈现由粗而细的分选作用，但层理不明显。其矿物成分与下卧基岩没有直接关系，这是它与残积土明显区别之处。

坡积土底部的倾斜度取决于下卧基岩面的倾斜程度，而其表面倾斜度则与生成的时间有关。时间越长，搬运、沉积在山坡下部的物质越厚，表面倾斜度也越小。坡积土的厚度变化较大，在斜坡较陡地段的厚度通常较薄，而在坡脚地段则较厚。坡积物中一般见不到层理，但有时也具有局部的不清晰的层理。

新近堆积的坡积物经常具有垂直的孔隙，结构比较疏松，一般具有较高的压缩性。由于坡积土形成于山坡，故较易沿下卧基岩倾斜面发生滑动。因此，在坡积土上进行工程建设时，要考虑坡积土本身的稳定性和施工开挖后边坡的稳定性。

三、洪积土

洪积土是由暴雨或大量融雪骤然集聚而成的暂时性山洪急流，将大量的基岩风化产物或将基岩剥蚀、搬运、堆积于山谷冲沟出口或山前倾斜平原而形成的堆积物，如图 2-3 所示。由于山洪流出沟谷口后，流速骤减，被搬运的粗碎屑物质先堆积下来，离山渐远，颗粒随之变细，其分布范围也逐渐扩大。洪积土地貌特征，靠山近处窄而陡，离山较远处宽而缓，形似扇形或锥体，故称为洪积扇（锥）。

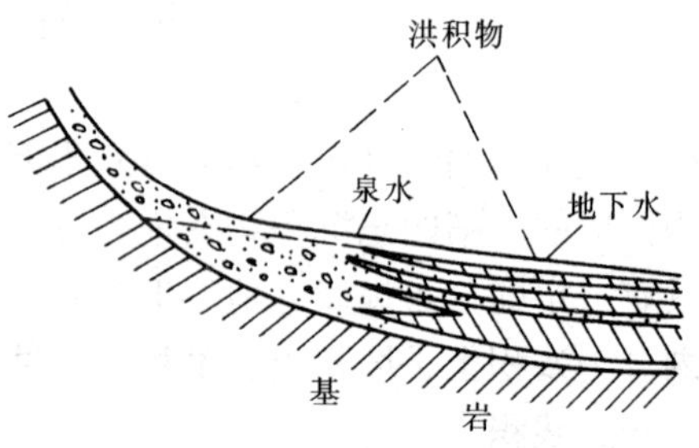

图 2-3 洪积土

洪积物质离山区由近渐远颗粒呈现由粗到细的分选作用，碎屑颗粒的磨圆度由于搬运距离短而仍然不佳。又由于山洪大小交替和分选作用，常呈现不规则交错层理构造，并有夹层或透镜体（在某一土层中存在着形状似透镜的局部其他沉积土）等，如图 2-4 所示。

洪积土作为建筑物地基，一般认为是较理想的。尤其是靠近山区的洪积土，颗粒较粗，所处的地势较高，而地下水位低，且地基承载力较高，常为良好的天然地基；离山区较远地段的洪积土多由较细颗粒组成，由于形成过程受到周期性干旱作用，土体被析出的可溶性盐类使土质较坚硬密实，承载力较高；中间过渡地段由于地下水溢出地表而造成宽广的沼泽地，土质较弱而承载力较低。

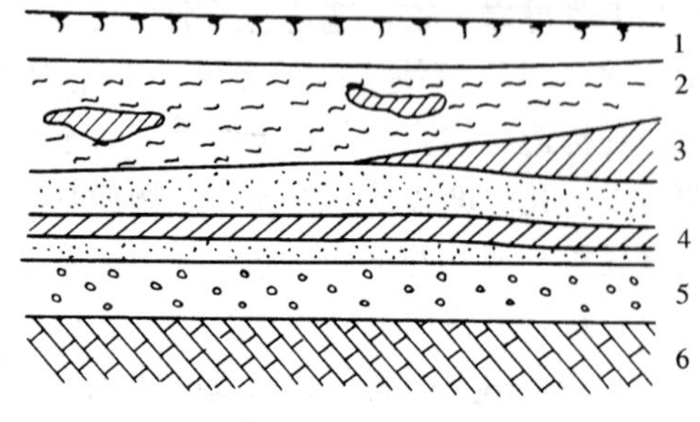

图 2-4 土的层理构造

1—表层土；2—淤泥夹粘土透镜体；3—粘土尖灭层；4—砂土夹粘土层；5—砾石层；6—石灰岩层

四、冲积土

冲积土是河流两岸的基岩及其上部覆盖的松散物质被河流流水剥蚀后，经搬运、沉积于河流坡降平缓地带而形成的沉积土。冲积土的特点是具有明显的层理构造。经过搬运过程的作用，颗粒的磨圆度好。随着从上游到下游的流速逐渐减小，冲积土具有明显的分选现象。上游沉积物多为粗大颗粒，中下游沉积物大多由砂粒逐渐过渡到粉粒（粒径为0.075～0.005mm）和粘粒（粒径小于0.005mm）。典型的冲积土是形成于河谷内的沉积物，冲积土可分为平原河谷冲积土、山区河谷冲积土、三角洲冲积土等类型。

1. 平原河谷冲积土

平原河谷除河床外，大多有河漫滩及阶地等地貌单元，如图2-5所示。平原河谷的冲积土比较复杂，它包括河床沉积土、河漫滩沉积土、河流阶地沉积土及古河道沉积土等。河床沉积土大多为中密砂砾，作为建筑物地基，其承载力较高，但必须注意河流冲刷作用可能导致建筑物地基的毁坏及凹岸边坡的稳定问题。河漫滩沉积土其下层为砂砾、卵石等粗粒物质，上部则为河水泛滥时沉积的较细颗粒的土，局部夹有淤泥和泥炭层。河漫滩地段地下水埋藏很浅，当沉积土为淤泥和泥炭土时，其压缩性高，强度低，作为建筑物地基时，应认真对待，尤其是在淤塞的古河道地区，更应慎重处理；如冲积土为砂土，则其承载力可能较高，但开挖基坑时必须注意可能发生的流砂现象。河流阶地沉积土是由河床沉积土和河漫滩沉积土演变而来的，其形成时间较长，又受周期性干燥作用，故土的强度较高，可作为建筑物的良好地基。

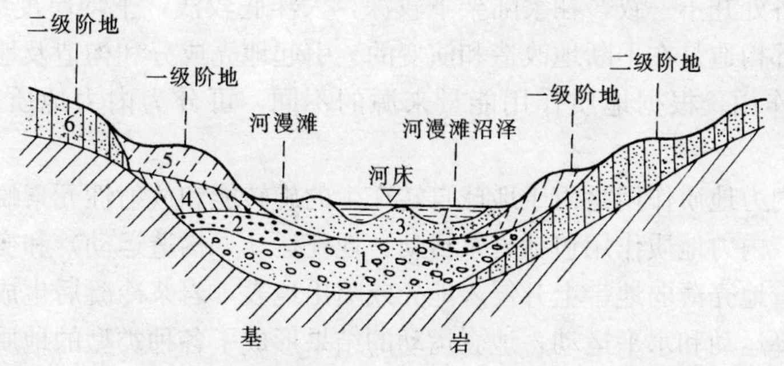

图2-5 平原河谷横断面示例（垂直比例尺放大）

1—砾卵石；2—中粗砂；3—粉细砂；4—粉质粘土；5—粉土；6—黄土；7—淤泥

2. 山区河谷冲积土

在山区，河谷两岸陡峭，大多仅有河谷阶地，如图2-6所示。山区河流流速很大，故沉积土较粗，大多为砂粒所填充的卵石、圆砾等。山间盆地和宽谷中有河漫滩冲积土，其分选性较差，具有透镜体和倾斜层理构造，但厚度不大，在高阶地往往是岩石或坚硬土层，作为地基，其工程地质条件很好。

3. 三角洲冲积土

三角洲冲积土是由河流所搬运的物质在人海或人湖的地方沉积而成的。三角洲的分布范围较广，其中水系密布且地下水位较高，沉积物厚度也较大。

三角洲沉积土的颗粒较细，含水量大且呈饱和状态。在三角洲沉积土的上层，由于经过长期的干燥和压实，已形成一层所谓“硬壳”层，硬

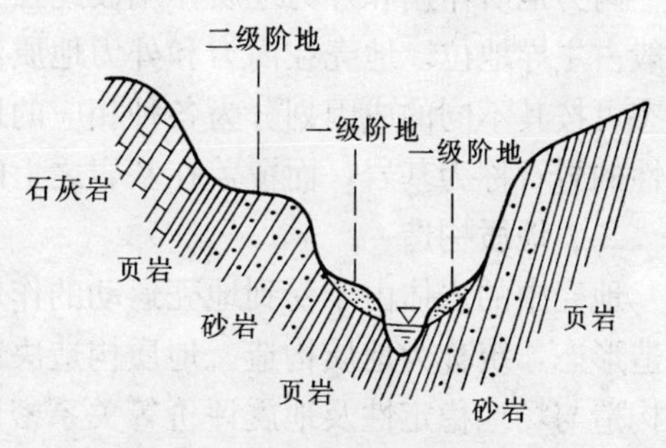

图2-6 山区河谷横断面示例

壳层的承载力常较下面土层为高，在工程建设中应该加以利用。另外，在三角洲建筑时，应注意查明有无被冲积土所掩盖的暗浜或暗沟存在。

五、其他沉积土

除了上述四种成因类型的沉积土外，还有海洋沉积土、湖泊沉积土、冰川沉积土及风积土等，它们分别是由海洋、湖泊、冰川及风等的地质作用形成的。

总之，土的成因类型决定了土的工程地质特性。一般来说，处于相似的地质环境中形成的第四纪沉积物，工程地质特征具有很大一致性。

第三节　地质作用与地质构造

在地球形成至今的漫长地质年代里，由于各种地质作用，地壳经历了一系列复杂的演变过程，形成了各种类型的地质构造和地貌以及复杂多样的岩石和土。地质构造对工程建设具有重要的影响。

一、地质作用

地球表层的坚硬外壳是一切工程建筑的场所，构成天然地基的物质是地壳中的岩石和土。地壳的厚度各处并不一致，在大陆架下较深，大洋底较浅，平均厚度约为16km，它的物质、形态和内部构造是在不断地改造和演变的。引起地壳成分和构造及地表形态发生变化的作用称为地质作用。根据地质作用能量来源的不同，可分为内力地质作用和外力地质作用。

一般认为，内力地质作用是由于地球自转产生的旋转能和放射性元素蜕变产生的热能所引起的地质作用。内力地质作用包括岩浆活动、地壳运动（构造运动）和变质作用等。岩浆活动可使岩浆沿着地壳薄弱地带上升侵入地壳或喷出地表，岩浆冷凝后生成岩浆岩；地壳运动是指地壳的升降运动和水平运动，地壳运动的结果形成了各种类型的地质构造和地球表面的基本形态；变质作用是指在岩浆活动和地壳运动中，原岩（原来生成的各种岩石）在高温、高压及渗入挥发性物质的变质作用下，生成变质岩。

外力地质作用是由太阳辐射能和地球重力位能所引起的地质作用，包括气温变化、雨雪、山洪、河流、湖泊、海洋、冰川、风、生物等的作用，对地壳不断地进行剥蚀，使地表形态发生变化，形成新的产物。原岩经风化产生的碎屑在外力作用下被剥蚀、搬运到大陆低洼处或海底沉积下来，在漫长的地质年代里逐渐压密、脱水、胶结、硬化生成沉积岩。未经成岩作用所生成的沉积物就是通常所说的“土”。

内力地质作用和外力地质作用彼此独立又相互依存，对地壳的发展而言，内力地质作用一般占主导地位。地壳在内力和外力地质作用下，形成了各种类型的地形，称为地貌。地表形态可按其不同的成因划分为各种相应的地貌单元。地貌单元下部原来生成的、具有一定连续性的岩石称为基岩，而覆盖在基岩之上的各种成因的沉积物称为覆盖土。

二、地质构造

地壳中的岩体由于受到地壳运动的作用而发生连续或不连续的永久性形变而形成的种种构造形态，统称为地质构造。地质构造决定着岩土分布的均一性和岩体的工程地质性质。地质构造与场地稳定性及地震评价等关系密切，因此，在评价建筑场地稳定性时，地质构造是必须考虑的重要因素。常见的地质构造有褶皱和断裂两种基本类型。

1. 褶皱构造

地壳运动使层状岩层水平形状遭受破坏，岩层在构造应力作用下形成一系列波状弯曲而未丧失其连续性的构造称为褶皱构造，如图 2-7 所示。褶皱的基本单元是褶曲，它是褶皱中的一个弯曲。褶曲基本上可分为背斜和向斜两种，如图 2-8 所示。背斜的核部由较老的岩层组成，翼部由较新的岩层组成，而且新岩层对称重复出现在老岩层的两侧，它在横剖面上的形态呈中部向上凸起状。向斜的核部由新岩层组成，翼部由老岩层组成，而且老岩层对称重复出现在新岩层的两侧，它在横剖面上的形态呈向下凹曲状。

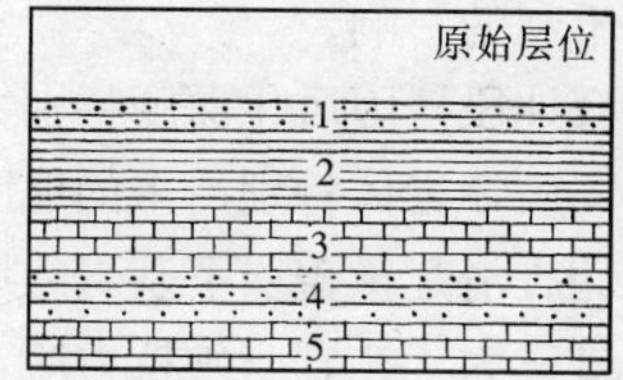

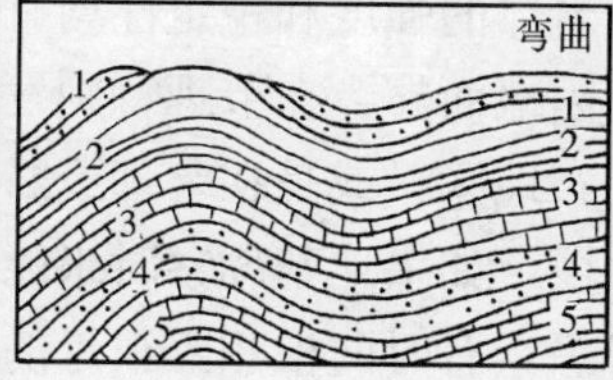

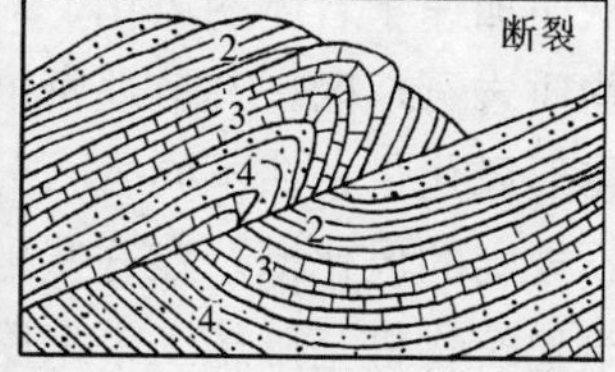

图 2-7 地壳水平运动过程

1、4—砂岩；2—页岩；3、5—石灰岩

现在我们在山区所看到的褶曲多已丧失其完整的形态。由于它们长期暴露在地表，其部分岩层（尤其是裂缝特别多或软弱的岩石）已受到风化、剥蚀作用而发生严重破坏。

在褶曲山区，岩层遭受的构造变动常较大，故节理发育，地形起伏不平，坡度也大。因而在褶曲山区的斜坡或坡脚进行建筑，必须注意边坡的稳定问题。

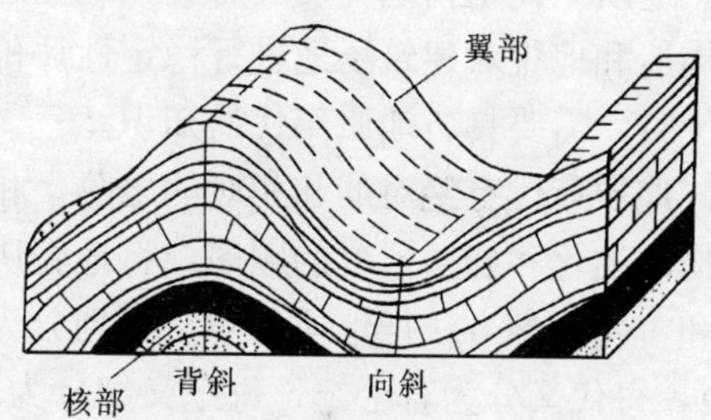

图 2-8 背斜与向斜示意图

坡面倾斜方向与岩层倾斜方向相反的山坡称为逆向坡，其边坡稳定性较好；坡面倾斜方向与岩层倾斜方向一致的山坡称为顺向坡，如图 2-9 所示，其稳定性一般与岩石性质、倾角（岩层层面与水平面的夹角）大小和有无软弱结构面等因素有关。当岩层倾角小于边坡坡角（坡面与水平面的夹角）时，其稳定性一般较差，存在产生滑动和崩塌的危险。岩层倾角大于或等于山坡坡角时，在自然条件下边坡一般是稳定的。但如果施工开挖切去斜坡或坡脚，则上部岩体就有可能沿层面发生滑动，尤其是夹有薄层泥页岩或软弱夹层的边坡，情况更是如此。图 2-9 所示建筑物，修建时因切坡产生岩体滑动，使工程被迫停工，以抢建挡土结构。其实这种场地选址存在问题，如果把建筑场地选在图上逆向坡 A 的位置，就不会有这类问题出现。

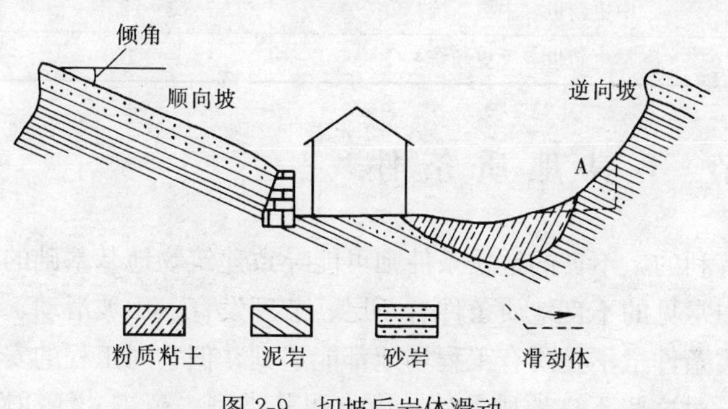

图 2-9 切坡后岩体滑动

2. 断裂构造

在地壳运动的作用下，岩层丧失了原有的连续完整性，在其内部产生了许多断裂面，统称为断裂构造。根据断裂面两侧岩层有无显著的相对位移，断裂构造可分为节理和断层两种类型。

沿断裂面两侧的岩体未发生位移或仅有微小错动的断裂构造称为节理。由于岩石在漫长的地质年代经历了各种各样的地壳运动，因此，在自然界遇到的岩石都是带有节理的岩石。

若沿断裂面两侧的岩体发生了显著的位移，则称为断层。地壳中的断裂变动，往往不是局限在一个断层面上进行的，而是沿着许多断裂面运动。因此，严格地说，断层不是一个面，而是一个具有一定宽度的带。断层规模越大，这个带就越宽，破坏程度也越严重。

节理和断层是岩体内部的断裂面。节理或断层发育的岩体，其强度大大降低，地下水易渗入，从而加速了岩体的风化，对岩体的强度和稳定性均有不利的影响。

在均质岩石地区，其节理密度因地而异。在节理特别发育地段，因风化深度特别大，可能出现袋形风化带；在不同岩石分布地区，或是在节理或断层破坏岩体特别严重的地区，则可出现不规则的风化槽。在这些地段，如果地基勘察时未能调查清楚覆盖层下基岩的风化情况，常给建筑物桩基础施工带来隐患，有时两根相隔很近的桩，为了达到坚硬持力层，桩长竟会相差几米，甚至十几米。

三、地质年代

地质年代是指地壳发展历史与地壳运动、沉积环境及生物演化相应的时代段落。根据地质构造和地貌对建筑场地进行稳定性评价，以及按岩石和土的性质对地基承载力和变形进行评价时，需要具备地质年代的知识。

地质年代有绝对的和相对的之分，相对地质年代在地史的分析中广为应用，它是根据古生物的演化和岩层形成的顺序，将地壳历史划分成一些自然阶段。在地质学中，根据地层对比和古生物学方法把地质相对年代划分为五大代（太古代、元古代、古生代、中生代和新生代），每代又分为若干纪，每纪又细分为若干世及期。在每一个地质年代中，都划分有相应的地层。对应于地质年代单位，地层单位分为界、系、统和阶（层）。在新生代中最新近的一个纪称为第四纪，由原岩风化产物——碎屑物质，经各种外力地质作用（剥蚀、搬运、沉积）形成尚未胶结硬化的沉积物（层），统称“第四纪沉积物（层）”或“土”。它沉积在地表，覆盖在基岩之上。第四纪地质年代的细分见表 2-2。

表 2-2　　第四纪地质年代细分表

纪（系）	世（统）		距今年代（万年）
第四纪（系）Q	全新世（统）Q_h 或 Q_4		1.15
	更新世（统）Q_p	晚更新世（上更新统）Q_3	12.6
		中更新世（中更新统）Q_2	78.1
		早更新世（下更新统）Q_1	180

第四节　不良地质条件

良好的地质条件对建筑工程是有利的，不良的地质条件则可能导致建筑物地基基础的事故，应当特别加以注意。建筑工程中常见的不良地质条件有断层、节理发育、山坡滑动、河床冲淤、岸坡失稳等。这些不良地质条件虽不是所有工程场地都能遇到，但它对工程的安全和使用具有相当大的危害性，因此，对这些不良地质条件，应查明其类型、范围、活动性、影响因素、发生机理，评价其对工程的影响，制定为改善场地的地质条件而应采取的防治措施。

一、断层

如前所述，断层带一般是基岩破碎带，断层规模大小不一，小的几米，大的上千千米，相对位移从几厘米到几十千米。断层显示地壳大范围错断，可能给建筑工程带来不稳定因素，对建筑工程的危害极大。一般中小断层数量较多，断层的错动会导致建筑物的破坏。而且断层形成的年代越新，则断层的活动可能性越大。对于活动性的断层带，常潜伏着发生地震的可能性，成为不稳定地区。在这些断层带的上方，不宜从事建设，而在可能遭受其影响的地区，建筑工程应按地震烈度进行设防，以尽量避免伤亡和损失。永久性建筑物，尤其是水库大坝应避免横跨在断层上。一旦断层活动，破坏挡水坝，库水下泄，相当于人造洪水，后果不堪设想。

二、岩层节理发育

通常节理的长度仅数米，间距小于0.4m。相互平行的节理，称为一组节理。若岩层具有三组以上的节理，称为节理发育，此时岩体被节理切割成碎块，破坏了岩层的整体性，促进了岩体风化速度，增强了岩体的透水性，因而使岩体的强度和稳定性降低。节理发育的场地一般也不宜作为建筑物的地基。

三、山坡滑动

一般天然山坡经历漫长的地质年代，已趋稳定。但由于人类活动和自然环境的因素，会使原来稳定的山坡失稳而滑动。人类活动因素包括：在山麓建房，为利用土地削去坡脚；在坡上建房，增加坡面荷载；生产与生活用水大量渗入山坡，降低了土的抗剪强度，导致山坡失稳。自然环境因素包括：坡脚被河流冲刷，使山坡失稳；连降暴雨，大量雨水渗入降低了土的抗剪强度，引发山坡滑动。

四、河床冲淤

平原河道往往有弯曲，凹岸受水流的冲刷产生坍岸，危及岸上建筑物的安全；凸岸水流的流速慢，产生淤积。河岸的冲淤在多沙河上尤为严重。例如在潼关上游黄河北干流，河床冲淤频繁，黄河主干流游荡，当地有“三十年河东，三十年河西”的民谣。

五、岸坡失稳

河、湖、海岸在自然环境中通常是稳定的，若在岸边修建筑物，由于增加了工程的荷重，可能使岸坡失稳，产生滑动。若地基土质软弱，还应考虑在地震动荷作用下，土的抗剪强度降低，岸坡可能产生滑动。

六、河沟侧向位移

小河沟宽深各仅数米，不起眼，但若靠近河沟修建建筑物，当地基土为含水量高、密度低的粘性土时，则建筑物地基可能向河沟方向侧向位移，导致工程发生倾斜和墙体开裂。

第五节　地　下　水

存在于地表下面土和岩石的孔隙、裂隙或溶洞中的水，称为地下水。地下水的存在，常给地基基础的设计和施工带来麻烦。在地下水位以下开挖基坑，需要考虑降低地下水位及基坑边坡的稳定性，建筑物有地下室时则尚应考虑防水渗漏、抵抗水压力和浮力以及地下水腐蚀性等问题。

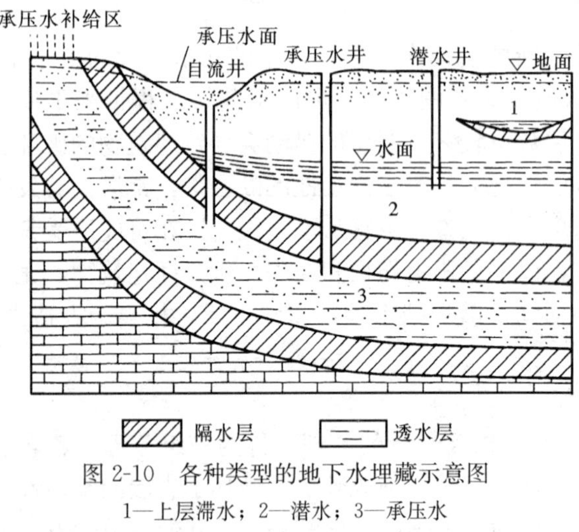

图 2-10 各种类型的地下水埋藏示意图
1—上层滞水；2—潜水；3—承压水

一、地下水的埋藏条件

通常把透水的地层称为透水层，而相对不透水的地层称为隔水层。地下水按埋藏条件可分为上层滞水、潜水和承压水三种类型，如图 2-10 所示。

（1）上层滞水。上层滞水指埋藏在地表浅处、局部隔水层（透镜体）的上部且具有自由水面的地下水。上层滞水的分布范围有限，其来源主要是大气降水补给，其动态变化与气候等因素有关，只有在融雪后或大量降水时才能聚集较多的水量。

（2）潜水。埋藏在地表以下第一个稳定隔水层以上的具有自由水面的地下水称为潜水。其自由水面称为潜水面，此面用高程表示称为潜水位。自地表至潜水面的距离为潜水的埋藏深度。潜水的分布范围很广，它一般埋藏在第四纪松散沉积层和基岩风化层中。潜水直接由大气降水、地表江河水流渗入补给，同时也由于蒸发或流入河流而排泄，它的分布区与补给区是一致的。因此，潜水位的变化直接受气候条件变化的影响。

（3）承压水。承压水指充满于两个连续的稳定隔水层之间的含水层中的地下水。它承受一定的静水压力。在地面打井至承压水层时，水便在井中上升，有时甚至喷出地表，形成自流井，如图 2-10 所示。由于承压水的上面存在隔水顶板的作用，它的埋藏区与地表补给区不一致。因此，承压水的动态变化，受局部气候因素影响不明显。

地下水的运动有层流和紊流两种形式。地下水在土中孔隙或微小裂隙中以不大的速度连续渗透时属层流运动；而在岩石的裂隙或空洞中流动时，速度较大，会有紊流发生，其流线有互相交错的现象。

地下水含有各种化学成分，当某些成分含量过多时，如硫酸根离子、氢离子以及游离的二氧化碳等，会腐蚀混凝土、石料及金属管道而造成危害。

二、土的渗透性

土是一种三相组成的多孔介质，其孔隙在空间互相连通。土孔隙中的自由水在重力作用下，只要有水头差就会发生流动。土中水从土体孔隙中透过的现象称为渗透。土体具有被液体（如土中水）透过的性质称为土的渗透性或透水性。液体（如地下水、地下石油）在土孔隙或其他透水性介质（如水工建筑物）中的流动问题称为渗流。土的渗透性同土的强度、变形特性一起，是土力学中的几个主要课题。强度、变形、渗流是相互关联、相互影响的，土木工程领域内的许多工程实践都与土的渗透性密切相关。

地下水在土的孔隙或微小裂隙中以不大的速度连续渗透时的层流渗透速度一般可按达西（Darcy）根据实验得到的直线渗透定律计算（图 2-11）。达西定律的表达式如下

$$v = ki \tag{2-1}$$

式中 v——水在土中的渗透速度，cm/s。它不是地下水在孔隙中流动的实际速度，而是在单位时间（s）内流过土的单位面积（cm^2）的水量（cm^3）。

i——水力梯度，或称水力坡降，等于（H_1-H_2）/L，在图 2-11 中，a 和 b 两点的水头（水头是水力学名词。土中某一点的水压力 p，可用该点以上高度为 h 的水柱来表示，水柱高度 h 与该点至某一取定的基准面的垂直距离 z 之和，就是该点的总水头）分别为 H_1 和 H_2，a 和 b 两点的水头差（H_1-H_2）与水流过的距离 L 之比，就是水力梯度，当地下水面较平缓时，水的流线与水平线的夹角小，故 a 和 b 两点的距离 L 可按两点的水平距离考虑。

k——土的渗透系数，cm/s，表示土的透水性质的常数。

式（2-1）中，当 $i=1$ 时，$k=v$，即土的渗透系数的数值等于水力梯度为 1 时的地下水的渗透速度，k 值的大小反映了土透水性的强弱。

实验证明：在砂土中水的运动符合于达西定律（图 2-12）；而在粘性土中只有当水力梯度超过所谓起始梯度时才开始发生渗流。如图 2-12 中 b 线所示，当水力梯度 i 不大时，渗透速度 v 为零，只有当 $i>i_0$（起始梯度）时，水才开始在粘性土中渗透（$v>0$）。为简化计算，b 线用折线 c 代替，则用于粘性土的达西定律的公式如下

$$v = k(i - i_0) \tag{2-2}$$

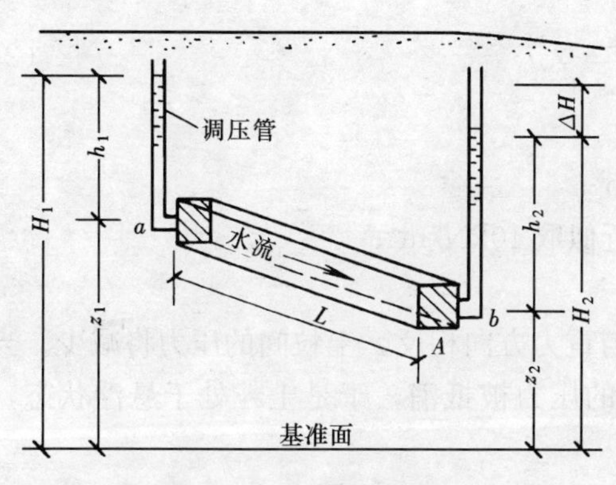

图 2-11 渗透装置示意图

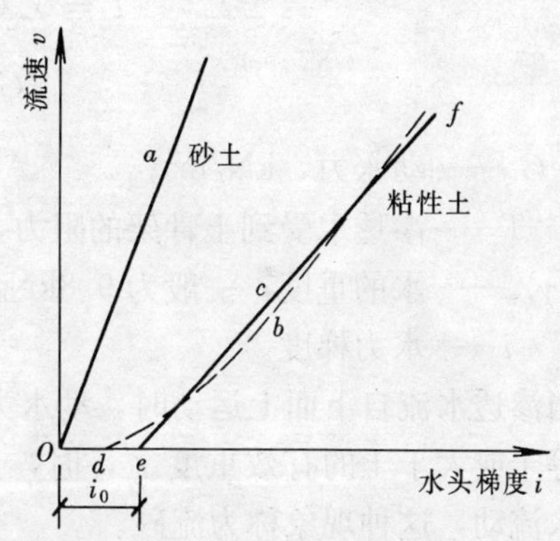

图 2-12 砂土和粘土的渗透规律

土的渗透系数可以通过室内渗透试验或现场抽水试验来测定。对于砾石、卵石等粗粒土中的渗流，一般速度较大，会有紊流发生，达西定律不再适用，工程中采用经验公式求渗透速度。各种土的渗透系数变化范围参见表 2-3。

表 2-3 **各种土的渗透系数变化范围**

土的名称	渗透系数（cm/s）	土的名称	渗透系数（cm/s）
致密粘土	$<10^{-7}$	粉砂、细砂	$10^{-4}\sim10^{-2}$
粉质粘土	$10^{-7}\sim10^{-6}$	中 砂	$10^{-2}\sim10^{-1}$
粉土、裂隙粘土	$10^{-6}\sim10^{-4}$	粗砂、砾石	$10^{-1}\sim10^{2}$

三、动水力和渗流破坏现象

地下水的渗流对土单位体积内的骨架产生的力 G_D（kN/m^3）称为动水力，或称为渗透

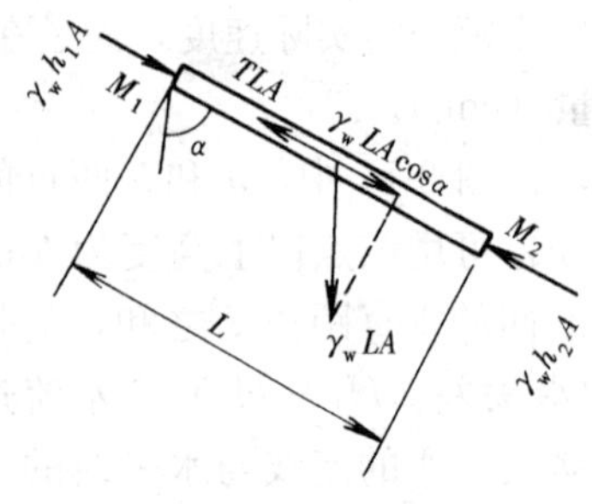

图 2-13 饱和土体中动水力的计算

力（图 2-13，该图是从图 2-11 中取出脱离体来分析的），动水力与单位体积内渗流水受到的土骨架阻力 T（kN/m^3）大小相等，方向相反（作用力与反作用力）。如图 2-13 所示，沿水流方向的土柱体长度为 L，横截面积是 A，两端点 M_1 和 M_2 的水头差为（H_1-H_2）。由于地下水的渗流速度一般很小，加速度更小，所以惯性力可以忽略不计。计算动水力时，假想所取的土柱体内完全是水，并将土体中骨架对渗透水的阻力影响考虑进去，则作用于此土柱体内水体上的力有：①$\gamma_w h_1 A$ 和 $\gamma_w h_2 A$，分别为作用在假想水柱体 M_1 和 M_2 点横截面上的总静水压力，前者的方向与水流方向一致，而后者则相反；②$\gamma_w LA$，为水柱体的重力（等于饱和土柱中孔隙水的重力与土骨架所受浮力的反力之和）；③TLA，为土柱体中骨架对渗流水的总阻力。根据静力学原理列出作用于假想水柱体上的力的平衡方程如下

$$\gamma_w h_1 LA + \gamma_w LA\cos\alpha - TLA - \gamma_w h_2 A = 0$$

除以 A，并以 $\cos\alpha=$（z_1-z_2）$/L$，$h_1=H_1-z_1$，$h_2=H_2-z_2$ 代入上式，得

$$T = \gamma_w(H_1-H_2)/L = \gamma_w i$$

所以

$$G_D = T = \gamma_w i \tag{2-3}$$

式中 G_D——动水力，kN/m^3；

T——渗透水受到土骨架的阻力，kN/m^3；

γ_w——水的重度，一般为 9.8kN/m^3，近似取 10kN/m^3；

i——水力梯度。

当渗透水流自下而上运动时，动水力方向与重力方向相反，土粒间的压力将减少。当动水力等于或大于土的有效重度 γ'，时，土粒间的压力被抵消，于是土粒处于悬浮状态，土粒随水流动，这种现象称为流砂。

动水力等于土的有效重度时的水力梯度叫做临界水力梯度 i_{cr}，$i_{cr}=\gamma'/\gamma_w$。土的有效重度 γ'一般在 8～12kN/m^3 之间，因此 i_{cr}可近似地取 1。

在地下水位以下开挖基坑时，如从基坑中直接抽水，将导致地下水从下向上流动而产生向上的动水力。当水力梯度大于临界值时，就会出现流砂现象。这种现象在细砂、粉砂、粉土中较常发生，给施工带来很大的困难，严重的还将影响邻近建筑物地基的稳定。

当土中渗流的水力梯度小于临界水力梯度时，虽不致诱发流砂现象，但土中细小颗粒仍有可能穿过粗颗粒之间的孔隙被渗流挟带而去，时间长了，在土层中将形成管状空洞，这种现象称为管涌或潜蚀。

思 考 题

2-1 岩石的成因类型有哪些？各有什么特征？

2-2 土是怎样生成的？什么是残积土、坡积土、洪积土和冲积土？其工程性质各有什

么特征？

2-3　什么是地质作用和地质构造？地质构造有哪些基本类型？

2-4　不良地质条件有哪些？对工程建设有什么危害？

2-5　地下水按埋藏条件划分为哪些类型？各有什么特征？

2-6　什么是土的渗透性？达西定律的基本内容是什么？

2-7　什么是动水力？何谓流砂现象？流砂现象对工程有何影响？

第三章　土的物理性质与工程分类

本 章 提 要

通过本章的学习，了解土的组成、结构和构造，熟练掌握土的物理性质指标的定义、试验及其换算方法，掌握无粘性土的密实度的定义及其判别方法、粘性土的物理特性及其物理状态的评价方法，熟练使用地基土的工程分类方法。

土是连续、坚固的岩石经风化、剥蚀、搬运、沉积，在各种自然环境中生成的松散的沉积物。在漫长的地质年代中，由于各种内力和外力地质作用形成了许多类型的岩石和土。地壳表层的岩石和土常作为建筑物地基。

土的物质成分包括作为土骨架的固态矿物颗粒、土孔隙中的液态水及其溶解物质、土孔隙中的气体。因此，土是由颗粒（固相）、水（液相）和气（气相）所组成的三相体系。各相的性质及相对含量的大小直接影响土体的性质。土粒形成土体的骨架，其大小和形状、矿物成分及其排列和联结特征是决定土的物理力学性质的重要因素。土中水与粘土矿物颗粒间有着复杂的相互作用，影响粘性土的塑性特征。土中封闭气体对土的性质亦有较大影响。所以，要研究土的性质就必须了解土的三相组成以及在天然状态下的结构和构造等特征。

本章主要介绍土的组成、土的三相比例指标、无粘性土和粘性土的物理特征及土的工程分类。

第一节　土 的 组 成

一、土的固体颗粒

土的固体颗粒（土粒）构成土的骨架，土粒大小与其颗粒形状、矿物成分、结构构造存在一定的关系。粗大土粒往往是岩石经物理风化作用形成的原岩碎屑，是物理化学性质比较稳定的原生矿物颗粒，其形状呈块状或粒状。细小土粒主要是化学风化作用形成的次生矿物颗粒和生成过程中介入的有机物质，其形状主要呈片状。次生矿物的成分、性质及其与水的作用均很复杂，是细粒土具有塑性特征的主要原因之一，对土的工程性质影响很大。

1. 土粒粒组

在自然界中存在的土，都是由大小不同的土粒组成。土粒的粒径由粗到细逐渐变化时，土的性质相应也发生变化。土粒的大小称为粒度，通常以粒径表示。界于一定粒度范围内的土粒，称为粒组。各个粒组随着分界尺寸的不同，而呈现出一定质的变化。划分粒组的分界尺寸称为界限粒径。目前土的粒组划分方法并不完全一致，表 3-1 是一种常用的土粒粒组的划分方法，表中根据界限粒径 200、60、2、0.075mm 和 0.005mm 把土粒分为六大粒组：漂石或块石颗粒、卵石或碎石颗粒、圆砾或角砾颗粒、砂粒、粉粒及粘粒。

表 3-1　土粒粒组的划分

粒组统称	粒组名称		粒径范围（mm）	一般特征
巨　粒	漂石或块石颗粒		＞200	透水性很大，无粘性，无毛细水
	卵石或碎石颗粒		200～60	
粗　粒	圆砾或角砾颗粒	粗	60～20	透水性大，无粘性，毛细水上升高度不超过粒径大小
		中	20～5	
		细	5～2	
	砂　粒	粗	2～0.5	易透水，当混入云母等杂质时透水性减小，而压缩性增加；无粘性，遇水不膨胀，干燥时松散；毛细水上升高度不大，随粒径变小而增大
		中	0.5～0.25	
		细	0.25～0.1	
		极细	0.1～0.075	
细　粒	粉　粒	粗	0.075～0.01	透水性小，湿时稍有粘性，遇水膨胀小，干时稍有收缩；毛细水上升高度较大较快，极易出现冻胀现象
		细	0.01～0.005	
	粘　粒		＜0.005	透水性很小，湿时有粘性、可塑性，遇水膨胀大，干时收缩显著；毛细水上升高度大，但速度较慢

注　1. 漂石、卵石和圆砾颗粒均呈一定的磨圆形状（圆形或亚圆形）；块石、碎石和角砾颗粒都带有棱角。

2. 粉粒或称粉土粒，粉粒的粒径上限 0.075mm 相当于 200 号筛的孔径。

3. 粘粒或称粘土粒，粘粒的粒径上限也有采用 0.002mm 为准。

2. 土的颗粒级配

土粒的大小及其组成情况，通常以土中各个粒组的相对含量（是指土样各粒组的质量占土粒总质量的百分数）来表示，称为土的颗粒级配或粒度成分。

土的颗粒级配或粒度成分是通过土的颗粒分析试验测定的，常用的测定方法有筛分法和沉降分析法。前者是用于粒径大于 0.075mm 的巨粒组和粗粒组，后者用于粒径小于 0.075mm 的细粒组。当土内兼含大于和小于 0.075mm 的土粒时，两类分析方法可联合使用。

筛分法是工程中常用的试验方法，它是将风干、分散的代表性土样通过一套自上而下孔径由大到小的标准筛（例如 20、2、0.5、0.25、0.1、0.075mm），称出留在各个筛子上的干土重，即可求得各个粒组的相对含量。通过计算可得到小于某一筛孔直径土粒的累积重量及累计百分含量。

根据粒度成分分析试验结果，常采用累计曲线法表示土的级配。累计曲线法的横坐标为粒径，由于土粒粒径的值域很宽，因此采用对数坐标表示；纵坐标为小于（或大于）某粒径的土重（累计百分）含量，如图 3-1 所示。由累计曲线的坡度可以大致判断土的均匀程度或级配是否良好。如果曲线较陡，如图 3-1 中 A 曲线所示，表示粒径大小相差不多，土粒较均匀，级配不良；反之，曲线平缓，如图 3-1 中 B 曲线所示，则表示粒径大小相差悬殊，土粒不均匀，即级配良好。

为了定量描述土粒的级配情况，根据描述级配的累计曲线，工程中常用不均匀系数 C_u 及曲率系数 C_c 来反映土颗粒级配的不均匀程度，其定义分别见式（3-1）和式（3-2）。

$$C_u = \frac{d_{60}}{d_{10}} \tag{3-1}$$

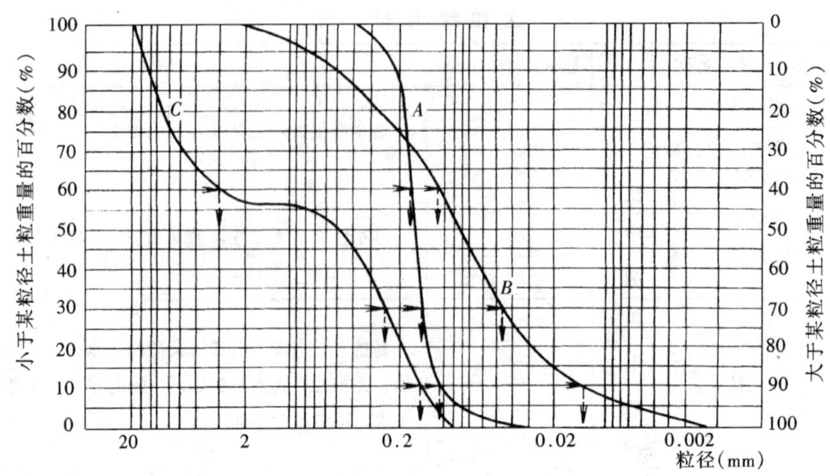

图 3-1 颗粒级配累计曲线

$$C_c = \frac{d_{30}^2}{d_{10}d_{60}} \tag{3-2}$$

其中，d_{60}、d_{30}及d_{10}分别相当于小于某粒径土重累计百分含量为60%、30%及10%对应的粒径，分别称为限制粒径、中值粒径和有效粒径，对一种土显然有$d_{60}>d_{30}>d_{10}$关系存在。

不均匀系数C_u反映大小不同粒组的分布情况，即土粒大小或粒度的均匀程度。C_u越大表示粒度的分布范围越大，土粒越不均匀，其级配越良好。曲率系数C_c描写的是累计曲线分布的整体形态，反映了限制粒径d_{60}与有效粒径d_{10}之间各粒组含量的分布情况。

在一般情况下，工程上把$C_u<5$的土看作是均粒土，属级配不良；$C_u>10$的土，属级配良好。对于级配连续的土，采用单一指标C_u，即可达到比较满意的判别结果。但缺乏中间粒径（d_{60}与d_{10}之间的某粒组）的土，即级配不连续，累计曲线上呈现台阶状（如图3-1中C曲线所示），则采用曲率系数C_c与C_u共同判定土的级配。一般认为：砾类土或砂类土同时满足$C_u \geqslant 5$和$C_c=1\sim3$两个条件时，则为良好级配砾或良好级配砂；如不能同时满足，则可以判定为级配不良。

对于级配良好的土，密实度较好，作为地基土，强度和稳定性较好，透水性和压缩性也较小。作为填方工程的建筑材料，则比较容易获得较大的密实度，是堤坝或其他土建工程良好的填方用土。

二、土中水和土中气

（一）土中水

土中水可以处于液态、固态或气态。水在土中的不同形式，对土的性质影响很大。研究土中水，必须考虑到水的存在状态及其与土粒的相互作用。土中水在不同作用力之下而处于不同的状态，根据主要作用力的不同，工程上对土中水的分类见表3-2。

表 3-2 土中水的分类

水的类型		主要作用力
结合水		物理化学力
自由水	毛细水	表面张力及重力
	重力水	重 力

1. 结合水

当土粒与水相互作用时，土粒会吸附一部分水分子，在土粒表面形成一定厚度的水膜，成为结合水。结合水是指受电分子吸引力吸附于土粒表面的土中水。这种电分子吸引力高达几千到几万个大气压，使水分子和土粒表面牢固地粘结在一起。按吸附力的强弱，结合水可分为强结合水和弱结合水。

强结合水是指紧靠土粒表面的结合水膜，亦称吸着水。它的特征是没有溶解盐类的能力，不能传递静水压力，只有吸热变成蒸汽时才能移动。这种水极其牢固地结合在土粒表面，其性质接近于固体，密度约为1.2～2.4g/cm^3，冰点可降至－78℃，具有极大的粘滞度、弹性和抗剪强度。如果将干燥的土置于天然湿度的空气中，则土的质量将增加，直到土中吸着强结合水达到最大吸着度为止。强结合水的厚度很薄，有时只有几个水分子的厚度，但其中阳离子的浓度最大，水分子的定向排列特征最明显。粘性土中只含有强结合水时，呈固体状态，磨碎后则呈粉末状态。

弱结合水是紧靠于强结合水的外围而形成的结合水膜，亦称薄膜水。它仍然不能传递静水压力，但较厚的弱结合水膜能向邻近较薄的水膜缓慢转移。当土中含有较多的弱结合水时，土则具有一定的可塑性。弱结合水离土粒表面越远，其受到的电分子吸引力越弱，并逐渐过渡到自由水。弱结合水的厚度，对粘性土的粘性特征及工程性质有很大影响。

2. 自由水

自由水是存在于土粒表面电场影响范围以外的水。它的性质和正常水一样，能传递静水压力，冰点为0℃，有溶解能力。自由水按其移动所受作用力的不同，可以分为重力水和毛细水。

重力水是存在于地下水位以下的透水土层中的地下水，它是在重力或水头压力作用下运动的自由水，对土粒有浮力作用。重力水的渗流特征，是地下工程排水和防水工程的主要控制因素之一，对土中的应力状态和开挖基槽、基坑及修筑地下构筑物有重要的影响。

毛细水是存在于地下水位以上，受到水与空气交界面处表面张力作用的自由水。由于表面张力的作用，地下水会沿毛细管上升，毛细水的上升高度与土粒的粒度和成分有关。在砂土中，毛细水上升高度取决于土粒粒度，一般不超过2m；在粉土中，由于其粒度较小，毛细水上升高度最大，往往超过2m；粘性土的粒度虽然较粉土更小，但是由于粘土矿物颗粒与水作用，产生了具有粘滞性的结合水，阻碍了毛细通道，因此粘性土中的毛细水的上升高度反而较低。在工程中，毛细水的上升高度和速度对于建筑物地下部分的防潮措施和地基土的浸湿、冻胀等有重要影响。

（二）粘土颗粒与水的相互作用

由于粘土矿物颗粒的表面带（负）电性，围绕土粒形成电场，同时水分子是极性分子(两个氢原子与中间的氧原子为非对称分布，偏向两个氢原子一端显正电荷，而偏向氧原子一端显负电荷)，因而在土粒电场范围内的水分子和水溶液中的阳离子（如Na^+、Ca^{2+}、Al^{3+}等）均被吸附在土粒表面，呈现不同程度的定向排列。粘土颗粒与水作用后的这一特性，直接影响粘土的性质，从而使粘性土具有许多非粘性土所没有的特性。

土粒周围水溶液中的阳离子，一方面受到土粒所形成电场的静电引力作用，另一方面又受到布朗运动的扩散力作用。在最靠近土粒表面处，静电引力最强，把水化离子和极性水分子牢固地吸附在颗粒表面上形成固定层。在固定层外围，静电引力比较小，因此水化离子和极性水分子的活动性比在固定层中大些，形成扩散层。扩散层外的水溶液不再受土粒表面负电荷的影响，阳离子也达到正常浓度。固定层和扩散层与土粒表面负电荷一起构成双电层，

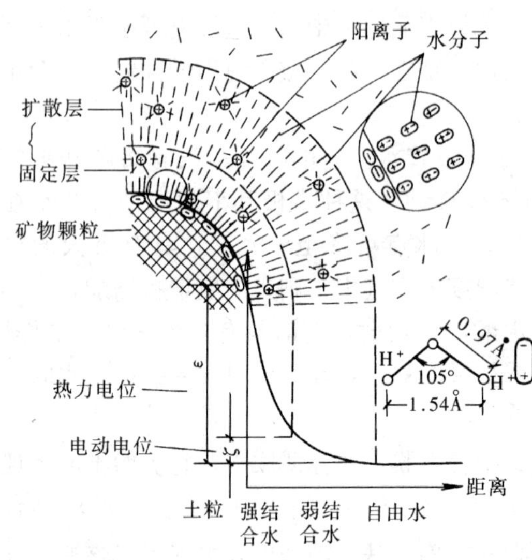

图 3-2 土粒与水分子相互作用示意图

如图 3-2 所示。结合水中的强结合水相当于固定层中的水，而弱结合水则相当于扩散层中的水。扩散层中水对粘性土的塑性特征和工程性质的影响较大。

水溶液中的阳离子的原子价位愈高，它与土粒之间的静电引力愈强，平衡土粒表面负电荷所需阳离子或水化离子的数量愈少，则扩散层厚度愈薄。在实践中可以利用这种原理来改良土质，例如用三价及二价离子（如 Fe^{3+}、Al^{3+}、Ca^{2+}、Mg^{2+}）处理粘土，使扩散层中高价阳离子的浓度增加，扩散层变薄，从而增加了土的强度与稳定性，减少了膨胀性。

（三）土中气

土中的气体存在于土孔隙中未被水所占据的部位。土中气体可分为自由气体和封闭气泡。

1. 自由气体

土的孔隙中的气体与大气连通的部分为自由气体。在粗颗粒沉积物中，常见到与大气相连通的气体。在外力作用下，连通气体极易排出，它对土的性质影响不大。

2. 封闭气泡

细粒土中的气体常与大气隔绝而形成封闭气泡。在外力作用下，土中封闭气体易溶解于水，外力卸除后，溶解的气体又重新释放出来，使得土的弹性增加，透水性减小。对于淤泥和泥炭等有机质土，由于微生物（气细菌）的分解作用，在土中蓄积了某种可燃气体（如硫化氢、甲烷等），使土层在自重作用下长期得不到压密，而形成高压缩性土层。

含气体的土称为非饱和土，对非饱和土的工程性质的研究已形成土力学的一个新的分支。

三、土的结构和构造

（一）土的结构

试验资料表明，同一种土，原状土样和重塑土样的力学性质有很大差别。这就是说，土的组成不是决定土的性质的全部因素，土的结构和构造对土的性质也有很大影响。

土的结构是指土粒的原位集合体特征，是由土粒单元的大小、形状、相互排列及其联结关系等因素形成的综合特征。土粒的形状、大小、位置和矿物成分，以及土中水的性质与组成对土的结构有直接影响。土的结构按其颗粒的排列及联结，一般分为单粒结构、蜂窝结构和絮凝结构三种基本类型。

1. 单粒结构

单粒结构是由粗大土粒在水或空气中下沉而形成的，土颗粒相互间有稳定的空间位置，为碎石土和砂土的结构特征。在单粒结构中，因颗粒较大，土粒间的分子吸引力相对很小，颗粒间几乎没有联结。只是在浸润条件下（潮湿而不饱和），粒间才会有微弱的毛细压力联结。

单粒结构可以是疏松的，也可以是紧密的，如图 3-3（a）、（b）所示。呈紧密状态单粒结构的土，由于其土粒排列紧密，在动、静荷载作用下都不会产生较大的沉降，所以强度较大，压缩性较小，一般是良好的天然地基。但是，具有疏松单粒结构的土，其骨架是不稳定的，当受到震动及其他外力作用时，土粒易发生移动，土中孔隙剧烈减少，引起土的很大变形。因此，这种土层如未经处理一般不宜作为建筑物的地基或路基。

(a)

(b)

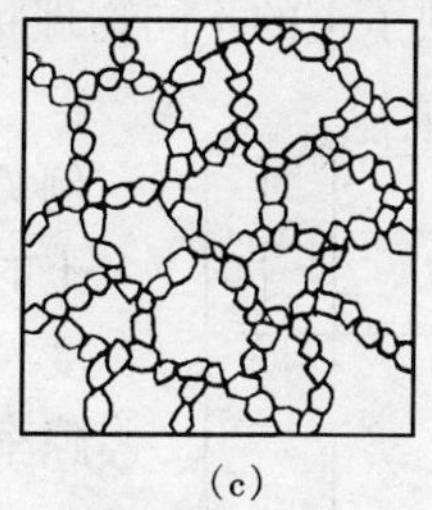
(c)

(d)

图 3-3　土的结构

(a)、(b) 单粒结构；(c) 蜂窝结构；(d) 絮凝结构

2. 蜂窝结构

蜂窝结构主要是由粉粒或细砂组成的土的结构形式。据研究，粒径为 0.075～0.005mm（粉粒粒组）的土粒在水中沉积时，基本上是以单个土粒下沉，当碰上已沉积的土粒时，由于它们之间的相互引力大于其重力，因此土粒就停留在最初的接触点上不再下沉，逐渐形成土粒链。土粒链组成弓架结构，形成具有很大孔隙的蜂窝状结构，如图 3-3（c）所示。

具有蜂窝结构的土有很大孔隙，但由于弓架作用和一定程度的粒间联结，使得其可以承担一般水平的静载荷。但是，当其承受高应力水平荷载或动力荷载时，结构将被破坏，并可导致严重的地基沉降。

3. 絮凝结构

对细小的粘粒（其粒径小于 0.005mm）或胶粒（其粒径小于 0.002mm），重力作用很小，能够在水中长期悬浮，不因自重而下沉。在高含盐量的水中沉积的粘性土，在粒间较大的净吸力作用下，粘土颗粒容易絮凝成集合体下沉，形成盐液中的絮凝结构，如图 3-3（d）所示。混浊的河水流入海中，由于海水的高盐度，很容易絮凝沉积为淤泥。在无盐的溶液中，有时也可能产生絮凝。

具有絮凝结构的粘性土，一般不稳定，在很小的外力作用下（如施工扰动）就可能破坏。但其土粒之间的联结强度（结构强度），往往由于长期的固结作用和胶结作用而得到加强。因此，土粒间的联结特征，是影响这一类土工程性质的主要因素之一。

（二）土的构造

在同一土层中的物质成分和颗粒大小等都相近的各部分之间的相互关系的特征称为土的构造。土的构造是土层的层理、裂隙及大孔隙等宏观特征，亦称为宏观结构。土的构造最主要特征就是成层性，即层理构造，它是在土的形成过程中，由于不同阶段沉积的物质成分、颗粒大小或颜色不同，而沿竖向呈现的成层特征，常见的有水平层理构造和交错层理构造。土的构造的另一特征是土的裂隙性，如黄土的柱状裂隙。裂隙的存在大大降低土体的强度和稳定性，增大透水性，对工程不利。此外，也应注意到土中有无包裹物（如腐殖物、贝壳、结核体等）以及天然或人为的孔洞存在。这些构造特征都造成土的不均匀性。

第二节 土的物理性质指标

土的三相组成各部分的质量和体积之间的比例关系，随着各种条件的变化而改变。土的三相之间的不同比例，反映了土的不同物理状态，也间接反映土的工程性质。

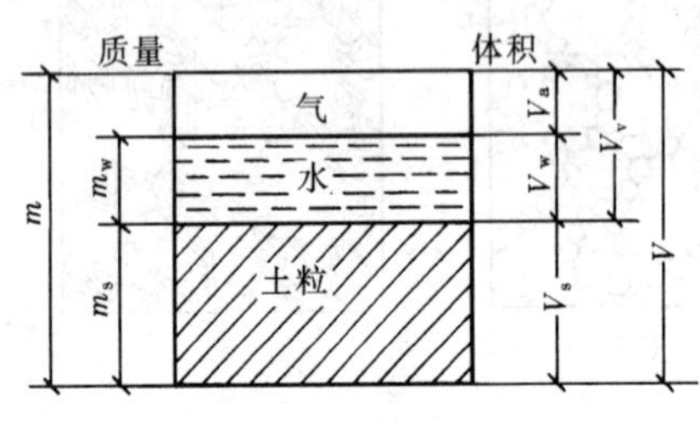

图 3-4 土的三相组成示意图

要研究土的物理性质，就必须分析土的三相比例关系。表示土的三相组成比例关系的指标，称为土的三相比例指标，包括土粒比重（或土粒相对密度）、土的含水量（或含水率）、密度、孔隙比、孔隙率和饱和度等。

为了便于说明和计算，用图 3-4 所示的土的三相组成示意图来表示各部分之间的数量关系，图中符号的意义如下：

m_s——土粒的质量；

m_w——土中水的质量；

m——土的总质量，$m=m_s+m_w$；

V_s、V_w、V_a——土粒、土中水、土中气体积；

V_v——土中孔隙体积，$V_v=V_w+V_a$；

V——土的总体积，$V=V_s+V_w+V_a$。

一、指标的定义

（一）三项基本物理性指标

三项基本物理性指标是指土粒比重 d_s、土的含水量 w 和密度 ρ，一般可由实验室直接测定其数值。

1. 土粒比重 G_s（土粒相对密度 d_s）

土粒质量与同体积的 4℃时纯水的质量之比，称为土粒比重（无量纲），即

$$d_s=\frac{m_s}{V_s}\frac{1}{\rho_{w1}}=\frac{\rho_s}{\rho_{w1}} \tag{3-3}$$

式中 ρ_s——土粒密度，即土粒单位体积的质量，g/cm³；

ρ_{w1}——纯水在 4℃时的密度，等于 1g/cm³ 或 1t/m³。

土粒相对密度决定于土的矿物成分，一般无机矿物颗粒的比重为 2.6～2.8；有机质土为 2.4～2.5；泥炭土为 1.5～1.8。土粒（一般无机矿物颗粒）的比重变化幅度很小。土粒比重可在试验室内用比重瓶法测定。通常也可按经验数值选用，一般土粒相对密度参考值见表3-3。

表 3-3 土粒相对密度参考值

土的名称	砂类土	粉　土	粘性土	
			粉质粘土	粘　土
土粒比重	2.65～2.69	2.70～2.71	2.72～2.73	2.74～2.76

2. 土的含水量 w

土中水的质量与土粒质量之比，称为土的含水量，以百分数计，即

$$w=\frac{m_w}{m_s}\times 100\% \tag{3-4}$$

含水量 w 是标志土含水程度（或湿度）的一个重要物理指标。天然土层的含水量变化范围很大，它与土的种类、埋藏条件及其所处的自然地理环境等有关。一般说来，同一类土(尤其是细粒土)，当其含水量增大时，则其强度就降低。土的含水量一般用“烘干法”测定。先称小块原状土样的湿土质量，然后置于烘箱内维持 100～105℃烘至恒重，再称干土质量，湿、干土质量之差与干土质量的比值，就是土的含水量。

3. 土的密度 ρ

土单位体积的质量称为土的密度，即

$$\rho=\frac{m}{V} \tag{3-5}$$

天然状态下土的密度变化范围较大。一般粘性土 $\rho=1.8\sim2.0\text{g/cm}^3$；砂土 $\rho=1.6\sim2.0\text{g/cm}^3$；腐殖土 $\rho=1.5\sim1.7\text{g/cm}^3$。土的密度一般用“环刀法”测定，用一个圆环刀(刀刃向下)放在削平的原状土样面上，徐徐削去环刀外围的土，边削边压，使保持天然状态的土样压满环刀内，称得环刀内土样质量，求得它与环刀容积之比值即为其密度。

（二）反映特殊条件下土的密度的指标

1. 土的干密度 ρ_d

土单位体积中固体颗粒部分的质量，称为土的干密度，即

$$\rho_d=\frac{m_s}{V} \tag{3-6}$$

在工程上常把干密度作为评定土体紧密程度的标准，尤以控制填土工程的施工质量为常见。

2. 土的饱和密度 ρ_{sat}

土孔隙中充满水时的单位体积质量，称为土的饱和密度，即

$$\rho_{sat}=\frac{m_s+V_v\rho_w}{V} \tag{3-7}$$

式中　ρ_w——水的密度，近似等于 1g/cm^3。

3. 土的浮密度 ρ'

在地下水位以下，单位土体积中土粒的质量与同体积水的质量之差，称为土的浮密度，即

$$\rho'=\frac{m_s-V_s\rho_w}{V} \tag{3-8}$$

土的三相比例指标中的质量密度指标共有 4 个，即土的密度 ρ、干密度 ρ_d、饱和密度 ρ_{sat} 和浮密度 ρ'。与之对应，土的重力密度（简称重度）指标也有 4 个，即土的天然重度 γ、干重度 γ_d、饱和重度 γ_{sat} 和浮重度 γ'，可分别按下列公式计算：$\gamma=\rho g$、$\gamma_d=\rho_d g$、$\gamma_{sat}=\rho_{sat} g$、$\gamma'=\rho' g$，式中 g 为重力加速度。在计算土的自重应力时，须采用相应的土的重度指标。

各密度或重度指标，在数值上有如下关系：$\rho_{sat}\geqslant\rho\geqslant\rho_d>\rho'$ 或 $\gamma_{sat}\geqslant\gamma\geqslant\gamma_d>\gamma'$。

（三）描述土的孔隙体积相对含量的指标

1. 土的孔隙比 e

土的孔隙比是土中孔隙体积与土粒体积之比，即

$$e=\frac{V_v}{V_s} \tag{3-9}$$

孔隙比用小数表示。它是一个重要的物理性指标，可以用来评价天然土层的密实程度。一般 $e<0.6$ 的土是密实的或低压缩性的，$e>1.0$ 的土是疏松的或高压缩性的。

2. 土的孔隙率 n

土的孔隙率是土中孔隙所占体积与总体积之比，以百分数计，即

$$n=\frac{V_v}{V}\times 100\% \tag{3-10}$$

3. 土的饱和度 S_r

土中被水充满的孔隙体积与孔隙总体积之比，称为土的饱和度，以百分数计，即

$$S_r=\frac{V_w}{V_v}\times 100\% \tag{3-11}$$

土的饱和度 S_r 与含水量 w 均为描述土中含水程度的三相比例指标，根据饱和度 S_r（%），砂土的湿度可分为三种状态：稍湿，$S_r\leqslant 50\%$；很湿，$50\%<S_r\leqslant 80\%$；饱和，$S_r>80\%$。

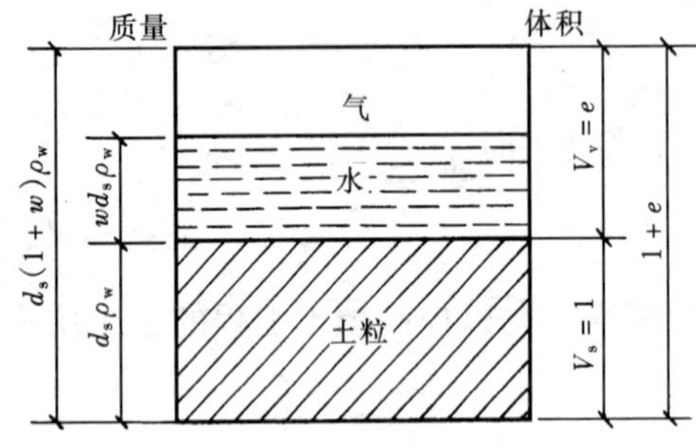

图 3-5　土的三相物理指标换算图

二、指标的换算

如前所述，土的三相比例指标中，土粒比重 d_s、含水量 w 和密度 ρ 是通过试验测定的。在测定这三个基本指标后，可以换算出其余各个指标。

常采用三相图进行各指标间关系的推导，如图 3-5 所示，设 $\rho_{w1}=\rho_w$，并令 $V_s=1$，则

$V_v=e$，$V=1+e$，$m_s=V_sd_s\rho_w=d_s\rho_w$，$m_w=wm_s=wd_s\rho_w$，$m=d_s(1+w)\rho_w$

推导得

$$\rho=\frac{m}{V}=\frac{d_s(1+w)\rho_w}{1+e} \tag{1}$$

$$\rho_d=\frac{m_s}{V}=\frac{d_s\rho_w}{1+e}=\frac{\rho}{1+w} \tag{2}$$

由上式得

$$e=\frac{d_s\rho_w}{\rho_d}-1=\frac{d_s(1+w)\rho_w}{\rho}-1 \tag{3}$$

$$\rho_{sat}=\frac{m_s+V_v\rho_w}{V}=\frac{(d_s+e)\rho_w}{1+e} \tag{4}$$

$$\rho'=\frac{m_s-V_s\rho_w}{V}=\frac{m_s+V_v\rho_w-V\rho_w}{V}=\rho_{sat}-\rho_w=\frac{(d_s-1)\rho_w}{1+e} \tag{5}$$

$$n=\frac{V_v}{V}=\frac{e}{1+e} \tag{6}$$

$$S_r = \frac{V_w}{V_v} = \frac{m_w}{V_v \rho_w} = \frac{w d_s}{e} \tag{7}$$

常见土的三相比例指标换算公式列于表 3-4。

表 3-4　土的三相比例指标换算公式

名　称	符号	三相比例表达式	常用换算公式	单　位	常见的数值范围
土粒比重	d_s	$d_s=\frac{m_s}{V_s\rho_{w1}}$	$d_s=\frac{S_r e}{w}$		粘性土：2.72～2.75 粉土：2.70～2.71 砂土：2.65～2.69
含水量	w	$w=\frac{m_w}{m_s}\times100\%$	$w=\frac{S_r e}{d_s}$ $w=\frac{\rho}{\rho_d}-1$		20%～60%
密　度	ρ	$\rho=\frac{m}{V}$	$\rho=\rho_d(1+w)$ $\rho=\frac{d_s(1+w)}{1+e}\rho_w$	g/cm³	1.6～2.0g/cm³
干密度	ρ_d	$\rho_d=\frac{m_s}{V}$	$\rho_d=\frac{\rho}{1+w}$ $\rho_d=\frac{d_s}{1+e}\rho_w$	g/cm³	1.3～1.8g/cm³
饱和密度	ρ_{sat}	$\rho_{sat}=\frac{m_s+V_v\rho_w}{V}$	$\rho_{sat}=\frac{d_s+e}{1+e}\rho_w$	g/cm³	1.8～2.3g/cm³
浮密度	ρ'	$\rho'=\frac{m_s-V_v\rho_w}{V}$	$\rho'=\rho_{sat}-\rho_w$ $\rho'=\frac{d_s-1}{1+e}\rho_w$	g/cm³	0.8～1.3g/cm³
重　度	γ	$\gamma=\rho\cdot g$	$\gamma=\frac{d_s(1+w)}{1+e}\gamma_w$	kN/m³	16～20kN/m³
干重度	γ_d	$\gamma_d=\rho_d\cdot g$	$\gamma_d=\frac{d_s}{1+e}\gamma_w$	kN/m³	13～18kN/m³
饱和重度	γ_{sat}	$\gamma_{sat}=\rho_{sat}\cdot g$	$\gamma_{sat}=\frac{d_s+e}{1+e}\gamma_w$	kN/m³	18～23kN/m³
浮重度	γ'	$\gamma'=\rho'\cdot g$	$\gamma'=\frac{d_s-1}{1+e}\gamma_w$	kN/m³	8～13kN/m³
孔隙比	e	$e=\frac{V_v}{V_s}$	$e=\frac{d_s\rho_w}{\rho_d}-1$ $e=\frac{d_s(1+w)\rho_w}{\rho}-1$		粘性土和粉土：0.40～1.20 砂土：0.30～0.90
孔隙率	n	$n=\frac{V_v}{V}\times100\%$	$n=\frac{e}{1+e}$ $n=1-\frac{\rho_d}{d_s\rho_w}$		粘性土和粉土：30%～60% 砂土：25%～45%
饱和度	S_r	$S_r=\frac{V_w}{V_v}\times100\%$	$S_r=\frac{w d_s}{e}$ $S_r=\frac{w\rho_d}{n\rho_w}$		$0\leqslant S_r\leqslant50\%$稍湿 $50<S_r\leqslant80\%$很湿 $80<S_r\leqslant100\%$饱和

注　水的重度 $\gamma_w=\rho_w g=1\text{t/m}^3\times9.807\text{m/s}^2=9.807\times10^3\ (\text{kg}\cdot\text{m/s}^2)/\text{m}^3=9.807\times10^3\text{N/m}^3\approx10\text{kN/m}^3$。

【例题 3-1】 某原状土样，测得土的天然重度 $\gamma=17.0\text{kN/m}^3$（天然密度 $\rho=1.70\text{g/cm}^3$），含水量 $w=22.2\%$，土粒比重 $d_s=2.72$。试求：土的孔隙比 e、孔隙率 n、饱和度 S_r、干重度 γ_d、饱和重度 γ_{sat}和有效重度 γ'。

解 （1）$e=\dfrac{d_s(1+w)\rho_w}{\rho}-1=\dfrac{2.72\times(1+0.22)}{1.70}-1=0.952$

（2）$n=\dfrac{e}{1+e}=\dfrac{0.952}{1+0.952}=0.488=48.8\%$

（3）$S_r=\dfrac{wd_s}{e}=\dfrac{0.22\times2.72}{0.952}=0.629=62.9\%$

（4）$\gamma_d=\dfrac{\gamma_w d_s}{1+e}=\dfrac{10\times2.72}{1+0.952}=13.93\text{kN/m}^3$

（5）$\gamma_{sat}=\dfrac{\gamma_w(d_s+e)}{1+e}=\dfrac{10\times(2.72+0.92)}{1+0.952}=18.81\text{kN/m}^3$

（6）$\gamma'=\dfrac{\gamma_w(d_s-1)}{1+e}=\dfrac{10\times(2.72-1)}{1+0.952}=8.81\text{kN/m}^3$

第三节 无粘性土的密实度

无粘性土一般是指砂类土和碎石土。这两类土的物理状态主要决定于土的密实程度。无粘性土的密实度对其工程性质有重要影响。无粘性土呈密实状态时，强度较大，是良好的天然地基；呈松散状态时则是一种软弱地基，尤其是饱和的粉、细砂，稳定性很差，在震动荷载作用下，可能发生液化。

一、砂土的密实度

砂土的密实度在一定程度上可根据天然孔隙比 e 的大小来评定。但对于级配相差较大的不同类土，则天然孔隙比 e 难以有效判定密实度的相对高低。例如，就某一确定的天然孔隙比，级配不良的砂土，根据该孔隙比可评定为密实状态；而对于级配良好的土，同样具有这一孔隙比，则可能判为中密或者稍密状态。因此，为了合理判定砂土的密实度状态，在工程上提出了相对密实度 D_r 的概念。D_r 的表达式为

$$D_r=\frac{e_{max}-e}{e_{max}-e_{min}} \tag{3-12}$$

式中 e_{max}——砂土在最松散状态时的孔隙比，即最大孔隙比；

e_{min}——砂土在最密实状态时的孔隙比，即最小孔隙比；

e——砂土在天然状态时的孔隙比。

表 3-5 按相对密实度 D_r 划分砂土密实度

密实度	密 实	中 密	松 散
D_r	$D_r>2/3$	$2/3\geqslant D_r>1/3$	$D_r\leqslant1/3$

当 $D_r=0$，表示砂土处于最松散状态；当 $D_r=1$，表示砂土处于最密实状态。砂类土密实度的划分标准见表 3-5。

从理论上讲，相对密实度的理论比较完善，也是国际上通用的划分砂类土密实度的方法。但测定 e_{max}和 e_{min}的试验方法存在问题，对同一种砂土的试验结果往往离散性很大。

我国学者收集了大量砂土资料，建立了砂土相对密实度 D_r 与天然孔隙比 e 的关系，进一步将松散一档细分为稍密和松散两档，得出了直接按天然孔隙比 e 确定砂土密实度的标

准。这一方法指标简单，避免使用离散性较大的最大、最小孔隙比指标，该方法要求采取原状砂土样。由于天然孔隙比 e 测定比较困难，因此为了有效避免采取原状砂样的困难，在现行国标《建筑地基基础设计规范》（GB 50007—2002）中用按原位标准贯入锤击数 N 划分砂土密实度，见表3-6。

表3-6　按标准贯入击数 N 划分砂土密实度（GB 50007—2002）

密实度	密　实	中　密	稍　密	松　散
标准贯入击数 N	$N>30$	$30\geqslant N>15$	$15\geqslant N>10$	$N\leqslant 10$

注　当用静力触探探头阻力判定砂土的密实度时，可根据当地经验确定。

二、碎石土的密实度

碎石土的密实度可按重型（圆锥）动力触探锤击数 $N_{63.5}$ 划分，见表3-7。

表3-7　按重型动力触探击数 $N_{63.5}$ 划分碎石土密实度（GB 50007—2002）

密实度	密　实	中　密	稍　密	松　散
$N_{63.5}$	$N_{63.5}>20$	$20\geqslant N_{63.5}>10$	$10\geqslant N_{63.5}>5$	$N_{63.5}\leqslant 5$

注　1. 本表适用于平均粒径小于等于50mm且最大粒径不超过100mm的卵石、碎石、圆砾、角砾。对于平均粒径大于50mm或最大粒径大于100mm的碎石土，可按野外鉴别方法确定密实度。
　　2. 表内 $N_{63.5}$ 为经综合修正后的平均值。

对于大颗粒含量较多的碎石土，其密实度很难做室内试验或原位触探试验，可按表3-8的野外鉴别方法来划分。

表3-8　碎石土密实度野外鉴别方法

密实度	骨架颗粒含量和排列	可　挖　性	可　钻　性
密实	骨架颗粒含量大于总重的70%，呈交错排列，连续接触	锹镐挖掘困难，用撬棍方能松动，井壁一般较稳定	钻进极困难，冲击钻探时，钻杆、吊锤跳动剧烈，孔壁较稳定
中密	骨架颗粒含量等于总重的60%～70%，呈交错排列，大部分接触	锹镐可挖掘，井壁有掉块现象，从井壁取出大颗粒处，能保持颗粒凹面形状	钻进较困难，冲击钻探时，钻杆、吊锤跳动不剧烈，孔壁有坍塌现象
稍密	骨架颗粒含量小于总重的55%～60%，排列混乱，大部分不接触	锹可以挖掘，井壁易坍塌，从井壁取出大颗粒后，砂土立即坍落	钻进较容易，冲击钻探时，钻杆稍有跳动，孔壁易坍塌
松散	骨架颗粒含量小于总重的55%，排列十分混乱，绝大部分不接触	锹易挖掘，井壁极易坍塌	钻进很容易，冲击钻探时，钻杆无跳动，孔壁极易坍塌

注　1. 骨架颗粒系指与表3-13碎石土分类名称相对应粒径的颗粒。
　　2. 碎石土密实度的划分，应按表列各项要求综合确定。

第四节　粘性土的物理性质

一、粘性土的可塑性及界限含水量

同一种粘性土随其含水量的不同，而分别处于固态、半固态、可塑状态和流动状态，其

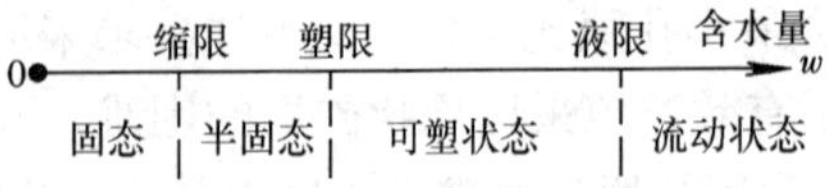

缩限　塑限　液限　含水量
0　w
固态　半固态　可塑状态　流动状态

图 3-6　粘性土的物理状态与含水量的关系

界限含水量分别为缩限、塑限和液限，如图 3-6 所示。所谓可塑状态，就是当粘性土在某含水量范围内，可用外力塑成任何形状而不发生裂纹，并当外力移去后仍能保持既得的形状，土的这种性能叫做可塑性。粘性土由一种状态转到另一种状态的界限含水量，称为界限含水量。它对粘性土的分类及工程性质的评价有重要意义。

粘性土由可塑状态转到流动状态的界限含水量称为液限（或塑性上限含水量或流限），用符号 w_L 表示；土由半固态转到可塑状态的界限含水量称为塑限（或塑性下限含水量），用符号 w_p 表示；土由半固体状态不断蒸发水分，则体积继续逐渐缩小，直到体积不再收缩时，对应土的界限含水量叫缩限，用符号 w_s 表示。界限含水量都以百分数表示（省去％符号）。

我国采用锥式液限仪见图 3-7，来测定粘性土的液限 w_L。将调成均匀的浓糊状试样装满盛土杯内（盛土杯置于底座上），刮平杯口表面，将 76g 重的圆锥体轻放在试样表面的中心，使其在自重作用下沉入试样，若圆锥体经 5s 钟恰好沉入 10mm 深度，这时杯内土样的含水量就是液限 w_L 值。为了避免放锥时的人为晃动影响，可采用电磁放锥的方法，可以提高测试精度，实践证明其效果较好。

美国、日本等国家使用碟式液限仪来测定粘性土的液限。它是将调成浓糊状的试样装在碟内，刮平表面，用切槽器在土中成槽，槽底宽度为 2mm，如图3-8所示，然后将碟子抬高 10mm，使碟自由下落，连续下落 25 次后，如土槽合拢长度为 13mm，这时试样的含水量就是液限。

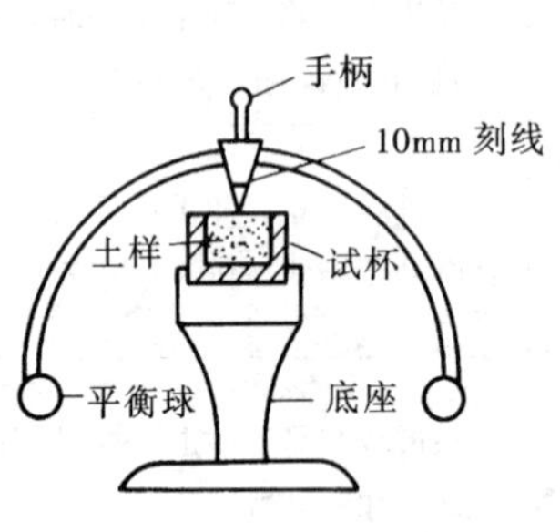

图 3-7　锥式液限仪

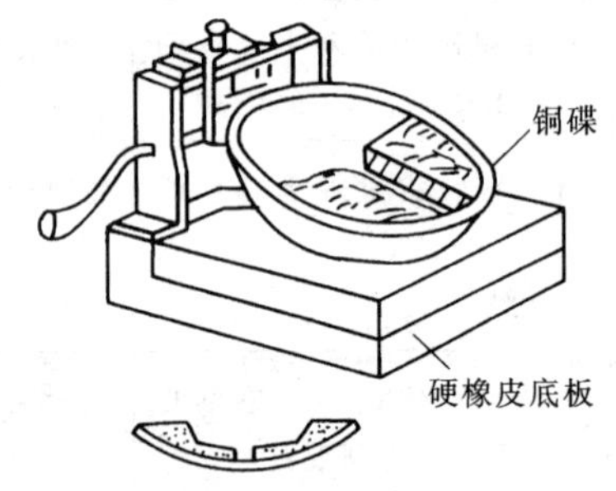

图 3-8　碟式液限仪

粘性土的塑限 w_p 采用“搓条法”测定。即用双手将天然湿度的土样搓成小圆球（球径小于 10mm），放在毛玻璃板上再用手掌慢慢搓滚成小土条，若土条搓到直径为 3mm 时恰好开始断裂，这时断裂土条的含水量就是塑限 w_p 值。搓条法受人为因素的影响较大，因而成果不稳定。利用锥式液限仪联合测定液、塑限，实践证明可以取代搓条法。

联合测定法求液限、塑限是采用锥式液限仪以电磁放锥法对粘性土试样以不同的含水量进行若干次试验（一般为 3 组），并按测定结果在双对数坐标纸上作出 76g 圆锥体的入土深度与含水量的关系曲线（见图 3-9）。根据大量试验资料，它接近于一根直线。如同时采用圆锥仪法及搓条法分别做液限、塑限试验进行比较，则对应于圆锥体入土深度为 10mm 和 2mm 时土样的含水量分别为该土的液限和塑限。

20 世纪 50 年代以来，我国一直以 76g 圆锥仪下沉深度 10mm 作为液限标准，但这与碟式仪测得的液限值不一致。国内外研究成果分析表明，圆锥仪下沉深度 17mm 时的含水量与碟式仪测出的液限值相当。

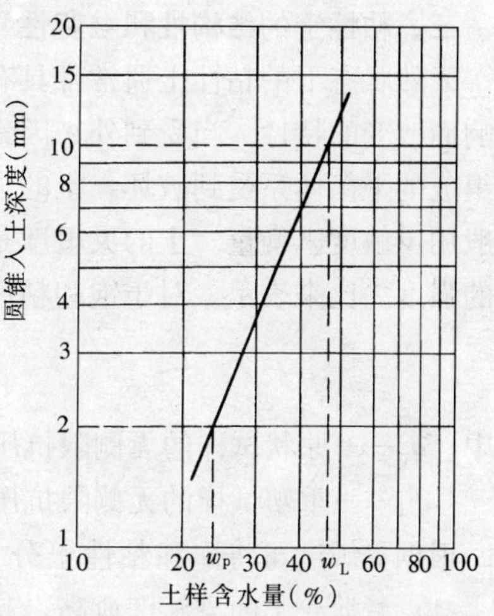

图 3-9　圆锥体入土深度与含水量的关系

二、粘性土的塑性指数和液性指数

粘性土的可塑性指标除了上述塑限、液限及缩限外，还有塑性指数、液性指数等指标。

1. 塑性指数 I_p

塑性指数是指液限与塑限的差值（省去%符号），即土处在可塑状态的含水量变化范围，用符号 I_p 表示，即

$$I_p = w_L - w_p \tag{3-13}$$

显然，塑性指数愈大，土处于可塑状态的含水量范围也愈大。换句话说，塑性指数的大小与土中结合水的可能含量有关。从土的颗粒来说，土粒愈细，则其比表面（积）愈大，结合水含量愈高，因而 I_p 也随之增大。从矿物成分来说，粘土矿物（尤以蒙脱石类）含量愈多，水化作用愈剧烈，结合水愈高，因而 I_p 也愈大。从土中水的离子成分和浓度来说，当水中高价阳离子的浓度增加时，土粒表面吸附的反离子层中阳离子数量减少，层厚变薄，结合水含量相应减少，I_p 也小；反之随着反离子层中的低价阳离子的增加，I_p 变大。在一定程度上，塑性指数综合反映了影响粘性土及其组成的基本特性。因此，在工程上常按塑性指数对粘性土进行分类。

2. 液性指数 I_L

液性指数是指粘性土的天然含水量和塑限的差值与塑性指数之比，用符号 I_L 表示，即

$$I_L = \frac{w - w_p}{w_L - w_p} = \frac{w - w_p}{I_p} \tag{3-14}$$

从式中可见，当土的天然含水量 w 小于 w_p 时，I_L 小于 0，天然土处于坚硬状态；当 w 大于 w_L 时，I_L 大于 1，天然土处于流动状态；当 w 在 w_p 与 w_L 之间时，即 I_L 在 0～1 之间，则天然土处于可塑状态。因此，可以利用液性指数 I_L 作为粘性土的划分指标。I_L 值愈大，土质愈软；反之，土质愈硬。粘性土根据液性指数值划分软硬状态，其划分标准见表 3-9。

表 3-9　粘性土的状态

状　态	坚　硬	硬　塑	可　塑	软　塑	流　塑
液性指数 I_L	$I_L \leqslant 0$	$0 < I_L \leqslant 0.25$	$0.25 < I_L \leqslant 0.75$	$0.75 < I_L \leqslant 1.0$	$I_L > 1.0$

注　当用静力触探探头阻力或标准贯入锤击数判定粘性土的状态时，可根据当地经验确定。

在这里必须强调一点，粘性土界限含水量指标 w_p 与 w_L 都是采用重塑土测定的，仅仅是天然结构完全破坏的重塑土的物理状态界限含水量。它们反映粘土颗粒与水的相互作用，但并不能完全反映具有结构性的粘性土体与水的关系，以及作用后表现出的物理状态。因此，保持天然结构的原状土，在其含水量达到液限以后，并不处于流动状态。当然，一旦土的这种结构性被破坏，土体则呈现流动状态。

三、粘性土的结构性和触变性

天然状态下的粘性土通常都具有一定的结构性，土的结构性是指天然土的结构受到扰动影响而改变的特性。当受到外来因素的扰动时，土粒间的胶结物质以及土粒、离子、水分子所组成的平衡体系受到破坏，土的强度降低和压缩性增大。土的结构性对强度的这种影响，一般用灵敏度来衡量。土的灵敏度是以原状土的强度与该土经重塑（土的结构性彻底破坏）后的强度之比来表示。对于饱和粘性土的灵敏度 S_t 可按下式计算

$$S_t = \frac{q_u}{q'_u} \tag{3-15}$$

式中 q_u——原状试样的无侧限抗压强度，kPa；

q'_u——重塑试样的无侧限抗压强度，kPa。

根据灵敏度可将饱和粘性土分为低灵敏（$1<S_t\leqslant 2$）、中灵敏（$2<S_t\leqslant 4$）和高灵敏（$S_t>4$）三类。土的灵敏度愈高，其结构性愈强，受扰动后土的强度降低就愈多。所以在基础施工中应注意保护基坑或基槽，尽量减少对坑底土结构的扰动。

饱和粘性土的结构受到扰动，导致强度降低，但当扰动停止后，土的强度又随时间而逐渐增长而（部分）恢复。粘性土的这种抗剪强度随时间恢复的胶体化学性质称为土的触变性。这是土体中土颗粒、离子和水分子体系随时间而逐渐趋于新的平衡状态的缘故。在粘性土中沉桩时，往往利用振扰的方法，破坏桩侧土与桩尖土的结构，以降低沉桩的阻力。但在沉桩完成后，土的强度可随时间部分恢复，使桩的承载力逐渐增加，这就是利用了土的触变性机理。

第五节 土的工程分类

自然界的土类众多，工程性质各异。地基土分类的任务是根据分类用途和岩土的各种性质的差异将其划分为一定的类别。根据分类名称，可以大致判断土的工程特性、评价土作为建筑材料的适宜性以及结合其他指标来确定地基的承载力等。岩石和土的分类方法很多，在建筑工程中，土是作为地基来承受建筑物的荷载，主要根据土的工程性质及其与地质成因来进行分类。

作为建筑地基的岩土，可分为岩石、碎石土、砂土、粉土、粘性土和人工填土。

一、岩石

岩石为颗粒间牢固联结，呈整体或具有节理裂隙的岩体。作为建筑物地基的岩石，可根据其坚硬程度、风化程度和完整程度来划分。

岩石按坚硬程度分为坚硬岩、较硬岩、较软岩、软岩和极软岩，其坚硬程度根据岩块的饱和单轴抗压强度 f_{rk} 来确定，见表 3-10。

表 3-10 岩石按坚硬程度分类

坚硬程度类别	硬质岩		软质岩		极软岩
	坚硬岩	较硬岩	较软岩	软岩	
饱和单轴抗压强度标准值 f_{rk}（MPa）	$f_{rk}>60$	$60\geqslant f_{rk}>30$	$30\geqslant f_{rk}>15$	$15\geqslant f_{rk}>5$	$f_{rk}\leqslant 5$

岩石按风化程度可分为未风化、微风化、中风化、强风化和全风化，见表 3-11。

表 3-11　岩石按风化程度分类

风化程度	野外特征
未风化	岩质新鲜，偶见风化痕迹
微风化	结构基本未变，仅节理面有渲染或略有变色，有少量风化裂隙
中风化	结构部分破坏，沿节理面有次生矿物，风化裂隙发育，岩体被切割成岩块，用镐难挖，岩芯钻方可钻进
强风化	结构大部分破坏，矿物成分显著变化，风化裂隙很发育，岩体破碎，用镐难挖，干钻不易钻进
全风化	结构基本破坏，但尚可辨认，有残余结构强度，可用镐挖，干钻可钻进

岩石按岩体完整程度可划分为完整、较完整、较破碎、破碎和极破碎，见表 3-12。

表 3-12　岩石按完整程度分类

完整程度等级	完整	较完整	较破碎	破碎	极破碎
完整性指数	>0.75	0.75～0.55	0.55～0.35	0.35～0.15	<0.15

注　完整性指数为岩体纵波波速与岩块纵波波速之比的平方。选定岩体、岩块测定波速时应有代表性。

二、碎石土

粒径大于 2mm 的颗粒含量超过全重 50%的土称为碎石土。根据颗粒级配和颗粒形状按表 3-13 分为漂石、块石、卵石、碎石、圆砾和角砾。

表 3-13　碎石土分类

土的名称	颗粒形状	粒组含量
漂石	圆形及亚圆形为主	粒径大于 200mm 的颗粒含量超过全重 50%
块石	棱角形为主	
卵石	圆形及亚圆形为主	粒径大于 20mm 的颗粒含量超过全重 50%
碎石	棱角形为主	
圆砾	圆形及亚圆形为主	粒径大于 2mm 的颗粒含量超过全重 50%
角砾	棱角形为主	

注　分类时应根据粒组含量栏从上到下以最先符合者确定。

三、砂土

粒径大于 2mm 的颗粒含量不超过全重 50%，且粒径大于 0.075mm 的颗粒含量超过全重 50%的土称为砂土。根据颗粒级配按表 3-14 分为砾砂、粗砂、中砂、细砂和粉砂。

表 3-14　砂土分类

土的名称	粒组含量	土的名称	粒组含量
砾砂	粒径大于 2mm 的颗粒含量占全重 25%～50%	细砂	粒径大于 0.075mm 的颗粒含量超过全重 85%
粗砂	粒径大于 0.5mm 的颗粒含量超过全重 50%	粉砂	粒径大于 0.075mm 的颗粒含量超过全重 50%
中砂	粒径大于 0.25mm 的颗粒含量超过全重 50%		

注　分类时应根据粒组含量栏从上到下以最先符合者确定。

四、粉土

粉土介于砂土与粘性土之间，塑性指数不大于 10，粒径大于 0.075mm 的颗粒含量不超

表 3-15 粘性土分类

土 的 名 称	塑性指数 I_p
粉质粘土	$10<I_p\leqslant17$
粘 土	$I_p>17$

注 塑性指数由相应于 76g 圆锥体沉入土样中深度为 10mm 时测定的液限计算而得。

过全重 50%的土。

五、粘性土

塑性指数大于 10 的土称为粘性土。根据塑性指数 I_p 按表 3-15 分为粉质粘土和粘土。

六、特殊土

具有一定分布区域或工程意义，具有特殊成分、状态和结构特征的土称为特殊土，它分为湿陷性土、红粘土、淤泥和淤泥质土、人工填土、冻土、膨胀土、黄土等。

（1）淤泥和淤泥质土。淤泥为在静水或缓慢的流水环境中沉积，并经生物化学作用形成，天然含水量大于液限、天然孔隙比大于或等于 1.5 的粘性土；天然含水量大于液限而天然孔隙比小于 1.5 但大于或等于 1.0 的粘性土或粉土为淤泥质土。当土的有机质含量大于 5%时称为有机质土，大于 60%称为泥炭。

（2）红粘土。红粘土为碳酸盐岩系的岩石经红土化作用形成的高塑性粘土。其液限一般大于 50。红粘土经再搬运后仍保留其基本特征，其液限大于 45 的土为次生红粘土。我国的红粘土主要分布于云贵高原、南岭山脉南北两侧以及湘西、鄂西丘陵山地等。

（3）人工填土。人工填土是指由人类活动而堆填的土。其物质成分杂乱，均匀性差。根据其组成和成因，可分为素填土、压实填土、杂填土和冲填土，其分类标准见表 3-16。

表 3-16 人工填土的分类

土的名称	组 成 物 质	土的名称	组 成 物 质
素填土	由碎石土、砂土、粉土、粘性土等组成的填土	杂填土	含有建筑垃圾、工业废料、生活垃圾等杂物的填土
压实填土	经过压实或夯实的素填土	冲填土	由水力冲填泥砂形成的填土

（4）膨胀土。膨胀土为土中粘粒成分主要由亲水性矿物组成，同时具有显著的吸水膨胀和失水收缩特性且自由膨胀率大于或等于 40%的粘性土。膨胀土在在通常情况下强度较高，压缩性较低，易被误认为良好的地基，而一旦遇水，就呈现出吸水膨胀失水收缩的能力，往往导致建筑物和地坪开裂、变形而破坏。

（5）湿陷性土。湿陷性土为浸水后产生附加沉降、湿陷系数大于或等于 0.015 的土。湿陷性土体在一定压力下受水浸湿会产生湿陷性变形。湿陷性土有湿陷性黄土、干旱和半干旱地区的具有崩解性的碎石土和砂土等。

（6）冻土。当土的温度降至摄氏零度以下时，土中部分孔隙水将冻结而形成冻土。冻土可分为季节性冻土和多年冻土两类。季节性冻土在冬季冻结而夏季融化，每年冻融交替一次。多年冻土则常年均处于冻结状态，且冻结连续三年以上。

思 考 题

3-1 土是由哪几部分组成的？各部分的特征如何？土的三相比例的变化对土的工程性质有何影响？

3-2 什么是土的颗粒级配？土的颗粒级配指标有哪些？如何利用土的颗粒级配曲线形态和颗粒级配指标评价土的工程性质？

3-3　什么是土的结构？土的结构有哪几种基本类型？

3-4　土的三相比例指标有哪些？各如何定义？哪些可以直接测定？如何测定？哪些需要通过换算求得？

3-5　说明土的天然重度 γ、饱和重度 γ_{sat}、浮重度 γ' 和干重度 γ_d 的物理意义并比较它们的大小。

3-6　砂土的密实度的划分标准有哪些？具体如何划分？

3-7　粘性土的界限含水量有哪些？各如何确定？如何利用界限含水量划分粘性土的物理状态？

3-8　什么是塑性指数？塑性指数的大小与哪些因素有关？在工程上有何应用？

3-9　什么是液性指数？如何应用液性指数来评价土的软硬状态？

3-10　地基土分为几大类？各类土的划分依据是什么？

习　题

3-1　某土样在天然状态下的体积为 200cm^3，质量为 334g，烘干后质量为 290g，土粒相对密度 $d_s=2.66$，试计算该土样的密度、含水量、干密度、孔隙比、孔隙率和饱和度。

3-2　用体积为 72cm^3 的环刀取得某原状土样重 129.5g，烘干后土重 121.5g，土粒相对密度 $d_s=2.70$，试计算该土样的含水量 w、孔隙比 e、饱和度 S_r、重度 γ、饱和重度 γ_{sat}、浮重度 γ' 和干重度 γ_d。

3-3　某完全饱和的中砂土样的含水量 $w=32\%$，土粒相对密度 $d_s=2.68$，试求该土样的孔隙比 e 和重度 γ。

3-4　某砂土样的密度为 $\rho=1.77\text{g/cm}^3$，含水量 $w=9.8\%$，土粒相对密度 $d_s=2.67$，烘干后测定最小孔隙比为 0.461，最大孔隙比为 0.943，试求该土样的相对密实度 D_r 并判定该砂土的密实状态。

3-5　某砂土的含水量 $w=28.5\%$、天然重度 $\gamma=19.0\text{kN/m}^3$、土粒相对密度 $d_s=2.68$，颗粒分析结果见表 3-17。

表 3-17　某砂土颗粒分析结果

土粒组的粒径范围（mm）	＞2	2～0.5	0.5～0.25	0.25～0.075	＜0.075
粒组占干土总质量的百分数（%）	9.4	18.6	21.0	37.5	13.5

要求：

（1）确定该土样的名称。

（2）计算该土的孔隙比和饱和度。

（3）确定该土的湿度状态。

（4）如该土埋深在离地面 3m 以内，其标准贯入锤击数 $N=14$，试确定该土的密实度。

3-6　某粘性土的含水量 $w=36.4\%$，液限 $w_L=48\%$，塑限 $w_p=25.4\%$。要求：

（1）计算该土的塑性指数 I_p 和液性指数 I_L。

（2）确定该土的名称及状态。

第四章　地基中的应力

本章提要

通过本章的学习，理解自重应力和附加应力的概念，掌握基底压力的简化计算方法和基底附加压力的计算方法，熟练掌握均质土及成层土中的自重应力计算，掌握矩形和条形均布荷载作用下附加应力的计算方法和分布规律。

地基在自身重力和外荷载（如建筑物荷载、交通荷载、地下水的渗流力、地震力等）的作用下，均可产生应力。地基中应力的变化将引起地基的变形，使建筑物发生沉降、倾斜以及水平位移，影响建筑物的正常使用。土中应力过大时，会导致土体的强度破坏，使建筑物地基的承载力不足而发生失稳。因此，为了对建筑物地基基础进行沉降（变形）、承载力（强度）及稳定性分析，必须掌握土中应力状态，了解地基中应力的计算和分布规律。

地基中的应力按其产生的原因不同，可分为自重应力和附加应力两种。由土体自身重力在地基内所产生的应力称为自重应力；土体在外荷载（包括建筑物荷载、交通荷载）、地下水渗流、地震等作用下在地基内附加产生的应力增量称为附加应力。土中自重应力和附加应力的产生原因不同，因而两者计算方法不同，分布规律及对工程的影响也不同。一般来说，除新近沉积或堆积的土层外，土的自重应力不再引起地基的变形；而附加应力是地基中新增加的应力，它是引起土体变形或地基变形的主要原因，也是导致土体强度破坏和失稳的重要原因。

研究土体或地基的应力和变形，必须从土的应力与应变的基本关系出发。土是由三相所组成的非连续介质，天然地基往往是由成层土所组成的非均质或各向异性体，土的应力—应变关系同土的种类、密实度、应力历史等有密切关系，具有非线性、非弹性的特征。为了简化计算，通常把地基土视为均匀的、各向同性的半无限空间弹性体，应用弹性力学公式来求解土中应力。实践证明，当基底压力在一定范围内（一般建筑物荷载作用下的地基中应力的变化范围不太大）时，用弹性理论的计算结果能够满足实际工程的要求。在土力学中，规定压应力为正，拉应力为负。

本章将介绍土中自重应力、基底压力（接触应力）、基底附加压力和地基附加应力。

第一节　土的自重应力

一、均质土中自重应力

在计算土中自重应力时，假设地基为均质连续的半无限空间体，土体在自重应力作用下只产生竖向变形，而无侧向位移和剪切变形。若土的天然重度为 γ（kN/m^3），则在天然地面下任意深度 z 处水平面上的竖向自重应力 σ_{cz}（kPa），可取作用于该水平面任一单位面积上土柱体的自重 $\gamma z\times1$ 计算见图 4-1，即

$$\sigma_{cz}=\gamma z \tag{4-1}$$

σ_{cz}沿水平面均匀分布，且与 z 成正比，即随深度呈线性增加，如图 4-1（a）所示。地基中除有作用于水平面上的竖向自重应力外，在竖直面上还作用有水平向的侧向自重应力，侧向自重应力 σ_{cx}和σ_{cy}应与σ_{cz}成正比，而剪应力均为零，即

$$\sigma_{cx}=\sigma_{cy}=K_0\sigma_{cz} \tag{4-2}$$

$$\tau_{xy}=\tau_{yz}=\tau_{zx}=0 \tag{4-3}$$

式中比例系数 K_0 称为土的侧压力系数或静止土压力系数，可由试验测定，也可由经验值确定，见表 4-1。

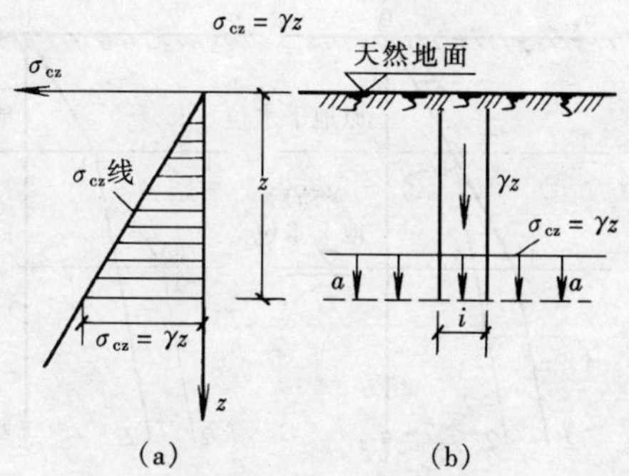

图 4-1 均质土中竖向自重应力

（a）沿深度的分布；（b）任意水平面上的分布

表 4-1 **土的侧压力系数 K_0 的经验参考值**

土的种类与状态	碎石土	砂土	粉土	粉质粘土			粘土		
				坚硬	可塑	软塑及流塑	坚硬	可塑	软塑及流塑
K_0	0.18～0.25	0.25～0.33	0.33	0.33	0.43	0.53	0.33	0.53	0.72

若计算点在地下水位以下，由于水对土体有浮力作用，则水下部分土柱体的有效重力应采用土的浮重度（有效重度）γ'计算。

二、成层土中自重应力

一般情况下，天然地基土往往是成层的，而各层土具有不同的重度。如地下水位位于同一土层中，计算自重应力时，地下水位面也应作为分层的界面。如图 4-2 所示，天然地面下深度 z 范围内各层土的厚度为h_i，重度为γ_i，则深度 z 处土的自重应力可通过对各层土自重应力求和得到，即

$$\sigma_{cz}=\gamma_1 h_1+\gamma_2 h_2+\cdots+\gamma_n h_n=\sum_{i=1}^{n}\gamma_i h_i \tag{4-4}$$

式中 σ_{cz}——天然地面下任意深度处的竖向有效自重应力，kPa；

n——深度 z 范围内的土层总数；

h_i——第 i 层土的厚度，m；

γ_i——第 i 层土的天然重度，对地下水位以下的土层取浮重度（有效重度）γ'_i，kN/m³。

在地下水位以下，如埋藏有不透水层（例如岩层或只含结合水的坚硬粘土层），由于不透水层中不存在水的浮力，所以不透水层顶面的自重应力值及层面以下的自重应力应按上覆土层的水土总重计算，如图 4-2 中虚线下端所示。

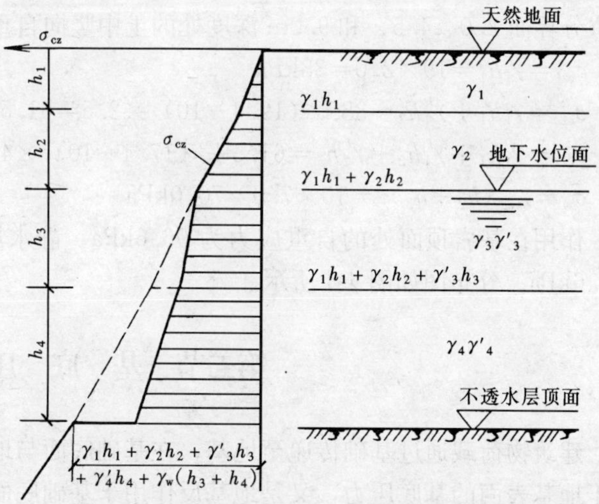

图 4-2 成层土中竖向自重应力沿深度的分布

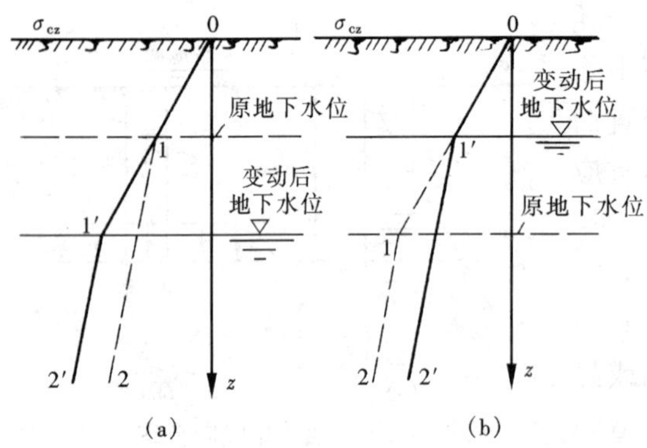

图 4-3　地下水位升降对土中自重应力的影响

0—1—2　线为原来自重应力的分布；

0—1′—2′　线为地下水位变动后自重应力的分布

三、地下水位升降对土中自重应力的影响

地下水位升降，使地基土中自重应力也相应发生变化。图 4-3（a）为地下水位下降的情况，如大量抽取地下水，导致地下水位长期大幅度下降，使地基中有效自重应力增加，从而引起地面大面积沉降。在进行基坑开挖时，若降水过深、时间过长，则常引起坑外地表下沉而导致邻近建筑物开裂、倾斜。

图 4-3（b）为地下水位长期上升的情况，如在人工抬高蓄水水位地区（如筑坝蓄水）或工业废水大量渗入地下的地区。水位上升会引起地基承载力的减小、湿陷性土的陷塌现象等，在基坑工程完工之前如停止基坑降水而使地下水位回升，则可导致基坑边坡坍塌或使新浇注的强度尚低的基础底板断裂，必须引起注意。

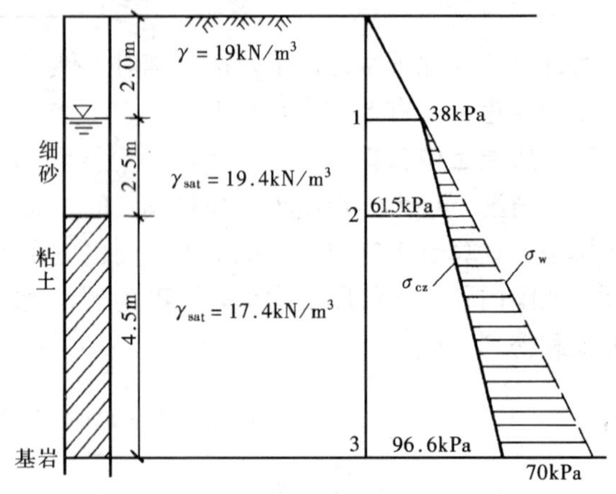

图 4-4　例题 4-1 图

【例题 4-1】　某建筑场地的地质柱状图和土的有关指标列于图 4-4 中。试计算图 4-4 所示土层的自重应力及作用在基岩顶面的土自重应力和静水压力之和，并绘出分布图。

解　本例天然地面下第一层细砂厚 4.5m，其中地下水位以上和以下的厚度分别为 2.0m 和 2.5m；第二层为厚 4.5m 的粘土层。依次计算土层及地下水位分界面 2.0、4.5、和 9.0m 深度处的土中竖向自重应力。

$$\sigma_{cz1}=\gamma_1 h_1=19\times 2.0=38\text{kPa}$$

$$\sigma_{cz2}=\gamma_1 h_1+\gamma'_1 h_2=38+(19.4-10)\times 2.5=61.5\text{kPa}$$

$$\sigma_{cz3}=\gamma_1 h_1+\gamma'_1 h_2+\gamma'_2 h_3=61.5+(17.4-10)\times 4.5=96.6\text{kPa}$$

$$\sigma_w=\gamma_w(h_2+h_3)=10\times 7.0=70.0\text{kPa}$$

作用在基岩顶面处的自重应力为 96.6kPa，静水压力为 70kPa，总应力为 96.6+70=166.6kPa。分布图如图 4-4 所示。

第二节　基　底　压　力

建筑物荷载通过基础传递至地基，在基础底面与地基之间产生接触应力。它既是基础作用于地基表面的基底压力，又是地基反作用于基础底面的基底反力。基底压力的大小和分布状况，将对地基内部的附加应力有着直接的影响。为了计算上部荷载在地基土层中引起的附加应力，应首先研究基底压力的大小与分布情况。基底压力与荷载的大小和分布、基础的刚度、基础的埋置深度以及地基土的性质等多种因素有关。

一般情况下，基底压力呈非线性分布。对于柱下单独基础、墙下条形基础等刚性基础，因为受地基容许承载力的限制，加上基础还有一定的埋置深度，其基底压力呈马鞍形分布。根据弹性理论中圣维南原理，在基础底面下一定深度所引起的地基附加应力与基底荷载分布形态无关，而只与其合力的大小与作用点位置有关。因此，在工程实用中，对于具有一定刚度以及尺寸较小的柱下单独基础、墙下条形基础等扩展基础，其基底压力当作近似直线分布，按材料力学公式进行简化计算。

一、基底压力的简化计算

1. 中心荷载下的基底压力

中心荷载下的基础，其所受荷载的合力通过基底形心。基底压力假定为均匀分布如图 4-5 所示，此时基底平均压力 p（kPa）按下式计算

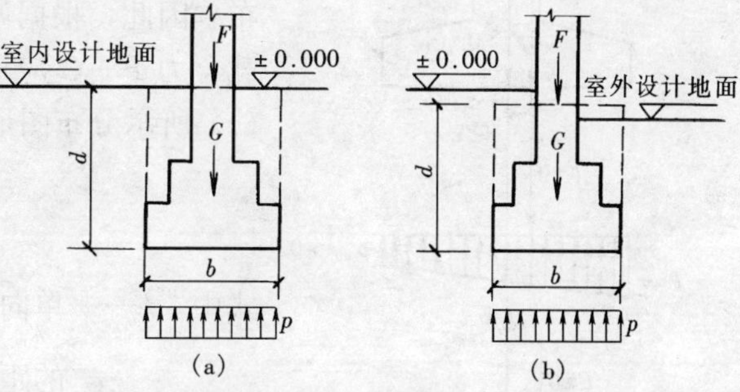

图 4-5 中心荷载下的基底压分布

$$p=\frac{F+G}{A} \tag{4-5}$$

式中 F——作用在基础上的竖向力，kN。

G——基础自重及其上回填土重力的总重力，kN；$G=\gamma_G Ad$，其中 γ_G 为基础及回填土之平均重度，一般取 $20kN/m^3$，但地下水位以下部分应扣去浮力为 $10kN/m^3$；d 为基础埋深，必须从设计地面或室内外平均设计地面算起，如图 4-5（b）所示。

A——基底面积，m^2，对矩形基础 $A=lb$，l 和 b 分别为矩形基底的长度和宽度。

对于荷载沿长度方向均匀分布的条形基础，则沿长度方向截取一单位长度的截条进行基底平均压力 p 的计算，此时式（4-5）中 A 改为 b，而 F 及 G 则为基础截条内的相应值(kN/m)。

2. 偏心荷载下的基底压力

对于单向偏心荷载下的矩形基础如图 4-6 所示。设计时，通常基底长边方向取与偏心方向一致，基底两边缘最大、最小压力 p_{max}、p_{min}（kPa）按材料力学短柱偏心受压公式计算

$$\left.\begin{matrix}p_{max}\\p_{min}\end{matrix}\right\}=\frac{F+G}{lb}\pm\frac{M}{W} \tag{4-6}$$

式中 F、G、l、b 符号意义同式（4-5）；

M——作用在矩形基础底面的力矩，kN·m；

W——基础底面的抵抗矩，m^3，$W=\frac{bl^2}{6}$。

将偏心荷载（如图中虚线所示）的偏心矩 $e=\frac{M}{F+G}$引入式（4-6）得

$$\left.\begin{matrix}p_{max}\\p_{min}\end{matrix}\right\}=\frac{F+G}{lb}\left(1\pm\frac{6e}{l}\right) \tag{4-7}$$

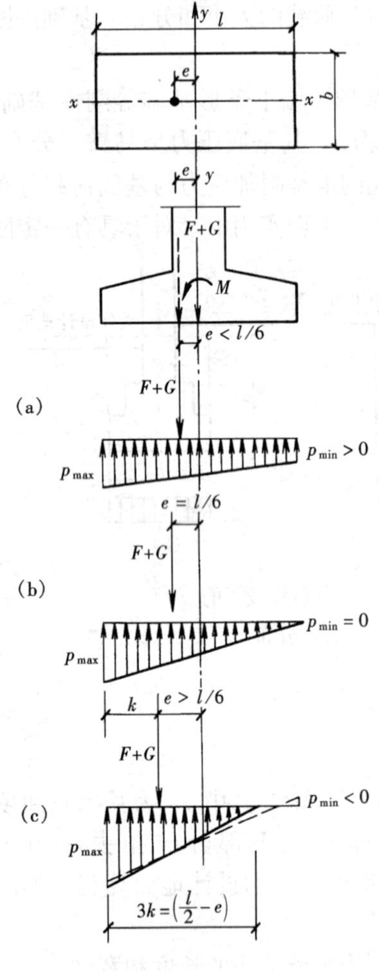

图 4-6　单向偏心荷载下的矩形基底压力分布图

由式（4-7）可见，当 $e<l/6$ 时，基底压力分布图呈梯形，如图 4-6（a）所示；当 $e=l/6$ 时，则呈三角形，如图 4-6（b）所示；当 $e>l/6$ 时，按式（4-7）计算结果，距偏心荷载较远的基底边缘反力为负值，即 $p_{min}<0$，如图 4-6（c）中虚线所示。由于基底与地基之间不能承受拉力，此时基底与地基局部脱开，而使基底压力重新分布。因此，根据偏心荷载应与基底反力相平衡的条件，荷载合力 $F+G$ 应通过三角形反力分布图的形心，如图 4-6（c）所示分布图形，由此可得基底边缘的最大压力 p_{max} 为

$$p_{max}=\frac{2(F+G)}{3bk} \tag{4-8}$$

式中　k——单向偏心作用点至具有最大压力的基底边缘的距离，$k=\frac{l}{2}-e$。

二、基底附加压力

建筑物建造前，土中早已存在自重应力，基底附加压力是作用在基础底面的压力与基底处建前土中自重应力之差。一般天然土层在自重作用下的变形早已结束，因此只有基底附加压力才能引起地基的附加应力和变形。

一般浅基础总是埋置在天然地面下一定深度处，该处原有的有效自重应力由于基坑开挖而卸除，即基底处建前曾有过自重应力的作用，建筑物建后的基底压力应扣除建前土中自重应力后，才是基底处增加于地基的基底附加压力，如图 4-7 所示。

基底平均附加压力值 p_0 应按下式计算

$$p_0=p-\sigma_{cd}=p-\gamma_0 d \tag{4-9}$$

$$\gamma_0=(\gamma_1 h_1+\gamma_2 h_2+\cdots)/(h_1+h_2+\cdots)$$

$$d=h_1+h_2+\cdots$$

式中　p——基底平均压力，kPa。

σ_{cd}——基底处土中自重应力，kPa。

γ_0——基底标高以上天然土层的加权平均重度；其中地下水位下的重度取浮重度，kN/m^3。

d——从天然地面算起的基础埋深，m。

有了基底附加压力，即可把它作为作用在弹性半空间表面上的局部荷载，由此根据弹性力学求算地基中的附加应力。必须指出，实际上，基底附加压力一般作用在地表下一定深度（指浅基础的埋深）处，因此，假设它作用在半空间表面

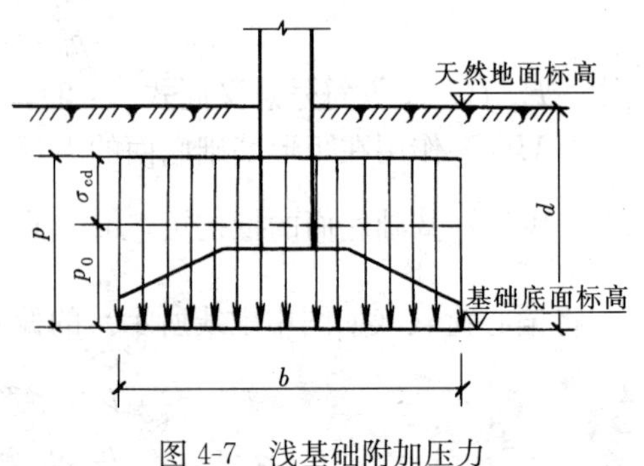

图 4-7　浅基础附加压力

上，而运用弹性力学解答所得的结果只是近似的。不过，对于一般浅基础来说，这种假设所造成的误差可以忽略不计。

必须指出，当基坑的平面尺寸和深度较大时，坑底回弹是明显的，且基坑中点的回弹大于边缘点。在沉降计算中，为了适当考虑这种坑底的回弹和再压缩而增加沉降，改取 $p_0=p-(0\sim1)\ \sigma_{cd}$，此外，式（4-9）尚应保证坑底土质不发生泡水膨胀的条件。

第三节　地 基 附 加 应 力

地基中的附加应力是由建筑物荷载引起的应力增量，目前采用的计算方法是根据弹性理论推导出来的。计算地基中的附加应力时，一般假定地基土是各向同性的、均质的线性变形体，而且在深度和水平方向上都是无限延伸的，即把地基看成是均质的线性变形半空间，这样就可以直接采用弹性力学中关于弹性半空间的理论解答。

一、竖向集中力作用时的地基附加应力

在弹性半空间表面上作用一个竖向集中力时，半空间内任意点处所引起的应力和位移的弹性力学解答是由法国 J. 布辛奈斯克（Boussinesq，1885）作出的。如图 4-8 所示，在半空间（相当于地基）中任意点 M（x、y、z）处的六个应力分量和三个位移分量中，对工程计算意义最大的是竖向正应力 σ_z，其解答如下

$$\sigma_z=\frac{3P}{2\pi}\cdot\frac{z^3}{R^5}=\frac{3P}{2\pi R^2}\cos^3\theta \tag{4-10}$$

式中　P——作用于坐标原点 o 的竖向集中力；

R——M 点至坐标原点 o 的距离，$R=\sqrt{x^2+y^2+z^2}=\sqrt{r^2+z^2}=z/\cos\theta$；

θ——R 线与 z 坐标轴的夹角；

r——M 点与集中力作用点的水平距离。

若用 $R=0$ 代入式（4-10）所得出的结果为无限大，因此，所选择的计算点不应过于接近集中力的作用点。

为了计算方便，以 $R=\sqrt{r^2+z^2}$ 代入式（4-10），则

$$\sigma_z=\frac{3P}{2\pi}\frac{z^3}{(r^2+z^2)^{5/2}}=\frac{3}{2\pi}\frac{1}{\left[(r/z)^2+1\right]^{5/2}}\frac{P}{z^2} \tag{4-11}$$

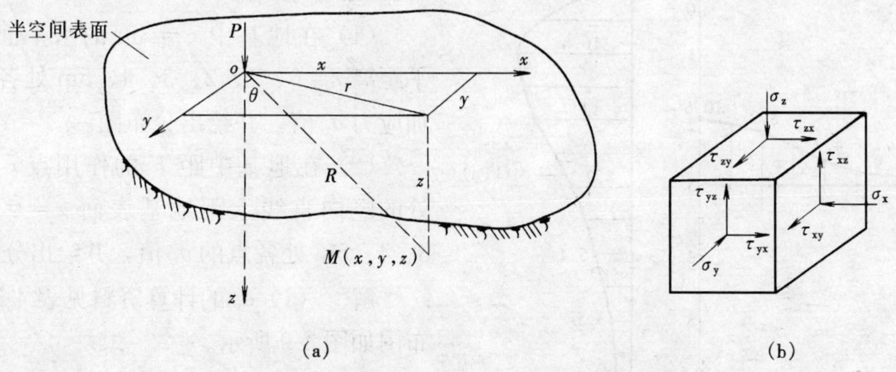

图 4-8　一个竖向集中力作用下所引起的应力

（a）半空间中任意点 M（x、y、z）；（b）M 点处的单元体

令 $\alpha=\frac{3}{2\pi}\frac{1}{[(r/z)^2+1]^{5/2}}$，则式（4-11）改写为

$$\sigma_z=\alpha\frac{P}{z^2} \tag{4-12}$$

式中 α——集中力作用下的地基竖向附加应力系数，是 r/z 的函数，由表 4-2 查取。

表 4-2 集中荷载作用下地基竖向附加应力系数 α

r/z	α	r/z	α	r/z	α	r/z	α	r/z	α
0.00	0.4775	0.50	0.2733	1.00	0.0844	1.50	0.0251	2.00	0.0085
0.05	0.4745	0.55	0.2466	1.05	0.0744	1.55	0.0224	2.20	0.0058
0.10	0.4657	0.60	0.2214	1.10	0.0658	1.60	0.0200	2.40	0.0040
0.15	0.4516	0.65	0.1798	1.15	0.0581	1.65	0.0179	2.60	0.0029
0.20	0.4329	0.70	0.1762	1.20	0.0513	1.70	0.0160	2.80	0.0021
0.25	0.4103	0.75	0.1565	1.25	0.0454	1.75	0.0144	3.00	0.0015
0.30	0.3849	0.80	0.1386	1.30	0.0402	1.80	0.0129	3.50	0.0007
0.35	0.3577	0.85	0.1226	1.35	0.0357	1.85	0.0116	4.00	0.0004
0.40	0.3294	0.90	0.1083	1.40	0.0317	1.90	0.0105	4.50	0.0002
0.45	0.3011	0.95	0.0956	1.45	0.0282	1.95	0.0095	5.00	0.0001

若干个竖向集中力 P_i（i=1、2、…、n）作用在地基表面上，按叠加原理则地面下 z 深度处某点 M 的附加应力 σ_z 应为各集中力单独作用时在 M 点所引起的附加应力之总和，即

$$\sigma_z=\sum_{i=1}^{n}\alpha_i\frac{P_i}{z^2}=\frac{1}{z^2}\sum_{i=1}^{n}\alpha_i P_i \tag{4-13}$$

式中 α_i——第 i 个集中应力系数，其中 r_i 是第 i 个集中荷载作用点到 M 点的水平距离。

建筑物作用于地基上的荷载，总是分布在一定面积上的局部荷载，根据弹性力学的叠加原理利用布辛奈斯克解答，可以通过积分求得各种局部荷载下地基中的附加应力。

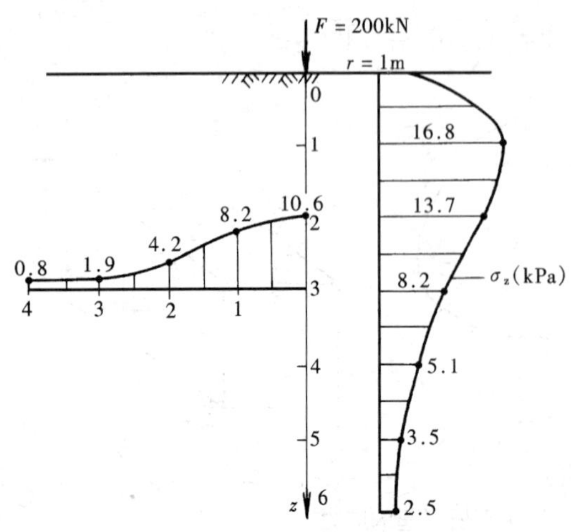

图 4-9 例题 4-2 图

【例题 4-2】 在地基上作用一集中力 F=200kN，试求：

（1）在地基中 z=3m 的水平面上，水平距离 r=0、1、2、3、4、5m 处各点的附加应力 σ_z 值，并绘出分布图。

（2）在地基中距 F 的作用点 r=1.0m 处的竖向直线上距地基表面 z=0、1、2、3、4、5m 处各点的 σ_z 值，并绘出分布图。

解 （1）σ_z 的计算资料见表 4-3；σ_z 分布图如图 4-9 所示。

（2）σ_z 的计算资料见表 4-4；σ_z 分布图如图 4-9 所示。

表 4-3 σ_z 的计算资料（1）

z (m)	r (m)	$\frac{r}{z}$	α（查表 4-2）	σ_z (kPa)
3	0	0	0.478	10.6
3	1	0.33	0.369	8.2
3	2	0.67	0.189	4.2
3	3	1.0	0.084	1.9
3	4	1.33	0.038	0.8
3	5	1.67	0.017	0.4

表 4-4 σ_z 的计算资料（2）

z (m)	r (m)	$\frac{r}{z}$	α（查表 4-2）	σ_z (kPa)	z (m)	r (m)	$\frac{r}{z}$	α（查表 4-2）	σ_z (kPa)
0	1.0	∞	0	0	3	1.0	0.33	0.369	8.2
1	1.0	1.0	0.084	16.8	4	1.0	0.25	0.410	5.1
2	1.0	0.5	0.273	13.7	5	1.0	0.20	0.433	3.5

二、矩形荷载和圆形荷载作用时的地基附加应力

1. 均布的矩形荷载

设矩形荷载面的长度和宽度分别为 l 和 b，作用于地基上的竖向均布荷载（例如中心荷载下的基底附加压力）为 p_0。先以积分法求得矩形荷载面角点下的地基附加应力，然后运用角点法求得矩形荷载下任意点的地基附加应力。如图 4-10 所示，以矩形荷载面角点为坐标原点 o，在荷载面内坐标为（x，y）处取一微单元面积 $dxdy$，并将其上的分布荷载以集中力 p_0dxdy 来代替，则在角点 o 下任意深度 z 的 M 点处由该集中力引起的竖向附加应力 $d\sigma_z$，按式（4-10）得

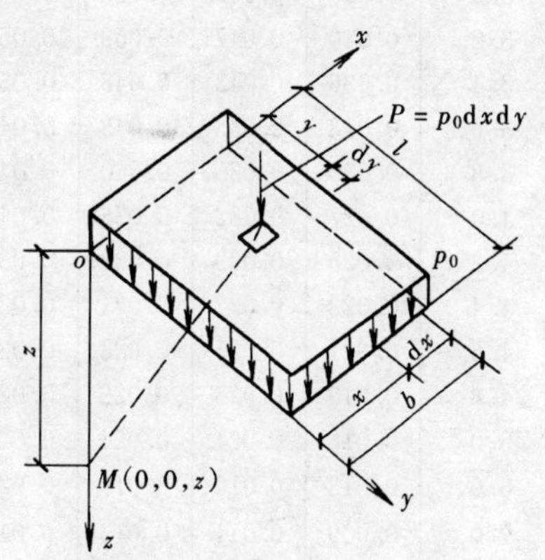

图 4-10 均布矩形荷载角点下的附加应力 σ_z

$$d\sigma_z = \frac{3}{2\pi}\frac{p_0 z^3}{(x^2+y^2+z^2)^{5/2}}dxdy \tag{4-14}$$

将它对整个矩形荷载面 A 进行积分

$$\begin{aligned}\sigma_z &= \iint_A d\sigma_z = \frac{3p_0 z^3}{2\pi}\int_0^l\int_0^b \frac{1}{(x^2+y^2+z^2)^{5/2}}dxdy \\ &= \frac{p_0}{2\pi}\left[\frac{lbz(l^2+b^2+2z^2)}{(l^2+z^2)(b^2+z^2)\sqrt{l^2+b^2+z^2}} + \arctan\frac{lb}{z\sqrt{(l^2+b^2+z^2)}}\right]\end{aligned} \tag{4-15}$$

令
$$\alpha_c = \frac{1}{2\pi}\left[\frac{lbz(l^2+b^2+2z^2)}{(l^2+z^2)(b^2+z^2)\sqrt{l^2+b^2+z^2}} + \arctan\frac{lb}{z\sqrt{(l^2+b^2+z^2)}}\right]$$

得

$$\sigma_z = \alpha_c p_0 \tag{4-16}$$

式中，α_c 为均布矩形荷载角点下的竖向附加应力系数，简称角点应力系数，可按 $m=l/b$，$n=z/b$ 值由表 4-5 查得，注意其中 b 为荷载面的短边宽度。

表 4-5　　均布的矩形荷载角点下的竖向附加应力系数

z/b	l/b											
	1.0	1.2	1.4	1.6	1.8	2.0	3.0	4.0	5.0	6.0	10.0	条形
0.0	0.250	0.250	0.250	0.250	0.250	0.250	0.250	0.250	0.250	0.250	0.250	0.250
0.2	0.249	0.249	0.249	0.249	0.249	0.249	0.249	0.249	0.249	0.249	0.249	0.249
0.4	0.240	0.242	0.243	0.243	0.244	0.244	0.244	0.244	0.244	0.244	0.244	0.244
0.6	0.223	0.228	0.230	0.232	0.232	0.233	0.234	0.234	0.234	0.234	0.234	0.234
0.8	0.200	0.207	0.212	0.215	0.216	0.218	0.220	0.220	0.220	0.220	0.220	0.220
1.0	0.175	0.185	0.191	0.195	0.198	0.200	0.203	0.204	0.204	0.204	0.205	0.205
1.2	0.152	0.163	0.171	0.176	0.179	0.182	0.187	0.188	0.189	0.189	0.189	0.189
1.4	0.131	0.142	0.151	0.157	0.161	0.164	0.171	0.173	0.174	0.174	0.174	0.174
1.6	0.112	0.124	0.133	0.140	0.145	0.148	0.157	0.159	0.160	0.160	0.160	0.160
1.8	0.097	0.108	0.117	0.124	0.129	0.133	0.143	0.146	0.147	0.148	0.148	0.148
2.0	0.084	0.095	0.103	0.110	0.116	0.120	0.131	0.135	0.136	0.137	0.137	0.137
2.2	0.073	0.083	0.092	0.098	0.104	0.108	0.121	0.125	0.126	0.127	0.128	0.128
2.4	0.064	0.073	0.081	0.088	0093	0.098	0.111	0.116	0.118	0.118	0.119	0.119
2.6	0.057	0.065	0.072	0.079	0.084	0.089	0.102	0.107	0.110	0.111	0.112	0.112
2.8	0.050	0.058	0.065	0.071	0.076	0.080	0.094	0.100	0.102	0.104	0.105	0.105
3.0	0.045	0.052	0.058	0.064	0.069	0.073	0.087	0.093	0.096	0.097	0.099	0.099
3.2	0.040	0.047	0.053	0.058	0.063	0.067	0.081	0.087	0.090	0.092	0.093	0.094
3.4	0.036	0.042	0.048	0.053	0.057	0.061	0.075	0.081	0.085	0.086	0.088	0.089
3.6	0.033	0.038	0.043	0.048	0.052	0.056	0.069	0.076	0.080	0.082	0.084	0.084
3.8	0.030	0.035	0.040	0.044	0.048	0.052	0.065	0.072	0.075	0.077	0.080	0.080
4.0	0.027	0.032	0.036	0.040	0.044	0.048	0.060	0.067	0.071	0.073	0.076	0.076
4.2	0.025	0.029	0.033	0.037	0.041	0.044	0.056	0.063	0.067	0.070	0.072	0.073
4.4	0.023	0.027	0.031	0.034	0.038	0.041	0.053	0.060	0.064	0.066	0.069	0.070
4.6	0.021	0.025	0.028	0.032	0.035	0.038	0.049	0.056	0.061	0.063	0.066	0.067
4.8	0.019	0.023	0.026	0.029	0.032	0.035	0.046	0.053	0.058	0.060	0.064	0.064
5.0	0.018	0.021	0.024	0.027	0.030	0.033	0.043	0.050	0.055	0.057	0.061	0.062
6.0	0.013	0.015	0.017	0.020	0.022	0.024	0.033	0.039	0.043	0.046	0.051	0.052
7.0	0.009	0.011	0.013	0.015	0.016	0.018	0.025	0.031	0.035	0.038	0.043	0.045
8.0	0.007	0.009	0.010	0.011	0.013	0.014	0.020	0.025	0.028	0.031	0.037	0.039
9.0	0.006	0.007	0.008	0.009	0.010	0.011	0.016	0.020	0.024	0.026	0.032	0.035
10.0	0.005	0.006	0.007	0.007	0.008	0.009	0.013	0.017	0.020	0.022	0.028	0.032
12.0	0.003	0.004	0.005	0.005	0.006	0.006	0.009	0.012	0.014	0.017	0.022	0.026
14.0	0.002	0.003	0.004	0.004	0.004	0.005	0.007	0.009	0.011	0.013	0.018	0.023
16.0	0.002	0.002	0.003	0.003	0.003	0.004	0.005	0.007	0.009	0.010	0.014	0.020
18.0	0.001	0.002	0.002	0.002	0.003	0.003	0.004	0.006	0.007	0.008	0.012	0.018
20.0	0.001	0.001	0.002	0.002	0.002	0.002	0.004	0.005	0.006	0.007	0.010	0.016
25.0	0.001	0.001	0.001	0.001	0.001	0.002	0.002	0.003	0.004	0.004	0.007	0.013
30.0	0.001	0.001	0.001	0.001	0.001	0.001	0.002	0.002	0.003	0.003	0.005	0.011
35.0	0.000	0.000	0.001	0.001	0.001	0.001	0.001	0.002	0.002	0.002	0.004	0.009
40.0	0.000	0.000	0.000	0.000	0.001	0.001	0.001	0.001	0.001	0.002	0.003	0.008

对于均布矩形荷载附加应力计算点不位于角点下的情况，就可利用式（4-16）以角点法求得。图 4-11 中列出计算点不位于矩形荷载面角点下的四种情况（在图中 o 点以下任意深度 z 处）。计算时，通过 o 点把荷载面分成若干个矩形面积，这样，o 点就必然是划分出的各个矩形的公共角点，然后再按式（4-16）计算每个矩形角点下同一深度 z 处的附加应力

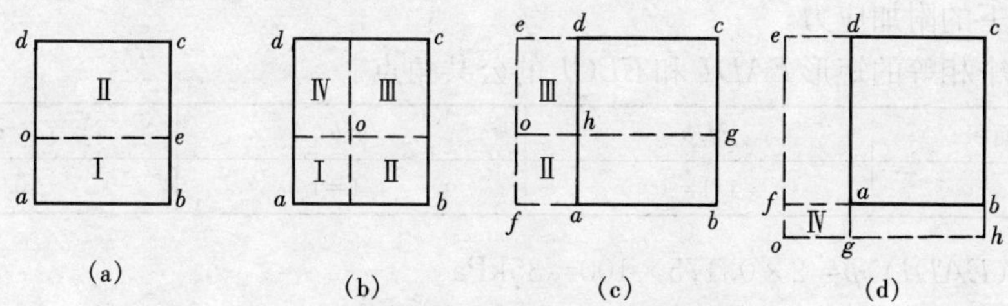

图 4-11　以角点法计算均布矩形荷载下的地基附加应力

计算点 o 在：(a) 荷载面边缘；(b) 荷载面内；(c) 荷载面边缘外侧；(d) 荷载面角点外侧

σ_z，并求其代数和。这种方法通常称为"角点法"。四种情况的算式分别如下：

(1) 如图 4-11 (a) 所示，o 点在荷载面边缘

$$\sigma_z = (\alpha_{c\text{I}} + \alpha_{c\text{II}}) p_0$$

式中，$\alpha_{c\text{I}}$ 和 $\alpha_{c\text{II}}$ 分别表示相应于面积Ⅰ和Ⅱ的角点应力系数。需注意的是，查表 4-2 时所取用边长 l 应为任一矩形荷载面的长度，而 b 则为宽度，以下各种情况相同，不再赘述。

(2) 如图 4-11 (b) 所示，o 点在荷载面内

$$\sigma_z = (\alpha_{c\text{I}} + \alpha_{c\text{II}} + \alpha_{c\text{III}} + \alpha_{c\text{IV}}) p_0$$

如果 o 点位于荷载面中心，则 $\alpha_{c\text{I}} = \alpha_{c\text{II}} = \alpha_{c\text{III}} = \alpha_{c\text{IV}}$，得 $\sigma_z = 4\alpha_{c\text{I}} p_0$，此即利用角点法求均布的矩形荷载面中心点下 σ_z 的解，亦可直接查中点的应力系数表（略）。

(3) 如图 4-11 (c) 所示，o 点在荷载面边缘外侧

此时荷载面 $abcd$ 可看成是由于Ⅰ ($ofbg$) 与Ⅱ ($ofah$) 之差和Ⅲ ($oecg$) 和Ⅳ ($oedh$) 之差合成的，所以

$$\sigma_z = (\alpha_{c\text{I}} - \alpha_{c\text{II}} + \alpha_{c\text{III}} - \alpha_{c\text{IV}}) p_0$$

(4) 如图 4-11 (d) 所示，o 点在荷载面角点外侧

把荷载面看成由Ⅰ ($ohce$)、Ⅳ ($ogaf$) 两个面积中扣除Ⅱ ($ohbf$) 和Ⅲ ($ogde$) 而成的，

所以　$\sigma_z = (\alpha_{c\text{I}} - \alpha_{c\text{II}} - \alpha_{c\text{III}} + \alpha_{c\text{IV}}) p_0$

【例题 4-3】　有一长度为 2.0m，宽度为 1.0m 的矩形基础，其上作用均布荷载 $p=100$kPa，如图 4-12 所示。试用角点法分别计算此矩形面积的角点 A、边点 E、中心点 O 以及矩形面积外 F 点和 G 点下，深度 $z=1.0$m 处的附加应力。

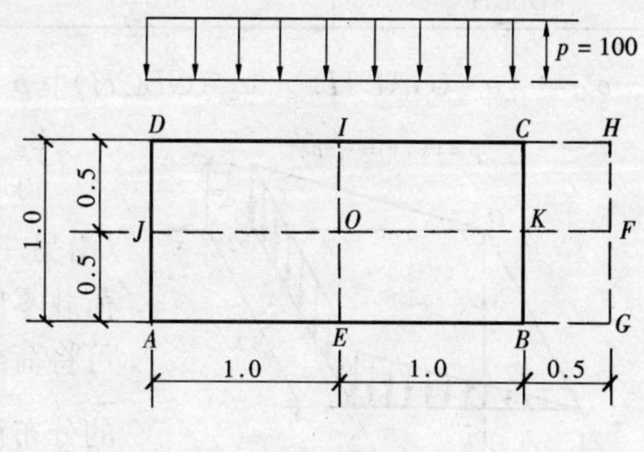

图 4-12　例题 4-3 图

解　(1) A 点下的附加应力。

A 点是矩形 $ABCD$ 的角点。

荷载作用面积	l/b	z/b	α_c
$ABCD$	2/1=2	1/1=1	0.200

$\sigma_{za} = \alpha_c$ ($ABCD$) $p = 0.200 \times 100 = 20$kPa

（2）E 点下的附加应力。

E 点为两个相等的矩形 $EADI$ 和 $EBCI$ 的公共角点。

荷载作用面积	l/b	z/b	α_c
$EADI$	1/1=1	1/1=1	0.175

$\sigma_{zE}=2\alpha_c\ (EADI)\ p=2\times0.175\times100=35\text{kPa}$

（3）O 点下的附加应力。

O 点是四个相等的矩形 $OEAJ$、$OJDI$、$OICK$ 和 $OKBE$ 的公共角点。

荷载作用面积	l/b	z/b	α_c
$OEAJ$	1/0.5=2	1/0.5=2	0.120

$\sigma_{zO}=4\alpha_c\ (OEAJ)\ p=4\times0.120\times100=48\text{kPa}$

（4）F 点下的附加应力。

F 点是矩形 $FGAJ$、$FJDH$、$FGBK$ 和 $FKCH$ 的公共角点。

荷载作用面积	l/b	z/b	α_c
$FGAJ$	2.5/0.5=5	1/0.5=2	0.136
$FGBK$	0.5/0.5=1	1/0.5=2	0.084

$\sigma_{zF}=2\ [\alpha_c\ (FGAJ)\ -\alpha_c\ (FGBK)]\ p=2\times\ (0.136-0.084)\ \times100=10.4\text{kPa}$

（5）G 点下的附加应力。

G 点是矩形 $GADH$ 和 $GBCH$ 的公共角点。

荷载作用面积	l/b	z/b	α_c
$GADH$	2.5/1=2.5	1/1=1	0.202
$GBCH$	1/0.5=2	1/0.5=2	0.120

$\sigma_{zG}=\ [\alpha_c\ (GADH)\ -\alpha_c\ (GBCH)]\ p=2\times\ (0.202-0.120)\ \times100=8.2\text{kPa}$

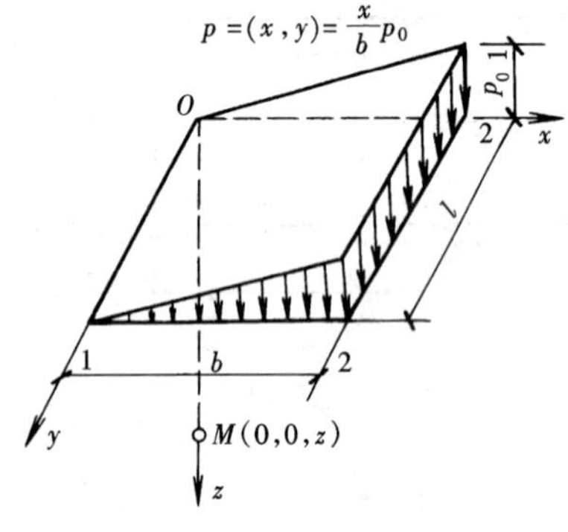

图 4-13　三角形分布矩形荷载角点下的 σ_x

2. 三角形分布的矩形荷载

设竖向荷载沿矩形面积一边 b 方向上呈三角形分布（沿另一边 l 的荷载分布不变），荷载的最大值为 p_0，取荷载零值边的角点 1 为坐标原点，如图 4-13 所示，则可将荷载面内某点（x、y）处所取微单元面积 $dxdy$ 上的分布荷载以集中力 $\frac{x}{b}p_0dxdy$ 代替。角点 1 下深度 z 处的 M 点由该集中力引起的附加应力 $d\sigma_z$，按式（4-10）为

$$d\sigma_z=\frac{3}{2\pi}\frac{p_0xz^3}{b(x^2+y^2+z^2)^{5/2}}dxdy \tag{4-17}$$

在整个矩形荷载面积进行积分后得角点 1 下任意深度 z 处竖向附加应力 σ_z

$$\sigma_z=\alpha_{t1}p_0 \tag{4-18}$$

式中，$\alpha_{t1}=\dfrac{mn}{2\pi}\left[\dfrac{1}{\sqrt{m^2+n^2}}-\dfrac{n^2}{(1+n^2)\sqrt{m^2+n^2+1}}\right]$。

同理，还可求得荷载最大值边的角点 2 下任意深度 z 处的竖向附加应力 σ_z 为

$$\sigma_z=\alpha_{t2}p_0=(\alpha_c-\alpha_{t1})p_0 \tag{4-19}$$

α_{t1} 和 α_{t2} 均为 $m=l/b$ 和 $n=z/b$ 的函数，可由表 4-6 查用。必须注意 b 是沿三角形分布荷载方向的边长。

表 4-6　　三角形分布的矩形荷载角点下的竖向附加应力系数 α_{t1} 和 α_{t2}

l/b 点	0.2		0.4		0.6		0.8		1.0	
z/b	1	2	1	2	1	2	1	2	1	2
0.0	0.0000	0.2500	0.0000	0.2500	0.0000	0.2500	0.0000	0.2500	0.0000	0.2500
0.2	0.0223	0.1821	0.0280	0.2115	0.0296	0.2165	0.0301	0.2178	0.0304	0.2182
0.4	0.0269	0.1094	0.0420	0.1604	0.0487	0.1781	0.0517	0.1844	0.0531	0.1870
0.6	0.0259	0.0700	0.0448	0.1165	0.0560	0.1405	0.0621	0.1520	0.0654	0.1575
0.8	0.0232	0.0480	0.0421	0.0853	0.0553	0.1093	0.0637	0.1232	0.0688	0.1311
1.0	0.0201	0.0346	0.0375	0.0638	0.0508	0.0852	0.0602	0.0996	0.0666	0.1086
1.2	0.0171	0.0260	0.0324	0.0491	0.0450	0.0673	0.0546	0.0807	0.0615	0.0901
1.4	0.0145	0.0202	0.0278	0.0386	0.0392	0.0540	0.0483	0.0661	0.0554	0.0751
1.6	0.0123	0.0160	0.0238	0.0310	0.0339	0.0440	0.0424	0.0547	0.0492	0.0628
1.8	0.0105	0.0130	0.0204	0.0254	0.0294	0.0363	0.0371	0.0457	0.0435	0.0534
2.0	0.0090	0.0108	0.0176	0.0211	0.0255	0.0304	0.0324	0.0387	0.0384	0.0456
2.5	0.0063	0.0072	0.0125	0.0140	0.0183	0.0205	0.0236	0.0265	0.0284	0.0318
3.0	0.0046	0.0051	0.0092	0.0100	0.0135	0.0148	0.0176	0.0192	0.0214	0.0233
5.0	0.0018	0.0019	0.0036	0.0038	0.0054	0.0056	0.0071	0.0074	0.0088	0.0091
7.0	0.0009	0.0010	0.0019	0.0019	0.0028	0.0029	0.0038	0.0038	0.0047	0.0047
10.0	0.0005	0.0004	0.0009	0.0010	0.0014	0.0014	0.0019	0.0019	0.0023	0.0024

l/b 点	1.2		1.4		1.6		1.8		2.0	
z/b	1	2	1	2	1	2	1	2	1	2
0.0	0.0000	0.2500	0.0000	0.2500	0.0000	0.2500	0.0000	0.2500	0.0000	0.2500
0.2	0.0305	0.2184	0.0305	0.2185	0.0306	0.2185	0.306	0.2185	0.0306	0.2185
0.4	0.0539	0.1881	0.0543	0.1886	0.0545	0.1889	0.0546	0.1891	0.0547	0.1892
0.6	0.0673	0.1602	0.0684	0.1616	0.0690	0.1625	0.0694	0.1630	0.0696	0.1633
0.8	0.0720	0.1355	0.0739	0.1381	0.0751	0.1396	0.0759	0.1405	0.0764	0.1412
1.0	0.0708	0.1143	0.0735	0.1176	0.0753	0.1202	0.0766	0.1215	0.0774	0.1225
1.2	0.0664	0.0962	0.0698	0.1007	0.0721	0.1037	0.0738	0.1055	0.0749	0.1069
1.4	0.0606	0.0817	0.0644	0.0864	0.0672	0.0897	0.0692	0.0921	0.0707	0.0937
1.6	0.0545	0.0696	0.0586	0.0743	0.0616	0.0780	0.0639	0.0806	0.0656	0.0826
1.8	0.0487	0.0596	0.0528	0.0644	0.0560	0.0681	0.0585	0.0709	0.0604	0.0730
2.0	0.0434	0.0513	0.0474	0.0560	0.0507	0.0596	0.0533	0.0625	0.0553	0.0649
2.5	0.0326	0.0365	0.0362	0.0405	0.0393	0.0440	0.0419	0.0469	0.0440	0.0491
3.0	0.0249	0.0270	0.0280	0.0303	0.0307	0.0333	0.0331	0.0359	0.0352	0.0380

续表

z/b \ l/b 点	1.2		1.4		1.6		1.8		2.0	
	1	2	1	2	1	2	1	2	1	2
5.0	0.0104	0.0108	0.0120	0.0123	0.0135	0.0139	0.0148	0.0154	0.0161	0.0167
7.0	0.0056	0.0056	0.0064	0.0066	0.0073	0.0074	0.0081	0.0083	0.0089	0.0091
10.0	0.0028	0.0028	0.0033	0.0032	0.0037	0.0037	0.0041	0.0042	0.0046	0.0046

z/b \ l/b 点	3.0		4.0		6.0		8.0		10.0	
	1	2	1	2	1	2	1	2	1	2
0.0	0.000	0.2500	0.0000	0.2500	0.0000	0.2500	0.0000	0.2500	0.0000	0.2500
0.2	0.0306	0.2186	0.0306	0.2186	0.0306	0.2186	0.0306	0.0186	0.0306	0.2186
0.4	0.0548	0.1894	0.0549	0.1894	0.0549	0.1894	0.0549	0.1894	0.0549	0.1894
0.6	0.0701	0.1638	0.0702	0.1639	0.0702	0.1640	0.0702	0.1640	0.0702	0.1640
0.8	0.0773	0.1423	0.0776	0.1424	0.0776	0.1426	0.0776	0.1426	0.0776	0.1426
1.0	0.0790	0.1244	0.0794	0.1248	0.0795	0.1250	0.0796	0.1250	0.0796	0.1250
1.2	0.0774	0.1096	0.0779	0.1103	0.0782	0.1105	0.0783	0.1105	0.0783	0.1105
1.4	0.0739	0.0973	0.0748	0.0982	0.0752	0.0986	0.0752	0.0987	0.0753	0.0987
1.6	0.0697	0.0870	0.0708	0.0882	0.0714	0.0887	0.0715	0.0888	0.0715	0.0889
1.8	0.0652	0.0782	0.0666	0.0797	0.0673	0.0805	0.0675	0.0806	0.0675	0.0808
2.0	0.0607	0.0707	0.0624	0.0726	0.0634	0.0734	0.0636	0.0736	0.0636	0.0738
2.5	0.0504	0.0559	0.0529	0.0585	0.0543	0.0601	0.0547	0.0604	0.0548	0.0605
3.0	0.0419	0.0451	0.0449	0.0482	0.0469	0.0504	0.0474	0.0509	0.0476	0.0511
5.0	0.0214	0.0221	0.0248	0.0256	0.0283	0.0290	0.0296	0.0303	0.0301	0.0309
7.0	0.0124	0.0126	0.0152	0.0154	0.0186	0.0190	0.0204	0.0207	0.0212	0.0216
10.0	0.0066	0.0066	0.0084	0.0083	0.0111	0.0111	0.0128	0.0130	0.0139	0.0141

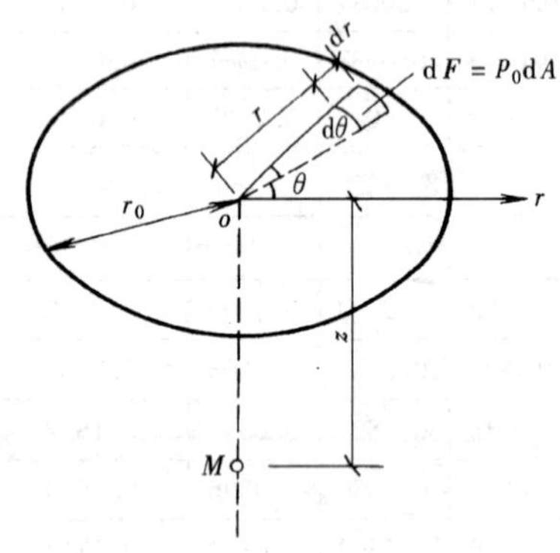

图 4-14 均布圆形荷载中点下的 σ_z

应用上述均布和三角形分布的矩形荷载角点下的附加应力系数 α_c、α_{t1}、α_{t2}，即可用角点法求算梯形分布时地基中任意点的竖向附加应力 σ_z 值，亦可求算条形荷载面时（取 $m=10$）的地基附加应力。

3. 均布的圆形荷载

设圆形荷载面积的半径为 r_0，作用于地基表面上的竖向均布荷载为 p_0，如以圆形荷载面的中心点为坐标原点 o，如图 4-14 所示，并在荷载面积上取微面积 $dA=rd\theta dr$，以集中力 p_0dA 代替微面积上的分布荷载，则可运用式（4-10）以积分法求得均布圆形荷载中点下任意深度 z 处 M 点的 σ_z 如下

$$\sigma_z=\iint_A d\sigma_z=\frac{3p_0z^3}{2\pi}\int_0^{2\pi}\int_0^{r_0}\frac{rd\theta dr}{(r^2+z^2)^{5/2}}=p_0\left[1-\frac{z^3}{(r_0^2+z^2)^{3/2}}\right]$$

$$=p_0\left[1-\frac{1}{\left(\frac{1}{z^2/r_0^2}+1\right)^{3/2}}\right]=\alpha_0 p_0 \tag{4-20}$$

式中，α_r 为均布的圆形荷载中心点下的附加应力系数，它是（z/r_0）的函数，由表 4-7 查得。

表 4-7 均布的圆形荷载中心点下的附加应力系数 α_0

z/r_0	α_r	z/r_0	α_r	z/r_0	α_r	z/r_0	α_r	z/r_0	α_r	z/r_0	α_r
0.0	1.000	0.8	0.756	1.6	0.390	2.4	0.213	3.2	0.130	4.0	0.087
0.1	0.999	0.9	0.701	1.7	0.360	2.5	0.200	3.3	0.124	4.1	0.079
0.2	0.992	1.0	0.646	1.8	0.332	2.6	0.187	3.4	0.117	4.2	0.073
0.3	0.976	1.1	0.595	1.9	0.307	2.7	0.175	3.5	0.111	4.3	0.067
0.4	0.949	1.2	0.547	2.0	0.285	2.8	0.165	3.6	0.106	4.4	0.062
0.5	0.911	1.3	0.502	2.1	0.264	2.9	0.155	3.7	0.101	4.5	0.057
0.6	0.864	1.4	0.461	2.2	0.246	3.0	0.146	3.8	0.096	4.6	0.040
0.7	0.811	1.5	0.424	2.3	0.229	3.1	0.138	3.9	0.091	4.7	0.015

三、线荷载和条形荷载作用时的地基附加应力

在工程建筑中，无限长的荷载是没有的，但当荷载面积的长宽比 $l/b \geqslant 10$ 时，地基附加应力的计算值与按 $l/b=\infty$ 时的解相比误差很少。因此，对于条形基础，如墙基、挡土墙基础、路基、坝基等，常可按平面问题考虑。为了求算条形荷载下的地基附加应力，下面先介绍线荷载作用下的解答。

1. 线荷载

线荷载是在半空间表面上一条无限长直线上的均布荷载，如图 4-15 所示。设一个竖向线荷载 $\bar{p}$（kN/m）作用在 y 坐标轴上，则沿 y 轴某微分段 $\mathrm{d}y$ 上的分布荷载以集中力 $p=\bar{p}\mathrm{d}y$ 代替，从而利用式（4-10）求得地基中任意点 M 由 P 引起的附加应力 $\mathrm{d}\sigma_z$，再通过积分即可求得 M 点的 σ_z

$$\sigma_z=\int_{-\infty}^{+\infty}\mathrm{d}\sigma=\int_{-\infty}^{+\infty}\frac{3z^3\bar{p}\mathrm{d}y}{2\pi R^5}=\frac{2\bar{p}z^3}{\pi R_1^4}=\frac{2\bar{p}}{\pi R_1}\cos^3\beta \tag{4-21}$$

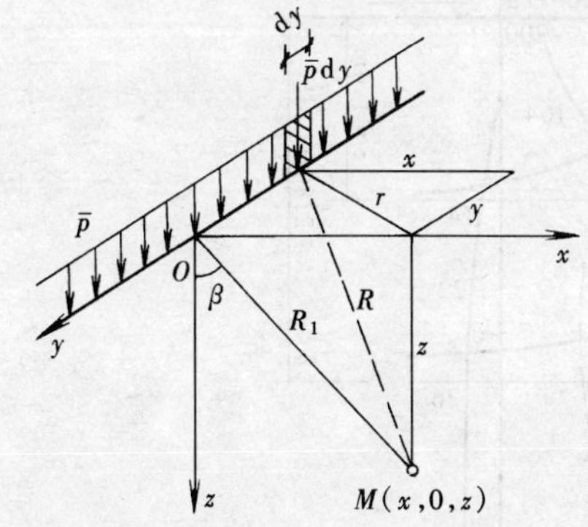

图 4-15 线荷载作用下的地基附加应力

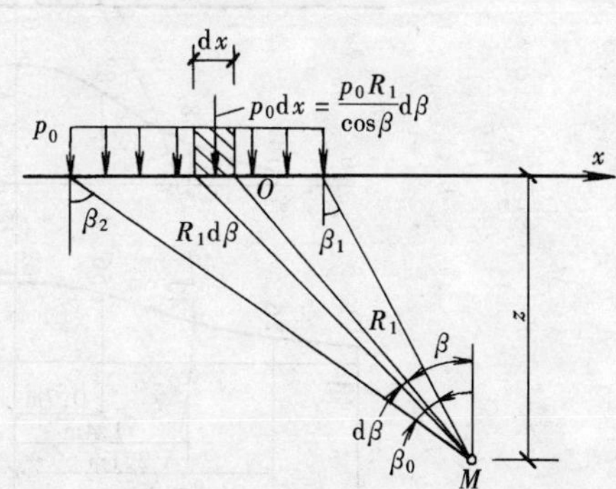

图 4-16 均布条形荷载作用下的地基附加应力

2. 均布的条形荷载

设一个竖向条形荷载沿宽度方向（图 4-16 中 x 轴方向）均匀分布，则均布的条形荷载 p_0 沿 x 轴上某微分段 $\mathrm{d}x$ 上的荷载可以用线荷载 $\bar{p}$ 代替，运用式（4-21）并作积分，可求得

地基中任意点 M 处的竖向附加应力为

$$\sigma_z = \frac{p_0}{\pi}\left[\arctan\frac{1-2n}{2m} + \arctan\frac{1+2n}{2m} - \frac{4m(4n^2-4m^2-1)}{(4n^2+4m^2-1)^2+16m^2}\right] = \alpha_{sz}p_0 \tag{4-22}$$

式中，α_{sz} 为均布条形荷载下的竖向附加应力系数，是 $m=z/b$ 和 $n=x/b$ 的函数，可由表 4-8 查得。

表 4-8　均布条形荷载下的附加应力系数

z/b \ x/b	0.00	0.25	0.50	1.00	1.50	2.00
0.00	1.00	1.00	0.50	0	0	0
0.25	0.96	0.90	0.50	0.02	0.00	0
0.50	0.82	0.74	0.48	0.08	0.02	0
0.75	0.67	0.61	0.45	0.15	0.04	0.02
1.00	0.55	0.51	0.41	0.19	0.07	0.03
1.25	0.46	0.44	0.37	0.20	0.10	0.04
1.50	0.40	0.38	0.33	0.21	0.11	0.06
1.75	0.35	0.34	0.30	0.21	0.13	0.07
2.00	0.31	0.31	0.28	0.20	0.14	0.08
3.00	0.21	0.21	0.20	0.17	0.13	0.10
4.00	0.16	0.16	0.15	0.14	0.12	0.10
5.00	0.13	0.13	0.12	0.12	0.11	0.09
6.00	0.11	0.10	0.10	0.10	0.10	—

【例题 4-4】 某条形基础底面宽度 $b=1.4$m，作用于基底的平均附加压力 $p_0=200$kPa，要求确定：(1) 均布条形荷载中点 o 下的地基附加应力 σ_z 分布；(2) 深度 $z=1.4$m 和 2.8m 处水平面上的 σ_z 分布；(3) 在均布条形荷载边缘以外 1.4m 处 o_1 点下的 σ_z 分布。

解　(1) 计算 σ_z 时选用表 4-8 列出的 $z/b=0.5$、1、1.5、2、3、4 各项 α_{sz} 值，反算出深度 $z=0.7$、1.4、2.1、2.8、4.2、5.6m 处的 σ_z 值，列于表 4-9 中，并绘出分布图列于图 4-17 中。

(2) 及 (3) 的 σ_z 计算结果及分布图分别列于表 4-10、表 4-11 及图 4-17 中。

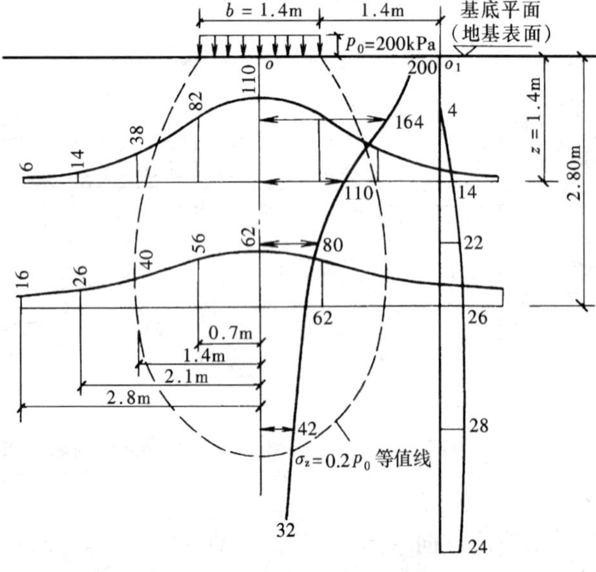

图 4-17　例题 4-4 图

表 4-9　例题 4-4 附表一

x/b	z/b	z (m)	α_{sz}	$\sigma_z=\alpha_{sz}p_0$ (kPa)	x/b	z/b	z (m)	α_{sz}	$\sigma_z=\alpha_{sz}p_0$ (kPa)
0	0	0	1.00	1.00×200=200	0	2	2.8	0.31	62
0	0.5	0.7	0.82	164	0	3	4.2	0.21	42
0	1	1.4	0.55	110	0	4	5.6	0.16	32
0	1.5	2.1	0.40	80					

表 4-10　例题 4-4 附表二

z (m)	z/b	x/b	α_{sz}	σ_z (kPa)	z (m)	z/b	x/b	α_{sz}	σ_z (kPa)
1.4	1	0	0.55	110	2.8	2	0	0.31	62
1.4	1	0.5	0.41	82	2.8	2	0.5	0.28	56
1.4	1	1	0.19	38	2.8	2	1	0.20	40
1.4	1	1.5	0.07	14	2.8	2	1.5	0.13	26
1.4	1	2	0.03	6	2.8	2	2	0.08	16

表 4-11　例题 4-4 附表三

z (m)	z/b	x/b	α_{sz}	σ_z (kPa)	z (m)	z/b	x/b	α_{sz}	σ_z (kPa)
0	0	1.5	0	0	2.8	2	1.5	0.13	26
0.7	0.5	1.5	0.02	4	4.2	3	1.5	0.14	28
1.4	1	1.5	0.07	14	5.6	4	1.5	0.12	24
2.1	1.5	1.5	0.11	22					

此外，在图 4-17 中还以虚线绘出 $\sigma_z=0.2p_0=40$kPa 的等值线图。

从图 4-17 中，可见均布条形荷载下地基中附加应力 σ_z 的分布规律如下：

(1) 在荷载分布范围内之下任意点沿垂线的 σ_z 值，随深度愈向下愈小；

(2) 基础底面下任意深度的水平面上的 σ_z，在基底中心点下的轴线处最大，随着距离中轴线愈远而愈小；

(3) 地基附加应力具有扩散性。σ_z 不仅发生在荷载面积之下，而且分布在荷载面积以外相当大的范围之下。

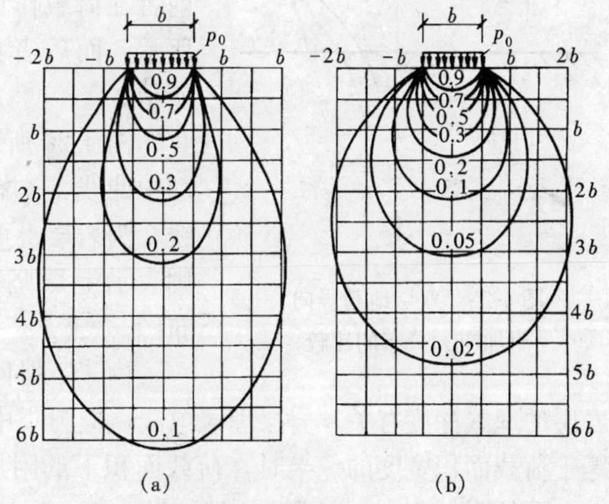

图 4-18　地基附加应力等值线

(a) 等 σ_z 线（条形荷载）；(b) 等 σ_z 线（方形荷载）

地基附加应力的分布规律还可以用“等值线”的方式完整地表示出来。如图 4-18 所示，附加应力等值线是在地基剖面中划分许多方形网格，使网格结点的坐标恰好是均布荷载半宽（0.5b）的整倍数，查表可得各结点的附加应力 σ_z，然后以插入法绘成均布条形荷载和均布方形荷载下附加应力的等值线图。由图 4-18 可见，方形荷载所引起的 σ_z，其影响深度要比条形荷载小得多，例如方形荷载中心下 $z=2b$ 处 $\sigma_z\approx0.1p_0$，而在条形荷载下 $\sigma_z=0.1p_0$ 等值线则约在中心下 $z\approx6b$ 处通过。

四、非均质和各向异性地基中的附加应力

以上介绍的地基附加应力计算都是把地基土看成是均质和各向同性的线性变形体，然后按照弹性力学解答计算附加应力。而实际上地基土并非如此，有的是由不同压缩性土层组成的成层地基，有的是同一土层的变形模量常随深度而增大等等。由于地基的非均质性或各向异性，其地基竖向正应力 σ_z 的分布会发生应力集中现象或应力扩散现象。

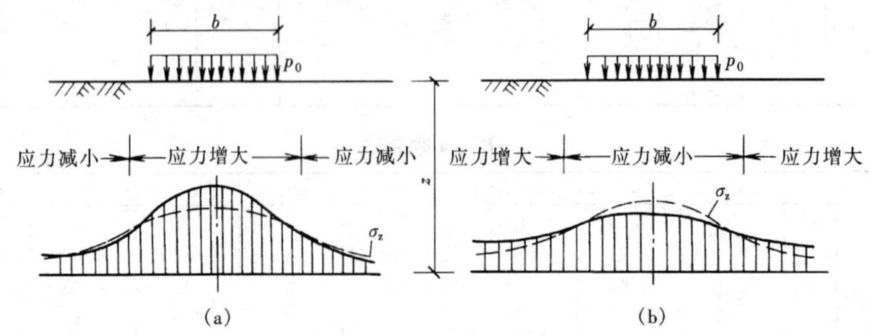

图 4-19 非均质和各向异性地基对附加应力的影响
（虚线表示均质地基中水平面上的附加应力分布）
(a) 发生应力集中；(b) 发生应力扩散

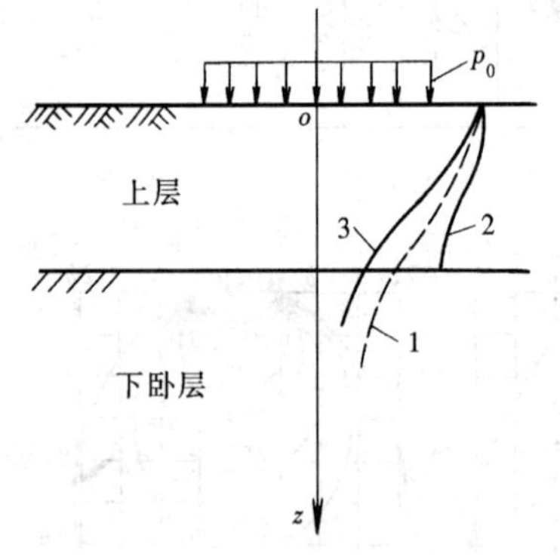

图 4-20 双层地基竖向附加应力分布的比较

双层地基是工程中常见的情况。天然形成的双层地基有两种可能的情况：一种是岩层上覆盖着较薄的可压缩土层；另一种则是上层坚硬、下层软弱的双层地基。前者在荷载作用下将发生应力集中现象，如图 4-19（a）所示，而后者则将发生应力扩散现象，如图 4-19（b）所示。

图 4-20 所示均布荷载中心线下竖向应力分布的比较，图中曲线 1（虚线）为均质地基中的附加应力分布图，曲线 2 为岩层上可压缩土层中的附加应力分布图，而曲线 3 则表示上层坚硬下层软弱的双层地基中的附加应力分布图。

由于下卧刚性岩层的存在而引起的应力集中的影响与岩层的埋藏深度有关，岩层埋藏愈浅，应力集中的影响愈显著。当可压缩土层的厚度小于或等于荷载面积宽度的一半时，荷载面积下的附加应力 σ_z 几乎不扩散，此时可认为荷载面中心点下的附加应力 σ_z 不随深度而变化。

在地基中，土的变形模量常随地基深度的增大而增大，这种现象在砂土中尤为显著。通过试验和理论证实，与通常假定的土的变形模量不随地基深度变化的地基相比较，沿荷载中心线，这种非均质地基的附加应力 σ_z 将发生应力集中现象。而天然沉积形成的水平薄交互层地基，其水平向变形模量常大于竖向变形模量。考虑到由于土的这种层状构造特征，与通常假定的均质各向同性地基作比较，沿荷载中心线，这种各向异性地基的附加应力 σ_z 的分布将发生应力扩散现象。

思 考 题

4-1 何谓土的自重应力和附加应力？二者在地基中如何分布？

4-2　如何计算基底压力 p 和基底附加压力 p_0？两者概念有何不同？

4-3　地下水位的升降对土中应力有何影响？在工程实践中，有哪些问题应充分考虑其影响？

4-4　试以矩形面积上均布荷载和条形荷载为例，说明地基中附加应力的分布规律。

4-5　采用角点法计算附加应力时，基底面积划分之后，如何确定 b 和 l？

习　　题

4-1　某工地地基剖面图如图 4-21 所示，基岩埋深 7.0m，其上分别为粘土层和砂土层，粘土层厚 2.0m，砂土层厚 5.0m，地下水位在地面下 4.0m，各土层的物理性质指标示于图中，试计算地基中的自重应力并绘出其分布图。

4-2　某建筑场地的地层分布均匀，第一层杂填土厚 1.5m，$\gamma=17\text{kN/m}^3$；第二层粉质粘土厚 4m，$\gamma=19\text{kN/m}^3$，$d_s=2.73$，$w=31\%$，地下水位在地面下 2m 深处；第三层淤泥质粘土厚 8m，$\gamma=18.2\text{kN/m}^3$，$d_s=2.74$，$w=41\%$；第四层粉土厚 3m，$\gamma=19.5\text{kN/m}^3$，$d_s=2.72$，$w=27\%$；第五层砂岩未钻穿。试计算各层交界处的竖向自重应力 σ_c，并绘出 σ_c 沿深度分布图。

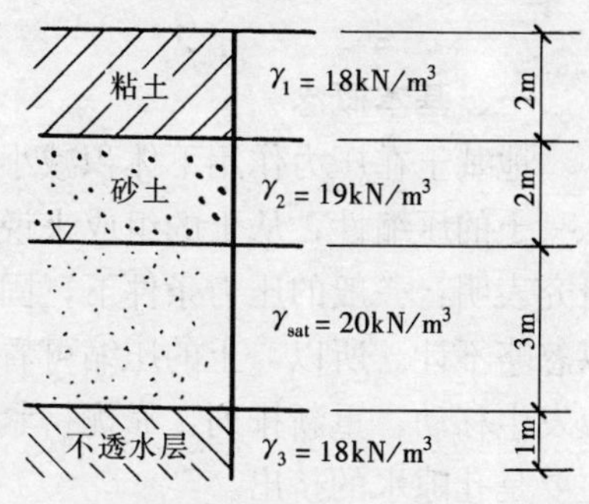

图 4-21　习题 4-1 图

4-3　如图 4-22 所示，某正方形基础（abo_1c）的基底均布附加压力 $p_0=200\text{kPa}$，求在正方形中心点 o 及 o_1，o_2 点下深度 10m 处的附加应力。（$\sigma_{zo}=67.2\text{kPa}$，$\sigma_{zo1}=35.0\text{kPa}$，$\sigma_{zo2}=6.7\text{kPa}$）

4-4　某方形基础底面宽 $b=2\text{m}$，埋深 $d=1.0\text{m}$，深度范围内土的重度 $\gamma=18.0\text{kN/m}^3$，作用在基础上的竖向荷载 $F=600\text{kN}$，力矩 $M=100\text{kN}\cdot\text{m}$，试计算基底最大压力边角下深度 $z=2\text{m}$ 处的附加应力。

4-5　某条形基础如图 4-23 所示，作用在基础上的荷载为 250kN/m，基础深度范围内土的重度 $\gamma=17.5\text{kN/m}^3$，试计算 0-3、4-7 和 5-5 剖面各点的竖向附加应力，并绘制曲线。

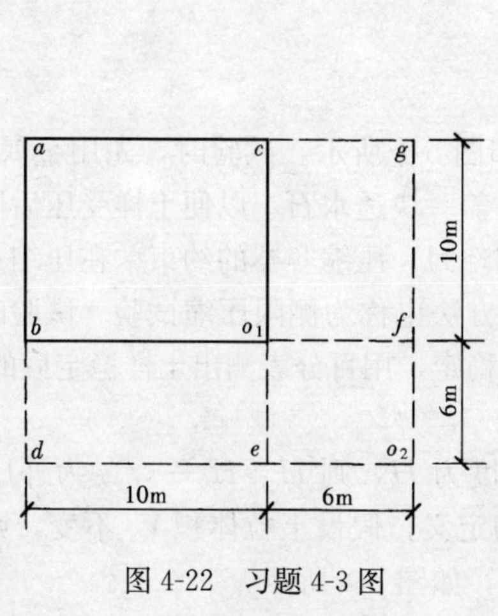

图 4-22　习题 4-3 图

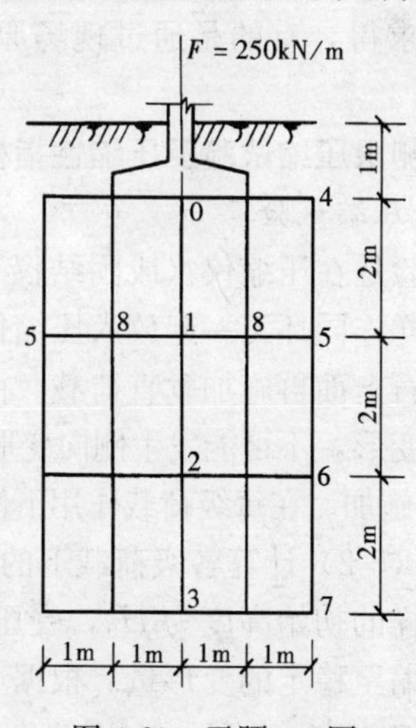

图 4-23　习题 4-5 图

第五章　土的压缩性和地基沉降

本 章 提 要

通过本章学习主要熟悉地基土的压缩性、地基沉降的计算方法及地基沉降与时间的关系。掌握土的压缩性和压缩指标的确定，计算基础沉降的分层总和法和规范法。了解应力历史与土的压缩性的关系及地基沉降与时间的关系。

第一节　土的压缩性

一、基本概念

地基土在压力作用下体积减小的性质，称为土的压缩性。

土的压缩性，从土的组成来说，包括孔隙中水和气体体积的减小以及固体颗粒的变形。研究表明：一般的压力条件下，固体颗粒和水的压缩量与土的总压缩量相比是很微小的，可以忽略不计。所以，土的压缩可看作是土中水和气体从孔隙中被挤出，与此同时，土颗粒相应发生移动，重新排列，靠拢挤紧，从而土孔隙体积减小。对于只有两相的饱和土来说，则主要是孔隙水的挤出。

土的压缩变形的快慢与土的渗透性有关。在荷载作用下，透水性大的饱和无粘性土，其压缩过程短，建筑物施工完毕时，可认为其压缩变形已基本完成；而透水性小的饱和粘性土，其压缩过程所需时间长，十几年甚至几十年压缩变形才稳定。如意大利的比萨斜塔，始建于1173年，至今地基土仍在继续变形，成为世界上瞩目的地基问题。土体在外力作用下，压缩随时间增长的过程，称为土的固结。对于饱和的粘性土来说，土的固结问题非常重要。

在计算地基沉降量时，需要利用土的压缩性指标，这些指标，有的是通过室内侧限压缩试验求得，有的是通过现场原位试验得到。下面分别介绍各种试验方法及其压缩性指标。

二、侧限压缩试验及压缩性指标

（一）压缩试验

该试验是在压缩仪（或固结仪）中完成，如图5-1所示。试验时，先用金属环刀取土，然后将土样连同环刀一起放入压缩仪内，上下各盖一块透水石，以便土样受压后能够自由排水，透水石上面再施加垂直荷载。由于土样受到环刀、压缩容器的约束，在压缩过程中只能发生竖向变形，不可能发生侧向变形，所以这种方法也称为侧限压缩试验。试验时，竖向压力 p_i 分级施加。在每级荷载作用下使土样变形至稳定，用百分表测出土样稳定后的变形量 s_i，即可按式（5-2）计算各级荷载下的孔隙比 e_i。

设土样的初始高度为 H_0，受压后土样的高度为 H，则 $H=H_0-s$，s 为外压力 p 作用下土样压缩至稳定的变形量。根据土的孔隙比的定义，假设土粒体积 V_s 不变，则土样孔隙体积在压缩前为 $e_0\times V_s$，在压缩稳定后为 $e\times V_s$，如图5-2所示。

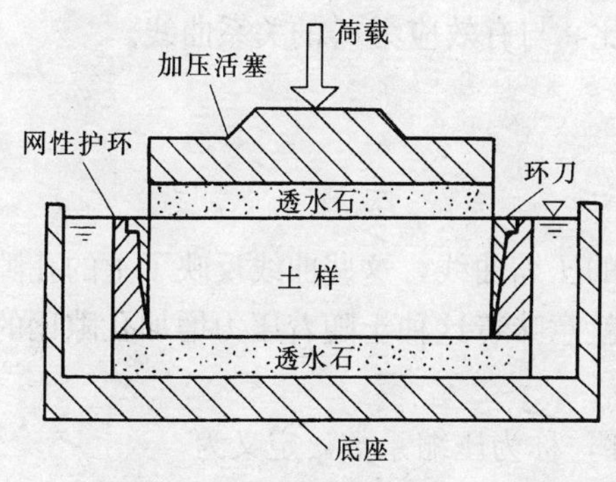

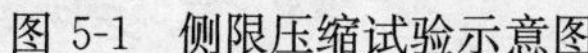
图 5-1　侧限压缩试验示意图

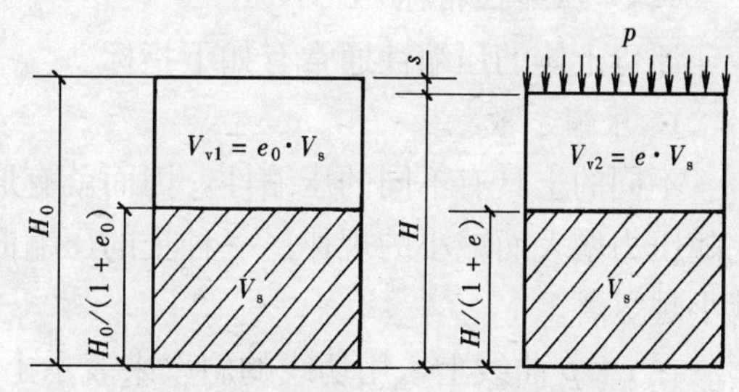

图 5-2　压缩试验中土样变形示意图

为求土样压缩稳定后的孔隙比 e，利用受压前后土粒体积不变和土样截面面积不变的两个条件，得出

$$\frac{H_0}{1+e_0}=\frac{H}{1+e}=\frac{H_0-s}{1+e} \tag{5-1}$$

或

$$e_i=e_0-\frac{s_i}{H_0}(1+e_0) \tag{5-2}$$

式中，e_0 为土的初始孔隙比，可由三个基本试验指标求得，即

$$e_0=\frac{d_s(1+w)\rho_w}{\rho}-1$$

这样，只要测定了土样在各级压力 p_i 作用下的稳定变形量 s_i 后，就可以按上式算出孔隙比 e_i。然后以横坐标表示压力 p，纵坐标表示孔隙比 e，得 $e-p$ 曲线，如图 5-3 所示。另一种是采用半对数（指数常用对数）坐标绘制，称为 $e-\lg p$ 曲线，如图 5-4 所示。

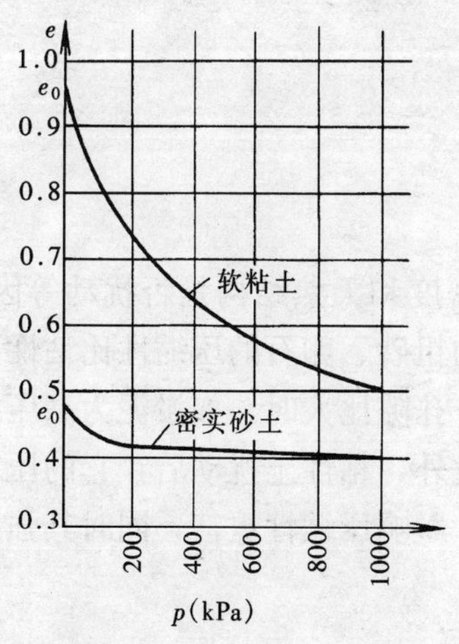

图 5-3　$e-p$ 曲线

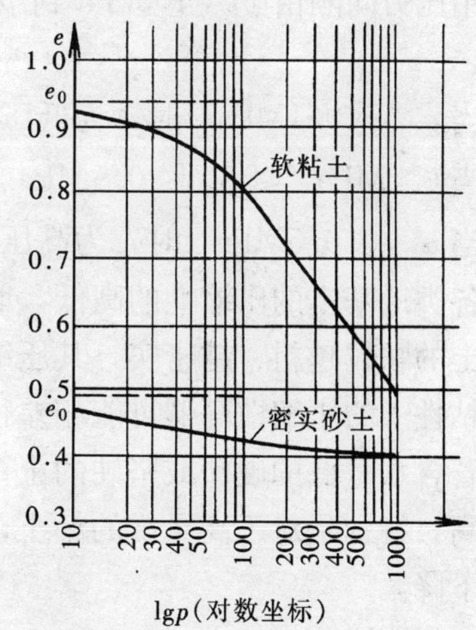

图 5-4　$e-\lg p$ 曲线

需要说明，土的压缩也是土颗粒骨架所承担的力即有效应力逐步趋于土体所受压力的过程，因此，在各级压力作用下压缩稳定时，土中的竖向有效应力 σ_z' 必然等于土体所受到的

竖向压力 p。换言之，土的压缩曲线也就是土的孔隙比 e 与有效应力 σ'_z 的关系曲线。

（二）压缩性指标

评价土体的压缩性通常有如下指标。

1. 压缩系数

不同的土具有不同的压缩性，因而就有形状不一的压缩曲线，这些曲线反映了土的孔隙比随压力增大而减小的规律。一种土的压缩曲线越陡就意味着这种土随着压力增加孔隙比的减小越显著。

在 $e-p$ 曲线上，用切线的斜率来表示土的压缩性，称为压缩系数，定义为

$$a=-\frac{\mathrm{d}e}{\mathrm{d}p} \tag{5-3}$$

显然，$e-p$ 曲线上各点的斜率不同，因此土的压缩系数也不是常数，对应于不同的压力 p 就有不同的 a 值。实用上，可以采用割线斜率来代替切线斜率。如图 5-5 所示，设地基中某点的处的压力由 p_1 增至 p_2，相应的孔隙比由 e_1 减小至 e_2，则

$$a\approx\frac{\Delta e}{\Delta p}=\frac{e_1-e_2}{p_2-p_1} \tag{5-4}$$

式中 a——计算点处土的压缩系数，kPa^{-1} 或 MPa^{-1}；

p_1——计算点处土的竖向自重应力，kPa 或 MPa；

p_2——计算点处土的竖向自重应力与附加应力之和，kPa 或 MPa；

e_1——相应于 p_1 作用下压缩稳定后的孔隙比；

e_2——相应于 p_2 作用下压缩稳定后的孔隙比。

压缩系数是评价地基土压缩性高低的重要指标之一。为了统一标准，在工程实践中，通常采用压力间隔由 $p_1=100\mathrm{kPa}$ 到 $p_2=200\mathrm{kPa}$ 时所得的压缩系数 a_{1-2} 来评价土的压缩性的高低：

当 $a_{1-2}<0.1\mathrm{MPa}^{-1}$ 时，为低压缩性土；

当 $0.1\mathrm{MPa}^{-1}\leqslant a_{1-2}<0.5\mathrm{MPa}^{-1}$ 时，为中压缩性土；

当 $a_{1-2}\geqslant 0.5\mathrm{MPa}^{-1}$ 时，为高压缩性土。

各类地基土的压缩性的高低，取决于土的类别、原始密度和天然结构是否扰动等因素。通常土的颗粒越粗、越密实，其压缩性越低。例如，密实的粗砂、卵石的压缩性比粘性土为低。粘性土的压缩性高低可能相差很大：当土的含水量高、孔隙比大时，如淤泥为高压缩性土；若含水量低的硬塑或坚硬的土，则为低压缩性的土。此外，粘性土扰动后，它的压缩性将增高，特别是对于高灵敏的粘土，天然结构遭到破坏时，影响压缩性更甚，同时其强度也剧烈下降。

2. 压缩指数

如果采用 $e-\lg p$ 曲线，它的后段接近直线段，如图 5-6 所示，其斜率 C_c 称为压缩指数。

$$C_c=\frac{e_1-e_2}{\lg p_2-\lg p_1}=\frac{e_1-e_2}{\lg\dfrac{p_2}{p_1}} \tag{5-5}$$

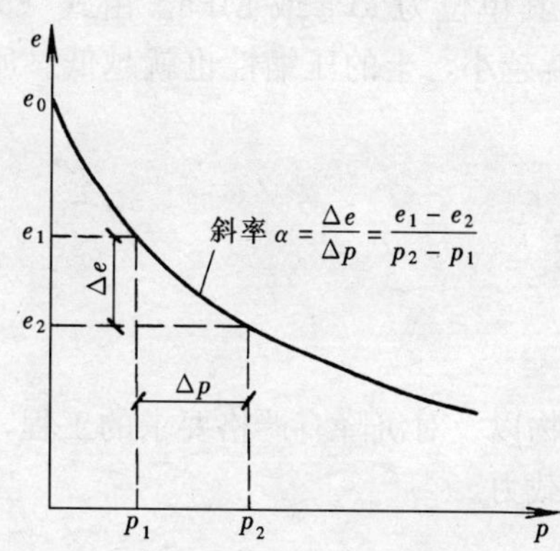

图 5-5　由 $e-p$ 曲线确定压缩系数 a

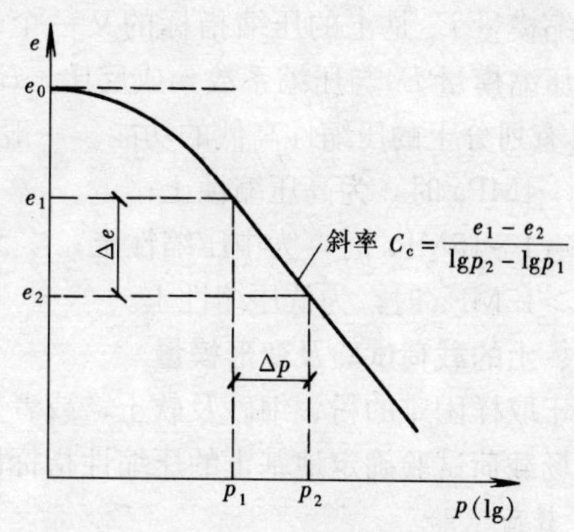

图 5-6　由 $e-\lg p$ 曲线确定压缩指数 C_c

同压缩系数 a 一样，压缩指数 C_c 也能用来确定土的压缩性大小。C_c 值越大，土的压缩性越高。一般认为：

$C_c<0.2$ 时，为低压缩性土；

$C_c=0.2\sim0.4$ 时，为中压缩性土；

$C_c>0.4$ 时，为高压缩性土。

3. 压缩模量

土体在完全侧限条件下，竖向附加应力 σ_z 与在相应的应变增量 λ_z 之比，称为压缩模量，用 E_s 表示。可按下式计算

$$E_s=\frac{1+e_1}{a} \tag{5-6}$$

其推导过程如下：

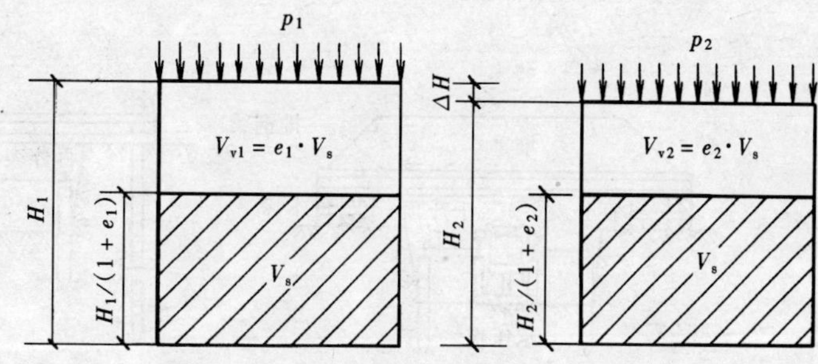

图 5-7　侧限条件下土样高度变化与孔隙比变化的关系（土样横截面面积不变）

把压缩前比拟为实际土体在自重应力 p_1 作用下的情况，压缩后相当于在自重应力和附加应力之和 p_2 作用下的情况，如图 5-7 所示。这样，式（5-1）变换为

$$\frac{H_1}{1+e_1}=\frac{H_2}{1+e_2}=\frac{H_1-\Delta H}{1+e_2} \tag{5-7}$$

$$\Delta H=\frac{e_1-e_2}{1+e_1}H_1=\frac{\Delta e}{1+e_1}H_1$$

由于 $\Delta e=a\Delta p$ ［见式（5-4）］，则

$$\Delta H=\frac{a\Delta p}{1+e_1}H_1$$

由此得侧限条件下的压缩模量为

$$E_s=\frac{\Delta p}{\Delta H/H_1}=\frac{1+e_1}{a} \tag{5-8}$$

压缩模量 E_s 是土的压缩指标的又一个表达方式，其单位为 kPa 或 MPa。由式（5-6）可知，压缩模量 E_s 与压缩系数 a 成反比，E_s 越大，a 就越小，土的压缩性也就越低。所以 E_s 也具有划分土的压缩性高低的功能。一般认为：

$E_s<4$MPa 时，为高压缩性土；

$E_s=4\sim15$MPa 时，为中压缩性土；

$E_s>15$MPa 时，为低压缩性土。

三、土的载荷试验及变形模量

对于取样困难的粉、细砂及软土，或者重要的建筑物以及对沉降有严格要求的工程，应进行现场载荷试验确定地基土的压缩性指标以及地基承载力。

1. 载荷试验

静载荷试验是通过承压板，对地基土分级施加压力 p 和测试压板的沉降 s，便可得到压力和沉降的关系曲线。然后根据弹性力学公式反求土的变形模量，并可确定地基承载力。

试验一般在试坑内进行，试坑宽度不应小于 3 倍的承载板的宽度或直径，其深度依据所需测试土层的深度而定，承载板的底面积一般为 0.25～0.50m²。对于均质密实土（如密实的砂土、老粘性土）可用 0.1～0.25m²；对于松砂及人工填土则不应小于 0.50m²。其试验装置如图 5-8 所示，一般由加荷稳压装置、反力装置及观测装置三部分组成，加荷稳压装置包括承压板、千斤顶及稳压器等；反力装置常用平台或地锚；观测装置包括百分表和固定支架等。

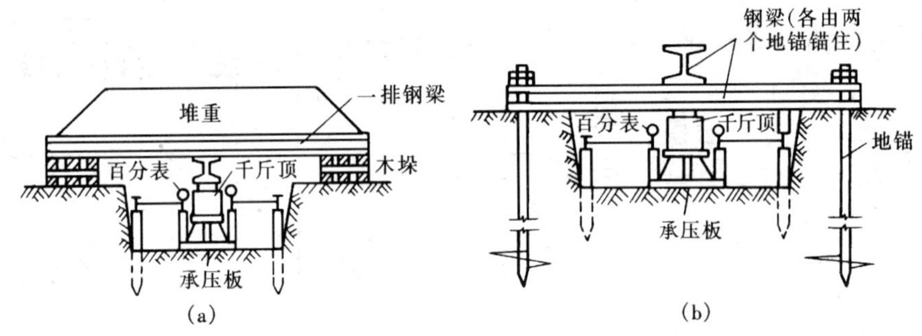

图 5-8　地基载荷试验载荷架示例

（a）堆重-千斤顶式；（b）地锚-千斤顶式

试验时必须注意保持试验土层的原状结构和天然湿度，在坑底宜铺设不大于 20mm 厚的粗、中砂找平。若试验土层为软塑或流塑状态的粘性土或饱和的松软土时，载荷板周围应留有 200～300mm 厚的原状土作为保护层。

最大加载量不应小于荷载设计值的两倍，应尽量接近地基的极限荷载。第一级荷载（包括设备重）应接近开挖试坑所卸除的土的自重应力。其后每级荷载增量，对较松软的土可采用 10～25kPa；对于较坚实的土采用 50kPa。加荷等级不少于 8 级。每加一级荷载后，按间隔 10、10、10、15、15min 及以后每隔 30min 读一次沉降。当连续两小时内，每小时的沉降量小于 0.1mm 时，则认为已趋稳定，可施加下一级荷载。当达到下列情况之一时，认为土体已达破坏，可终止加载。

（1）承压板周围的土明显侧向挤出（砂土）或发生裂纹（粘性土或粉土）；

（2）沉降 s 急骤增大，荷载—沉降曲线（p-s）出现陡降段；

（3）在某一荷载下，24 小时内沉降速率不能达到稳定标准；

（4）总沉降量 $s \geqslant 0.06b$（b 为承载板宽度或直径）。

终止加载后，可按规定逐级卸载，并进行回弹观测作为参考。图 5-9 给出了一些代表性土类的 p-s 曲线。由图可见，曲线的初始阶段往往接近于直线段，表明该阶段土体被压密，土体处于弹性变形阶段。取比例界限 p_1 作为计算变形模量的依据。

2. 变形模量

土的变形模量是指土体在无侧限条件下的应力与应变的比值，以 E_0 表示。根据载荷试验结果，取比例界限 p_1 和它对应的沉降 s_1，利用弹性力学公式，反求出地基的变形模量，即

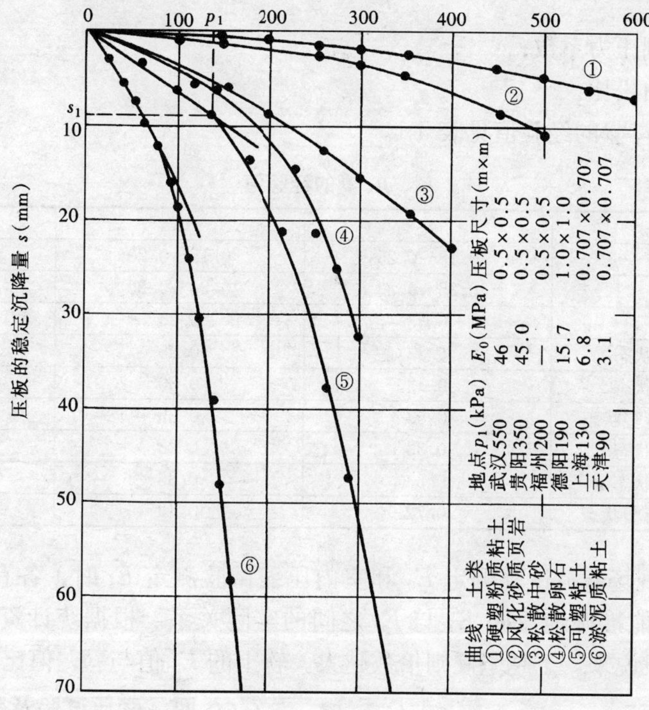

图 5-9　不同土类的 p-s 曲线实例

$$E_0 = \omega(1-\mu^2)\frac{p_1 b}{s_1} \tag{5-9}$$

式中　ω——沉降影响系数，方形承压板取 0.88，圆形承压板取 0.79；

μ——地基土的泊松比（参见表 5-1）；

b——承压板的边长或直径，mm；

s_1——比例界限 p_1 所对应的沉降。

有时 p-s 曲线并不出现直线段，建议对中、高压缩性粉土及粘性土取 $s_1=0.02b$ 时其对应的荷载为 p_1；对低压缩性粉土、粘性土、碎石土及砂土，可取 $s_1=$（0.01～0.015）b 对应的荷载为 p_1。然后代入公式进行计算。

载荷试验在现场进行，对地基土扰动较小，土中的应力状态在承压板较大时与实际基础情况比较接近，测出的指标能较好地反映土的压缩性质。但载荷试验工作量大，时间长，所

规定的沉降稳定标准带有较大的近似性。根据有些地区的经验，它所反映的土的固结程度通常仅相当于建筑施工完毕时的早期沉降量。

3. 压缩模量与变形模量的关系

压缩模量 E_s 与变形模量 E_0 是两个不同的概念。E_0 是在现场测试获得，土体压缩过程中无侧限；而 E_s 是通过室内压缩试验换算求得，土体是在完全侧限条件下的压缩，且与其他建筑材料的弹性模量不同，压缩过程中具有相当部分不可恢复的塑性变形，但理论上 E_0 与 E_s 是完全可以换算的。换算公式如下

$$E_0 = E_s\left(1-\frac{2\mu^2}{1-\mu}\right) = E_s(1-2\mu k_0) \tag{5-10}$$

或

$$E_0 = \beta E_s \tag{5-11}$$

式中 k_0——土的侧压力系数；

μ——土的泊松比。

常见土样 k_0、μ、β 的经验值见表 5-1。

表 5-1 **k_0、μ、β 的经验值**

土的种类和状态		k_0	μ	β
碎 石 土		0.18～0.25	0.15～0.20	0.95～0.90
砂 土		0.25～0.33	0.20～0.25	0.90～0.83
粉 土		0.33	0.25	0.83
粉质粘土	坚硬状态	0.33	0.25	0.83
	可塑状态	0.43	0.30	0.74
	软塑及流塑状态	0.53	0.35	0.62
粘 土	坚硬状态	0.33	0.25	0.83
	可塑状态	0.53	0.35	0.62
	软塑及流塑状态	0.72	0.42	0.39

实际上，由于现场载荷试验测定 E_0 和室内压缩试验测定 E_s 时，各有些无法考虑到的因素，使得上式不能准确地反映 E_0 与 E_s 之间的实际关系。根据统计资料，E_0 值可能是 βE_s 值的几倍。一般说来，土越坚硬则倍数越大。软土的 E_0 值与 βE_s 值比较接近。

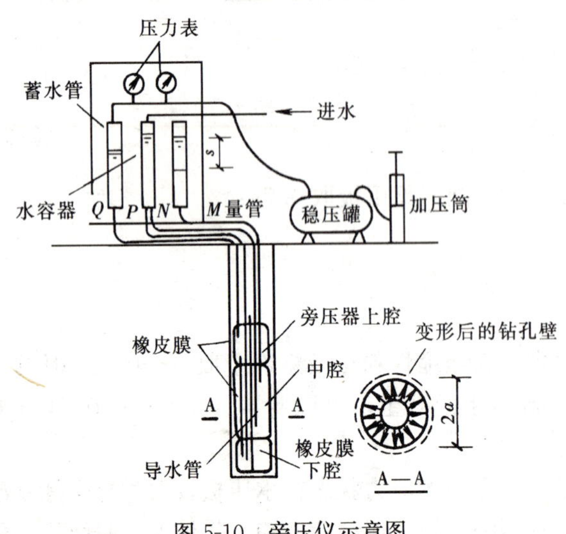

图 5-10 旁压仪示意图

四、旁压试验及旁压模量

上述载荷试验，如基础埋深很大，则试坑开挖很深，工程量太大，不适用。若地下水较浅，基础埋深在地下水位以下时，载荷试验也无法使用。在这类情况时，可采用旁压试验。

1. 旁压试验

旁压试验的仪器为旁压仪，如图 5-10 所示。它由旁压器、量测与输送系统、加压系统三部分组成，旁压仪设有上、中、下三个腔，中腔称为工作腔，上、下腔称为保护腔，它保护工作腔的变形基本符合平面应变状态（理论

按平面问题考虑）。腔体外面用一块弹性膜（橡皮膜）包起来，弹性膜受到压力作用后产生膨胀，挤压孔周围的土体。而这个压力一般是通过液压（水压）来传递的，所以旁压仪配置有蓄水管、气管、量测管及压力表、稳压罐、调压筒等。

试验在钻孔内进行（有的是预先钻孔，有的是自行钻孔）。将旁压器置于孔内，用液压迫使旁压器的工作腔不断扩大，对孔壁土体施加横向压力，迫使孔周围的土体变形外挤，直至破坏。量测所加的压力 p 的大小及旁压器测量腔的体积 V 的变化，再换算为土的应力应变关系，从而获得地基土强度和变形模量等参数。

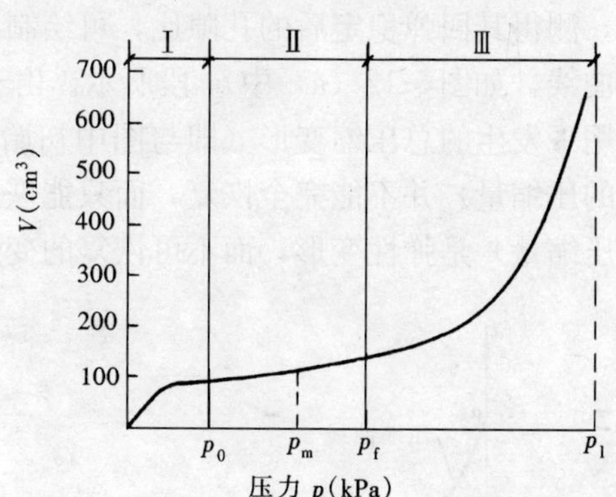

图 5-11　旁压试验 p-V 曲线

2. 旁压模量

旁压试验的成果为 p-V 曲线，如图 5-11 所示。该曲线可划分为三个阶段，Ⅰ阶段为初步阶段，是橡皮膜与孔壁的初步接触阶段，若完全贴紧时压力用 p_0 表示，代表了原位总的水平应力；Ⅱ阶段称为似弹性阶段，这时压力与体积的变化量大致呈直线关系，表示土尚处于弹性状态，压力 p_f 为开始屈服的压力，称为临塑压力；Ⅲ阶段为塑性阶段，随着压力的增大，土内局部环状区域产生塑性变形，表现为体积变化量 V 迅速增加，最后达到极限压力 p_l。

根据曲线Ⅱ阶段的坡度（$\Delta p/\Delta V$），可得到土的旁压模量 E_M，其值与土的变形模量 E_0 接近。对于线性弹性的各向同性土体，E_M（kPa）可按下式计算

$$E_M = 2(1+\mu)(V+V_m)\frac{\Delta p}{\Delta V} \tag{5-12}$$

式中　V——旁压器测量腔（中腔）初始固有的体积，cm^3；

V_m——旁压曲线直线段的平均扩展体积，cm^3；

$\Delta p/\Delta V$——旁压曲线直线段的斜率，kPa/cm^3。

影响旁压试验的因素很多，其中最重要的是钻孔对周围土的扰动。为了减少这种影响，后来又发展了自钻式旁压仪，在旁压器的尖端装一旋转的切削器而成。现已用于砂土和许多粘性土中，效果较好，深度可达 20m 以上。

第二节　应力历史与土的压缩性的关系

由图 5-4 的 e—lg$p$ 曲线可以看出，曲线的前半段较平缓，而后半段（即前述直线段）较陡，这表明当压力超过某值时土才会发生显著的压缩。这是因为土在其沉积历史上已在上覆压力或其他荷载作用下经历过压缩或固结，当土样从地基中取出，原有的应力释放，土样又经历了膨胀。因此，在压缩试验中如施加的压力小于土样在地基中所受的原有压力，土样的压缩量（或孔隙比的变化）必然较小，而只有当施加的压力大于原有压力，土样才会发生新的压缩，土样的压缩量才会较大。通常，将土体历史上的受力过程称为应力历史。

由此可见，土的压缩性与其应力历史有密切关系。

一、土的回弹与再压缩曲线

1. 回弹曲线

在土的压缩试验过程中加压至某值 p_b［图 5-12（a）中 b 点］后逐级卸荷，土样即回弹，测得其回弹稳定后的孔隙比，可绘制相应的孔隙比与压力的关系曲线，该曲线就称为回弹曲线，如图 5-12（a）中 bc 段所示。由于土体不是完全弹性体，故卸压完毕后，土样在 p_b 作用下发生的总压缩变形（即与图中初始孔隙比 e_0 和 p_b 对应的孔隙比 e_b 的差值 e_0-e_b 相当的压缩量）并不能完全恢复，而只能恢复一部分。可恢复的这部分变形（即与 e_c-e_b 相当的压缩量）是弹性变形，而不可恢复的变形（与 e_0-e_c 相当的压缩量）则称为残余变形。

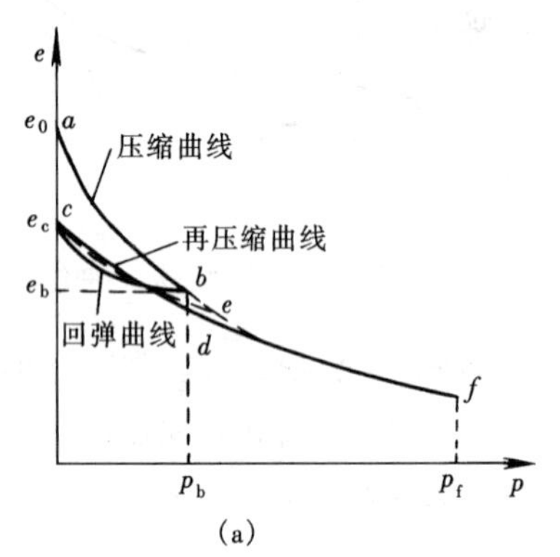

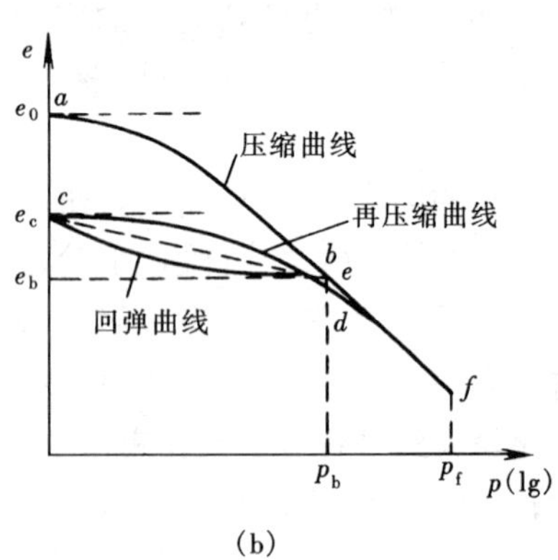

图 5-12 土的回弹曲线和再压缩曲线

（a）直角坐标；（b）半对数坐标

2. 再压缩曲线

如卸压后又重新逐级加压至 p_b，并测得土样在各级压力下再压缩稳定后的孔隙比，则据此绘制的曲线为再压缩曲线，如图 5-12（a）中的 cd 段所示。试验研究表明，压力达到 p_b 之后再继续加压至 p_f，得到的继续压缩曲线 df 与原压缩曲线 ab 段是近于光滑连接的。

同样，也可在半对数坐标上绘制土的回弹和再压缩曲线，如图 5-12（b）所示。

3. 回弹再压缩系数和回弹指数

根据土的回弹和再压缩曲线，可以获得土的回弹再压缩系数和回弹再压缩指数，回弹再压缩指数习惯上也称为回弹指数。为此，将由回弹曲线 bc 段和再压缩曲线 cd 段形成的滞回环近似用一条直线或曲线段代替，如图 5-12 中的虚线 ce 所示。基于该线段，用类似于确定压缩系数与压缩指数等指标的方法，就可确定土的回弹再压缩系数和回弹指数等指标。这些指标可用于预估复杂加、卸荷情况下的基础沉降。

显然，曲线 ce 较原始压缩曲线平缓，因此，土的回弹再压缩系数和回弹指数在数值上较压缩系数和压缩指数小。

二、土的先期固结压力的确定

土在历史上所经受过的最大竖向有效应力称为土的先期固结压力（又称前期固结压力），常用 p_c 来表示。

由于土的受荷历史极其复杂，因此确定土的先期固结压力至今无精确的方法。但从前述分析可以认为，在压缩试验中只有当土所受到的压力大于先期固结压力时，土样才发生较明显的压缩，故先期固结压力必然应位于 $e-\lg p$ 曲线较平缓的前半段与较陡的后半段交接处附近。基于这一认识，卡萨格兰德（A. Cassagrande）于 1936 年提出了确定先期固结压力的经验作图法，如图 5-13 所示，这也是迄今确定 p_c 值最为常用的一种方法。

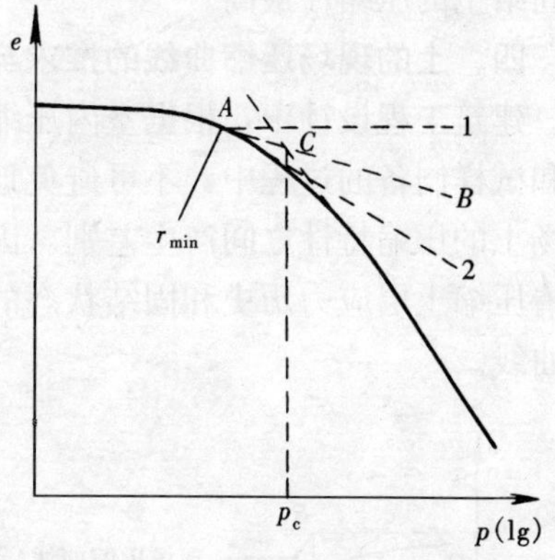

图 5-13　确定先期固结压力 p_c 的卡萨格兰德法

卡萨格兰德法的作图步骤如下：

(1) 在 $e-\lg p$ 曲线上找出曲率半径最小的一点 A，过 A 作水平线 $A1$ 和切线 $A2$；

(2) 作角 $1A2$ 的平分线 AB，与 $e-\lg p$ 曲线后半段（即直线段）的延长线交于 C 点；

(3) 过 C 作垂直于横轴的直线，交横轴于一点，该点对应的压力即为土的先期固结压力 p_c。

卡萨格兰德法简单、易行，但其准确性在很大程度上取决于土样的质量（例如扰动程度）和作图经验（例如比例尺的选取）等。

三、土的超固结比与固结状态

先期固结压力可用于判断土的固结状态。将土的先期固结压力 p_c 与现在土所受的压力 p_0 比值定义为土的超固结比，用 OCR 表示。

$$\mathrm{OCR}=\frac{p_c}{p_0} \tag{5-13}$$

对于原位地基土而言，p_0 一般指现有上覆土层的自重应力。根据超固结比将土分为三种：

(1) OCR>1，即 $p_c>p_0$，称为超固结土。如地层曾受到大于目前上覆压力 p_0 的压力 p_c 作用，且在 p_c 作用下已完成固结，则土体目前处于超固结状态。

(2) OCR=1，即 $p_c=p_0$，称为正常固结土。如地层在历史上从未受到过比现有上覆压力 p_0 更大的压力，且在 p_0 作用下已固结完成，则土体目前处于正常固结状态。

(3) OCR<1，即 $p_c<p_0$，称为欠固结土。如土层在 p_0 作用下尚未稳定，固结仍在进行，则土体目前处于欠固结状态。

对室内压缩试验的土样而言，p_0 即为施加于土样上的当前压力。当土样的应力状态位于 $e-\lg p$ 曲线的直线段上时，表示土样当前所受的压力就是最大压力，则 OCR=1，土样处于正常固结状态。当土样的应力状态位于某回弹或再压缩曲线上时，则 OCR>1，土样处于超固结状态。

显然，土的固结状态在一定条件下是可以相互转化的。例如，对于天然状态下已达沉降稳定的正常固结土，当因地表流水或冰川的剥蚀作用而降低，或因开挖而卸载，就成为超固结土；而超固结土则可因足够大的堆载加压而成为正常固结土。新近沉积土和冲填土等在自重应力作用下固结尚未完成，为欠固结土；但随着时间的推移，在自重应力作用下的压缩会逐渐趋于稳定，从而转化为正常固结土。对于室内压缩稳定并处于正常固结状态的土样，经卸荷就会进入超固结状态；而处于超固结状态的土样则可经过施加更大的压力而进入正常固结状态。

根据土的固结状态可以对土的压缩性作出评价，相对而言，超固结土的压缩性最低，而欠固结土的压缩性最高。

四、土的现场压缩曲线的推求与压缩指标

建筑工程设计中，根据室内压缩试验曲线提取压缩指标进行地基沉降计算。由于取原状土和试样制备的过程中，不可避免地对土样产生一定的扰动，从而使室内试验的压缩曲线与现场土的压缩特性之间产生差别。因此，为使地基土固结沉降的计算更符合实际，有必要在弄清压缩土层应力历史和固结状态的基础上，由室内压缩曲线推求出符合现场实际的现场压缩曲线。

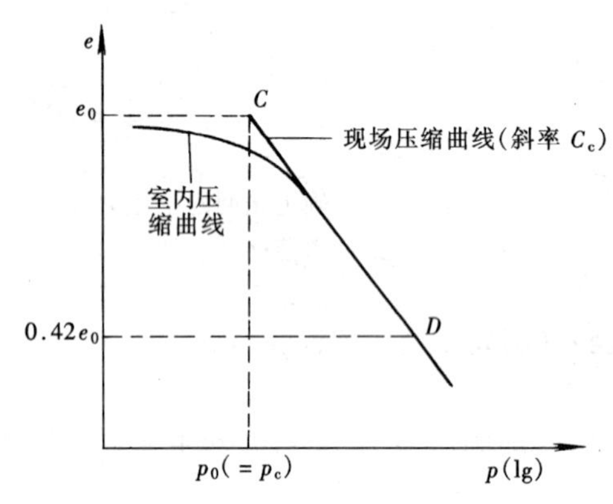

图 5-14　正常固结土的现场压缩曲线

1. 正常固结土现场压缩曲线的确定

对于正常固结土，试验研究表明，土的扰动程度越大，土的压缩曲线越平缓。因此可以期望现场压缩曲线较室内压缩曲线更陡。Schmertmann（1953）曾指出，对于同一种土，无论土的扰动程度如何，室内压缩曲线都将在孔隙比约为 $0.42e_0$ 处交于一点。基于此，可按如下方法确定现场压缩曲线，如图 5-14 所示。

（1）过 e_0 及 p_c 分别作横轴及纵轴的平行线，二者相交于一点 C；

（2）过 $0.42e_0$ 作横轴的平行线，交室内压缩曲线的直线段于一点 D；

（3）连接 CD，即为现场压缩曲线，其斜率为现场压缩指数 C_c。

2. 超固结土的现场压缩曲线

如图 5-15 所示，超固结土的现场压缩曲线及压缩指标可按下列步骤求得：

（1）过 e_0 及 p_0 分别作横轴及纵横的平行线，二者相交于一点 B。

（2）过 B 点作室内压缩曲线滞回环的平行线，过 p_c 作纵轴的平行线，二者相交于一点 C。

（3）过 $0.42e_0$ 作横轴的平行线，交室内压缩曲线的直线段于一点 D，连接 CD。

（4）折线 BCD 即为所推求的现场压缩曲线。BC 的斜率为回弹指数，用 C_e 表示，CD 的斜率为现场压缩指数 C_c。

对于欠固结土，可近似按正常固结土的方法获得其现场压缩曲线及其指标。

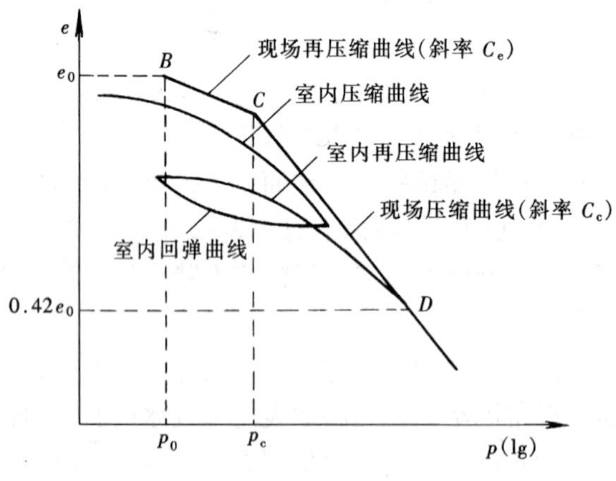

图 5-15　超固结土的现场压缩曲线

第三节　地基沉降的计算方法

地基土层在建筑物荷载作用下，不断地产生压缩，至压缩稳定后地基表面的沉降量称为地基的最终沉降量。通常认为，地基土层在自重作用下的压缩已稳定，因此，地基沉降的外因主要是建筑物荷载在地基中产生附加应力，其内因是土由三相组成，具有碎散性，在附加应力作用下土层的孔隙发生压缩变形，引起地基沉降。预测建筑物建成之后将产生的最终沉降量，可以判断地基变形值是否超过允许的范围，以便在建筑物设计和施工时，采取相应的工程措施来保证建筑物的安全。

本节将介绍两种常见的地基沉降计算方法：普通分层总和法和《建筑地基基础设计规范》(GB 5007—2002) 推荐法。

一、普通分层总和法

1. 计算原理

分层总和法即先将地基土分为若干水平土层，各土层的厚度分别为 h_1，h_2，h_3，…，h_n。计算每层土的压缩量 s_1，s_2，s_3，…，s_n。然后累加起来，即为地基土的总沉降量。

2. 几点假定

为了应用地基中的附加应力计算公式和室内侧限压缩试验的指标，特作下列假定：

(1) 地基土为一均匀、等向的半无限体。在建筑物荷载作用下，土中的应力 σ 与应变 ε 呈直线关系，因此，可应用弹性理论方法计算地基中的附加应力。

(2) 地基沉降量计算的部位，取基础中心点 o 下土柱所受附加应力 σ_z 进行计算。实际上基础底面边缘或中部各点的附加应力不同，中心点 o 下的附加应力为最大值。

(3) 地基土的变形条件为侧限条件，即在建筑物荷载作用下，地基土只产生竖向压缩变形，侧向不能膨胀变形，因而在沉降计算中，可应用试验室测定的侧限压缩试验指标 a 或 E_s 值。

(4) 沉降计算的深度，理论上应计算至无限深，工程上因附加应力扩散随深度而减小，计算至某一深度（即受压层）即可。在受压层以下的附加应力很小，所产生的沉降量可以忽略不计。若受压层以下尚有软弱土层时，则应计算至软弱土层底部。

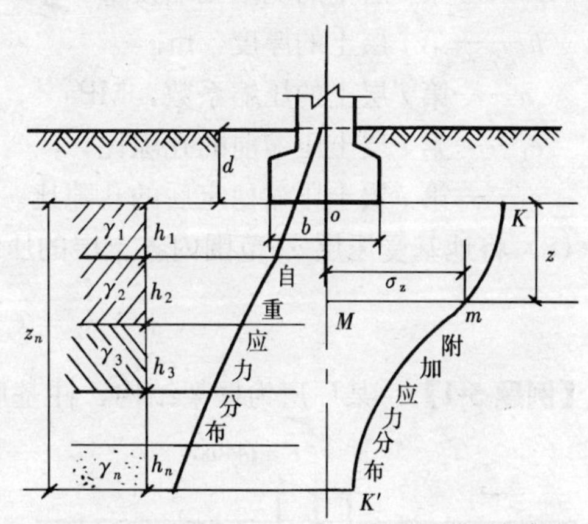

图 5-16　分层总和法计算地基沉降

3. 计算方法与步骤

(1) 用坐标纸按比例绘制地基土层分布剖面图和基础剖面图，如图 5-16 所示。

(2) 计算地基土的自重应力 σ_c，土层变化处为计算点。计算结果按比例尺绘于基础中心线的左侧。自重应力分布曲线横坐标只表示该点的自重应力数值，应力的方向都是竖直方向。

(3) 计算基础底面的接触压力。

中心荷载
$$p=\frac{N+G}{A}\tag{5-14}$$

偏心荷载
$$p_{\min}^{\max}=\frac{R}{A}\left(1\pm\frac{6e}{b}\right)\tag{5-15}$$

（4）计算基础底面附加应力

$$p_0 = p - \gamma_0 d \tag{5-16}$$

（5）计算地基中附加应力的分布。为保证计算的精度，要求每层土的厚度 $h_i \leqslant 0.4b$，同时应将天然层面及地下水面作为分层界面。将计算得到的附加应力值按比例尺绘于基础中心线的右侧。例如，深度 z 处，M 点的竖向附加应力 σ_z 值，以线段 $\overline{Mm}$ 表示。各计算点的附加应力连成一条曲线 KmK'，表示基础中心点 o 以下附加应力随深度的变化。

（6）确定地基受压层的深度 z_n（自基底算起），由图 5-16 中自重应力分布和附加应力分布两条曲线确定。

一般土 $$\sigma_z = 0.2\sigma_{cz} \tag{5-17}$$

软土 $$\sigma_z = 0.1\sigma_{cz} \tag{5-18}$$

式中 σ_z——基础底面中心点 o 以下深度 z 处的附加应力，kPa；

σ_{cz}——同一深度 z 处的自重应力。

（7）计算各土层的压缩量 s_i（mm），可按以下公式进行计算

$$s_i = \frac{\bar{\sigma}_{zi}}{E_{si}} h_i \tag{5-19}$$

$$s_i = \left(\frac{a}{1+e_1}\right)_i \bar{\sigma}_{zi} h_i \tag{5-20}$$

$$s_i = \left(\frac{e_1 - e_2}{1+e_1}\right)_i h_i \tag{5-21}$$

式中 $\bar{\sigma}_{zi}$——第 i 层土的平均附加应力，kPa；

E_{si}——第 i 层土的侧限压缩模量，MPa；

h_i——第 i 层土的厚度，m；

a——第 i 层土的压缩系数，MPa^{-1}；

e_1——第 i 层土压缩前的孔隙比；

e_2——第 i 层土压缩稳定后的孔隙比。

（8）将地基受压层 z_n 范围内各土层的压缩量相加，得地基土的最终沉降量。

$$s = s_1 + s_2 + s_3 + \cdots + s_n = \sum_{i=1}^{n} s_i \tag{5-22}$$

【例题 5-1】 某厂房为框架结构，柱基底面为正方形，边长为 $l=b=4.0\text{m}$，基础埋深为 $d=1.0\text{m}$。上部结构传至基础顶面的荷重 $F=1440\text{kN}$。地基为粉质粘土，土的天然重度 $\gamma=16.0\text{kN/m}^3$，土的天然孔隙比 $e=0.97$。地下水位深 3.4m，地下水位以下土的饱和重度 $\gamma_{sat}=18.2\text{kN/m}^3$。土的压缩系数：地下水位以上为 $a_1=0.30\text{MPa}^{-1}$，地下水位以下为 $a_2=0.25\text{MPa}^{-1}$。计算柱基中点的沉降量。

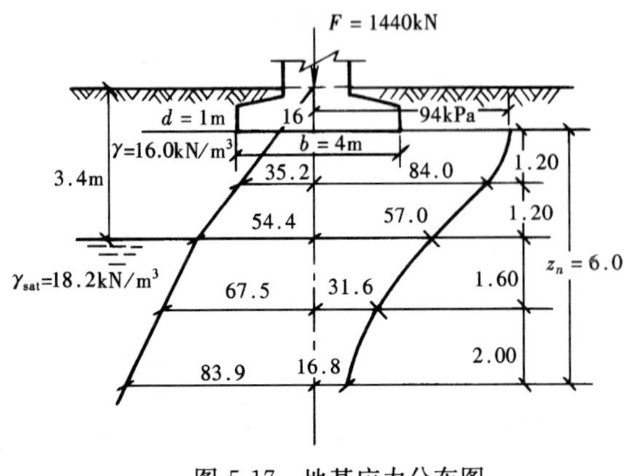

图 5-17 地基应力分布图

解 （1）绘制柱基剖面图与地基土剖面图，如图 5-17 所示。

（2）计算地基土的自重应力。

基础底面　$\sigma_{cd}=\gamma d=16.0\times1=16.0\text{kPa}$

地下水面　$\sigma_{cw}=3.4\gamma=3.4\times16.0$

$=54.4\text{kPa}$

地面以下 $2b$ 处　$\sigma_{c8}=3.4\gamma+4.6\gamma'=3.4\times16.0+4.6\times8.2=92.1\text{kPa}$

（3）基础底面的接触压力 p。

设基础及其上覆土的平均重度为 $\bar{\gamma}=20\text{kN/m}^3$，则

$$p=\frac{F}{l\times b}+\bar{\gamma}d=\frac{1440}{4\times4}+20\times1=90+20=110.0\text{kPa}$$

（4）基础底面的附加应力。

$$p_0=p-\gamma_0 d=110.0-16.0=94.0\text{kPa}$$

（5）计算地基中的附加应力。预估受压层的厚度为 6m，分四层进行计算。基础底面为正方形，用角点法计算，分成相等的四小块，计算边长为 $l'=b'=2.0\text{m}$。附加应力 $\sigma_z=4\alpha_c p_0\text{kPa}$，列表计算如下：

表 5-2　附加应力计算

深度（m）	l'/b'	z/b'	应力系数 a_c	附加应力 σ_z（kPa）
0	1.0	0	0.2500	94.0
1.2	1.0	0.6	0.2229	84.0
2.4	1.0	1.2	0.1516	57.0
4.0	1.0	2.0	0.0840	31.6
6.0	1.0	3.0	0.0447	16.8

（6）地基土受压深度 z_n 的确定。由图 5-17 中自重应力分布与附加应力分布两条曲线，寻找 $\sigma_z=0.2\sigma_{cz}$的深度 z_n。

当深度 $z=6.0\text{m}$ 时，$\sigma_z=16.8\text{kPa}$，$\sigma_{cz}=83.9\text{kPa}$，$\sigma_z\approx0.2\sigma_{cz}$，故受压层的厚度 $z_n=6.0\text{m}$，预估深度合适。若不满足条件，回到（5）进一步进行计算。

（7）地基土每层的沉降量计算，见表 5-3，$s_i=\left(\frac{a}{1+e_1}\right)_i\bar{\sigma}_{zi}h_i$。

表 5-3　地基沉降计算

土层编号	土层厚度 h_i（m）	土的压缩系数 a（MPa^{-1}）	孔隙比 e_1	平均附加应力 $\bar{\sigma}_z$（kPa）	沉降量 s_i（mm）
1	1.20	0.30	0.97	$\frac{94+84}{2}=89.0$	16.3
2	1.20	0.30	0.97	$\frac{84+57}{2}=70.5$	12.9
3	1.60	0.25	0.97	$\frac{57+31.6}{2}=44.3$	9.0
4	2.0	0.25	0.97	$\frac{31.6+16.8}{2}=24.2$	6.1

（8）柱基中点的总沉降量。

$$s=\sum s_i=16.3+12.9+9.0+6.1=44.3\text{mm}$$

二、《建筑地基基础设计规范》(GB 50007—2002) 推荐的沉降计算法

中华人民共和国成立以来，全国各地都采用分层总和法对建筑物地基进行沉降计算。同时，对大量建筑物进行沉降观测，并与理论计算相对比。结果发现下列规律：中等地基，计算沉降量与实测沉降量接近，$s_{计} \approx s_{实}$；软弱地基，计算沉降量小于实测沉降量，最多可相差40%，即 $s_{计} < s_{实}$；坚实地基，计算沉降量大于实测沉降量，最多相差5倍，即 $s_{计} \gg s_{实}$。

为了使地基沉降量的计算值与实测沉降相符合，并简化分层总和法的计算，在总结了大量实践经验的基础上，对分层总和法地基沉降计算结果作必要的修正，这就是《建筑地基基础设计规范》(GB 50007—2002) 沉降计算的来由。

1.《建筑地基基础设计规范》(GB 50007—2002) 法的实质

为使分层总和法沉降计算结果在软弱地基和坚实地基情况，都与实测沉降量相符合，《建筑地基基础设计规范》法引入一个沉降计算经验系数 φ_s。此经验系数 φ_s 由大量建筑物沉降观测数值与分层总和法计算值进行对比总结所得。对于软弱地基 $\varphi_s > 1.0$，对于坚实地基 $\varphi_s < 1.0$。

2.《建筑地基基础设计规范》(GB 50007—2002) 法地基沉降计算公式

$$s = \varphi_s s' = \varphi_s \sum_{i=1}^{n} \frac{p_0}{E_{si}} (z_i \bar{\alpha}_i - z_{i-1} \bar{\alpha}_{i-1}) \tag{5-23}$$

式中 s——地基最终变形量，mm；

s'——按分层总和法计算出的地基变形量，mm；

φ_s——沉降计算经验系数，根据地区沉降观测资料及经验确定，无地区经验时可采用表5-4的数值；

n——地基变形计算深度范围内所划分的土层数，如图5-18所示；

p_0——对应于荷载效应准永久组合时的基础底面处的附加压力，kPa；

E_{si}——基础底面下第 i 层土的压缩模量 (MPa)，应取土的自重应力至土的自重应力与附加应力之和的压力段计算；

z_i、z_{i-1}——基础底面至第 i 层土、第 $i-1$ 层土底面的距离，m；

$\bar{\alpha}_i$、$\bar{\alpha}_{i-1}$——基础底面计算点至第 i 层土、第 $i-1$ 层土底面范围内平均附加应力系数，可查表5-6、表5-7。

表5-4　沉降计算经验系数 φ_s

$\bar{E}_s$ (MPa) / 基底附加压力	2.5	4.0	7.0	15.0	20.0
$p_0 \geqslant f_{ak}$	1.4	1.3	1.0	0.4	0.2
$p_0 \leqslant 0.75 f_{ak}$	1.1	1.0	0.7	0.4	0.2

注 1. $\bar{E}_s$ 为变形计算深度范围内压缩模量的当量值，应按下式计算

$$\bar{E}_s = \frac{\Sigma A_i}{\Sigma \frac{A_i}{E_{si}}}$$

式中 A_i——第 i 层土附加应力系数沿厚度的积分值。

2. f_{ak} 为地基承载力的特征值。

3. 地基变形计算深度 z_n

地基变形计算深度，即受压层的计算，分两种情况。

（1）存在相邻荷载影响，计算深度 z_n 应符合下式要求：

$$\Delta s_n' \leqslant 0.025\sum_{i=1}^{n}\Delta s_i' \qquad (5\text{-}24)$$

式中　$\Delta s_i'$——在计算深度范围内，第 i 层土的计算变形值；

$\Delta s_n'$——在计算深度向上取厚度为 Δz 的土层计算变形值，Δz 如图 5-18 所示并按表 5-5 确定。

如确定的计算深度下部仍有较软土层时，应继续计算。

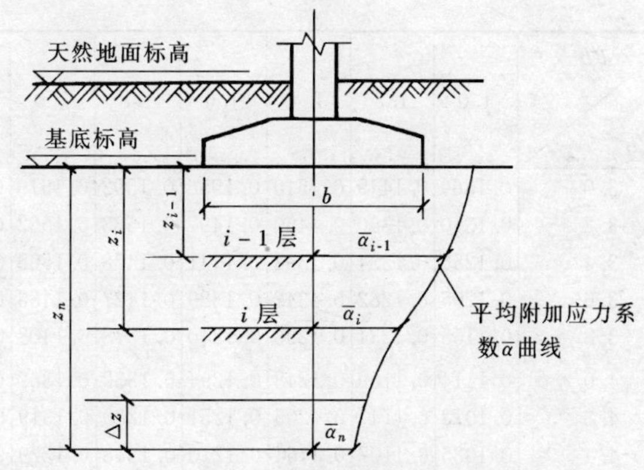

图 5-18　基础沉降计算的分层示意

表 5-5　Δz 值

b（m）	$b\leqslant2$	$2<b\leqslant4$	$4<b\leqslant8$	$b>8$
Δz（m）	0.3	0.6	0.8	1.0

（2）当无相邻荷载影响，基础宽度在 1～30m 范围内时，基础中心点的地基变形计算深度也可按下列简化公式计算

$$z_n = b(2.5-0.4\ln b) \qquad (5\text{-}25)$$

式中　b——基础宽度，m。

在计算深度范围内存在基岩时，z_n 可取至基岩表面；当存在较厚的坚硬粘性土层，其孔隙比小于 0.5、压缩模量大于 50MPa，或存在较厚的密实砂卵石层，其压缩模量大于 80MPa 时，z_n 可取至该层土表面。

表 5-6　矩形面积上均布荷载作用下角点的平均附加应力系数 $\bar{\alpha}$

z/b \ l/b	1.0	1.2	1.4	1.6	1.8	2.0	2.4	2.8	3.2	3.6	4.0	5.0	10.0
0.0	0.2500	0.2500	0.2500	0.2500	0.2500	0.2500	0.2500	0.2500	0.2500	0.2500	0.2500	0.2500	0.2500
0.2	0.2496	0.2497	0.2497	0.2498	0.2498	0.2498	0.2498	0.2498	0.2498	0.2498	0.2498	0.2498	0.2498
0.4	0.2474	0.2479	0.2481	0.2483	0.2483	0.2484	0.2485	0.2485	0.2485	0.2485	0.2485	0.2485	0.2485
0.6	0.2423	0.2437	0.2444	0.2448	0.2451	0.2452	0.2454	0.2455	0.2455	0.2455	0.2455	0.2455	0.2456
0.8	0.2346	0.2372	0.2387	0.2395	0.2400	0.2403	0.2407	0.2408	0.2409	0.2409	0.2410	0.2410	0.2410
1.0	0.2252	0.2291	0.2313	0.2326	0.2335	0.2340	0.2346	0.2349	0.2351	0.2352	0.2352	0.2353	0.2353
1.2	0.2149	0.2199	0.2229	0.2248	0.2260	0.2268	0.2278	0.2282	0.2285	0.2286	0.2287	0.2288	0.2289
1.4	0.2043	0.2102	0.2140	0.2164	0.2180	0.2191	0.2204	0.2211	0.2215	0.2217	0.2218	0.2220	0.2221
1.6	0.1939	0.2006	0.2049	0.2079	0.2099	0.2113	0.2130	0.2138	0.2143	0.2146	0.2148	0.2150	0.2152
1.8	0.1840	0.1912	0.1960	0.1994	0.2018	0.2034	0.2055	0.2066	0.2073	0.2077	0.2079	0.2082	0.2084
2.0	0.1746	0.1822	0.1875	0.1912	0.1938	0.1958	0.1982	0.1996	0.2004	0.2009	0.2012	0.2015	0.2018
2.2	0.1659	0.1737	0.1793	0.1833	0.1862	0.1883	0.1911	0.1927	0.1937	0.1943	0.1947	0.1952	0.1955
2.4	0.1578	0.1657	0.1715	0.1757	0.1789	0.1812	0.1843	0.1862	0.1873	0.1880	0.1885	0.1890	0.1895
2.6	0.1503	0.1583	0.1642	0.1686	0.1719	0.1745	0.1779	0.1799	0.1812	0.1820	0.1825	0.1832	0.1838
2.8	0.1433	0.1514	0.1574	0.1619	0.1654	0.1680	0.1717	0.1739	0.1753	0.1763	0.1769	0.1777	0.1784

续表

z/b \ l/b	1.0	1.2	1.4	1.6	1.8	2.0	2.4	2.8	3.2	3.6	4.0	5.0	10.0
3.0	0.1369	0.1449	0.1510	0.1556	0.1592	0.1619	0.1658	0.1682	0.1698	0.1708	0.1715	0.1725	0.1733
3.2	0.1310	0.1390	0.1450	0.1497	0.1533	0.1562	0.1602	0.1628	0.1645	0.1657	0.1664	0.1675	0.1685
3.4	0.1256	0.1334	0.1394	0.1441	0.1478	0.1508	0.1550	0.1577	0.1595	0.1607	0.1616	0.1628	0.1639
3.6	0.1205	0.1282	0.1342	0.1389	0.1427	0.1456	0.1500	0.1528	0.1548	0.1561	0.1570	0.1583	0.1595
3.8	0.1158	0.1234	0.1293	0.1340	0.1378	0.1408	0.1452	0.1482	0.1502	0.1516	0.1526	0.1541	0.1554
4.0	0.1114	0.1189	0.1248	0.1294	0.1332	0.1362	0.1408	0.1438	0.1459	0.1474	0.1485	0.1500	0.1516
4.2	0.1073	0.1147	0.1205	0.1251	0.1289	0.1319	0.1365	0.1396	0.1418	0.1434	0.1445	0.1462	0.1479
4.4	0.1035	0.1107	0.1164	0.1210	0.1248	0.1279	0.1325	0.1357	0.1379	0.1396	0.1407	0.1425	0.1444
4.6	0.1000	0.1070	0.1127	0.1172	0.1209	0.1240	0.1287	0.1319	0.1342	0.1359	0.1371	0.1390	0.1410
4.8	0.0967	0.1036	0.1091	0.1136	0.1173	0.1204	0.1250	0.1283	0.1307	0.1324	0.1337	0.1357	0.1379
5.0	0.0935	0.1003	0.1057	0.1102	0.1139	0.1169	0.1216	0.1249	0.1273	0.1291	0.1304	0.1325	0.1348
5.2	0.0906	0.0972	0.1026	0.1070	0.1106	0.1136	0.1183	0.1217	0.1241	0.1259	0.1273	0.1295	0.1320
5.4	0.0878	0.0943	0.0996	0.1039	0.1075	0.1105	0.1152	0.1186	0.1211	0.1229	0.1243	0.1265	0.1292
5.6	0.0852	0.0916	0.0968	0.1010	0.1046	0.1076	0.1122	0.1156	0.1181	0.1200	0.1215	0.1238	0.1266
5.8	0.0828	0.0890	0.0941	0.0983	0.1018	0.1047	0.1094	0.1128	0.1153	0.1172	0.1187	0.1211	0.1240
6.0	0.0805	0.0866	0.0916	0.0957	0.0991	0.1021	0.1067	0.1101	0.1126	0.1146	0.1161	0.1185	0.1216
6.2	0.0783	0.0842	0.0891	0.0932	0.0966	0.0995	0.1041	0.1075	0.1101	0.1120	0.1136	0.1161	0.1193
6.4	0.0762	0.0820	0.0869	0.0909	0.0942	0.0971	0.1016	0.1050	0.1076	0.1096	0.1111	0.1137	0.1171
6.6	0.0742	0.0799	0.0847	0.0886	0.0919	0.0948	0.0993	0.1027	0.1053	0.1073	0.1088	0.1114	0.1149
6.8	0.0723	0.0779	0.0826	0.0865	0.0898	0.0926	0.0970	0.1004	0.1030	0.1050	0.1066	0.1092	0.1129
7.0	0.0705	0.0761	0.0806	0.0844	0.0877	0.0904	0.0949	0.0982	0.1008	0.1028	0.1044	0.1071	0.1109
7.2	0.0688	0.0742	0.0787	0.0825	0.0857	0.0884	0.0928	0.0962	0.0987	0.1008	0.1023	0.1051	0.1090
7.4	0.0672	0.0725	0.0769	0.0806	0.0838	0.0865	0.0908	0.0942	0.0967	0.0988	0.1004	0.1031	0.1071
7.6	0؛ 0656	0.0709	0.0752	0.0789	0.0820	0.0846	0.0889	0.0922	0.0948	0.0968	0.0984	0.1012	0.1054
7.8	0.0642	0.0693	0.0736	0.0771	0.0802	0.0828	0.0871	0.0904	0.0929	0.0950	0.0966	0.0994	0.1036
8.0	0.0627	0.0678	0.0720	0.0755	0.0785	0.0811	0.0853	0.0886	0.0912	0.0932	0.0948	0.0976	0.1020
8.2	0.0614	0.0663	0.0705	0.0739	0.0769	0.0795	0.0837	0.0869	0.0894	0.0914	0.0931	0.0959	0.1004
8.4	0.0601	0.0649	0.0690	0.0724	0.0754	0.0779	0.0820	0.0852	0.0878	0.0893	0.0914	0.0943	0.0938
8.6	0.0588	0.0636	0.0676	0.0710	0.0739	0.0764	0.0805	0.0836	0.0862	0.0882	0.0898	0.0927	0.0973
8.8	0.0576	0.0623	0.0663	0.0696	0.0724	0.0749	0.0790	0.0821	0.0846	0.0866	0.0882	0.0912	0.0959
9.2	0.0554	0.0599	0.0637	0.0670	0.0697	0.0721	0.0761	0.0792	0.0817	0.0837	0.0853	0.0882	0.0931
9.6	0.0533	0.0577	0.0614	0.0645	0.0672	0.0696	0.0734	0.0765	0.0789	0.0809	0.0825	0.0855	0.0905
10.0	0.0514	0.0556	0.0592	0.0622	0.0649	0.0672	0.0710	0.0739	0.0763	0.0783	0.0799	0.0829	0.0880
10.4	0.0496	0.0537	0.0572	0.0601	0.0627	0.0649	0.0686	0.0716	0.0739	0.0759	0.0775	0.0804	0.0857
10.8	0.0479	0.0519	0.0553	0.0581	0.0606	0.0628	0.0664	0.0693	0.0717	0.0736	0.0751	0.0781	0.0834
11.2	0.0463	0.0502	0.0535	0.0563	0.0587	0.0609	0.0644	0.0672	0.0695	0.0714	0.0730	0.0759	0.0813
11.6	0.0448	0.0486	0.0518	0.0545	0.0569	0.0590	0.0625	0.0652	0.0675	0.0694	0.0709	0.0738	0.0793
12.0	0.0435	0.0471	0.0502	0.0529	0.0552	0.0573	0.0606	0.0634	0.0656	0.0674	0.0690	0.0719	0.0774
12.8	0.0409	0.0444	0.0474	0.0499	0.0521	0.0541	0.0573	0.0599	0.0621	0.0639	0.0654	0.0682	0.0739
13.6	0.0387	0.0420	0.0448	0.0472	0.0493	0.0512	0.0543	0.0568	0.0589	0.0607	0.0621	0.0649	0.0707
14.4	0.0367	0.0398	0.0425	0.0448	0.0468	0.0486	0.0516	0.0540	0.0561	0.0577	0.0592	0.0619	0.0677
15.2	0.0349	0.0379	0.0404	0.0426	0.0446	0.0463	0.0492	0.0515	0.0535	0.0551	0.0565	0.0592	0.0650
16.0	0.0332	0.0361	0.0385	0.0407	0.0425	0.0442	0.0469	0.0492	0.0511	0.0527	0.0540	0.0567	0.0625
18.0	0.0297	0.0323	0.0345	0.0364	0.0381	0.0396	0.0422	0.0442	0.0460	0.0475	0.0487	0.0512	0.0570
20.0	0.0269	0.0292	0.0312	0.0330	0.0345	0.0359	0.0383	0.0402	0.0418	0.0432	0.0444	0.0468	0.0524

表 5-7　矩形面积上三角形分布荷载作用下角点的平均附加应力系数 $\bar{\alpha}$

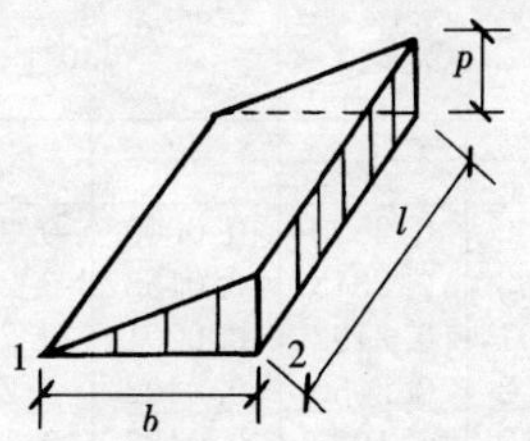

$\frac{z}{b}$ \ $\frac{l}{b}$	0.2		0.4		0.6		0.8		1.0	
	1	2	1	2	1	2	1	2	1	2
0.0	0.0000	0.2500	0.0000	0.2500	0.0000	0.2500	0.0000	0.2500	0.0000	0.2500
0.2	0.0112	0.2161	0.0140	0.2308	0.0148	0.2333	0.0151	0.2339	0.0152	0.02341
0.4	0.0179	0.1810	0.0245	0.2084	0.0270	0.2153	0.0280	0.2175	0.0285	0.2184
0.6	0.0207	0.1505	0.0308	0.1851	0.0355	0.1966	0.0376	0.2011	0.0388	0.2030
0.8	0.0217	0.1277	0.0340	0.1640	0.0405	0.1787	0.0440	0.1852	0.0459	0.1883
1.0	0.0217	0.1104	0.0351	0.1461	0.0430	0.1624	0.0476	0.1704	0.0502	0.1746
1.2	0.0212	0.0970	0.0351	0.1312	0.0439	0.1480	0.0492	0.1571	0.0525	0.1621
1.4	0.0204	0.0865	0.0344	0.1187	0.0436	0.1356	0.0495	0.1451	0.0534	0.1507
1.6	0.0195	0.0779	0.0333	0.1082	0.0427	0.1247	0.0490	0.1345	0.0533	0.1405
1.8	0.0186	0.0709	0.0321	0.1993	0.0415	0.1153	0.0480	0.1252	0.0525	0.1313
2.0	0.0178	0.0650	0.0308	0.0917	0.0401	0.1071	0.0467	0.1169	0.0513	0.1232
2.5	0.0157	0.0538	0.0276	0.0769	0.0365	0.0908	0.0429	0.1000	0.0478	0.1063
3.0	0.0140	0.0458	0.0248	0.0661	0.0330	0.0786	0.0392	0.0871	0.0439	0.0931
5.0	0.0097	0.0289	0.0175	0.0424	0.0236	0.0476	0.0285	0.0576	0.0324	0.0624
7.0	0.0073	0.0211	0.0133	0.0311	0.0180	0.0352	0.0219	0.0427	0.0251	0.0465
10.0	0.0053	0.0150	0.0097	0.0222	0.0133	0.0253	0.0162	0.0308	0.0186	0.0336

$\frac{z}{b}$ \ $\frac{l}{b}$	1.2		1.4		1.6		1.8		2.0	
	1	2	1	2	1	2	1	2	1	2
0.0	0.0000	0.2500	0.0000	0.2500	0.0000	0.2500	0.0000	0.2500	0.0000	0.2500
0.2	0.0153	0.2342	0.0153	0.2343	0.0153	0.2343	0.0153	0.2343	0.0153	0.2343
0.4	0.0288	0.2187	0.0289	0.2189	0.0290	0.2190	0.0290	0.2190	0.0290	0.2191
0.6	0.0394	0.2039	0.0397	0.2043	0.0399	0.2046	0.0400	0.2047	0.0401	0.2048
0.8	0.0470	0.1899	0.0476	0.1907	0.0480	0.1912	0.0482	0.1915	0.0483	0.1917
1.0	0.0518	0.1769	0.0528	0.1781	0.0534	0.1789	0.0538	0.1794	0.0540	0.1797
1.2	0.0546	0.1649	0.0560	0.1666	0.0568	0.1678	0.0574	0.1684	0.0577	0.1689
1.4	0.0559	0.1541	0.0575	0.1562	0.0586	0.1576	0.0594	0.1585	0.0599	0.1591
1.6	0.0561	0.1443	0.0580	0.1467	0.0594	0.1484	0.0603	0.1494	0.0609	0.1502
1.8	0.0556	0.1354	0.0578	0.1381	0.0593	0.1400	0.0604	0.1413	0.0611	0.1422
2.0	0.0547	0.1274	0.0570	0.1303	0.0587	0.1324	0.0599	0.1338	0.0608	0.1348
2.5	0.0513	0.1107	0.0540	0.1139	0.0560	0.1163	0.0575	0.1180	0.0586	0.1193
3.0	0.0476	0.0976	0.0503	0.1008	0.0525	0.1033	0.0541	0.1052	0.0554	0.1067
5.0	0.0356	0.0661	0.0382	0.0690	0.0403	0.0714	0.0421	0.0734	0.0435	0.0749
7.0	0.0277	0.0496	0.0299	0.0520	0.0318	0.0541	0.0333	0.0558	0.0347	0.0472
10.0	0.0207	0.0359	0.0224	0.0379	0.0239	0.0395	0.0252	0.0409	0.0263	0.0403

续表

$\frac{z}{b}$ \ $\frac{l}{b}$	3.0		4.0		6.0		8.0		10.0	
	1	2	1	2	1	2	1	2	1	2
0.0	0.0000	0.2500	0.0000	0.2500	0.0000	0.2500	0.0000	0.2500	0.0000	0.2500
0.2	0.0153	0.2343	0.0153	0.2343	0.0153	0.2343	0.0153	0.2343	0.0153	0.2343
0.4	0.0290	0.2192	0.0291	0.2192	0.0291	0.2192	0.0291	0.2192	0.0291	0.2192
0.6	0.0402	0.2050	0.0402	0.2050	0.0402	0.2050	0.0402	0.2050	0.0402	0.2050
0.8	0.0486	0.1920	0.0487	0.1920	0.0487	0.1921	0.0487	0.1921	0.0487	0.1921
1.0	0.0545	0.1803	0.0546	0.1803	0.0546	0.1804	0.0546	0.1804	0.0546	0.1804
1.2	0.0584	0.1697	0.0586	0.1699	0.0587	0.1700	0.0587	0.1700	0.0587	0.1700
1.4	0.0609	0.1603	0.0612	0.1605	0.0613	0.1606	0.0613	0.1606	0.0613	0.1606
1.6	0.0623	0.1517	0.0626	0.1521	0.0628	0.1523	0.0628	0.1523	0.0628	0.1523
1.8	0.0628	0.1441	0.0633	0.1445	0.0635	0.1447	0.0635	0.1448	0.0635	0.1448
2.0	0.0629	0.1371	0.0634	0.1377	0.0637	0.1380	0.0638	0.1380	0.0638	0.1380
2.5	0.0614	0.1223	0.0623	0.1233	0.0627	0.1237	0.0628	0.1238	0.0628	0.1239
3.0	0.0589	0.1104	0.0600	0.1116	0.0607	0.1123	0.0609	0.1124	0.0609	0.1125
5.0	0.0480	0.0797	0.0500	0.0817	0.0515	0.0833	0.0519	0.0837	0.0521	0.0839
7.0	0.0391	0.0619	0.0414	0.0642	0.0435	0.0663	0.0442	0.0671	0.0445	0.0674
10.0	0.0302	0.0462	0.0325	0.0485	0.0349	0.0509	0.0359	0.0520	0.0364	0.0526

【例题 5-2】 建筑物荷载、基础尺寸和地基土的分布与性质同［例题 5-1］。地基土的平均压缩模量地下水位以上 $E_{s1}=5.5\text{MPa}$，地下水位以下 $E_{s2}=6.5\text{MPa}$。地基土承载力的特征值 $f_{ak}=94\text{kPa}$。用《建筑地基基础设计规范》（GB 50007—2002）推荐法计算柱基中心点的沉降量。

解 （1）地基受压层计算深度按式（5-25）计算

$$z_n = b(2.5-0.4\ln b) = 4.0\times(2.5-0.4\times\ln 4.0) = 7.8\text{m}$$

（2）柱基中心点沉降量 s，按式（5-23）计算

$$s=\varphi_s\left[\frac{p_0}{E_{s1}}(z_1\bar{\alpha}_1)+\frac{p_0}{E_{s2}}(z_2\bar{\alpha}_2-z_1\bar{\alpha}_1)\right]$$

式中 φ_s——沉降计算经验系数，因地基为两层土，应计算加权平均值 $\overline{E}_s$，然后查表 5-4；

p_0——基础底面处的附加应力，由［例题 5-1］已知 $p_0=94\text{kPa}$；

z_1、z_2——由图 5-19 知，$z_1=2.4\text{m}$，$z_2=7.8\text{m}$；

$\bar{\alpha}_1$、$\bar{\alpha}_2$——对应于 z_1、z_2 的平均附加应力系数，查表 5-6，其值如下：

$\frac{l'}{b'}$	$\frac{z}{b'}$	$\bar{\alpha}$	$4\bar{\alpha}$
$\frac{2}{2}=1.0$	$\frac{z_0}{b'}=0$	0.2500	1.000
1.0	$\frac{z_1}{b'}=\frac{2.4}{2.0}=1.2$	0.2149	0.8596
1.0	$\frac{z_2}{b}=\frac{7.8}{2.0}=3.9$	0.1136	0.4544

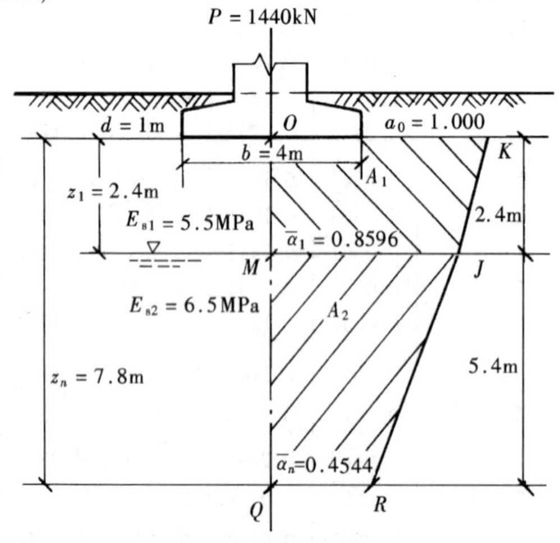

图 5-19 例题 5-2 图

由 $\overline{E}_s=\dfrac{A_1+A_2}{\dfrac{A_1}{E_{s1}}+\dfrac{A_2}{E_{s2}}}$

其中 $A_1=\square OKJM=\dfrac{1+0.8596}{2}\times 2.4=2.23$，

见图 5-19。

$$A_2=\square MJRQ=\frac{0.8596+0.4544}{2}\times 5.4=3.55，见图 5\text{-}19。$$

所以 $$\overline{E}_s=\frac{2.23+3.54}{\frac{2.23}{5.5}+\frac{3.54}{6.5}}=\frac{5.77}{0.41+0.54}=\frac{5.77}{0.95}\approx 6.0\text{MPa}$$

由表 5-4 查得 $\varphi_s=1.1$。将以上各项数值代入公式

$$\begin{aligned}s&=\varphi_s\left[\frac{p_0}{E_{s1}}(z_1\overline{\alpha}_1)+\frac{p_0}{E_{s2}}(z_2\overline{\alpha}_2-z_1\overline{\alpha}_1)\right]\\&=1.1\times 94\times\left(\frac{2.4\times 0.8596}{5.5}+\frac{7.8\times 0.4544-2.4\times 0.8596}{6.5}\right)\\&=103.4\times\left(\frac{2.059}{5.5}+\frac{1.49}{6.5}\right)\\&=62\text{mm}\end{aligned}$$

第四节　地基沉降与时间的关系

在工程实践中，往往需要了解建筑物在施工期间或以后某一时间的基础沉降量，以便控制施工速度或考虑建筑物正常使用的安全措施（如考虑建筑物各有关部分之间的预留净空或连接方法等）。采用堆载预压等方法处理地基时，也需要考虑地基变形与时间的关系。

碎石土或砂土的透水性好，其变形所经历的时间很短，可以认为在外荷载施加完毕（如建筑物竣工）时，其沉降已稳定；对于粘性土，完成固结所需的时间就比较长，在厚层饱和软粘土中，其沉降固结需要几年甚至几十年的时间才能完成。所以，下面只讨论饱和粘性土的地基沉降与时间的关系。

一、饱和土的渗透固结

饱和粘性土在压力作用下，孔隙水将随时间的延续而逐渐被排出，同时孔隙体积也随之缩小，这一过程称为饱和土的渗透固结。渗透固结所需的时间长短与土的渗透性和土的厚度有关。土的渗透性越小，土层越厚，孔隙水被挤出所需的时间越长。

为了形象地说明饱和土的渗透固结过程，借助一个活塞弹簧力学模型来说明，如图5-20所示，在一个盛满水的圆筒中，装一个带有弹簧的活塞，弹簧表示土的颗粒骨架，容器内的水表示土中的自由水，带孔的活塞则表征土的透水性。由于模型中只有固、液两相介质，则对于外力 σ 的作用只能是水与弹簧两者共同承担。设其中弹簧承担的压力为有效应力 σ'，圆

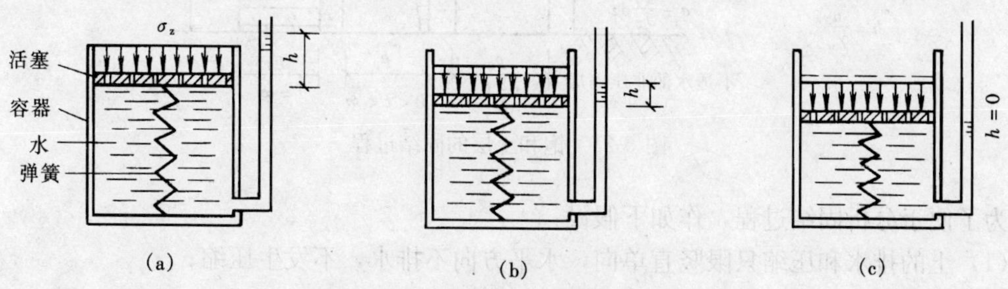

图 5-20　饱和土的渗透固结模型

(a) $t=0$，$u=\sigma$，$\sigma'=0$；(b) $0<t<+\infty$，$u+\sigma'=\sigma$，$\sigma'>0$；(c) $t=\infty$，$u=0$，$\sigma'=\sigma$

筒中水承担的压力为孔隙水压力 u，则按静力平衡条件应有

$$\sigma=\sigma'+u \tag{5-26}$$

式（5-26）也称为有效应力原理。其物理意义是饱和土体上所受到的外荷载由土颗粒骨架和孔隙水共同承担，土颗粒骨架承担的部分为有效应力 σ'，水承担的部分为孔隙水压力 u。土体的变形是由有效应力 σ'引起的。

需注意的是，上面提到的孔隙水压力实际上是超出静水压力的那部分水压力，是一种超静孔隙水压力，习惯上称为孔隙水压力。

很明显，有效应力 σ'与孔隙水压力 u 对外力 σ 的分担作用与时间有关。

（1）当 $t=0$ 时，即活塞顶面骤然受到压力 σ 的作用，水来不及排出，弹簧没有变形和受力，外力（相当于附加应力）全部由孔隙水来承担，即：$\sigma'=0$，$u=\sigma$。

（2）当 $t>0$ 时，随着作用时间的延续，水受到压力后开始从活塞孔中排出，孔隙水压力 u 减小。活塞下降，弹簧开始受力变形，并随着变形的增长它承受的压力 σ'不断增长。总之，在这一阶段，$\sigma'+u=\sigma$，$\sigma'>0$，$u<\sigma$。

（3）当 $t\to\infty$时（代表“最终”时间），水从排水孔中充分排出，孔隙水压力完全消散，活塞下降到外力 σ 完全由弹簧承担，饱和土的渗透固结完成，即：$\sigma'=\sigma$，$u=0$。

可见，饱和土的渗透固结也就是孔隙水压力消散和有效应力相应增长的过程。

二、太沙基一维固结理论

为了求得饱和土层在渗透固结过程中某一时刻的变形，通常采用太沙基提出的一维固结理论进行计算。

（一）一维固结微分方程

设厚度为 H 的饱和粘土层，如图 5-21 所示，顶面是透水层，底面是不透水和不可压缩层。假设该饱和土层在自重应力作用下的固结已经完成，现在顶面受到一次骤然施加的无限均布荷载 p_0 作用。由于土层厚度远小于荷载面积，故土中附加应力的图形将近似地取作矩形分布，即附加应力不随深度而变化。但孔隙水压力 u 和土中的有效应力 σ'却是坐标 z 和时间 t 的函数，将 u 和 σ'分别写为 $u_{z,t}$和 $\sigma'_{z,t}$。

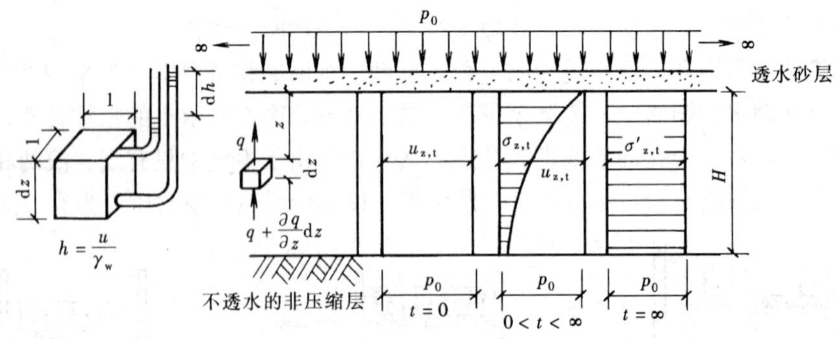

图 5-21 饱和土层的固结过程

为了便于分析固结过程，作如下假设：

（1）土的排水和压缩只限竖直单向，水平方向不排水，不发生压缩；

（2）土层均匀，完全饱和，在压缩过程中，渗透系数 k 和压缩模量 $E_s=\frac{1+e}{a}$不发生

变化；

（3）附加应力一次骤加，且沿深度 z 呈均匀分布。

现从饱和土层顶面下深度 z 处取一微单元体 $1\times1\times dz$ 来考虑。

1. 单元体的渗流条件

由于渗流自下而上进行，设在外荷载施加后某时刻 t 流入单元体的水量为 $\left(q+\frac{\partial q}{\partial z}dz\right)dt$，流出单元体的水量为 q，所以在 dt 时间内，流经该单元的水量变化为

$$\left(q+\frac{\partial q}{\partial z}dz\right)dt-qdt=\frac{\partial q}{\partial z}dzdt \tag{5-27}$$

根据达西定律，可得单元体过水面积 $A=1\times1$ 的流量 q 为

$$q=vA=ki=k\frac{\partial h}{\partial z}=\frac{k}{\gamma_w}\times\frac{\partial u}{\partial z} \tag{5-28}$$

代入式（5-27）得

$$\frac{\partial q}{\partial z}dzdt=\frac{k}{\gamma_w}\times\frac{\partial^2 u}{\partial z^2}dzdt \tag{5-29}$$

2. 单元体的变形条件

在 dt 时间内，单元孔隙体积 V_v 随时间的变化量（减小量）为

$$\frac{\partial V_v}{\partial t}dt=\frac{\partial}{\partial t}\left(\frac{e}{1+e}\right)dzdt=\frac{1}{1+e}\times\frac{\partial e}{\partial t}dzdt \tag{5-30}$$

考虑到微单元体土粒体积 $\frac{1}{1+e}\times1\times1\times dz$ 为不变的常数，而

$$de=-adp=-ad\sigma'$$

或

$$\frac{\partial e}{\partial t}=-a\frac{\partial(p_0-u)}{\partial t}=a\frac{\partial u}{\partial t} \tag{5-31}$$

再根据有效应力原理以及总应力 $\sigma_z=p_0$ 是常量的条件，将式（5-31）代入式（5-30）得

$$\frac{\partial V_v}{\partial t}dt=\frac{a}{1+e}\times\frac{\partial u}{\partial t}dzdt \tag{5-32}$$

3. 单元体的渗流连续条件

根据连续条件，在 dt 时间内，该微单元体内排出的水量（水量的变化）应等于单元体孔隙的压缩量（孔隙的变化量），即

$$\frac{\partial q}{\partial z}dzdt=\frac{\partial V_v}{\partial t}dt$$

$$\frac{k}{\gamma_w}\times\frac{\partial^2 u}{\partial z^2}dzdt=\frac{a}{1+e}\times\frac{\partial u}{\partial t}dzdt$$

令

$$C_v=\frac{k(1+e)}{a\gamma_w} \tag{5-33}$$

得

$$C_v\frac{\partial^2 u}{\partial z^2}=\frac{\partial u}{\partial t} \tag{5-34}$$

式中　C_v——土的竖向固结系数，由室内固结（压缩）试验确定；

k、a、e——分别为渗透系数、压缩系数和土的初始孔隙比。

式（5-34）即为饱和土的一维固结微分方程。

式（5-34）微分方程，一般可用分离变量法求解，解的形式可以用富里埃级数表示。现根据图 5-21 的初始条件（开始固结时的附加应力分布情况）和边界条件（可压缩土层顶底面的排水条件）有：

当 $t=0$ 和 $0\leqslant z\leqslant H$ 时，$u=\sigma_z=p_0$；

当 $0<t<\infty$ 和 $z=0$（透水面）时，$u=0$；

当 $0<t<\infty$ 和 $z=H$（不透水面）时，$\frac{\partial u}{\partial z}=0$；

当 $t=\infty$ 和 $0\leqslant z\leqslant H$ 时，$u=0$。

根据以上初始条件和边界条件，采用分离变量法可求得式（5-34）的特解为

$$u_{z,t}=\frac{4}{\pi}\sigma_z\sum_{m=1}^{\infty}\frac{1}{m}\sin\left(\frac{m\pi z}{2H}\right)e^{-\frac{m^2\pi^2}{4}T_v} \tag{5-35}$$

式中 $u_{z,t}$——深度 z 处某一时刻 t 的孔隙水压力。

m——正奇整数（1，3，5…）。

e——自然对数的底。

H——压缩土层最远的排水距离。当土层为单面排水时，H 取土层的厚度；双面排水时，水由土层中心分别向上下两方向排出，此时 H 应取土层厚度之半。

T_v——竖向固结时间因数，无因次。

$$T_v=\frac{C_v t}{H^2} \tag{5-36}$$

（二）固结度

为求出地基土在任意时刻 t 的固结沉降量，还需了解固结度的概念。固结度表示的是 t 时刻孔隙水压力的消散程度。土层的平均固结度可用下式表示：

$$U_t=\frac{\text{有效应力图面积}}{\text{起始孔隙水压力图面积}}=1-\frac{t\text{时刻孔隙水压力图面积}}{\text{起始孔隙水压力图面积}}=\frac{s_t}{s_\infty} \tag{5-37}$$

式中，s_∞ 可参照分层总和法计算，而 s_t 取决于土中的有效应力值。上式也可表示为

$$U_t=\frac{\frac{a}{1+e}\int_0^H\sigma'_{z,t}dz}{\frac{a}{1+e}\int_0^H\sigma_z dz}=\frac{\int_0^H\sigma_z dz-\int_0^H u_{z,t}dz}{\int_0^H\sigma_z dz}=1-\frac{\int_0^H u_{z,t}dz}{\int_0^H\sigma_z dz} \tag{5-38}$$

式（5-38）适用于任意 σ_z 分布和地基排水条件的情况，它表明土层的固结度也就是土中孔隙水压力向有效应力转化过程的完成程度。显然，固结度随固结过程逐渐增大，由 $t=0$ 时为 0 而增至 $t=\infty$ 时为 1.0。

将式（5-35）代入式（5-38）积分得

$$U_t=1-\frac{8}{\pi^2}\sum_{m=1}^{\infty}\frac{1}{m^2}e^{-\frac{m^2\pi^2}{4}T_v} \tag{5-39}$$

上式为一收敛很快的级数，当 $U_t>30\%$ 时可近似地取其中第一项，即

$$U_t=1-\frac{8}{\pi^2}e^{-\frac{\pi^2}{4}T_v} \tag{5-40}$$

显然，固结度 U_t 是时间因数 T_v 的函数。为了便于实用，可按式（5-38）绘制各种不同附加应力分布及排水条件下的 U_t 与 T_v 的关系曲线，如图 5-22 所示，图中左上角还给出了 $a=1$ 时 U_t 与 T_v 的部分数值。

以上讨论，是以均质饱和粘土单向排水、荷载一次作用于土体上、附加应力沿厚度均匀分布时的沉降与时间的关系。如其他条件不变，只有附加应力分布发生变化时，其压力分布图可简化为五种情况，如图 5-23 所示。为方便起见，定义

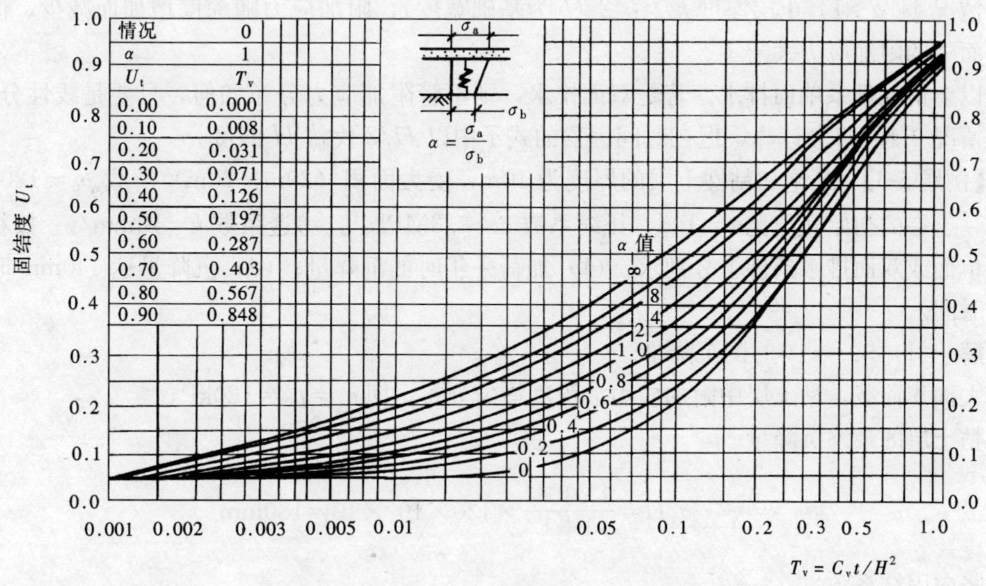

图 5-22　固结度 U_t 与时间因素 T_v 的关系曲线

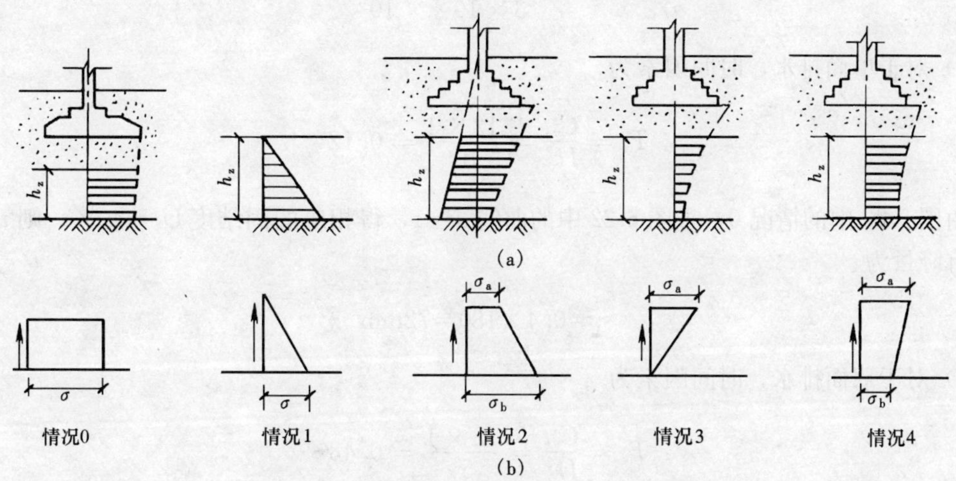

图 5-23　地基中应力的分布图形（单面排水）

（a）实际图形；（b）简化图形

$$a=\frac{\text{排水面的附加应力}}{\text{不排水面的附加应力}}=\frac{\sigma_a}{\sigma_b} \tag{5-41}$$

情况 0：$a=1$，应力图形为矩形。适用于土层在自重应力作用下已固结，基础面积较大而压缩层较薄的情况。

情况 1：$a=0$，应力图形为三角形。这相当于大面积新填土（饱和时）由于土本身自重应力引起的固结；或者土层由于地下水大幅度下降，在地下水变化范围内，自重应力随深度增加的情况。

情况 2：$a<1$，适用于土层在自重应力作用下尚未固结，又在其上施加荷载的情况。

情况 3：$a=\infty$，基底面积小，土层厚，土层底面附加应力已接近零的情况。

情况 4：$a>1$，土层厚度 $h_z>b/2$（b 为基础宽度），附加应力随深度增加而减少，但土层底面处的附加应力大于零。

以上情况都系单面排水。若是双面排水，则不管附加应力分布如何，只要是线性分布，均按情况 0（$a=1$）计算，但在时间因素的式子中以 $H/2$ 代替 H 即可。

【例题 5-3】 某饱和粘性土层的厚度为 10m，受大面积（20m×20m）荷载 $p_0=120\text{kPa}$ 作用，土层的初始孔隙比 $e=1.0$，压缩系数 $a=0.3\text{MPa}^{-1}$，渗透系数 $k=18\text{mm/y}$。按粘土层在单面或双面排水条件下分别求：（1）加荷一年时的沉降量；（2）沉降量达 140mm 时所需的时间。

解 （1）求 $t=1\text{y}$ 时的沉降量。

大面积荷载，粘土层中附加应力沿深度均匀分布，即 $\sigma_z=p_0=120\text{kPa}$。

粘土层的最终沉降量

$$s=\frac{a}{1+e}\sigma_z H=\frac{3\times10^{-4}}{1+1}\times120\times10^3\times10=180\text{mm}$$

竖向固结系数

$$C_v=\frac{k(1+e)}{a\gamma_w}=\frac{1.8\times10^{-2}\times(1+1)}{3\times10^{-4}\times10}=12\text{m}^2/\text{y}$$

1）对于单面排水，时间因素为

$$T_v=\frac{C_v t}{H^2}=\frac{12\times1}{10^2}=0.12$$

由图 5-23 中的情况 0，查图 5-22 中的曲线 $a=1$，得相应的固结度 $U_t=40\%$，则 $t=1\text{y}$ 时的沉降量为

$$s_t=0.4\times180=72\text{mm}$$

2）对于双面排水，时间因素为

$$T_v=\frac{C_v t}{H^2}=\frac{12\times1}{5^2}=0.48$$

同理，由图 5-22 查得 $U_t=75\%$，则 $t=1\text{y}$ 时的沉降量为

$$s_t=0.75\times180=135\text{mm}$$

（2）求沉降量达 140mm 时所需的时间。

由固结度的定义得

$$U_t=\frac{s_t}{s_\infty}=\frac{140}{180}=0.78$$

由图 5-22 仍按 $a=1$ 查得 $T_v=0.53$。

1）在单面排水条件下所需的时间为

$$t=\frac{T_v H^2}{C_v}=\frac{0.53\times10^2}{12}=4.4\text{y}$$

2）在双面排水条件下所需的时间为

$$t=\frac{T_v H^2}{C_v}=\frac{0.53\times5^2}{12}=1.1\text{y}$$

可见，达同一固结度时，双面排水比单面排水所需的时间短得多。

三、实测沉降—时间关系的经验公式

由于分析沉降与时间关系的固结理论所作的假定，以及室内确定的土的物理力学性质与工程实际存在一定的差距，计算结果难以与实际情况相吻合。因此，仔细地分析研究已获得的沉降观测资料，找出具有一定实际价值的变形规律，能够更准确地估算地基最终沉降量的大小及达到此沉降量的相应时间。

在工程实践中，根据实测的时间与沉降的关系资料表明，饱和粘性土的沉降—时间关系大多数呈双曲线或对数曲线关系，如图5-24所示。用已有的资料可以确定这些曲线的参数以及最终沉降量。

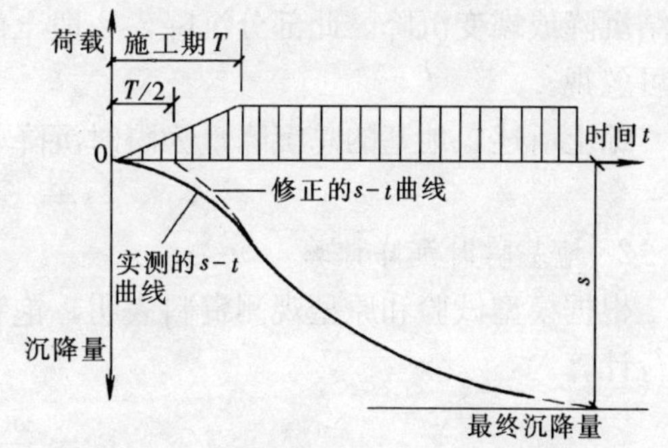

图 5-24　实测沉降—时间关系曲线

1. 双曲线公式

假定沉降 s_t 与时间 t 呈双曲线关系，即

$$s_t=\frac{t}{\alpha+t}s \tag{5-42}$$

式中　s——待定的地基最终沉降量；

s_t——t 时刻的地基实测沉降量，根据修正曲线从施工期的一半算起；

α——待定的经验系数。

显然，在上式中，令 $y=t/s_t$，$a=1/s$，$b=a\alpha$，则 $y=at+b$，该式为一线性方程。因此，可根据实测点，采用线性回归（最小二乘法）求得 a、b 值，再求出 α 及 s 值，即可推算任一时刻 t 的沉降量 s_t。

2. 对数曲线公式

不同条件的固结度 U_t 可用一个普遍的表达式概括为

$$U_t=1-ae^{-bt} \tag{5-43}$$

或

$$s_t=(1-ae^{-bt})s \tag{5-44}$$

式中，a 和 b 为待定参数。

为此，利用实测的沉降—时间关系曲线，在后半段中任取三组对应的 s_t、t 值，代入式(5-44)，联立求解得三个未知数 a、b 和 s。代回到式（5-44）中，即可推求出任意时刻 t 的沉降量 s_t。

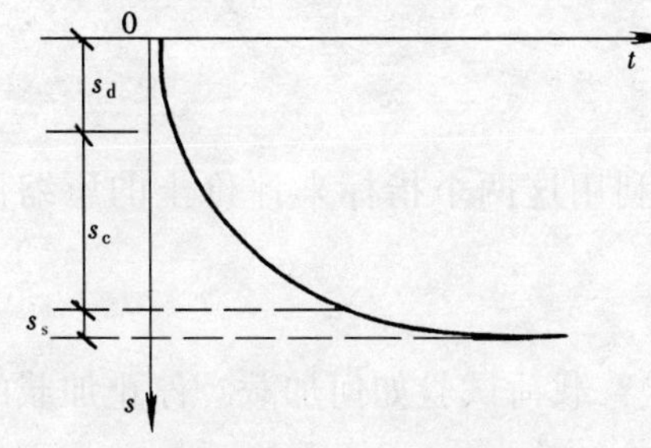

图 5-25　地基沉降的组成

四、地基瞬时沉降与次固结沉降

1. 地基沉降的组成

深入研究地基的最终沉降量，由下面三部分组成，如图5-25所示：

(1) 瞬时沉降 s_d。瞬时沉降是地基受荷后立即发生的沉降。对饱和土体来说，受荷的瞬间孔隙中的水尚未排出，土体的体积没有变化。因此，瞬时沉降是由土体产生的剪切变形所引起的沉降，其数值与基础的形状、尺寸及附加应力的大小等因素有关。

（2）固结沉降 s_c。地基受荷后产生的附加应力，使土体的孔隙压缩而产生的沉降称为固结沉降。通常这部分沉降是地基沉降的主要部分。

（3）次固结沉降 s_s。地基在外荷作用下，经历很长时间，土体中超孔隙水压力已完全消散，在有效应力保持不变的情况下，由于土的固体骨架长时间缓慢蠕变所产生的沉降称为次固结沉降或蠕变沉降。此部分沉降，一般土的数值很小，但对于含有机质的厚层软粘土，却不可忽视。

综上所述，地基的总沉降量为瞬时沉降、固结沉降和次固结沉降三者之和

$$s = s_d + s_c + s_s \tag{5-45}$$

2. 地基瞬时沉降计算

根据模型试验和原型观测资料表明，饱和粘性土的瞬时沉降，可近似地按弹性力学公式进行计算。

$$s_d = \frac{\omega(1-\mu^2)}{E_0} pB \tag{5-46}$$

式中　μ——土的泊松比，假定土体的体积不可压缩，取 0.5；

E_0——地基土的变形模量，采用三轴压缩试验初始切线模量 E_i 或现场实际荷载作用下再加荷模量 E_r。

其余符号见式（5-9）。

3. 地基次固结沉降计算

由图 5-26 中的 $e-\lg t$ 曲线可见，次固结与时间关系近似直线，则

$$\Delta e = C_d \lg \frac{t}{t_1} \tag{5-47}$$

$$s_s = \sum_{i=1}^{n} \frac{h_i}{1+e_{0i}} C_{di} \lg \frac{t}{t_1} \tag{5-48}$$

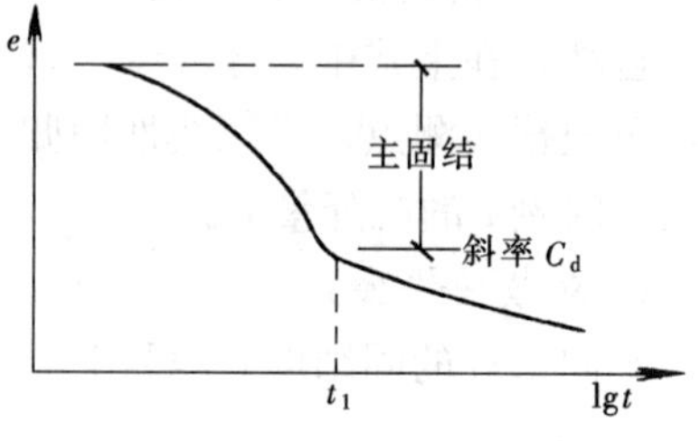

图 5-26　$e-\lg t$ 曲线

式中　C_d——$e-\lg t$ 曲线后段的斜率，称次压缩系数，$C_d \approx 0.018w$，w 为天然含水量；

t——所求次固结沉降的时间；

t_1——相当于主固结度为 100% 的时间，由次固结曲线上延而得，如图 5-26 所示。

思　考　题

5-1　说明土的各压缩指标的意义和确定方法。

5-2　压缩系数和压缩模量之间有什么关系？如何利用这两个指标来评价土的压缩性高低？

5-3　压缩模量 E_s 和变形模量 E_0 有何异同？

5-4　载荷试验有何优点？什么情况下应做载荷试验？载荷试验如何加载？停止加载的标准是什么？

5-5　说明土的前期固结压力的意义。

5-6　什么是正常固结土、超固结土、欠固结土？土的应力历史对土的压缩性有何影响？

5-7　试写出计算地基最终沉降量的分层总和法的几种表达式，说明各符号的意义和确定沉降计算深度的方法。

5-8　《建筑地基基础设计规范》(GB 50007—2002) 推荐的地基沉降计算方法中，分层是如何确定的？如何由各土层的压缩模量得到沉降计算经验系数？地基沉降的计算深度如何确定？公式中的平均附加应力系数与第四章中的附加应力系数有何区别？

5-9　简述有效应力原理的基本概念。在地基的最终沉降量计算中，土中的附加应力是指有效应力还是指总应力？

5-10　说明固结度的物理意义。在饱和土的一维固结中，土的有效应力和孔隙水压力是如何变化的？

5-11　土的最终沉降量有哪几部分组成？各部分意义如何？

习　题

5-1　某钻孔土样的压缩试验记录见表 5-8，试绘制压缩曲线和计算各土层的 a_{1-2} 及相应的压缩模量 E_s，并评定土的压缩性。

表 5-8　某钻孔土样的压缩试验记录

压力 (kPa)		0	50	100	200	300	400
孔隙比	1 号土样	0.982	0.964	0.952	0.936	0.924	0.919
	2 号土样	1.190	1.065	0.995	0.905	0.850	0.810

5-2　某工程采用箱形基础，基础底面尺寸为 10.0m×10.0m，基础高度 $h=d=6.0$m，基础顶面与地面齐平，地下水位深 2.0。地基为粉土，水上部分的天然容重为 $\gamma=18\text{kN/m}^3$，水下饱和容重为 $\gamma_{sat}=20\text{kN/m}^3$，取 $\gamma'=10\text{kN/m}^3$，$E_s=5$MPa。基础顶面集中中心荷载 $F=8000$kN，基础自重 $G=3600$kN。估算此基础的沉降量。

5-3　已知一矩形基础底面尺寸为 5.6m×4.0m，基础埋深 $d=2.0$m。上部结构总荷重 $F=6600$kN，基础及其上覆填土平均重度 $\bar{\gamma}=20\text{kN/m}^3$。地基土表层为人工填土，$\gamma_1=17.5\text{kN/m}^3$，厚度 6.0m；第二层为粘土，$\gamma_2=16.0\text{kN/m}^3$，$e_1=1.0$，$a=0.6\text{MPa}^{-1}$，厚度 1.6m；第三层为卵石，$E_s=25$MPa，厚度 5.6m。求粘土层的压缩量。

5-4　某宾馆柱基底面尺寸为 4.00m×4.00m，基础埋深 $d=2.0$m。上部结构传至基础顶面中心荷载 $F=4720$kN。地表层为细砂，$\gamma_1=18\text{kN/m}^3$，$h_1=2$m；第二层为粉质粘土，$E_{s2}=3.33$MPa，厚度 $h_2=3.0$m；第三层为碎石，$E_{s3}=22$MPa，厚度 $h_3=4.5$m。用分层总和法计算粉质粘土的压缩量。

5-5　某工程矩形基础长度 3.60m，宽度 2.00m，埋深 $d=1.00$m。地面以上上部荷重 $N=900$kN。地基为粉质粘土，$f_{ak}=120$kPa，$\gamma=16.0\text{kN/m}^3$，$e_1=1.0$，$a=0.4\text{MPa}^{-1}$。试用《建筑地基基础设计规范》(GB 50007—2002) 法计算基础中心点的最终沉降量。

5-6　某办公大楼柱基底面积 2.00m×2.00m，基础埋深 $d=1.50$m。上部中心荷载作用在基础顶面 $N=576$kN。地基表层为杂填土，$\gamma_1=17.0\text{kN/m}^3$，厚度 $h_1=1.50$m；第二层为

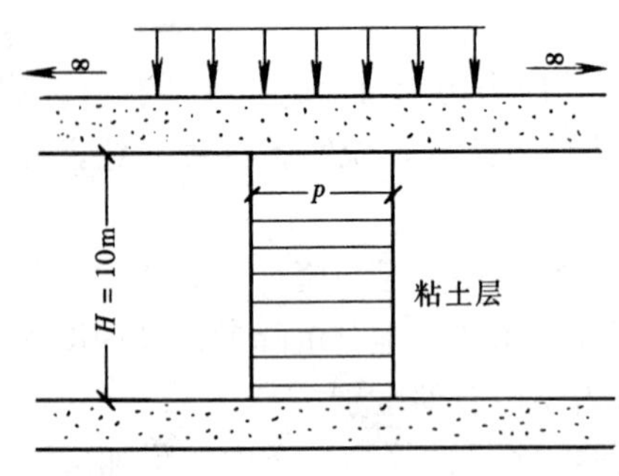

图 5-27 习题 5-7 图

粉土，$f_{ak}=140\text{kPa}$，$\gamma_2=18.0\text{kN/m}^3$，$E_{s2}=3\text{MPa}$，厚度 $h_2=4.40\text{m}$；第三层为卵石，$f_{ak}=500\text{kPa}$，$E_{s3}=20\text{MPa}$，厚度 $h_3=6.5\text{m}$。用《建筑地基基础设计规范》（GB 50007—2002）法计算柱基最终沉降量。

5-7 设厚度为 10m 的粘土层的边界条件如图 5-27 所示，上下层面均为排水砂层，地面上作用着无限均布荷载 $p=196.2\text{kPa}$。已知粘土层的孔隙比 $e=0.9$，渗透系数 $k=2.0\text{cm/y}=6.3\times10^{-8}\text{cm/s}$，压缩系数 $a=0.025\times10^{-2}\text{kPa}^{-1}$。试求：(1) 荷载加上一年后，地基沉降量是多少厘米？(2) 加荷历时多久，粘土层的固结度达到 90%？

5-8 土层条件及土性指标同题 5-7，但粘土层底面是不透水层。试问：加荷一年后地基沉降量是多少？地基固结度达到 90%时需要多少时间？并将计算结果与题 5-7 作比较。

第六章　土的抗剪强度和地基承载力

本 章 提 要

本章主要内容有土的强度理论、抗剪强度的主要测定方法、土的抗剪强度指标及其影响因素，地基承载力确定方法。通过本章的学习，掌握库仑公式和土的抗剪强度指标的测定方法，熟悉不同固结和排水条件下土的抗剪强度指标的意义及其应用，熟悉抗剪强度的影响因素，熟悉地基承载力的确定方法。

地基的强度实际上是抗剪强度，并不存在抗压强度。我们可以设想整个地球是一团软泥，在软泥上无法建造高楼（采用补偿性基础除外），但我们如果在整个地球的表面满建高楼，基础之间无任何缝隙，则无论建多高，地基都不会产生破坏。这是因为软泥处于三向受压状态且均匀受力，泥中没有什么剪应力，因而不会发生破坏。

但实际上我们建筑物的基础所产生的压力，对于地层来讲是局部荷载，而局部荷载会使荷载之下的土产生压缩，基础发生沉降，荷载边缘内外的土粒就会发生竖向的相对运动，从而产生剪应力。在荷载之下一定范围内的土粒也会发生相对错动，也会产生剪应力。

当荷载大到一定程度时，荷载边缘土中的剪应力首先达到土的抗剪强度，土体被破坏，产生一个小小的塑性变形区，若荷载继续增大，这个塑性变形区就会逐渐加深，若荷载大到一定程度，荷载边缘的变形区就会互相连通，形成一个连续的塑性变形区，由于塑性变形区无抗剪能力，实际上它就是一个连续的滑动面，地基失去稳定性而破坏，如图 6-1 所示。

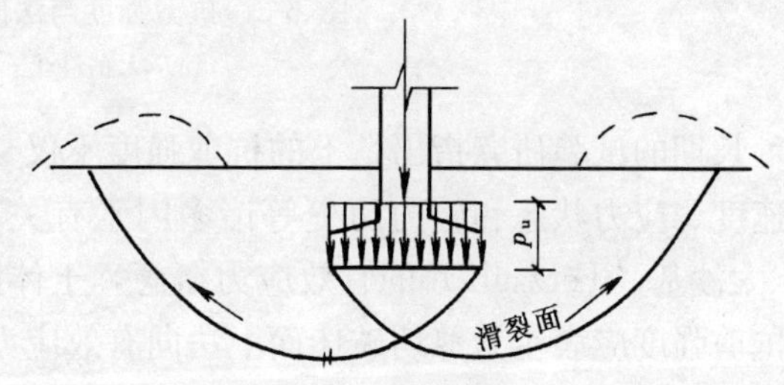

图 6-1　地基剪切破坏

不难看出，地基承载力是与很多因素有关的，如土的硬软程度、基础埋置深度、基础宽度、上部荷载的增加速度、室内回填土的回填时间等。

第一节　土的抗剪强度和极限平衡条件

鉴于地基强度的实质是抗剪强度，土的抗剪强度可定义为土体抵抗剪应力的极限值，或土体抵抗剪切破坏的受剪能力（强度）。土的抗剪强度及其指标与地基承载力密切相关，为了确定地基承载力，必须首先研究土的抗剪强度规律及其抗剪强度指标的测定。

一、库仑公式

1773 年 C. A. 库仑（Coulomb）根据试验，将土的抗剪强度表达为滑动面上法向总应力的函数，即

无粘性土
$$\tau_f = \sigma\tan\varphi \tag{6-1}$$

粘性土
$$\tau_f = c + \sigma\tan\varphi \tag{6-2}$$

式中 τ_f——土的抗剪强度，kPa；

σ——剪切滑动面上的法向总应力，kPa；

c——土的粘聚力（内聚力），kPa；

φ——土的内摩擦角，(°)。

式（6-1）和式（6-2）统称为库仑公式或库仑定律，c、φ称为抗剪强度指标或抗剪强度参数。将库仑公式表示在$\tau_f-\sigma$坐标中为两条直线，如图6-2所示。由库仑公式可以看出，无粘性土的抗剪强度与剪切面上的法向应力成正比，其本质是由于土粒之间的滑动摩擦以及凹凸面间的镶嵌作用所产生的摩阻力，其大小决定于土粒表面的粗糙程度、密实度、土颗粒的大小以及颗粒级配等因素。粘性土的抗剪强度由两部分组成，一部分是摩擦力（与法向应力成正比），另一部分是土粒之间是粘结力，它是由于粘性土颗粒之间的胶结作用和静电引力效应等因素引起的。

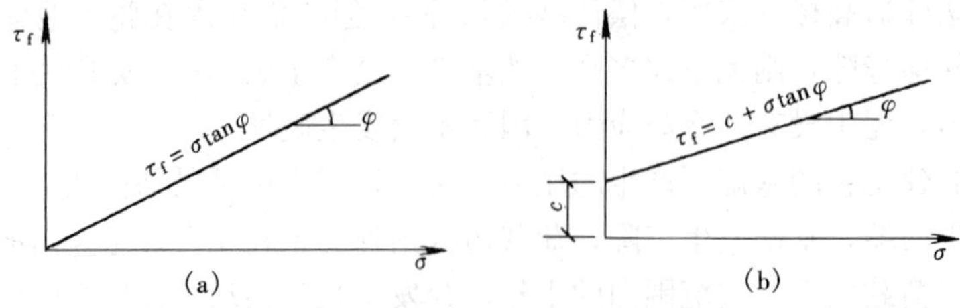

图6-2 抗剪强度与法向压应力之间的关系
(a) 无粘性土；(b) 粘性土

长期的试验研究指出，土的抗剪强度不仅与土的性质有关，还与试验时的排水条件、剪切速度、应力状态和应力历史等诸多因素有关，其中最重要的是试验时的排水条件，根据K. 太沙基（Terzaghi）的有效应力概念，土体内的剪应力仅能由土的骨架承担，因此，土的抗剪强度应表示为剪切破坏面上法向有效应力的函数，库仑公式应修改为

$$\left.\begin{aligned}\tau_f &= \sigma'\tan\varphi' \\ \tau_f &= c' + \sigma'\tan\varphi'\end{aligned}\right\} \tag{6-3}$$

式中 σ'——剪切破坏面上的法向有效应力，kPa；

c'——有效粘聚力，kPa；

φ'——有效内摩擦角，(°)。

上述排水条件是指土体在受剪时土中水排出的快与慢。若土中水受到法向应力σ后很快排出，则σ完全转化为土粒之间的接触应力（有效应力），土的抗剪强度就会提高。若我们用薄膜包裹饱和土作为土样，土中水不会因σ压力而排出，如此，无论σ有多大，都不会增加土粒间的有效应力，只会增加土中的孔隙水压力，因而无法提高土的抗剪强度。对于实际工程而言，若地基土是砂类土等透水性好的土质，则在建楼过程中，随着荷载的逐步增加，孔隙水及时排出，地基土及时被压密，则地基承载力也会及时得到提高。反之，若地基土是粘土或淤泥质土等排水不好的土，随着荷载的增加，土中水不会很快挤出，地基承载力也就不会得到提高。

剪切速率是指土样在受到 σ 后从开始受剪到剪切破坏的时间的长短。剪切速率越快，土的抗剪强度越低，反之越高。对于实际工程而言，若施工速度很快，土得不到多少压缩，土中剪力即达到最大值，则地基土的承载力难以得到提高。反之，若施工速度慢，土中水有足够的时间排出，土有足够的时间随时压密，则地基承载力可随时得到提高，因此，在有些土质太软的地基上建高楼时，我们可以有意放慢施工速度来提高土的抗剪强度，亦即提高地基承载力，当然，在当今经济迅速发展的情况下，此法已失去了实际应用价值。

因此，土的抗剪强度有两种表达方法，一种是以总应力 σ 表示剪切破坏面上法向应力，抗剪强度表达式即为库仑公式，称为抗剪强度总应力法，相应的 c、φ 称为总应力强度指标或总应力强度参数；另一种则以有效应力 σ' 表示剪切破坏面上的法向应力，其表达式为式（6-3），称为抗剪强度有效应力法，c' 和 φ' 称为有效应力强度指标或有效应力强度参数，试验研究表明，土的抗剪强度取决于土粒间的有效应力，然而，由库仑公式建立的概念在应用上比较方便，许多土工问题的分析方法都建立在这个概念的基础上，故在工程上仍沿用至今。

二、莫尔-库仑强度理论

1910 年莫尔（Mohr）提出材料的破坏是剪切破坏，当任一平面上的剪应力等于材料的抗剪强度时该点就发生破坏，并提出在破坏面上的剪应力 τ_f 是该面上法向应力 σ 的函数，即

$$\tau_f = f(\sigma) \tag{6-4}$$

这个函数在 $\tau_f-\sigma$ 坐标中是一条曲线，称为莫尔包线（或称为抗剪强度包线），如图 6-3 实线所示，莫尔包线表示材料受到不同应力作用到达极限状态时，滑动面上法向应力 σ 与剪应力 τ_f 的关系。理论分析和试验都证明，莫尔理论对土比较合适，土的莫尔包线通常可以近似地用直线代替，如图 6-3 虚线所示，该直线方程就是库仑公式表示的方程。由库仑公式表示莫尔包线的强度理论称为莫尔-库仑强度理论。

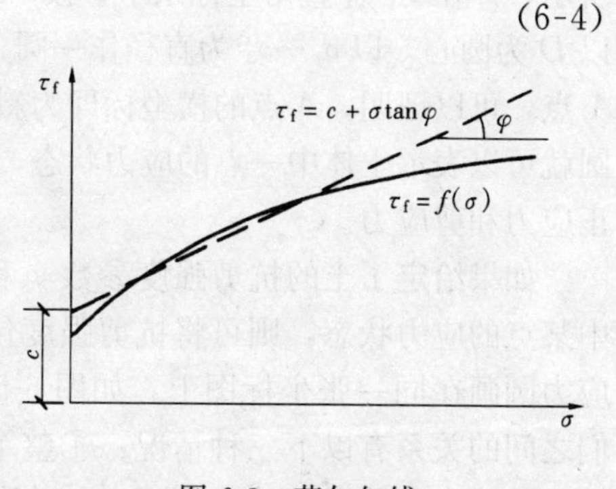

图 6-3　莫尔包线

三、土的极限平衡条件

当土体中任意一点在某一平面上剪应力到达土的抗剪强度时，就会发生剪切破坏，该点即处于极限平衡状态。从土所受的应力及其强度指标的关系来分析，土的极限平衡条件是指土体处于极限平衡状态时，土体所受的大、小主应力（σ_1、σ_3）与抗剪强度指标（φ、c）之间的关系式。为了导出极限平衡条件，必须分析土体中任意点的应力状态。

下面仅研究平面问题，在土体中取一单元微体，如图 6-4（a）所示，设作用在该微小单元上的两个主应力为 σ_1 和 σ_3（$\sigma_1>\sigma_3$），在微体内与大主应力 σ_1 作用平面成任意角 α 的 mn 平面上有正应力 σ 和剪应力 τ。为了建立 σ、τ 与 σ_1、σ_3 之间的关系，取微棱柱体 abc 为隔离体，如图 6-4（b）所示，将各力分别在水平和垂直方向投影，根据静力平衡条件可得

$$\sigma_3 \mathrm{d}s\sin\alpha - \sigma \mathrm{d}s\sin\alpha + \tau \mathrm{d}s\cos\alpha = 0$$

$$\sigma_1 \mathrm{d}s\cos\alpha - \sigma \mathrm{d}s\cos\alpha - \tau \mathrm{d}s\sin\alpha = 0$$

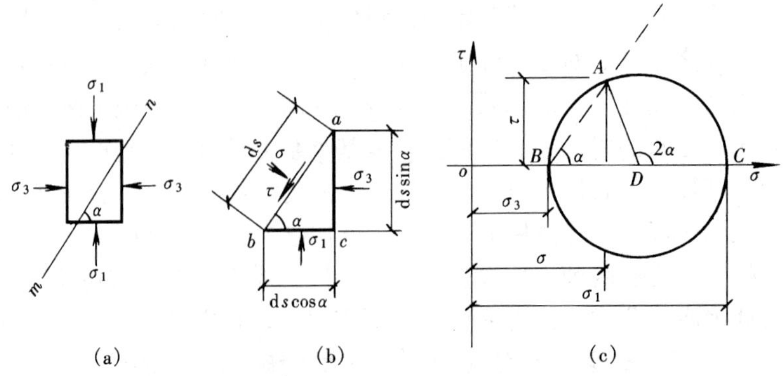

图 6-4 土体中任意点的应力

(a) 单元微体上的应力；(b) 隔离体 abc 上的应力；(c) 莫尔圆

联立求解以上方程得 mm 平面上的应力为

$$\left.\begin{aligned}\sigma &= \frac{1}{2}(\sigma_1+\sigma_3)+\frac{1}{2}(\sigma_1-\sigma_3)\cos 2\alpha \\ \tau &= \frac{1}{2}(\sigma_1-\sigma_3)\sin 2\alpha\end{aligned}\right\} \tag{6-5}$$

由材料力学可知，以上 σ、τ 与 σ_1、σ_3 之间的关系也可以用莫尔应力圆表示，如图 6-4（c）所示，即在 $\tau_f-\sigma$ 直角坐标系中，按一定的比例尺，沿 σ 轴截取 OB 和 OC 分别表示 σ_3 和 σ_1，以 D 为圆心，以 $\sigma_1-\sigma_3$ 为直径作一圆，从 DC 开始逆时针旋转 2α 角，使 DA 线与圆周交于 A 点，可以证明，A 点的横坐标即为斜面 mn 上的正应力 σ，纵坐标即为剪应力 τ。这样莫尔圆就可以表示土体中一点的应力状态，莫尔圆圆周上各点的坐标就表示该点在相应平面上的正应力和剪应力。

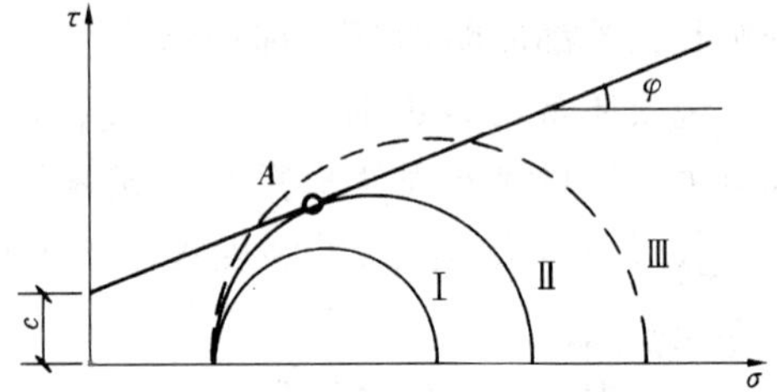

图 6-5 莫尔圆与抗剪强度之间的关系

如果给定了土的抗剪强度参数 φ 和 c 以及土中某点的应力状态，则可将抗剪强度包线与莫尔应力圆画在同一张坐标图上，如图 6-5 所示。它们之间的关系有以下三种情况：①整个莫尔圆位于抗剪强度包线的下方（圆Ⅰ），说明该点在任何平面上的剪应力都小于土所能发挥的抗剪强度（$\tau<\tau_f$），因此不会发生剪切破坏；②抗剪强度包线是莫尔圆的一条割线（圆Ⅲ）实际上这种情况是不可能存在的，因为该点任何方向上的剪应力都不可能超过土的抗剪强度（不存在 $\tau>\tau_f$ 的情况）；③莫尔圆与抗剪强度包线相切（圆Ⅱ），切点为 A，说明在 A 点所代表的平面上，剪应力正好等于抗剪强度（$\tau=\tau_f$），该点就处于极限平衡状态，圆Ⅱ称为极限应力圆。根据极限应力圆与抗剪强度包线相切的几何关系，可建立以下极限平衡条件。

设在土体中取一单元微体，如图 6-6（a）所示，mn 为破裂面，它与大主应力的作用面成 α_f 角。该点处于极限平衡时的莫尔圆如图 6-6（b）所示。将抗剪强度线延长于 σ 轴相交于 R 点，由三角形 ARD 可知

$$\overline{AD}=\overline{RD}\sin\varphi$$

因

$$\overline{AD}=\frac{1}{2}(\sigma_1-\sigma_3)$$

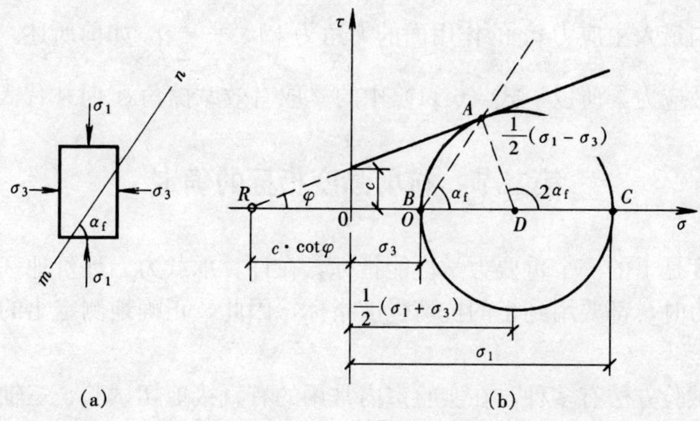

图 6-6　土体中一点达极限平衡状态时的莫尔圆

(a) 单元微体；(b) 限极平衡状态时的莫尔圆

$$\overline{RD} = c \cdot \cot\varphi + \frac{1}{2}(\sigma_1 + \sigma_3)$$

故
$$\frac{1}{2}(\sigma_1 - \sigma_3) = \left[c \cdot \cot\varphi + \frac{1}{2}(\sigma_1 + \sigma_3)\right]\sin\varphi \tag{6-6}$$

化简后得
$$\sigma_1 = \sigma_3 \frac{1+\sin\varphi}{1-\sin\varphi} + 2c\sqrt{\frac{1+\sin\varphi}{1-\sin\varphi}}$$

由三角函数可以证明

$$\frac{1+\sin\varphi}{1-\sin\varphi} = \tan^2\left(45^\circ + \frac{\varphi}{2}\right)$$

$$\frac{1-\sin\varphi}{1+\sin\varphi} = \tan^2\left(45^\circ - \frac{\varphi}{2}\right)$$

代入式（6-6）得粘性土的极限平衡条件为

$$\sigma_1 = \sigma_3 \tan^2\left(45^\circ + \frac{\varphi}{2}\right) + 2c\tan\left(45^\circ + \frac{\varphi}{2}\right) \tag{6-7}$$

或
$$\sigma_3 = \sigma_1 \tan^2\left(45^\circ - \frac{\varphi}{2}\right) - 2c\tan\left(45^\circ - \frac{\varphi}{2}\right) \tag{6-8}$$

对于无粘性土，由于 $c=0$，则由式(6-7)、式(6-8)可知，无粘性土的极限平衡条件为

$$\sigma_1 = \sigma_3 \tan^2\left(45^\circ + \frac{\varphi}{2}\right) \tag{6-9}$$

$$\sigma_3 = \sigma_1 \tan^2\left(45^\circ - \frac{\varphi}{2}\right) \tag{6-10}$$

上述式（6-7）、式（6-8）、式（6-9）、式（6-10）也可直接用朗肯公式计算挡土墙的土压力。

在图 6-6（b）的三角形 ARD 中，由外角与内角的关系可得

$$2\alpha_f = 90^\circ + \varphi$$

即破裂角
$$\alpha_f = 45^\circ + \frac{\varphi}{2} \tag{6-11}$$

说明破坏面与最大主应力 σ_1 的作用面的夹角为 $\left(45^\circ+\dfrac{\varphi}{2}\right)$。如前所述，土的抗剪强度 τ_f 实际上取决于有效应力，所以，式（6-11）中的 φ 取有效摩擦角 φ' 时才代表实际的破裂角。

第二节　抗剪强度指标的确定

土的抗剪强度是土的一个重要力学性能指标，在计算承载力、评价地基的稳定性以及计算挡土墙的土压力时，都要用到土的抗剪强度指标，因此，正确地测定土的抗剪强度在工程上具有重要意义。

抗剪强度的试验方法有多种，在实验室内常用的有直接剪切试验、三轴压缩试验和无侧限抗压试验，在现场原位测试的有十字板剪切试验、大型直接剪切试验等。本节着重介绍几种常用的试验方法。

一、直接剪切试验

直接剪切仪分为应变控制式和应力控制式两种，前者是等速推动试样产生位移，测定相应的剪应力，后者则是对试件分级施加水平剪应力测定相应的位移，目前我国普遍采用的是应变控制式直剪仪，如图6-7所示，该仪器的主要部件由相对固定的上盒和活动的下盒组成，试样放在盒内上下两块透水石之间。试验时，由杠杆系统通过加压活塞和透水石对试件施加某一垂直压力 σ，然后等速转动手轮对下盒施加水平推力，使试样在上下盒的水平接触面上产生剪切变形，直至破坏，剪应力的大小可借助与上盒接触的量力环的变形值计算确定。在剪切过程中，随着上下盒相对剪切变形的发展，土样中的抗剪强度逐渐发挥出来，直到剪应力等于土的抗剪强度时，土样剪切破坏，所以土样的抗剪强度可用剪切破坏时的剪应力来度量。

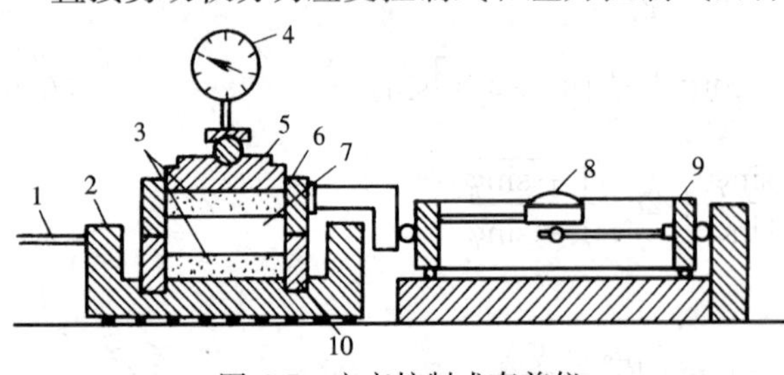

图 6-7　应变控制式直剪仪

1—轮轴；2—底样；3—透水石；4—量表；5—活塞；6—上盒；7—土样；8—量表；9—量力环；10—下盒

图6-8（a）表示剪切过程中剪应力 τ 与剪切位移 δ 之间的关系，通常可取峰值或稳定值作为破坏点，如图中箭头所示。

对同一种土至少取4个重度和含水量相同的试样，分别在不同垂直压力 σ 下剪切破坏，一般可取垂直压力为100、200、300、400kPa，将试验结果绘制成如图6-8（b）所示的抗剪强度 τ_f 和垂直压力 σ 之间关系。试验表明，对于粘性土 $\tau_f-\sigma$ 基本上成直线关系，该直线与横轴的夹角为内摩擦角 φ，在纵轴上的截距为粘聚力 c，直线方程可用库仑公式（6-2）表示，对于无粘性土，τ_f 与 σ 之间关系则是通过原点的一条直线，可用式（6-1）表示。

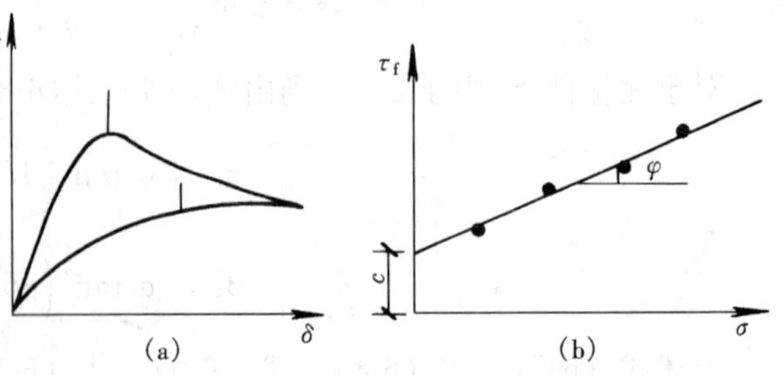

图 6-8　直接剪切试验结果

（a）剪应力 τ 与剪切位移 δ 之间关系；（b）粘性土试验结果

为了近似模拟土体在现场受剪的排水条件，直接剪切试验可分为快剪、固结快剪和慢剪三种方法。

快剪试验是在试样施加竖向压力σ后，立即快速地施加水平剪应力使试样剪切破坏。

固结快剪是允许试样在竖向压力下充分排水，待固结稳定后，再快速施加水平剪应力使试样剪切破坏。

慢剪试验则是允许试样在竖向压力下排水，待固结稳定后，以缓慢的速率施加水平剪应力使试样破坏，此试验应采用应力控制式直接剪切仪。

上述三种直接剪切试验的方法与实际工程的关系是：

（1）快剪适用于施工速度快、地基土排水不良的情况；

（2）慢剪适用于施工速度慢、地基土排水良好的情况；

（3）按固结快剪的含义，实际工程应该是先堆载预压地基土，使地基土产生压缩后，再快速施工，但此情况当前不可能用于实际工程，故此种情况可用于介于上述两种情况之间的实际工程。

若试验方法与实际工程不符，可能出现两种情况：一是造成浪费，二是有可能发生危险。例如，对于饱和粘土采用慢剪，则土中水有足够的时间排出，土样挤密而抗剪强度提高，所得到的地基承载力就高，基底面积当然就小；但是，如施工速度快，土中水来不及排出，地基的抗剪强度得不到提高，而由于施工速度快，土中的剪应力却很快增加到最大值，因而有可能超过土的抗剪强度使地基发生剪切破坏。

关于地基土排水良好，施工速度慢，而采用慢剪的结果，读者可以自行分析。

直接剪切仪具有构造简单，操作方便等优点，但它存在若干缺点，主要有：①剪切面限定在上下盒之间的平面，而不是沿土样最薄弱的面剪切破坏；②剪切面上剪应力分布不均匀，土样剪切破坏时先从边缘开始，在边缘发生应力集中现象；③在剪切过程中，土样剪切面逐渐减小，而在计算抗剪强度时却是按土样的原截面积计算的；④试验时不能严格控制排水条件，不能量测孔隙水压力，在进行不排水剪切时，试件仍有可能排水，特别是对于饱和粘土，由于它的抗剪强度受排水条件的影响显著，故试验结果不够理想，但是由于它具有前面所说的优点，所以仍为一般工程广泛采用。

二、三轴压缩试验

三轴压缩试验是测定土抗剪强度的一种较为完善的方法。三轴压缩仪由压力室、轴向加荷系统、施加周围压力系统、孔隙水压力量测系统等组成，如图 6-9 所示，压力室是三轴压缩仪的主要组成部分，它是一个有金属上盖、底座和透明有机玻璃圆筒组成的密闭容器。

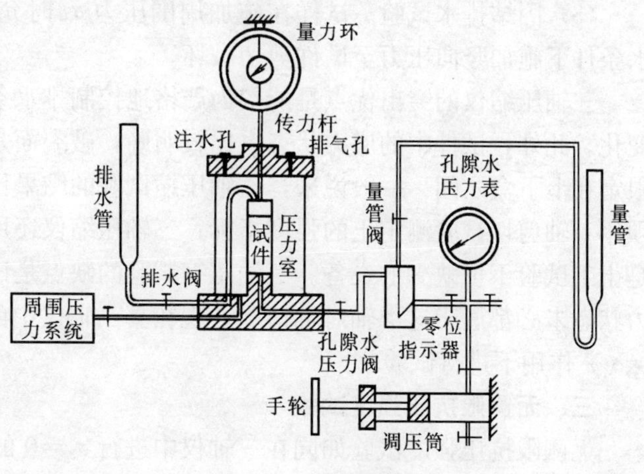

图 6-9　三轴压缩仪

常规试验方法的主要步骤如下：将土切成圆柱体套在橡胶膜内，放在密封的压力室中，然后向压力室内压入水，使试件在各向受到周围

压力 σ_3，液压在整个试验过程中保持不变，这时试件内各向的三个主应力都相等，因此不发生剪应力，如图 6-10（a）所示。然后再通过传力杆对试件施加竖向压力，这样，竖向主应力就大于水平向主应力，当水平向主应力保持不变，竖向主应力逐渐增大时，试件终于受剪而破坏，如图 6-10（b）所示。设剪切破坏时由传力杆加在试件上的竖向压应力为 $\Delta\sigma_1$，则试件上的大主应力为 $\sigma_1=\sigma_3+\Delta\sigma_1$，而小主应力为 σ_3，以（$\sigma_1-\sigma_3$）为直径可画出一个极限应力圆，见图 6-10（c）中的圆Ⅰ，用同一种土样若干个试件（三个以上）按以上所述方法分别进行试验，每个试件施加不同的周围压力 σ_3，可分别得出剪切破坏时的大主应力 σ_1，将这些结果绘成一组极限应力圆，见图 6-10（c）中的圆Ⅰ、Ⅱ和Ⅲ。由于这些试件都剪切至破坏，根据莫尔库仑理论，作出一组极限应力圆的公共切线，即为土的抗剪强度包线，如图 6-10（c）所示，通常可近似取为一条直线，该直线与横坐标的夹角即为土的内摩擦角 φ，直线与纵坐标的截距即为土的粘聚力 c。

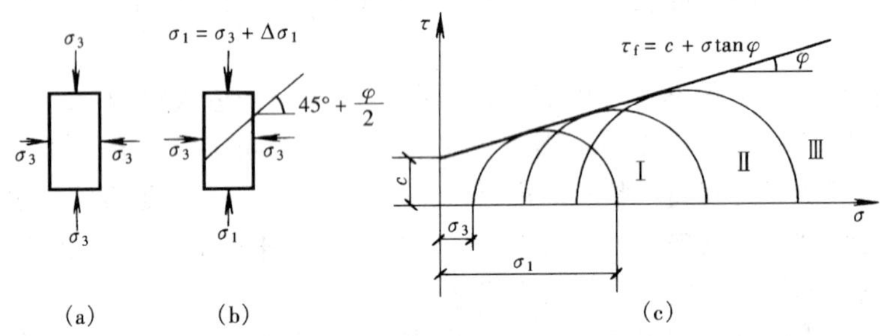

图 6-10 三轴剪切试验原理

（a）试件受周围压力；（b）破坏时试件上的主应力；（c）莫尔破坏包线

对应于直接剪切试验的快剪、固结快剪和慢剪试验，三轴压缩试验按剪切前的固结程度和剪切时的排水条件，分为以下三种试验方法：

（1）不固结不排水试验。试样在施加周围压力和随后施加竖向压力直至剪切破坏的整个过程中都不允许排水，试验自始至终关闭排水阀门。

（2）固结不排水试验。试样在施加周围 σ_3 打开排水阀门，允许排水固结，待固结稳定后关闭排水阀门，再施加竖向压力，使试样在不排水的条件下剪切破坏。

（3）固结排水试验。试样在施加周围压力 σ_3 时允许排水固结，待固结稳定后，再在排水条件下施加竖向压力至试件剪切破坏。

三轴压缩仪的突出优点是能较为严格地控制排水条件以及可以量测试件中孔隙水压力的变化。此外，试件中的应力状态也比较明确，破裂面是在最软弱处，而不像直接剪切仪那样限定在上下盒之间。一般说来，三轴压缩试验的结果比较可靠，对那些重要的工程项目，必须用三轴剪切试验测定土的强度指标；三轴压缩仪还用以测定土的其他力学性质，因此，它是土工试验不可缺少的设备。三轴压缩试验的缺点是试件中主应力 $\sigma_2=\sigma_3$，而实际上土体受力状态未必都属于这类轴对称情况。现在真三轴仪中的试件可在不同的三个主应力（$\sigma_1\neq\sigma_2\neq\sigma_3$）作用下进行试验。

三、无侧限抗压强度试验

无侧限抗压强度试验如同在三轴仪中进行 $\sigma_3=0$ 的不排水剪切试验一样，试验时，将圆柱形试样放在如图 6-11（a）所示的无侧限抗压试验仪中，在不加任何侧向压力的情况下施加垂直压力，直到使试件剪切破坏为止，剪切破坏时试样所能承受的最大轴向压力 q_u 称为无侧限抗压强度。

根据试验结果，只能作一个极限应力圆（$\sigma_1=q_u$、$\sigma_3=0$），因此对于一般粘性土就难以作出破坏包线。而对于饱和粘性土，根据在三轴不固结不排水试验的结果，其破坏包线近于一条水平线，即 $\varphi_u=0$。这样，如仅为了测定饱和土粘性土的不排水抗剪强度，就可以利用构造比较简单的无侧限抗压试验仪代替三轴仪。此时，取 $\varphi_u=0$，则由无侧限抗压强度试验所得的极限应力圆的水平切线就是破坏包线，由图 6-11（b）得

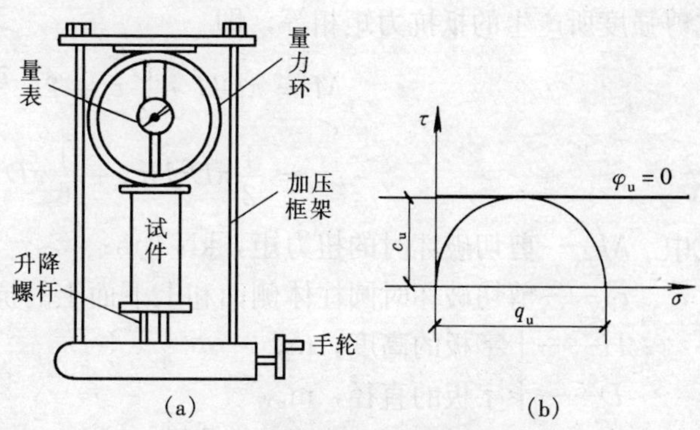

图 6-11　无侧限抗压强度试验

（a）无侧限抗压试验仪；（b）无侧限抗压强度试验结果

$$\tau_f = c_u = \frac{q_u}{2} \tag{6-12}$$

式中　c_u——土的不排水抗剪强度，kPa；

q_u——无侧限抗压强度，kPa。

无侧限抗压强度还可以用来测定土灵敏度。其方法是将同一种土的原状和重塑试样分别进行无侧限抗压强度试验，灵敏度 S_t 为原状土与重塑土无侧限抗压强度的比值。

四、十字板剪切试验

室内的抗剪强度测试要求取得原状土样。但由于试样在采取、运送、保存和制备等方面不可避免地受到扰动，含水量也很难保持，特别是对于高灵敏度的软粘土，室内试验结果的精度就受到影响，因此，发展就地测定土的性质的仪器具有重要意义。它不需取原状土样，试验时的排水条件、受力状态与土所处的天然状态比较接近，对于很难取样的土（例如软粘土）也可进行测试。

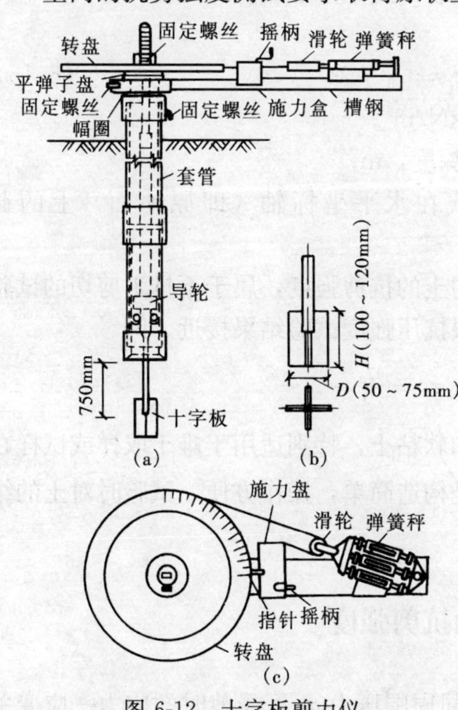

图 6-12　十字板剪力仪

（a）剖面图；（b）十字板；（c）扭力设备

在抗剪强度的原位测试方法中，目前国内广泛应用的是十字板剪切试验，原理如下：

十字板剪切仪的构造如图 6-12 所示。试验时先将套管打到预定的深度，并将套管内的土样清除。将十字板装在钻杆的下端后，通过套管压入土中，压入深度约为 750mm。然后由地面上的扭力设备对钻杆施加扭矩，使埋在土中的十字板扭转，直至土剪切破坏。破坏面为十字板旋转所形成的圆柱面。

设剪切破坏时所施加的扭矩为 M，则它应该与剪切破坏圆柱面（包括侧面和上下面）上土的

抗剪强度所产生的抵抗力矩相等，即

$$M = \pi DH \cdot \frac{D}{2}\tau_v + 2 \cdot \frac{\pi D^2}{4} \cdot \frac{D}{3} \cdot \tau_H$$

$$= \frac{1}{2}\pi D^2 H\tau_v + \frac{1}{6}\pi D^3 \tau_H \tag{6-13}$$

式中 M——剪切破坏时的扭力矩，kN·m；

τ_v、τ_H——剪切破坏时圆柱体侧面和上下面土的抗剪强度，kPa；

H——十字板的高度，m；

D——十字板的直径，m。

严格地讲，τ_v 和 τ_H 是不同的。爱斯（Aas）曾经用不同的 D/H 的十字板剪力仪测定饱和粘土的抗剪强度。试验结果表明：对于所试验的正常固结饱和粘性土，$\tau_H/\tau_v=1.5\sim2.0$；对于稍超固结的饱和软粘土，$\tau_H/\tau_v=1.1$。这一试验结果说明天然土层的抗剪强度是非等向的，例如正常固结的饱和软粘土 $\tau_H/\tau_v>1$，即水平面上的抗剪强度大于垂直面上的抗剪强度。这主要是由于水平面上的固结压力大于侧向固结压力的缘故。

实用上为了简化计算，目前在常规的十字板试验中仍假设 $\tau_H=\tau_v$，将这一假设代入式（6-13）中，得

$$\tau_f = \frac{2M}{\pi D^2\left(H + \frac{D}{3}\right)} \tag{6-14}$$

式中 τ_f——在现场由十字板测定的土的抗剪强度，kPa；其余符号同前。

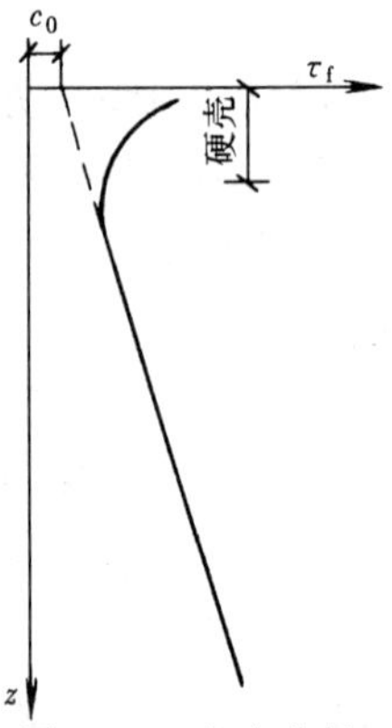

c_0
τ_f
硬壳
z

图 6-13 由十字板测定的土的抗剪强度随深度的变化

图 6-13 表示正常固结饱和软粘土用十字板测定的结果，在硬壳层以下的软土层中抗剪强度随着深度基本上成直线变化，并可用下式表示

$$\tau_f = c_0 + \lambda z \tag{6-15}$$

式中 λ——直线段的斜率，kN/m³；

z——以地表为起点的深度，m；

c_0——直线段的延长线在水平坐标轴（即原地面）上的截距，kPa。

由于十字板在现场测定的土的抗剪强度，属于不排水剪切的试验条件，因此其结果应与无侧限抗压强度试验结果接近，即

$$\tau_f = \frac{q_u}{2}$$

十字板剪切仪适用于饱和软粘土，特别适用于难于取样或试样在自重作用下不能保持原有形状的软粘土。它的优点是构造简单，操作方便，试验时对土的结构扰动也较小，故在实际中得到广泛应用。

第三节 无粘性土的抗剪强度

图 6-14 表示不同初始孔隙比的同一种砂土在相同周围压力 σ_3 下受剪时的应力—应变关系和体积变化。由图 6-14 可见，密实的紧砂初始孔隙比较小，其应力—应变关系有明显的

峰值，超过峰值后，随着应变的增加应力逐步降低，呈应变软化型，其体积变化是开始稍有减少，继而增加（剪胀），这是由于较密实的砂土颗粒之间排列比较紧密，剪切时砂粒之间产生滚动，土颗粒之间的位置重新排列的结果。松砂似的强度随轴向应变的增加而增大，应力—应变关系呈应变硬化型，对同一种土，紧砂和松砂的强度最终趋向同一值。松砂受剪其体积减小（剪缩），在周围高压力下，不论砂土的松紧如何，受剪时都将剪缩。

由不同初始孔隙比的试样在同一压力下进行剪切试验，可以得出初始孔隙比 e_0 与体积变化 $\Delta V/V$ 之间的关系，如图 6-15 所示，相应于体积变化为零的初始孔隙比称为临界孔隙比 e_{cr}。在三轴试验中，临界孔隙比是与侧压力 σ_3 有关的，不同的 σ_3 可以得出不同的 e_{cr}值。

如果饱和砂土的初始孔隙比 e_0 大于临界孔隙比 e_{cr}，在剪应力作用下由于剪缩必然使孔隙水压力提高，而有效应力降低，致使砂土的抗剪强度降低。当饱和松砂受到动荷载作用（如地震），由于孔隙水来不及排出，孔隙水压力不断增加，就有可能使有效应力降低到零，因而使砂土像流体那样完全失去抗剪强度，这种现象称为砂土的液化，因此，临界孔隙比对研究砂土液化也具有重要意义。

无粘性土的抗剪强度决定于有效法向应力和内摩擦角。密实砂土的内摩擦角与初始孔隙比、土粒表面的粗糙度以及颗粒级配等因素有关。初始孔隙比小、土粒表面粗糙，级配良好的砂土，其内摩擦角较大。松砂的内摩擦角大致与干砂的天然休止角相等（天然休止角是指干燥砂土堆积起来所形成的自然坡角），可以在试验室用简单的方法测定。近年来的研究表明，无粘性土的强度性状也较复杂，还受各向异性、试样的沉积方法、应力历史等因素影响。

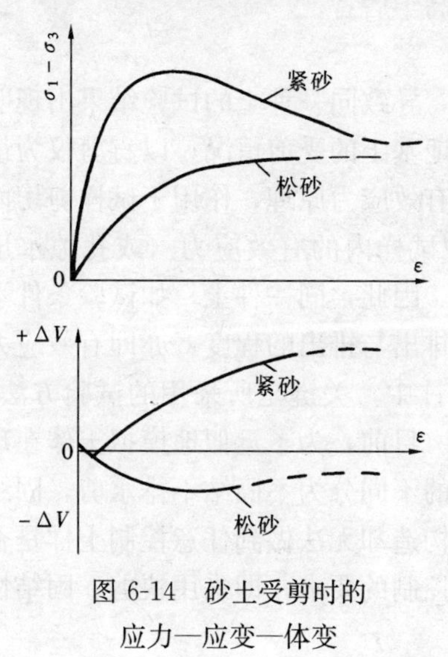

图 6-14　砂土受剪时的应力—应变—体变

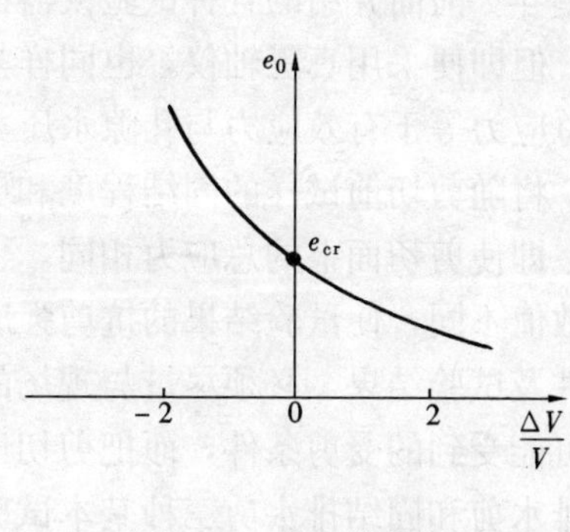

图 6-15　砂土的临界孔隙比

第四节　土的抗剪强度的影响因素

前述的库仑定律[式(6-2)～式(6-3)]表明：土的抗剪强度由内摩擦力 $\sigma\tan\varphi$ 和粘聚力 c 组成，内摩擦力是土颗粒间的摩擦力或颗粒之间的相互嵌入和连锁作用产生的咬合力；粘聚力 c 是由粘土颗粒之间的胶结作用以及分子引力作用等产生的。而抗剪强度指标 c 和 φ 是通过抗剪强度试验得出的，它们均随试验方法和土样的试验条件等的不同而变化。因此，研究影响土抗剪强度的因素须从分析土体本身的特征、测定土的抗剪强度及其指标的试验方法、作用于土体的外力和影响条件入手。影响土的抗剪强度的因素是多方面的，主要有下述几个方面。

一、土粒的形态、颗粒大小、矿物成分与颗粒级配

土颗粒越粗，形状越不规则，表面越粗糙，φ 越大，内摩擦力越大，抗剪强度也越高。粘土矿物成分不同，其粘聚力也不同。土中含有多种粘结胶合物质且含量高时，可使粘聚力 c 增大，土的抗剪强度也相应提高。细粒土的土粒愈细小，表面积愈大，相互间的引力愈高，即粘聚力愈高；颗粒级配愈好，愈易压密，粘聚力和内摩擦力均增大。

二、土的密实度和含水量

土的初始密度较大，土粒间接触则较紧密，土粒表面摩擦力和咬合力也越大，剪切试验时需要克服这些土的剪力也越大。粘性土的紧密程度越大，粘聚力 c 值也越大。

土中含水量的多少，对土抗剪强度的影响十分明显。土中含水量大时，会降低土粒表面上的摩擦力，使土的内摩擦角 φ 值减小；粘性土含水量增高时，会使结合水膜加厚，因而也就降低了粘聚力。

三、土体结构受扰动情况及应力作用历史

粘性土的天然结构如果被破坏时，其抗剪强度就会明显下降，因为原状土的抗剪强度高于同密度和同含水量重塑土的抗剪强度。所以施工时要注意保持粘性土的天然结构不被破坏，特别是开挖基槽更应保持持力层的原状结构。

从土体的应力作用历史来分析，超固结土的抗剪强度值比正常固结土的大，而正常固结土的又比欠固结土的大，这是因为前者的固结度或密实度高于后者。

四、抗剪强度试验方法的影响

采用的试验方法（包括仪器、试验条件及过程）不同，导致同一种土的试验结果出现明显差异。前面介绍的各种试验仪器都不能十分准确地反映地基土的受剪情况，以直剪仪为最差，但即便采用真三轴仪，也同样与实际情况有异。根据有效应力原理，作用于试样剪切面上总应力等于有效应力与孔隙水压力之和。在剪切试验中试样内的有效应力（或孔隙水压力）将随剪切前试样的固结程度和剪切中的排水条件而异。因此，同一种土，如试验条件不同，即使剪切面上的总应力相同，也会因土中孔隙水是否排出与排出的程度，亦即有效应力的数值不同，使试验结果的抗剪强度不同。在土木工程设计中，关键是所采用的试验方法、条件及试验结果，必须尽量与现场的施工加载实际相符合。目前，为了近似地模拟土体在现场可能受到的受剪条件，而把剪切试验按固结和排水条件的不同分为不固结不排水剪，固结不排水剪和固结排水剪三种基本试验类型。但是直剪仪的构造却无法做到任意控制土样是否排水。在试验中，便通过采用不同的加荷速率来达到排水控制的要求，即采用快剪、固结快剪和慢剪三种试验方法。

第五节 地基的临界荷载

一、地基的破坏形式及地基承载力

1. 地基的破坏形式

地基的荷载试验与研究表明，在荷载作用下，建筑物地基的破坏通常是由承载力不足而引起的剪切破坏，地基剪切破坏的型式可分为整体剪切破坏、局部剪切破坏和冲剪破坏三种，如图 6-16 所示。

整体剪切破坏的特征是，当基础荷载较小时，基底压力 p 与沉降 s 基本上成直线关系，如图 6-17 中 A 曲线的 oa 段，属于线形变形阶段，当荷载增加到某一数值时，在基础边缘处的土开始发生剪切破坏。随着荷载的增加，剪切破坏区（或塑性变形区）逐渐扩大，这时压力与沉降之间成曲线关系，如图6-17 曲线 A 的 ab 段，属弹塑性变形阶段。如果基础上的荷载继续增加，剪切破坏区不断增大，最终在地基中形成一连续的滑动面，基础急剧下沉或向另一侧倾倒，同时基础四周的地面隆起，地基发生整体剪切破坏，如图 6-16（a）所示。

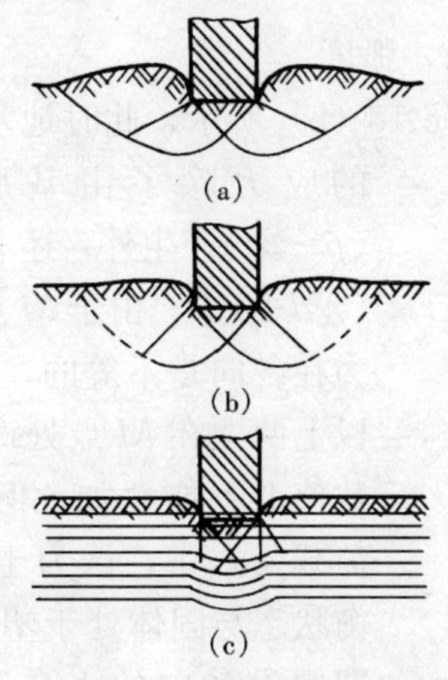

图 6-16　地基的破坏型式

(a) 整体剪切破坏；(b) 局部剪切破坏；(c) 冲剪破坏

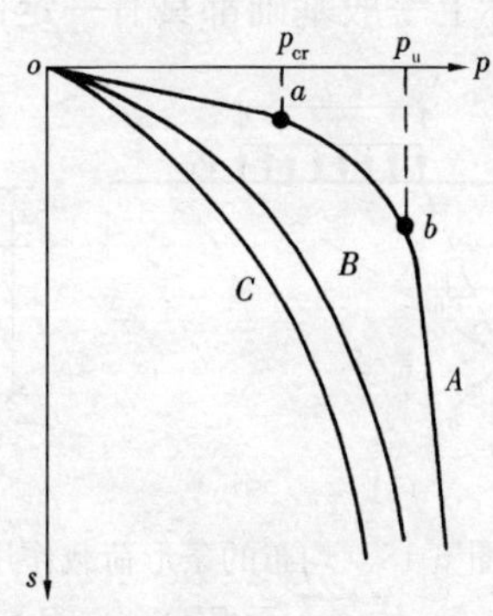

图 6-17　压力—沉降关系曲线

局部剪切破坏是介于整体剪切破坏和冲剪破坏之间的一种破坏型式，剪切破坏也从基础边缘开始，但滑动面不发展到地面，而是限制在地基内部某一区域，基础四周地面也有隆起现象，但不会有明显的倾斜和倒塌，如图 6-16（b）所示。压力和沉降关系曲线从一开始就呈现非线形关系，如图 6-17 曲线 B 所示。

冲剪破坏先是由于基础下软弱土的压缩变形使基础连续下沉，如荷载继续增加到某一数值时，基础可能向下“切入”土中，基础侧面附近的土体因垂直剪切而破坏，如图 6-16（c）所示，冲剪破坏时，地基中没有出现明显的连续滑动面，基础四周的地面不隆起，基础没有很大的倾斜，压力—沉降关系曲线与局部剪切破坏的情况类似，不出现明显的转折现象，如图 6-17 曲线 C 所示。

2. 地基承载力

地基承载力是指地基发挥其正常使用功能的前提条件下，单位面积抵抗或承受基底压力的能力。分析地基的现场原位荷载试验成果曲线（图 6-17），可得到相应于 a、b 点对应的压力值 p_{cr}、p_u，前者称为临塑荷载，后者称为极限荷载。地基承载力如何取值，对地基基础设计是十分关键、重要的问题。所选定的地基承载力，既要满足前面就已提出的地基基础设计的基本条件，还应符合经济又可靠的原则。

二、浅基础的地基临塑荷载和临界荷载

1. 临塑荷载

在地基的现场荷载试验 p-s 曲线（图 6-17 的 A 点）上，存在一比例线段 o-a，相应于比

例线段端点 a 对应的荷载称为临塑荷载，以 p_{cr} 表示。临塑荷载指地基土开始出现剪切破坏时的基底压力。设在地表作用一均布的条形荷载 p_0，如图 6-18（a）所示，它在地表下任一点 M 处产生的大、小主应力可按下式计算

$$\left.\begin{aligned}\sigma_1 &= \frac{p_0}{\pi}(\beta_0 + \sin\beta_0)\\ \sigma_3 &= \frac{p_0}{\pi}(\beta_0 - \sin\beta_0)\end{aligned}\right\} \tag{6-16}$$

式中 p_0——均布条形荷载，kPa；

β_0——任意点 M 到均布条形荷载两端点的夹角，弧度。

实际上一般基础都具有一定的埋置深度 d，如图 6-18（b）所示，此时地基中任意一点的应力除了由基底附加压力（$p-\gamma d$）产生外，还有土自重应力（$\gamma_0 d+\gamma z$）。由于 M 点上的自重应力在各向是不等的，因此严格讲，以上两项在 M 点处产生的应力在数值上不能叠加。但在推导临塑荷载公式中，认为土处于极限平衡状态与固体处于塑性状态一样，即假设各向的土自重应力相等。

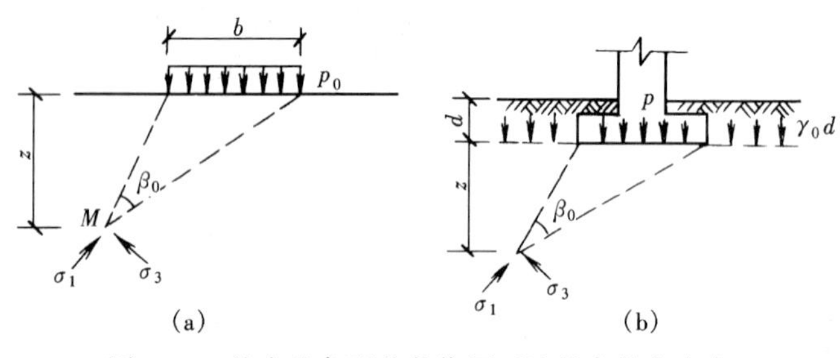

图 6-18 均布的条形荷载作用下地基中的主应力
（a）无埋置深度；（b）有埋置深度

因此，地基中任意一点的 σ_1 和 σ_3 可写成如下形式

$$\left.\begin{aligned}\sigma_1 &= \frac{p-\gamma_0 d}{\pi}(\beta_0 + \sin\beta_0) + \gamma_0 d + \gamma z\\ \sigma_3 &= \frac{p-\gamma_0 d}{\pi}(\beta_0 - \sin\beta_0) + \gamma_0 d + \gamma z\end{aligned}\right\} \tag{6-17}$$

当 M 点到达极限平衡状态时，该点的大、小主应力应满足极限平衡条件式（6-6）

$$\frac{1}{2}(\sigma_1 - \sigma_3) = \left[c \cdot \cot\varphi + \frac{1}{2}(\sigma_1 + \sigma_3)\right]\sin\varphi$$

将式（6-17）代入上式整理后得

$$z = \frac{p-\gamma_0 d}{\pi\gamma}\left(\frac{\sin\beta_0}{\sin\varphi} - \beta_0\right) - \frac{c}{\gamma\tan\varphi} - \frac{\gamma_0}{\gamma}d \tag{6-18}$$

上式为塑性区的边界方程，它表示塑性区边界上任意一点的 z 与 β_0 之间的关系。如果基础的埋置深度 d、荷载 p 以及土的 γ、c、φ 已知，则根据上式可绘出塑性区的边界线，如图 6-19 所示。塑性区的最大深度 z_{max}，可由 $\frac{dz}{d\beta_0}=0$ 的条件求得，即

$$\frac{dz}{d\beta_0} = \frac{p-\gamma_0 d}{\pi\gamma}\left(\frac{\cos\beta_0}{\sin\varphi} - 1\right) = 0$$

则有
$$\cos\beta_0 = \sin\varphi$$

即
$$\beta_0 = \frac{\pi}{2} - \varphi \tag{6-19}$$

将上式代入式（6-18）得 z_{max} 的表达式为

$$z_{max}=\frac{p-\gamma_0 d}{\pi\gamma}\left[\cot\varphi-\left(\frac{\pi}{2}-\varphi\right)\right]-\frac{c}{\gamma\tan\varphi}-\frac{\gamma_0}{\gamma}d \tag{6-20}$$

当荷载 p 增大时，塑性区就发展，该区的最大深度也随而增大；若 $z_{max}=0$，表示地基中刚要出现尚未出现塑性区，相应的荷载 p 即为临塑荷载 p_{cr}。因此，在式（6-20）中令 $z_{max}=0$，得临塑荷载的表达式如下

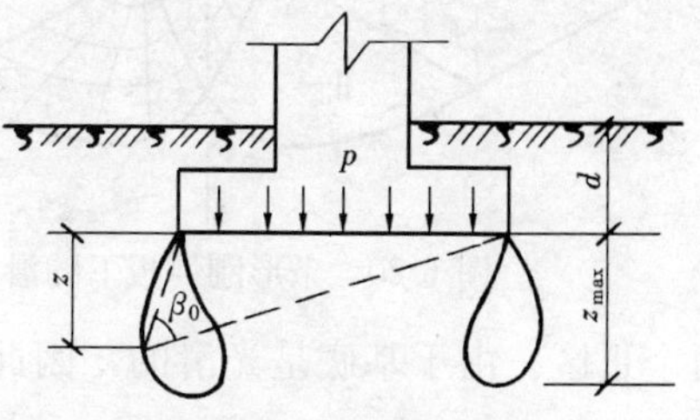

图 6-19　条形基础底面边缘的塑性区

$$p_{cr}=\frac{\pi(\gamma_0 d+c\cdot\cot\varphi)}{\cot\varphi+\varphi-\frac{\pi}{2}}+\gamma_0 d \tag{6-21}$$

式中　d——基础的埋置深度，m；

γ_0——基底标高以上土的重度，kN/m^3；

γ——地基土的重度，地下水位以下用有效重度，kN/m^3；

c——地基土的粘聚力，kPa；

φ——地基土的内摩擦角，弧度。

大量建筑工程实践表明，采用临塑荷载 p_{cr} 作为地基承载力，十分安全，但偏于保守。

2. 临界荷载

临界荷载是指允许地基中产生一定范围塑性变形区所对应的荷载，工程上常用 $p_{\frac{1}{4}}$、$p_{\frac{1}{3}}$ 表示。经验证明，即使地基发生局部剪切破坏，地基中的塑性区有所发展，只要塑性区的范围不超出某一限度，就不致影响建筑物的安全和使用，因此，如果用 p_{cr} 作为浅基础的地基承载力无疑是偏于保守的，但地基中的塑性区究竟容许发展多大范围，与建筑物的性质、荷载的性质以及土特性等因素有关，在这方面还没有一致和肯定的意见，国内某些地区的经验认为，在中心垂直荷载作用下，塑性区的最大深度 z_{max} 可以控制在基础宽度的 1/4，相应的荷载用 $p_{\frac{1}{4}}$ 表示。因此，在式（6-20）中，令 $z_{max}=\frac{1}{4}b$ 得出 $p_{\frac{1}{4}}$ 荷载公式为

$$p_{\frac{1}{4}}=\frac{\pi\left(\gamma_0 d+c\cdot\cot\varphi+\frac{1}{4}\gamma b\right)}{\cot\varphi-\frac{\pi}{2}+\varphi}+\gamma_0 d \tag{6-22}$$

式中各符号同前。偏心荷载作用下，如令 $z_{max}=\frac{1}{3}b$，同样可得出 $p_{\frac{1}{3}}$ 荷载公式。

应该指出，临塑荷载公式是在均布条形荷载的情况下导出的，通常对于矩形和圆形基础也借用这个公式计算，其结果偏于安全。此外，在临塑荷载的推导过程中采用弹性力学的解答，对于已出现塑性区的塑性变形阶段，公式的推导是不够严格的。但实践证明采用临界荷载 $p_{\frac{1}{4}}$、$p_{\frac{1}{3}}$ 作为地基承载力，既经济又安全，因此得到较广应用。《建筑地基基础设计规范》(GB 50007—2002)推荐的地基承载力理论公式[见第九章式(9-6)]就是依据 $p_{\frac{1}{4}}$ 公式导出的。

第六节　地基的极限荷载

一、普朗德尔极限承载力理论

1920 年 L. 普朗德尔（Prandtl）根据塑性理论，研究了刚性冲模压入无质量的半无限刚塑性介质时的情况，导出了介质达到破坏时的滑动面形状和极限压应力公式，人们把他的

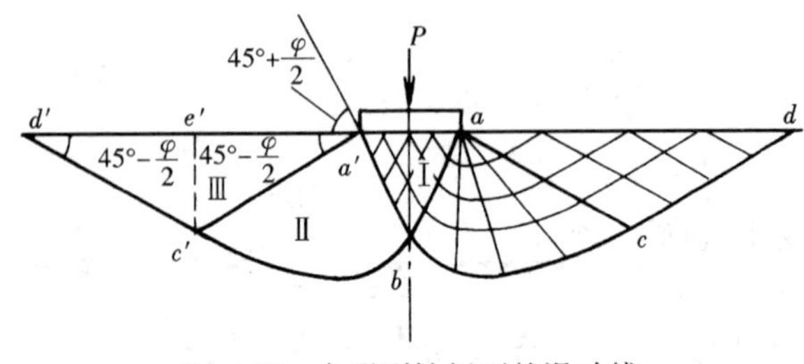

图 6-20 条形刚性板下的滑动线

理论解应用到地基极限承载力的课题。

根据土体极限平衡理论，对于一无限长的、底面光滑的条形荷载板置于无质量的土（$\gamma=0$）的表面上，当荷载板下的土体处于塑性平衡状态时，塑性边界为如图 6-20 所示的 $d'c'bcd$，塑性区共分五个区，即一个Ⅰ区，两个Ⅱ区和两个Ⅲ区。由于基底是光滑的，因此在Ⅰ区的大主应力 σ_1 是垂直向的，破裂面与水平面成 $\left(45°+\dfrac{\varphi}{2}\right)$ 角，称为主动朗肯区，在Ⅲ区大主应力是水平的，其破裂面与水平面成 $\left(45°-\dfrac{\varphi}{2}\right)$ 角，称为被动朗肯区。在Ⅱ区中的滑动线，一组是对数螺线，另一组则是以 α' 和 α 为起点的辐射线，对数螺线的方程可表示为

$$r=r_0\exp(\theta\tan\varphi) \tag{6-23}$$

式中：r 是从起点 o 到任意点 m 的距离，如图 6-21 所示；r_0 是沿任一所选择的轴线 on 的距离；θ 是 on 与 om 之间的夹角，任一点 m 的半径与该点的法线成 φ 角。

对于以上所属情况，普朗德尔得出极限承载力的理论解为

$$p_u=cN_c \tag{6-24}$$

其中

$$N_c=\cot\varphi\left[\exp(\pi\tan\varphi)\tan^2\left(45+\frac{\varphi}{2}\right)-1\right] \tag{6-25}$$

式中：N_c 称为承载力因数，是仅与 φ 有关的无量纲系数；c 为土的粘聚力。

如果考虑到基础有埋置深度 d，如图 6-22 所示，将基底水平面以上的土重用均布超载 q（$=\gamma_0 d$）代替。赖斯纳（Reissner，1924）得出极限承载力还须加上 qN_q，即

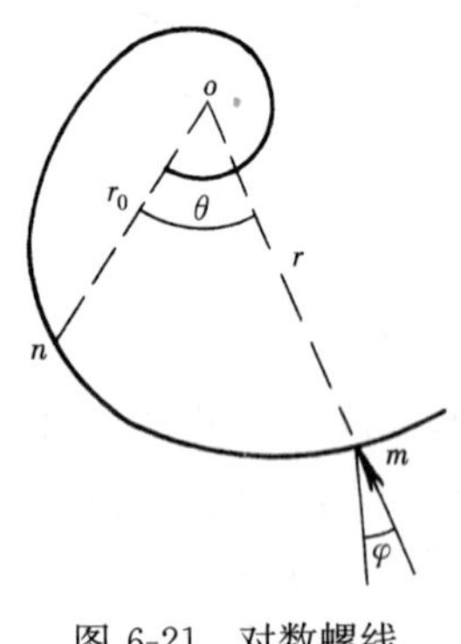

图 6-21 对数螺线

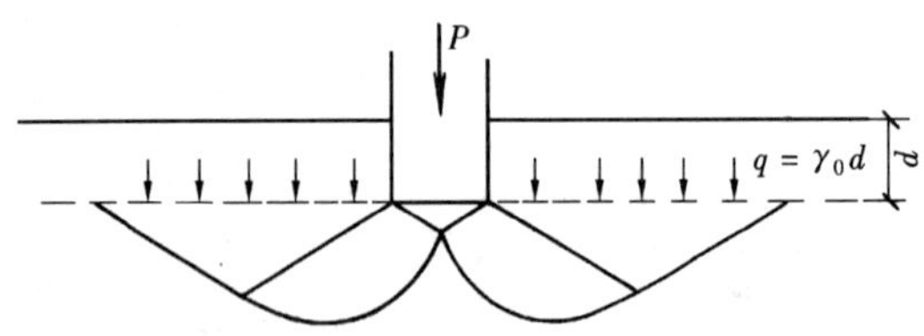

图 6-22 考虑基础有埋置深度时极限承载力的计算

$$p_u=cN_c+qN_q \tag{6-26}$$

其中

$$N_q=\exp(\pi\tan\varphi)\tan^2\left(45°+\frac{\varphi}{2}\right) \tag{6-27}$$

$$N_c=(N_q-1)\cot\varphi \tag{6-28}$$

式中，N_q 也是仅与 φ 有关的另一承载力因数。

以上所述理论解是在某些特殊条件下得到的。实际上，土不是没有质量的，基底与土之

间也无疑是有摩擦力的，因此，需要做一些合理的假设。在普朗德尔和赖斯纳之后，不少学者在这个方面继续进行了许多研究工作，根据不同的极限承载力近似地计算方法，例如K. 太沙基（Terzaghi，1943）、G. G. 梅耶霍夫（Meyerhof，1951）、J. B. 汉森（Hansen）、A. S. 魏锡克(Vesic)等人在普朗德尔基础上作了修正和发展。以下仅对太沙基承载力理论作介绍。

二、太沙基承载力理论

因为基底实际上往往是粗糙的，太沙基假设基底与土之间的摩擦力阻止了在基底处剪切位移的发生，因此直接在基底以下的土不发生破坏而处于弹性平衡状态，破坏时，它像一"弹性核"随着基础一起向下移动，如图 6-23（a）所示的Ⅰ区。

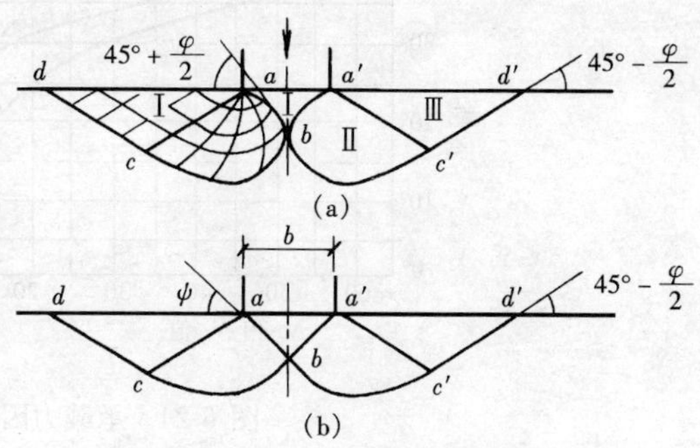

图 6-23　太沙基承载力理论假设的滑动面

(a) 理论的滑动面；(b) 简化的滑动面

如果考虑到土是有质量的（$\gamma\neq0$），而 $c=0$，$\varphi\neq0$，以及基础荷载是作用在地表($d=0$),则破坏时理论上的塑流边界为如图 6-23 (a)所示的 $abcd$ 和$a'bc'd'$。其中Ⅱ区的滑动面一组是有对数螺线形成的曲面，另一组则是辐射向的曲面；Ⅲ区是被动朗肯区，滑动面是平面，它与水平面夹角为$\left(45°-\dfrac{\varphi}{2}\right)$。为了便于推导公式，将曲面 ab 和 $a'b$ 用平面代替，并与水平面成 ψ 角；如图 6-23（b）所示，一般 $\varphi<\psi<45°+\dfrac{\varphi}{2}$。极限承载力可以根据弹性土楔$aa'b$的静力平衡条件确定。破坏时，作用 ab 和$a'b$面上的力是被动土压力，如果忽略土楔$aa'b$的自重，则由作用于土楔的各力在垂直方向的静力平衡条件得

$$p_u=\frac{2E_p}{b}\cos(\psi-\varphi) \tag{6-29}$$

引用符号

$$N_\gamma=\frac{4E_p}{\gamma b^2}\cos(\psi-\varphi) \tag{6-30}$$

则

$$p_u=\frac{1}{2}\gamma bN_\gamma \tag{6-31}$$

上列各式中 E_p 是被动土压力，ψ 角是未知的，需要用试算法确定，用不同的 ψ 角进行试算，直到得出最小的 N_γ 值，N_γ 是考虑土质量影响的又一无量纲的承载力因数。

对于所有一般的情况，太沙基认为浅基础的地基极限承载力可近似地假设为分别由以下三种情况计算结果的总和：①土是无质量的，有粘聚力和内摩擦角，没有超载，即 $\gamma=0$，$c\neq0$，$\varphi\neq0$，$q=0$；②土是没有质量的，无粘聚力有内摩擦角，有超载即 $\gamma=0$，$c=0$，$\varphi\neq0$，$q\neq0$；③土是有质量的，没有粘聚力，但有内摩擦角，没有超载，即 $\gamma\neq0$，$c=0$，$\varphi\neq0$，$q=0$。因此，极限承载力可近似地由式（6-26）和式（6-31）叠加得

$$p_u=cN_c+qN_q+\frac{1}{2}\gamma bN_\gamma \tag{6-32}$$

式中　c——地基土的粘聚力，kPa；

γ——地基土的重度，kN/m^3；

q——基底水平面以上基础两侧的超载，$q=\gamma_0 d$，kPa；

b、d——基底的宽度和埋置深度，m；

N_c、N_q、N_γ——无量纲的承载力因数，仅与土的内摩擦角 φ 有关，可由图 6-24 中的实线查得。

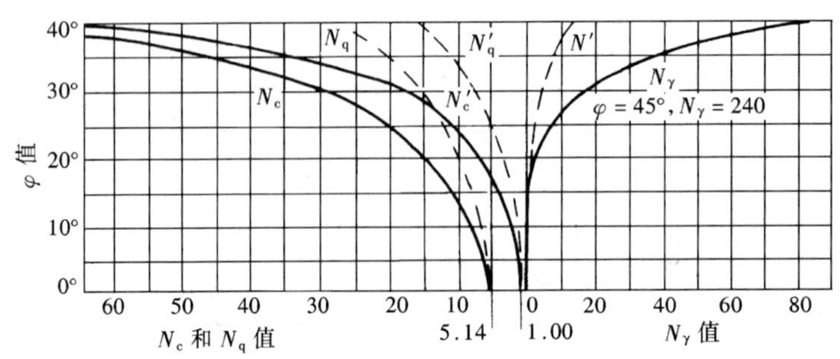

图 6-24 承载力因数 N_c、N_q、N_γ 值

（引自 Terzaghi，1967 年）

对于局部剪切破坏的情况（软粘土和松砂），太沙基根据应力一应变关系的资料建议用经验的方法调整抗剪强度指标 c 和 φ，即用

$$\bar{c}=\frac{2}{3}c$$

$$\bar{\varphi}=\arctan\left(\frac{2}{3}\tan\varphi\right)$$

代替式（6-32）中的 c 和 φ。对于这种情况，极限承载力采用下式计算

$$p_u=\frac{2}{3}cN'_c+qN'_q+\frac{1}{2}\gamma bN'_\gamma \tag{6-33}$$

式中：N'_c、N'_q、N'_γ分别是相应与局部剪切破坏的承载力因数，由 φ 查图 6-24 中的虚线或由 $\bar{\varphi}$ 查图中的实线；其余符号同前。

至于方形和圆形基础的情况则属于三维问题，由于数学上的困难，至今还没有从理论上推导出计算公式，太沙基根据一些试验资料建议按以下公式计算。

对于边长为 b 的正方形基础

$$p_u=1.2N_c+\gamma_0 dN_q+0.4\gamma bN_\gamma \tag{6-34}$$

对于直径为 b 的圆形基础

$$p_u=1.2N_c+\gamma_0 dN_q+0.6\gamma bN_\gamma \tag{6-35}$$

对于矩形基础（$b\times l$）可以按 b/l 值，在条形基础（$b/l=0$）和方形基础（$b/l=1$）的承载力之间以插入法求得。

以上两式适用于发生剪切破坏的坚硬粘土和密实砂的情况，其中 N_c、N_q 和 N_γ 查图 6-24中的直线，如是发生局部剪切破坏的松砂和软土，上列两式中的承载力因数改用 N'_c、N'_q和 N'_γ。

地基的极限荷载 p_u 虽不能用作地基承载力，但设定一定的安全系数 K，$K=2\sim3$，地基承载力可取极限荷载与安全系数的比值 p_u/K，一般具有足够的安全度。这是求解地基承载力的另一方法与途径。

思　考　题

6-1　何谓土的抗剪强度和地基承载力？两者之间有何关系？

6-2　地基承载力是定值吗？你认为地基承载力应如何取值？

6-3　试述抗剪强度的组成。当抗剪强度指标 $\varphi_k=0$ 或 $C_k=0$ 时各为何种地基土？

6-4　何谓地基的临塑荷载、塑性荷载和极限荷载？

6-5　为什么抗剪试验要分慢剪、快剪和固结快剪？

习　题

6-1　某土样的抗剪强度指标值 $\varphi_k=30°$、$c_k=0$，若该土样承受最小主应力 $\sigma_3=150\text{kN/m}^2$，最大主应力 $\sigma_1=200\text{kN/m}^2$ 时，问该土样是否会破坏？

6-2　某砂土试样在法向应力 $\sigma=100\text{kPa}$ 作用下进行直剪试验，测得其抗剪强度 $\tau_f=60\text{kPa}$。求：(1) 用作图方法确定该土样的抗剪强度指标 φ 值；(2) 如果试样的法向应力增至 $\sigma=250\text{kPa}$，则土样的抗剪强度是多少？

6-3　对饱和粘土试样进行无侧限抗压试验，测得其无侧限抗压强度 $q_u=120\text{kPa}$。求 (1) 该土样的不排水抗剪强度；(2) 与圆柱形试样轴成 60°交角面上的法向应力 σ 和剪应力 τ。

第七章 土压力与土坡稳定

本 章 提 要

土压力计算、地基承载力确定都是建立在土的强度理论基础之上，是进行挡土墙设计、基坑支护和基础设计的基础知识。通过本章学习，要求掌握各种土压力的形成条件；朗金和库仑土压力理论；挡土墙上各种土压力的计算。熟悉重力式挡土墙的墙型选择、验算内容和方法。了解土坡稳定的一般知识。

第一节 概　　述

一、挡土墙的用途

在建筑工程中常遇到在天然土坡上修筑建筑物。为了防止土体的滑坡和坍塌，经常使用各种类型的挡土结构加以支挡，挡土墙是最常见的支挡结构物。挡土墙按结构形式不同可分为重力式、悬臂式、扶壁式、锚杆式及加筋式等型式，其构筑材料通常用块石、砖、素混凝土及钢筋混凝土等，中小型工程可以就地取材由块石、砖建成，重要工程用素混凝土或钢筋混凝土材料建成。

挡土墙广泛用于工业与民用建筑、水利工程、铁道工程、桥梁、港口及航道建筑中。如支挡建筑物周围填土的挡土墙，见图 7-1（a）；房屋地下室的侧墙，见图 7-1（b）；桥台，见图 7-1（c）；堆放散粒材料的挡墙，见图 7-1（d）。

土体作用在挡土墙上的压力称为土压力，土压力是指挡土墙后的填土因自重或外荷载作用对墙背产生的侧压力。它与填料的性质、挡土墙的型式和位移方向以及地基土质等因素有

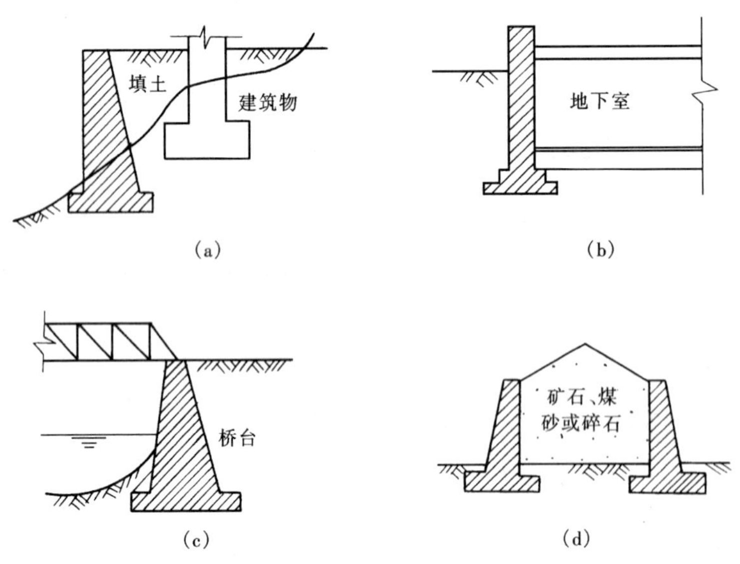

图 7-1　挡土墙应用举例

（a）支挡建筑物周围填土的挡土墙；（b）地下室侧墙；（c）桥台；（d）散粒材料的挡墙

关。目前多采用古典的朗金和库仑土压力理论，尽管这些理论基于各种不同的假定和简化，但由于其计算比较简便，并且通过国内外大量挡土墙模型试验，原位观测及理论研究的结果均表明，其计算方法实用、可靠。

土坡可分为天然土坡和人工土坡，由于某些原因，会造成土坡发生局部土体滑动而丧失稳定性，土坡的失稳常造成严重的工程事故，并危及人身安全，因此，应验算边坡的稳定性，采取适当的工程措施，保证土坡的稳定。

二、土压力的种类

挡土墙的作用是挡住墙背后的填土，阻止土体下滑。因此，挡土填背后作用着来自填土的压力，设计挡土墙时必须确定土压力的性质、大小、方向和作用点。影响挡土墙压力大小及分布规律的因素虽然很多，归纳起来主要有：挡土墙的位移（或转动）方向和位移量的大小；挡土墙的形状、结构型式、墙背的光滑程度；填土的性质，包括填土的重度、含水量、内摩擦角和粘聚力的大小及填土表面的形状（水平、向上倾斜，向下倾斜）；挡土墙的建筑材料等，其中最主要的因素是挡土墙的位移方向和位移量的大小。根据挡土墙位移的方向和墙后土体所处的应力状态，可产生三种不同的土压力。

（1）静止土压力。挡土墙静止不动，墙后土体处于弹性平衡状态时，作用在墙背上的土压力称为静止土压力，以 E_0 表示，见图 7-2（a）。

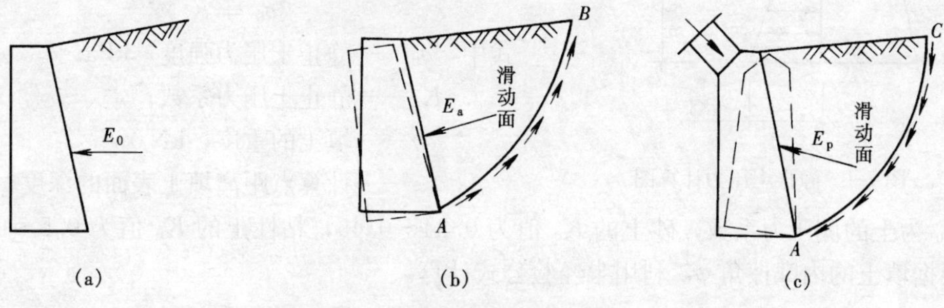

图 7-2　挡土墙上的三种土压力

（a）静止土压力；（b）主动土压力；（c）被动土压力

（2）主动土压力。挡土墙离开填土向前移动$-\delta$值，土体中产生 AB 滑裂面，同时在此滑裂面上产生抗剪力，阻止土体下滑，因而，减小了作用在墙上的土压力。当挡土墙向离开土体方向偏移至墙后土体达到极限平衡状态时，作用在墙背上的土压力称为主动土压力，以 E_a 表示，此时挡土墙上的土压力达到最小值，见图 7-2（b）。

（3）被动土压力。挡土墙在外力作用下，向着填土方向移动$+\delta$，土中产生滑裂面 AC，AC 面上的抗剪力阻止土体向上挤出，因此增大了对墙体的土压力。当挡土墙向土体方向偏移至墙后土体达到极限平衡状态时，作用在墙背上的土压力称为被动土压力，以 E_p 表示，此时挡土墙上的土压力达到最大值，见图 7-2（c）。

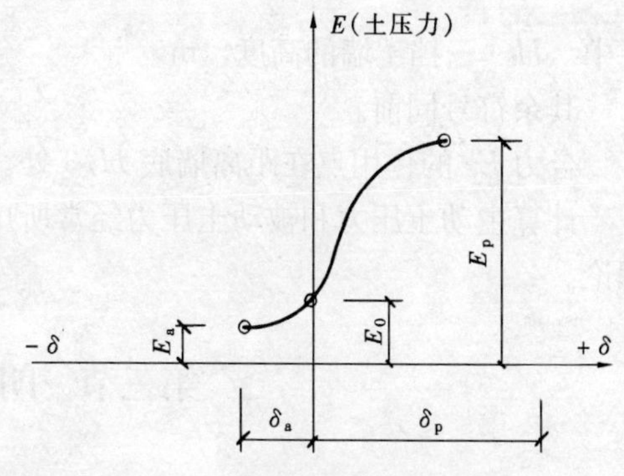

图 7-3　墙身位移和土压力关系

在实验室里，通过挡土墙模型试验可以测出这三种土压力与挡土墙移动方向的关系，如图 7-3 所示。试验表明，对于密砂及密实粘土，当墙体向前产生的位移 $-\delta$ 分别达到 0.5%H 和 1%～2%H（H 为挡土墙高）时才会产生主动土压力；当墙体向后产生的位移 $+\delta$ 分别达到 5%H 和 10%H 时，才会产生被动土压力。可见产生被动土压力所需的位移量比产生主动土压力所需的位移量要大得多。在相同的墙高和填土条件下，主动土压力小于静止土压力，而静止土压力又小于被动土压力。需要利用被动土压力时，若工程结构不容许产生过大的位移，则只能利用被动土压力的一部分。

第二节 静止土压力

断面很大的挡土墙，如修筑在坚硬土质地基上，由于地基不会产生不均匀沉降，墙体不会产生转动，墙体自重大也不会产生移动，挡土墙背面的土体处于弹性平衡状态，此时作用在墙背上的土压力为静止土压力 E_0。

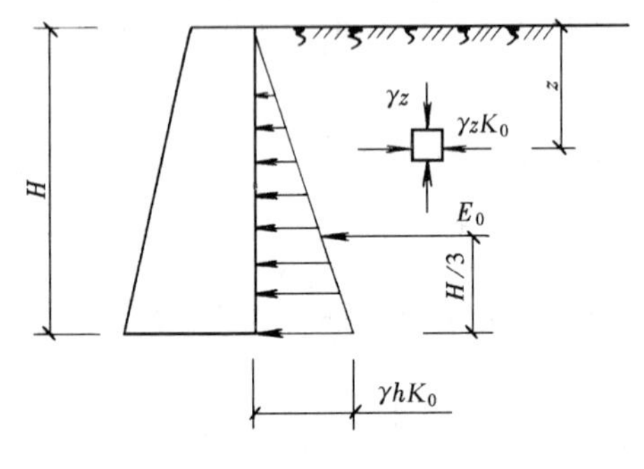

图 7-4 静止土压力计算图

静止土压力可按以下所述方法计算。如图 7-4 所示，在填土表面以下任意深度 z 处取一微小单元体，其上作用着的竖向力为土的自重压力 γz，该处的水平作用力为静止土压力强度，可按下式计算

$$\sigma_0 = K_0 \gamma z \tag{7-1}$$

式中 σ_0——静止土压力强度，kPa；

K_0——静止土压力系数；

γ——填土的重度，kN/m^3；

z——计算点距离填土表面的深度，m。

K_0 为土的侧压力系数，砂土的 K_0 值为 0.34～0.45，粘性土的 K_0 值为 0.5～0.7，也可以根据填土的内摩擦角 φ，利用半经验公式计算。

$$K_0 = 1 - \sin\overline{\varphi}$$

式中 $\overline{\varphi}$——土的有效内摩擦角。

日本《建筑基础结构设计规范》建议，不分土的种类，K_0 均采用 0.5。

由式（7-1）可知，静止土压力沿墙高呈三角形分布，如图 7-4 所示。如果取挡土墙长度方向 1m 计算，则作用在墙体上的总土压力为

$$E_0 = \frac{1}{2}\gamma H^2 K_0 \tag{7-2}$$

式中 H——挡土墙的高度，m。

其余符号同前。

合力 E_0 的作用点在距离墙底 $H/3$ 处。

计算主动土压力和被动土压力经常所用的理论方法有两种，下面分别介绍这两种土压力理论。

第三节 朗金土压力理论

朗金于 1857 年提出的土压力理论，是根据半空间的应力状态和土的极限平衡条件而得

出的土压力计算方法。为了使挡土墙符合半无限弹性体内的应力条件，朗金将挡土墙作了一定的假设，即挡土墙墙背垂直、光滑；挡土墙的墙后填土表面水平并延伸至无穷远。下面分别介绍主动土压力和被动土压力的计算公式。

一、无粘性土

1. 主动土压力

如图 7-5（a）所示，表面水平，向下和向左右无限伸延的半无限空间弹性体中，在深度 z 处取一微小单元体，设土体单一、均质，其重度为 γ，则作用在单元体顶面的法向应力即为该处土的自重应力，即

$$\sigma_z = \gamma z$$

而单元体垂直面上的法向应力为

$$\sigma_x = K_0 \gamma z$$

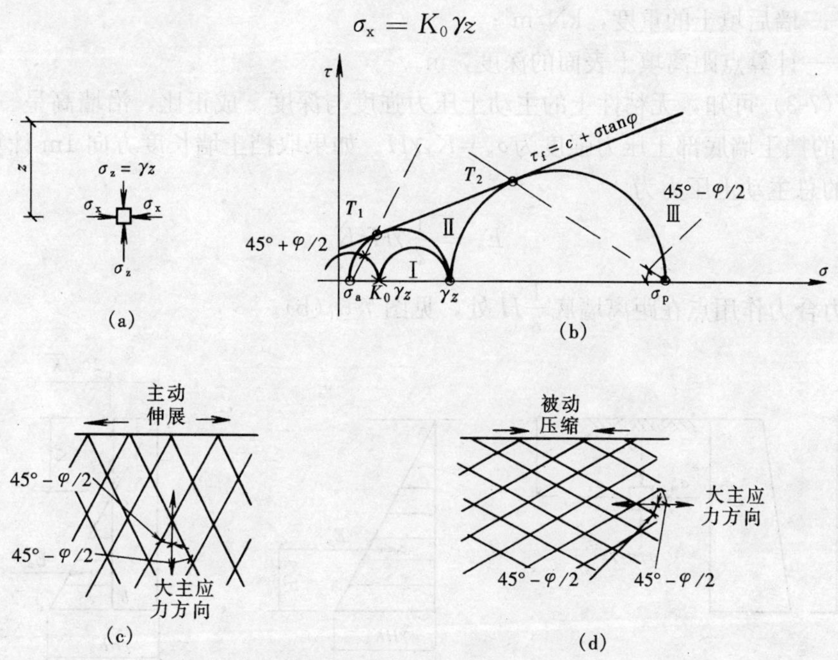

图 7-5　半无限空间土体的平衡状态

（a）半空间内单元微体；（b）用莫尔圆表示主动和被动朗肯状态；（c）半空间的主动朗肯状态；（d）半空间的被动朗肯状态

由于土体内每个竖直截面均为对称平面，因此，竖直截面上的法向应力均为主应力，此时应力状态可用摩尔圆表示，如图 7-5（b）中应力圆Ⅰ所示，因该点处于弹性平衡状态，故摩尔圆不与抗剪强度包线相切。

假设由于外力作用使半无限空间土体在水平方向均匀地伸展，则单元体上的水平截面的法向应力 σ_z 不变，单元体竖直面上的法向应力 σ_x 逐渐减小，直至土体达到极限平衡状态，此时土体所处的状态称为主动朗金状态，水平面为大主应力面，故剪切破坏面与垂直面成 $45°-\varphi/2$ 的夹角，如图 7-5（c）所示。应力状态如图 7-5（b）中摩尔应力圆Ⅱ，此时摩尔应力圆与抗剪强度包线相切于 T_1 点，σ_z 为大主应力，σ_x 为小主应力，此小主应力即为朗金主动土压力强度 σ_a。

由极限平衡条件公式

$$\sigma_{min} = \sigma_{max} \tan^2\left(45° - \frac{\varphi}{2}\right)$$

得无粘性土的主动土压力强度计算公式

$$\sigma_a = K_a \gamma z \tag{7-3}$$

$$\sigma_a = \sigma_{min}$$

$$K_a = \tan^2\left(45° - \frac{\varphi}{2}\right)$$

式中 σ_a——主动土压力强度，kPa；

K_a——主动土压力系数；

γ——墙后填土的重度，kN/m^3；

z——计算点距离填土表面的深度，m。

由式（7-3）可知，无粘性土的主动土压力强度与深度 z 成正比，沿墙高呈三角形分布，墙高为 H 的挡土墙底部土压力强度为 $\sigma_a = K_a \gamma H$。如果取挡土墙长度方向 1m 计算，则作用在墙体上的总主动土压力为

$$E_a = \frac{1}{2} \gamma H^2 K_a \tag{7-4}$$

土压力合力作用点在距离墙底 $\frac{1}{3}H$ 处，见图 7-6（b）。

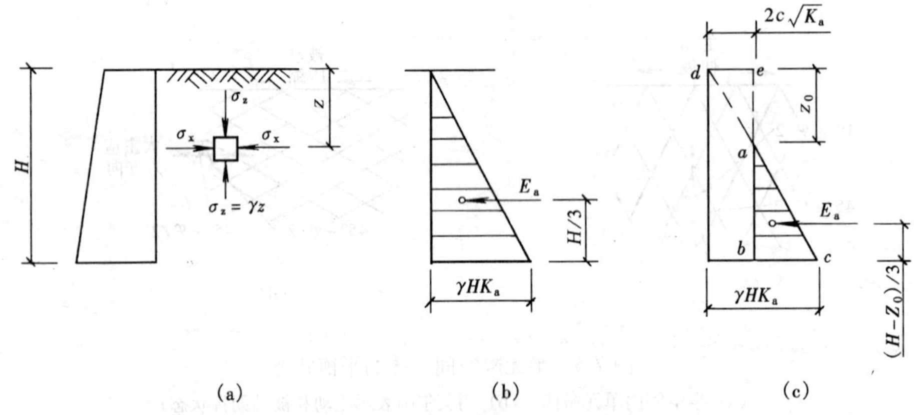

图 7-6 主动土压力分布图

（a）主动土压力计算；（b）无粘性土；（c）粘性土

2. 被动土压力

假设由于某种作用力使半无限空间土体在水平方向被压缩，则作用在微小单元体水平面上的法向应力 σ_z 大小保持不变，而竖直面上的法向应力 σ_x 不断增大，并超过 σ_z 而后再达到极限平衡状态，此时土体处于朗金被动土压力状态，垂直面是大主应力作用面，故剪切破坏面与水平面成（$45° - \varphi/2$）的夹角，见图 7-5（d），应力状态如图 7-5（b）中的摩尔应力圆Ⅲ所示，该应力圆与抗剪强度包线相切于 T_2 点。此时 σ_z 成为小主应力，σ_x 达到极限应力为大主应力，此大主应力即为被动土压力强度 σ_p。

由极限平衡条件公式 $$\sigma_{max} = \sigma_{min} \tan^2\left(45° + \frac{\varphi}{2}\right)$$

得被动土压力强度的计算公式

$$\sigma_p = K_p \gamma z \tag{7-5}$$

$$\sigma_p = \sigma_{max}$$

$$K_p = \tan^2\left(45° + \frac{\varphi}{2}\right)$$

式中　σ_p——被动土压力，kPa；

K_p——被动土压力系数。

无粘性土的被动土压力强度沿着墙高分布呈三角形，挡土墙墙底部土压力强度为 $\sigma_p = K_p \gamma H$，如果取挡土墙长度方向 1m 计算，则作用在墙体上的总被动土压力为

$$E_p = \frac{1}{2}\gamma H^2 K_p \tag{7-6}$$

土压力合力作用点在距离墙底 $\frac{1}{3}H$ 处，见图 7-7（b）。

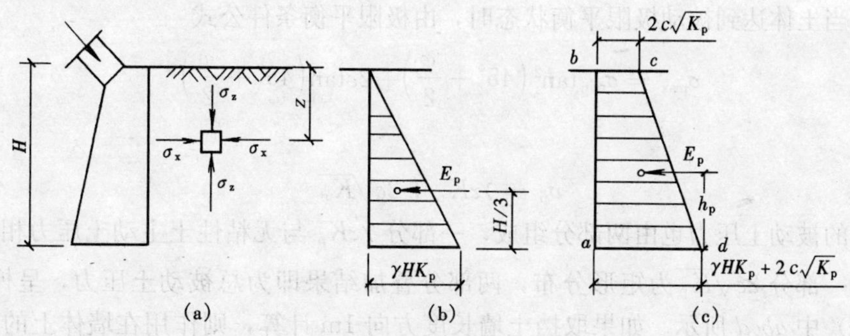

图 7-7　被动土压力分布图

（a）被动土压力；（b）无粘性土；（c）粘性土

二、粘性土

1. 主动土压力

当墙后填土达到主动极限平衡状态时，由极限平衡条件公式

$$\sigma_{min} = \sigma_{max}\tan^2\left(45° - \frac{\varphi}{2}\right) - 2c\tan\left(45° - \frac{\varphi}{2}\right)$$

得到

$$\sigma_a = \gamma z K_a - 2c\sqrt{K_a} \tag{7-7}$$

式中　c——粘性土的粘聚力，kPa。

其余符号同前。

由式（7-7）可知，粘性土的主动土压力强度由两部分组成，一部分为 $\gamma z K_a$，与无粘性土相同，是由土的自重产生的，与深度成正比；另一部分 $-2c\sqrt{K_a}$，由粘性土的粘聚力产生的，沿深度是一常数，两部分叠加的结果如图 7-6（c）所示。顶部力三角形 aed 对墙顶作用力为拉力，实际上土与墙不是一个整体，在很小的力作用下就已分离开，即挡土墙不承受拉力，可以认为 ae 段墙上作用力为零，粘性土的主动土压力分布只有 abc 部分。令 σ_a 等于零即可求得土压力为零的深度 z_0，即

$$\sigma_a = \gamma z K_a - 2c\sqrt{K_a} = 0$$

得
$$z_0=\frac{2c}{\gamma\sqrt{K_a}} \tag{7-8}$$

式中，z_0 称为临界深度。

若深度取 $z=H$ 时，$\sigma_a=\gamma HK_a-2c\sqrt{K_a}$，如果取挡土墙长度方向 1m 计算，则作用在墙体上的总主动土压力为

$$E_a=\frac{1}{2}(H-z_0)(\gamma HK_a-2c\sqrt{K_a})$$

将式（7-8）代入后得

$$E_a=\frac{1}{2}\gamma H^2K_a-2cH\sqrt{K_a}+\frac{2c^2}{\gamma} \tag{7-9}$$

土压力合力作用点在距墙底$\frac{1}{3}$（$H-z_0$）处。

2. 被动土压力

同样，当土体达到被动极限平衡状态时，由极限平衡条件公式

$$\sigma_{max}=\sigma_{min}\tan^2\left(45°+\frac{\varphi}{2}\right)+2c\tan\left(45°+\frac{\varphi}{2}\right)$$

得到

$$\sigma_p=\gamma zK_p+2c\sqrt{K_p} \tag{7-10}$$

粘性土的被动土压力也由两部分组成，一部分 γzK_p 与无粘性土主动土压力相同呈三角形分布；另一部分 $2c\sqrt{K_p}$ 为矩形分布，两部分叠加结果即为总被动土压力，呈梯形分布，如图 7-7（c）中 *abcd* 所示。如果取挡土墙长度方向 1m 计算，则作用在墙体上的总被动土压力为

$$E_p=\frac{1}{2}\gamma H^2K_p+2cH\sqrt{K_p} \tag{7-11}$$

土压力的合力作用点通过梯形 *abcd* 的形心。合力作用点与墙底的距离 h_p 用下式计算：

$$h_p=\frac{H(2\sigma_{p0}+\sigma_{ph})}{3(\sigma_{p0}+\sigma_{ph})} \tag{7-12}$$

式中　h_p——粘性土产生的被动土压力的合力点至墙底的距离，m；

σ_{p0}、σ_{ph}——分别为作用于墙背顶、底处的被动土压力的强度，kPa，如图 7-7(c)所示，$\sigma_{p0}=2c\sqrt{K_p}$，$\sigma_{ph}=\gamma hK_p+2c\sqrt{K_p}$。

【例题 7-1】　已知某挡土墙高 8m，墙背垂直、光滑，填土表面水平。墙后填土为中砂，重度 $\gamma=16\text{kN/m}^3$，饱和重度为 $\gamma_{sat}=20\text{kN/m}^3$，$\varphi=30°$，试计算总静止土压力 E_0，总主动土压力 E_a；当地下水位升至离墙顶 6m 时，计算所受的总主动土压力 E_a 与水压力 E_w。

解　(1) 静止土压力

因墙后填土为中砂，取 $K_0=0.4$，则总静止土压力

$$E_0=\frac{1}{2}\gamma H^2K_0=\frac{1}{2}\times16\times8^2\times0.4=205\text{kN/m}$$

合力作用点在距离墙底$\frac{1}{3}\times8=2.67$m 处，见图 7-8（a）。

(2) 总主动土压力

因墙背垂直、光滑、填土水平，适用于朗金土压力理论，由公式得

$$E_a=\frac{1}{2}\gamma H^2K_a=\frac{1}{2}\times16\times8^2\times\tan^2\left(45°-\frac{30°}{2}\right)=171\text{kN/m}$$

合力作用点在距离墙底$\frac{1}{3}\times8=2.67$m 处，见图 7-8（b）。

（3）地下水位上升以后主动土压力

土压力分水上和水下两部分计算。

水上部分采用重度，$\gamma=16\text{kN/m}^3$

$$E_{a1}=\frac{1}{2}\times16\times6^2\times\tan^2\left(45°-\frac{30°}{2}\right)=96\text{kN/m}$$

水下部分采用浮重度　$\gamma'=\gamma_{sat}-10=20-10=10\text{kN/m}^3$

$$E_{a2}=16\times6\times\tan^2\left(45°-\frac{30°}{2}\right)\times2+\frac{1}{2}\times10\times2^2\times\tan^2\left(45°-\frac{30°}{2}\right)$$

$$=16\times6\times0.333\times2+\frac{1}{2}\times10\times2^2\times0.333$$

$$=64+7=71\text{kN/m}$$

总主动土压力 $E_a=E_{a1}+E_{a2}=96+71=167$kN/m，其作用点为 E_{a1}、E_{a2} 的合力作用点，见图 7-8（c）。

（4）水压力

$$E_w=\frac{1}{2}\gamma_w(H-H_1)^2=\frac{1}{2}\times10\times2^2=20\text{kN/m}$$

合力作用于点距墙底面$\frac{1}{3}\times2=0.67$m 处，见图 7-8（d）。

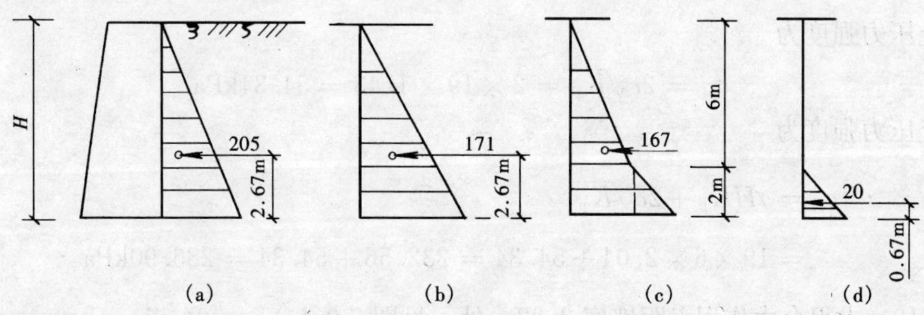

图 7-8　例题 7-1 图（单位：kN/m）

【例题 7-2】　有一混凝土挡土墙如图 7-9（a）所示，墙背垂直，墙高 6m，墙后填土表面水平，填土为粘性土，其重度为 $\gamma=19\text{kN/m}^3$，内摩擦角 $\varphi=20°$，$c=19$kPa。试计算作用在挡土墙上主动土压力和被动土压力，并绘出土压力分布图。

解　（1）主动土压力

由题意可知墙背光滑、垂直，填土表面水平，符合朗金假定，其主动土压力由公式可得

$$E_a=\frac{1}{2}\gamma H^2K_a-2cH\sqrt{K_a}+\frac{2c^2}{\gamma}$$

$$=\frac{1}{2}\times19\times6^2\times\tan^2\left(45°-\frac{20°}{2}\right)-2\times19\times6\times\tan\left(45°-\frac{20°}{2}\right)+\frac{2\times19^2}{19}$$

$$=\frac{1}{2}\times 19\times 6^2\times 0.49-2\times 19\times 6\times 0.7+2\times 19$$
$$=167.58-159.6+38$$
$$=45.98\text{kN/m}$$

临界深度 z_0 由公式可得，即

$$z_0=\frac{2c}{\gamma\sqrt{K_a}}=\frac{2\times 19}{19\times\sqrt{0.49}}=2.86\text{m}$$

墙底部土压力强度为

$$\sigma_a=\gamma HK_a-2c\sqrt{K_a}=19\times 6\times 0.49-2\times 19\times 0.7=29.26\text{kPa}$$

主动土压力合力作用点距离墙底$\frac{H-z_0}{3}=\frac{6-2.86}{3}=1.05\text{m}$处，见图 7-9（b）。

（2）被动土压力

由公式可得

$$E_p=\frac{1}{2}\gamma H^2K_p+2cH\sqrt{K_p}$$
$$=\frac{1}{2}\times 19\times 6^2\times\tan^2\left(45^\circ+\frac{20^\circ}{2}\right)+2\times 19\times 6\times\tan\left(45^\circ+\frac{20^\circ}{2}\right)$$
$$=\frac{1}{2}\times 19\times 6^2\times 2.04+2\times 19\times 6\times 1.43$$
$$=697.68+326.04$$
$$=1023.72\text{kN/m}$$

墙顶处土压力强度为

$$\sigma_{p1}=2c\sqrt{K_p}=2\times 19\times 1.43=54.34\text{kPa}$$

墙底处土压力强度为

$$\sigma_{p2}=\gamma HK_p+2c\sqrt{K_p}$$
$$=19\times 6\times 2.04+54.34=232.56+54.34=286.90\text{kPa}$$

由式（7-12）求得合力作用点距墙底 2.32m 处，见图 7-9（c）。

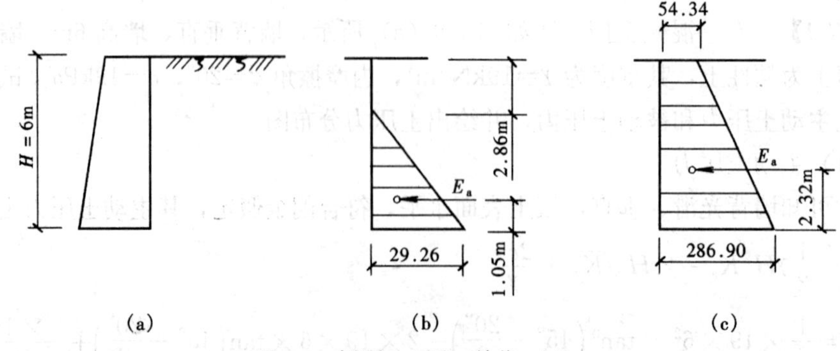

图 7-9　例题 7-2 图（单位：kPa）

三、几种常见情况的土压力

（一）填土表面有均布荷载

1. 主动土压力

如图 7-10（a）所示，当墙后填土表面上作用均布荷载 q 时，通常是把均布荷载换算成当量的土重，可把 q 看作虚构的填土层，虚构土层的性质与填土相同，当量土层厚度为

$$h=\frac{q}{\gamma} \tag{7-13}$$

式中 γ——填土的重度。

作用在挡土墙墙背 AB 上的土压力为实际填土产生的土压力和由均布荷载产生的土压力之和。由均布荷载产生的在墙顶部 B 点的土压力强度为

$$\sigma_{aB}=\gamma hK_a=\gamma\frac{q}{\gamma}K_a=qK_a$$

墙底部 A 点的土压力强度为

$$\sigma_{aA}=\gamma(h+H)K_a=(q+\gamma H)K_a$$

墙上的总土压力为

$$E_a=qHK_a+\frac{1}{2}\gamma H^2K_a \tag{7-14}$$

土压力呈梯形分布如图 7-10（a）中 $ABCD$ 所示，合力作用点通过梯形重心。

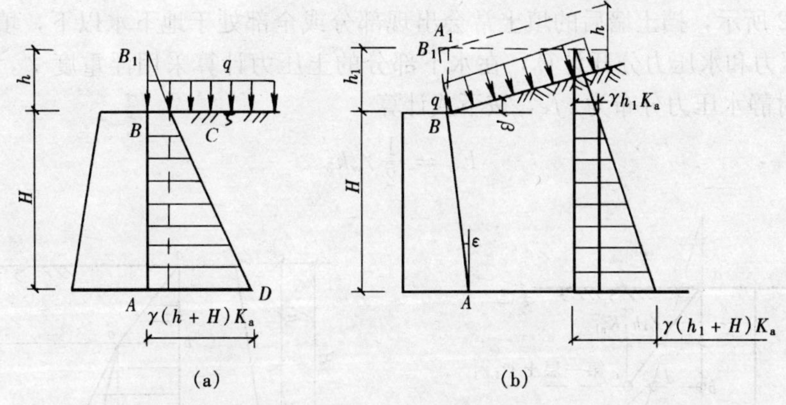

图 7-10 填土表面有均布荷载的土压力计算

（a）填土面水平；（b）填土面倾斜

如图 7-10（b）所示，若填土表面和墙背都有倾角时，虚构的当量土层厚度仍为 $h=\frac{q}{\gamma}$，此虚构土层表面与墙背 AB 的延长线交于 B_1 点，把 AB_1 假想为墙背计算主动土压力。由于填土表面和墙背都是倾斜的，假想的墙高为 h_1+H，根据△BB_1A_1 的几何关系可得

$$h_1=h\frac{\cos\beta\cos\varepsilon}{\cos(\varepsilon-\beta)} \tag{7-15}$$

2. 被动土压力

同理，可得被动土压力计算公式为

$$E_p=qHK_p+\frac{1}{2}\gamma H^2K_p \tag{7-16}$$

（二）成层填土

如图 7-11 所示，当墙后填土为几层不同性质的土层时，第一层的土压力计算方法不变。计算第二层土的土压力时，将第一层土按重度换算成与第二层土相同重度的当量土层，相当于把不同性质的土层化成相同的土层，其当量土层的厚度为

$$h'_1 = h_1 \frac{\gamma_1}{\gamma_2}$$

然后以 $h'_1 + h_2$ 为墙高计算土压力，但只使用在第二层土层厚度范围内，如图 7-11 中 $bdfe$ 部分。需要注意的是，由于土的性质不同，各层土的主动土压力系数不同，土压力分布在两层土的交界面处不连续，交界处土压力强度将会有两个数值。

由图 7-11 可知：成层填土情况下，无粘性土土层交界面的主动土压力强度 σ_{ai} 等于土层界面处的竖向应力乘以相应土层的主动土压力系数：$\sigma_{ai} = K_{ai} \cdot \sum r_i h_i$，若求得了各土层界面处的土压力强度，作用于墙背的总土压力 E_a 值与墙后土压力强度分布面积值相等。这样计算成层填土情况下的土压力可避免换算当量土层厚度的繁琐。这一方法也适用于被动土压力的计算，即无粘性土土层交界面的被动土压力强度 σ_{pi} 等于土层界面处的竖向应力乘以相应土层的被动土压力系数：$\sigma_{pi} = K_{pi} \cdot \sum r_i h_i$；若填土为粘性土，则计算公式变为 $\sigma_{ai} = K_{ai} \cdot \sum r_i h_i - 2c\sqrt{K_{ai}}$，$\sigma_{pi} = K_{pi} \cdot \sum r_i h_i + 2c\sqrt{K_{pi}}$。计算中应注意同一土层交界面的竖向应力是一个定值，但交界面处的土压力系数 K_{ai} 或 K_{pi} 是两个数值。

（三）填土中有地下水

如图 7-12 所示，挡土墙后的填土常会出现部分或全部处于地下水以下，填土中有地下水时，把土压力和水压力分开计算，在水下部分的土压力计算采用浮重度 γ'，土压力分布为 $aced$，同时静水压力分布为 cfe，按下式计算

$$E_w = \frac{1}{2}\gamma_w h_2^2 \tag{7-17}$$

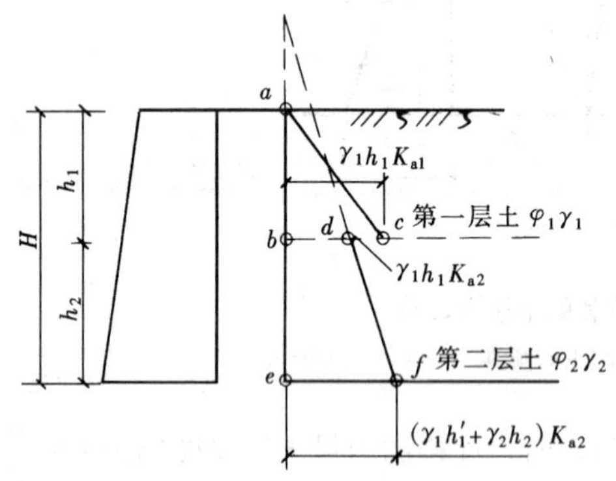

图 7-11 成层填土的土压力计算

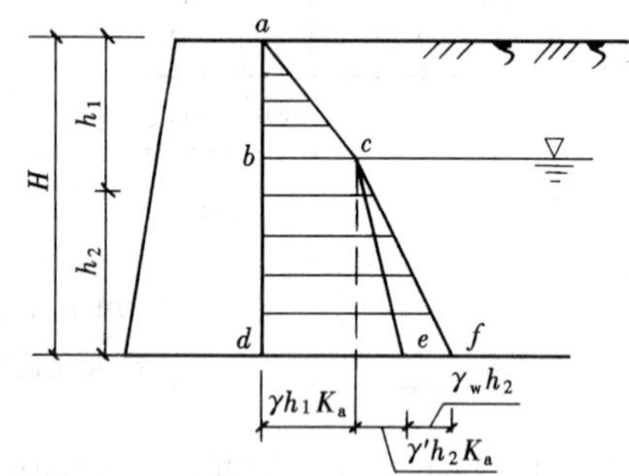

图 7-12 填土中有地下水的土压力计算

【例题 7-3】 挡土墙高 6m，墙背垂直、光滑、墙后填土表面水平，填土物理性质指标为 $\gamma = 19\text{kN/m}^3$，$c = 0$，$\varphi = 34°$，在填土表面作用均布荷载 $q = 10\text{kPa}$，试计算作用在墙上的主动土压力 E_a 及其分布。

解 将表面均布荷载换算成当量土层，土层厚度为

$$h = \frac{q}{\gamma} = \frac{10}{19} = 0.526\text{m}$$

相当于把墙背 AB 向上延伸 0.526m 到 A_1，以 A_1B 为墙背，墙高为 $H+h=6+0.526=6.526\text{m}$，如图 7-13 所示，墙顶面处由均布荷载产生的主动土压力强度为

$$\sigma_{a1}=\gamma hK_a=19\times0.526\times0.28=2.8\text{kPa}$$

墙底 B 处主动土压力强度

$$\sigma_{a2}=\gamma(h+H)K_a=19\times(0.526+6)\times0.28=35.1\text{kPa}$$

总主动土压力为

$$E_a=\frac{1}{2}(\sigma_{a1}+\sigma_{a2})H$$

$$=\frac{1}{2}(2.8+35.1)\times6=113.7\text{kN/m}$$

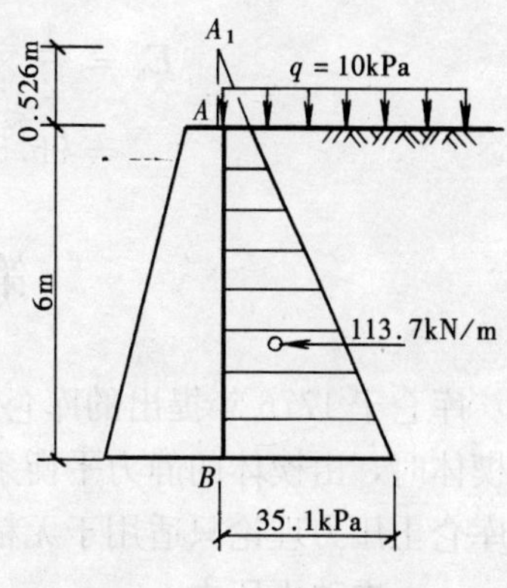

图 7-13 例题 7-3 图

合力作用点通过梯形的重心。

此例题也可不将 q 换算为当量土层 h，而直接用竖向应力乘以土压力系数来计算土压力强度：$\sigma_{a1}=qK_a=10\times0.28=2.8\text{kPa}$；$\sigma_{a2}=(q+\gamma H)K_a=(10+19\times6)\times0.28=35.1\text{kPa}$

【例题 7-4】 某混凝土挡土墙高 6m，墙背垂直，墙后填土分为两层，各层土的物理性质指标为：第一层土 $\gamma_1=19\text{kN/m}^3$，$c_1=10\text{kPa}$，$\varphi_1=16°$，$h_1=3\text{m}$；第二层土 $\gamma_2=17\text{kN/m}^3$，$c_2=0$，$\varphi_2=30°$。试计算主动土压力 E_a，并绘出土压力分布图。

解 混凝土墙可认为墙背是光滑的，已知条件符合朗金理论。第一层填土为粘性土，墙顶土压力为零。第一层土的土压力系数为

$$K_{a1}=\tan^2\left(45°-\frac{16°}{2}\right)=0.753^2=0.568$$

第二层土的土压力系数为 $$K_{a2}=\tan^2\left(45°-\frac{30°}{2}\right)=0.333$$

临界深度为 $$z_0=\frac{2c}{\gamma\sqrt{K_{a1}}}=\frac{2\times10}{19\times0.753}=1.4\text{m}$$

两层分界面处第一层土底部的土压力强度

$$\sigma_{a1}=\gamma_1h_1K_{a1}-2c_1\sqrt{K_{a1}}=19\times3\times0.568-2\times10\times0.753$$

$$=32.376-15.06=17.32\text{kPa}$$

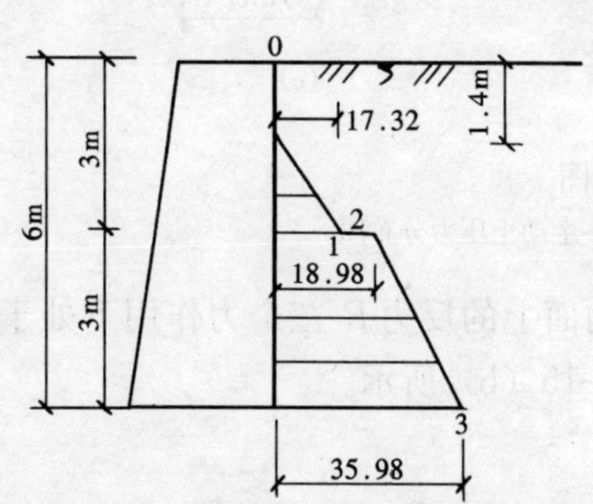

图 7-14 例题 7-4 图（单位：kPa）

第二层顶面土压力强度

$$\sigma_{a2}=\gamma_2h'_1K_{a2}$$

$$=17\times3.35\times\tan^2\left(45°-\frac{30°}{2}\right)$$

$$=17\times3.35\times0.333$$

$$=18.98\text{kPa}$$

第二层底面土压力强度

$$\sigma_{a3}=\gamma_2(h'_1+h_2)K_{a2}$$

$$=17\times6.35\times0.333=35.98\text{kPa}$$

土压力分布如图 7-14 所示。

总主动土压力

$$E_a = \frac{1}{2} \times 17.32 \times (3 - 1.4) + \frac{1}{2} \times (18.98 + 35.98) \times 3$$
$$= 96.3\text{kN/m}$$

第四节 库仑土压力理论

库仑于 1776 年提出的库仑土压力理论，是根据墙后土体处于极限平衡状态并行成一滑动楔体时，由楔体的静力平衡条件得出的。其基本假设为：①墙后填土为理想的散粒体，因此库仑土压力理论只适用于无粘性土；②滑动破坏面为一平面。

一、主动土压力

一般挡土墙的计算均属于平面问题，当挡土墙向前移动或转动而使墙后的填土沿某一破裂面 BC 破坏时，形成一个滑动的楔体△ABC。考虑整个滑动楔体△ABC 在各力作用下达到极限平衡状态，而不考虑楔体本身的压缩变形，求得楔体作用在 AB 上的推力，即为主动土压力，用 σ_a 表示，如图 7-15（a）所示。

1. 作用在楔体△ABC 上的力

（1）取滑动楔体△ABC 为隔离体，其自重 $G=\gamma$△ABC，γ 为填土的重度，滑裂面 BC 的位置确定后，自重 G 的大小为已知，方向向下。

（2）墙背 AB 给滑动楔体的支撑力为 E，与其大小相等、方向相反的力即为要计算的土压力。E 的方向与墙背法线成 δ 角。因为土体下滑时，墙给与土体的阻力的方向向上，因此，E 在法线 N_2 的下侧。

（3）在滑动面 BC 上作用的反力 R，大小未知，其方向与 BC 面的法线 N_1 之间的夹角等于土的内摩擦角 φ，并位于法线 N_1 的下方。

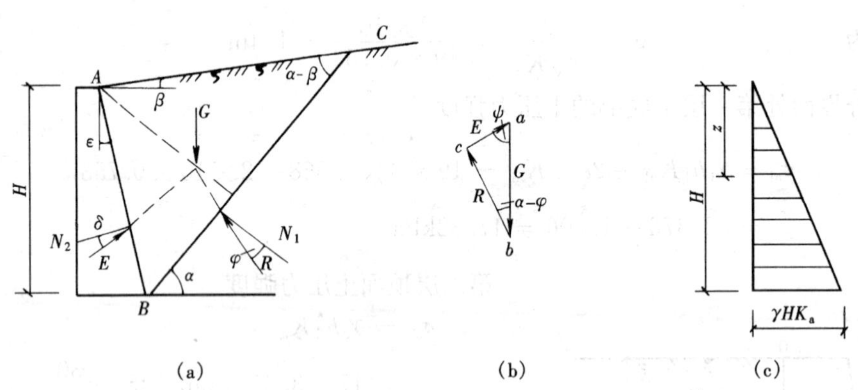

图 7-15 库伦主动土压力计算图

(a) 土楔 ABC 上的作用力；(b) 力矢三角形；(c) 主动土压力分布图

（4）滑动楔体在自重 G、挡土墙支撑力 E 及填土滑动面上的反力 R 三个力作用下处于平衡状态，因此，可得一封闭的力矢三角形△abc，如图 7-15（b）所示。

由力三角形不难证明三角形各角的数值。

2. 计算公式

（1）在力的三角形 abc 中，由正弦定理

$$\frac{a}{\sin A}=\frac{b}{\sin B}=\frac{c}{\sin C}$$

将力三角形中各边及角的数值代入上式，得

$$\frac{E}{\sin(a-\varphi)}=\frac{G}{\sin(\psi+a-\varphi)}$$

$$E=\frac{G\sin(a-\varphi)}{\sin(\psi+a-\varphi)}$$

$$\psi=90^\circ-\varepsilon-\delta$$

(2) 三角形楔体$\triangle ABC$的自重

$$G=\triangle ABC\cdot\gamma=\frac{1}{2}BC\cdot AD\cdot\gamma$$

在三角形$\triangle ABC$中，由正弦定理可得

$$BC=AB\frac{\sin(90^\circ-\varepsilon+\beta)}{\sin(a-\beta)}$$

$$AB=\frac{H}{\cos\varepsilon}$$

得

$$BC=H\frac{\cos(\varepsilon-\beta)}{\cos\varepsilon\sin(a-\beta)}$$

通过A点作BC的垂线AD，由$\triangle ADB$得

$$AD=AB\cos(a-\varepsilon)=\frac{\cos(a-\varepsilon)}{\cos\varepsilon}H$$

将BC、AD代入自重表达式，得

$$G=\frac{\gamma H^2\cos(\varepsilon-\beta)\cos(a-\varepsilon)}{2\cos^2\varepsilon\sin(a-\beta)}$$

(3) 将G的表达式代入E的表达式即可得土压力的表达式

$$E=\frac{1}{2}\gamma H^2\frac{\cos(\varepsilon-\beta)\cos(a-\varepsilon)\sin(a-\varphi)}{\cos^2\varepsilon\sin(a-\beta)\sin(a-\varphi+\psi)}\tag{7-18}$$

式（7-18）中γ、H、ε、β、φ和δ都是已知的，而确定滑裂面BC与水平角的倾角α是任意的，因此，当假定不同的滑裂面时，可以求得不同的土压力值，E值是α的函数，E的最大值才是真正的主动土压力。为了求得真正的土压力，可用微分学中求极值的方法求E的极大值，可令

$$\frac{dE}{d\alpha}=0$$

从而求得使E为极大值时填土的破坏角α，这就是真正滑动面的倾角。将α代入式(7-18)，整理后可得

$$E_a=\frac{1}{2}\gamma H^2\frac{\cos^2(\varphi-\varepsilon)}{\cos^2\varepsilon\cos(\delta+\varepsilon)\left[1+\sqrt{\frac{\sin(\delta+\varphi)\sin(\varphi-\beta)}{\cos(\delta+\varepsilon)\cos(\varepsilon-\beta)}}\right]^2}\tag{7-19}$$

令

$$K_a=\frac{\cos^2(\varphi-\varepsilon)}{\cos^2\varepsilon\cos(\delta+\varepsilon)\left[1+\sqrt{\frac{\sin(\delta+\varphi)\sin(\varphi-\beta)}{\cos(\delta+\varepsilon)\cos(\varepsilon-\beta)}}\right]^2}\tag{7-20}$$

则

$$E_a=\frac{1}{2}\gamma H^2K_a\tag{7-21}$$

式中　K_a——主动土压力系数，按式（7-20）计算或查表7-1确定；

H——挡土墙的高度，m；

γ——墙后填土的重度，kN/m^3；

φ——墙后填土的内摩擦角（°）；

ε——墙背的倾斜角（°），俯斜时取正号，仰斜时取负号；

β——墙后填土面的倾角（°）；

δ——土对挡土墙背的摩擦角，查表 7-2 确定。

此式与朗金土压力公式形式相同，只是土压力系数 K_a 的表达式不同，当式（7-19）中 $\varepsilon=0$、$\beta=0$、$\delta=0$ 时，即符合朗金假设条件时，式（7-19）可化简为

$$E_a=\frac{1}{2}\gamma H^2\tan^2\left(45^\circ-\frac{\varphi}{2}\right)$$

可见，在上述条件下库仑公式与朗肯公式相同。

由式（7-21）可知：土压力 E_a 与 H^2 成正比，为求得任意深度 Z 处土压力强度 σ_a 将 E_a 对 z 求导数

$$\sigma_a=\frac{\mathrm{d}E_a}{\mathrm{d}z}=\frac{\mathrm{d}}{\mathrm{d}z}\left(\frac{1}{2}\gamma z^2K_a\right)=\gamma zK_a$$

由此式可知库伦主动土压力沿深度亦呈三角形分布，见图 7-15（c）。需要注意，该图所表示的只是土压力强度的大小，不表明土压力方向，其方向与墙背法线成 δ 角。

二、被动土压力

如图 7-16 所示，在挡土墙由外力作用下发生向填土方向的移动或转动时，使得墙后填土产生沿着某一个破裂面 BC 破坏，形成 ΔABC 滑动楔形体，该土体沿着 AB、BC 两个面向上有被挤出的趋势，并处于极限平衡状态。此时土楔 ABC 在其自重 G 和反力 R 和 E 的作用下平衡，R 和 E 的方向都分别在 BC 和 AB 面法线的上方。按求主动土压力同样的计算原理，可求得被动土压力的库仑公式为

$$E_p=\frac{\gamma H^2}{2}\frac{\cos^2(\varphi+\varepsilon)}{\cos^2\varepsilon\cos(\varepsilon-\delta)\left[1-\sqrt{\dfrac{\sin(\varphi+\delta)\sin(\varphi+\beta)}{\cos(\varepsilon-\delta)\cos(\varepsilon-\beta)}}\right]^2} \tag{7-22}$$

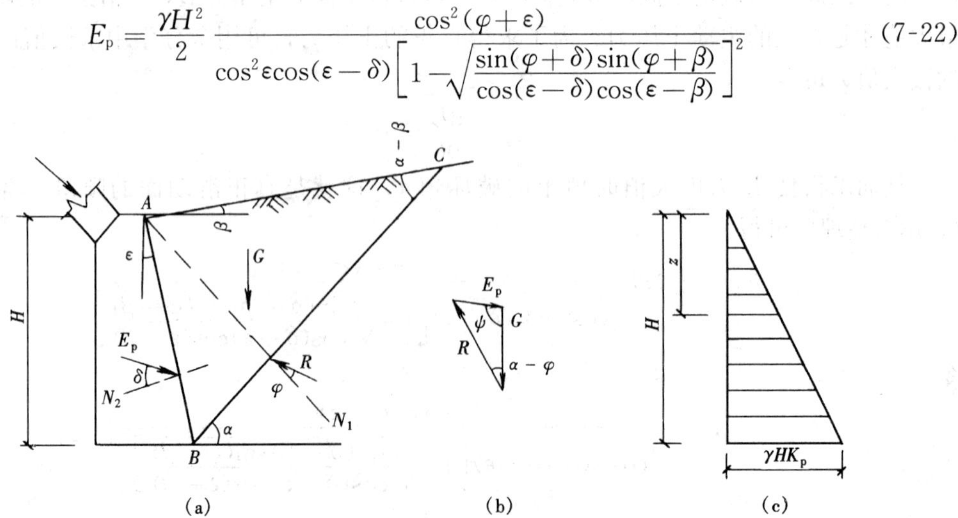

图 7-16　按库仑理论求被动土压力

(a) 土楔 ABC 上的作用力；(b) 力矢三角形；(c) 被动土压力的分布图

令
$$K_p=\frac{\cos^2(\varphi+\varepsilon)}{\cos^2\varepsilon\cos(\varepsilon-\delta)\left[1-\sqrt{\frac{\sin(\varphi+\delta)\sin(\varphi+\beta)}{\cos(\varepsilon-\delta)\cos(\varepsilon-\beta)}}\right]^2}$$

则
$$E_p=\frac{1}{2}\gamma H^2K_p \tag{7-23}$$

式中　K_p——被动土压力系数，其余符号同前。

式（7-23）与朗金被动土压力公式相同，只是土压力系数表达式不同，同样公式表明被动土压力的大小与 H^2 成正比。

当墙背垂直（$\varepsilon=0$）、光滑（$\delta=0$）、墙后填土水平（$\beta=0$）即符合朗金理论的假设时，式（7-22）简化为

$$E_p=\frac{1}{2}\gamma H^2\tan^2\left(45°+\frac{\varphi}{2}\right)$$

可见，在上述条件下，库仑的被动土压力公式也与朗肯公式相同。

表 7-1　　主动土压力系数 K_a 表

δ	ε	β \ φ	15°	20°	25°	30°	35°	40°	45°	50°
0°	0°	0°	0.589	0.490	0.406	0.333	0.271	0.217	0.172	0.132
		10°	0.704	0.569	0.462	0.374	0.300	0.238	0.186	0.142
		20°		0.883	0.573	0.441	0.344	0.267	0.204	0.154
		30°				0.750	0.436	0.318	0.235	0.172
	10°	0°	0.652	0.560	0.478	0.407	0.343	0.288	0.238	0.194
		10°	0.784	0.655	0.550	0.461	0.384	0.318	0.261	0.211
		20°		1.015	0.685	0.548	0.444	0.360	0.291	0.231
		30°				0.925	0.566	0.433	0.337	0.262
	20°	0°	0.736	0.648	0.569	0.498	0.434	0.375	0.322	0.274
		10°	0.896	0.768	0.663	0.572	0.492	0.421	0.358	0.302
		20°		1.205	2.834	0.688	0.576	0.484	0.405	0.337
		30°				1.169	0.740	0.586	0.474	0.385
	−10°	0°	0.540	0.433	0.344	0.270	0.209	0.158	0.117	0.083
		10°	0.644	0.500	0.389	0.301	0.229	0.171	0.125	0.088
		20°		0.785	0.482	0.353	0.261	0.190	0.136	0.094
		30°				0.614	0.331	0.226	0.155	0.104
	−20°	0°	0.497	0.380	0.287	0.212	0.153	0.106	0.070	0.043
		10°	0.595	0.439	0.323	0.234	0.166	0.114	0.074	0.045
		20°		0.707	0.401	0.274	0.188	0.125	0.080	0.047
		30°				0.498	0.239	0.147	0.090	0.051

续表

δ	ε	φ / β	15°	20°	25°	30°	35°	40°	45°	50°
10°	0°	0°	0.533	0.447	0.373	0.309	0.253	0.204	0.163	0.127
		10°	0.664	0.531	0.431	0.350	0.282	0.225	0.177	0.136
		20°		0.897	0.549	0.420	0.326	0.254	0.195	0.148
		30°				0.762	0.423	0.306	0.226	0.166
	10°	0°	0.603	0.520	0.448	0.384	0.326	0.275	0.230	0.189
		10°	0.759	0.626	0.524	0.440	0.369	0.307	0.253	0.206
		20°		1.064	0.674	0.534	0.432	0.351	0.284	0.227
		30°				0.969	0.564	0.427	0.332	0.258
	20°	0°	0.695	0.615	0.543	0.478	0.419	0.365	0.316	0.271
		10°	0.890	0.752	0.646	0.558	0.482	0.414	0.354	0.300
		20°		1.308	0.844	0.687	0.573	0.481	0.403	0.337
		30°				1.268	0.758	0.594	0.478	0.388
	−10°	0°	0.477	0.385	0.309	0.245	0.191	0.146	0.109	0.078
		10°	0.590	0.455	0.354	0.275	0.211	0.159	0.116	0.082
		20°		0.773	0.450	0.328	0.242	0.177	0.127	0.088
		30°				0.605	0.313	0.212	0.146	0.098
	−20°	0°	0.427	0.330	0.252	0.188	0.137	0.096	0.064	0.039
		10°	0.529	0.388	0.286	0.209	0.149	0.103	0.068	0.041
		20°		0.675	0.364	0.248	0.170	0.114	0.073	0.044
		30°				0.475	0.220	0.135	0.082	0.047
15°	0°	0°	0.518	0.434	0.363	0.301	0.248	0.201	0.160	0.125
		10°	0.656	0.522	0.423	0.343	0.277	0.222	0.174	0.135
		20°		0.914	0.546	0.415	0.323	0.251	0.194	0.147
		30°				0.777	0.422	0.305	0.225	0.165
	10°	0°	0.592	0.511	0.441	0.378	0.323	0.273	0.228	0.189
		10°	0.760	0.623	0.520	0.437	0.366	0.305	0.252	0.206
		20°		1.103	0.679	0.535	0.432	0.351	0.284	0.228
		30°				1.005	0.571	0.430	0.334	0.260
	20°	0°	0.690	0.611	0.540	0.476	0.419	0.366	0.317	0.273
		10°	0.904	0.757	0.649	0.560	0.484	0.416	0.357	0.303
		20°		1.383	0.862	0.697	0.579	0.486	0.408	0.341
		30°				1.341	0.778	0.606	0.487	0.395
	−10°	0°	0.458	0.371	0.298	0.237	0.186	0.142	0.106	0.076
		10°	0.576	0.442	0.344	0.267	0.205	0.155	0.114	0.081
		20°		0.776	0.441	0.320	0.237	0.174	0.125	0.087
		30°				0.607	0.308	0.209	0.143	0.097
	−20°	0°	0.405	0.314	0.240	0.180	0.132	0.093	0.062	0.038
		10°	0.509	0.372	0.275	0.201	0.144	0.100	0.066	0.040
		20°		0.667	0.352	0.239	0.164	0.110	0.071	0.042
		30°				0.470	0.214	0.131	0.080	0.046

续表

δ	ε	β \ φ	15°	20°	25°	30°	35°	40°	45°	50°
20°	0°	0°			0.357	0.297	0.245	0.199	0.160	0.125
		10°			0.419	0.340	0.275	0.220	0.174	0.135
		20°			0.547	0.414	0.322	0.251	0.193	0.147
		30°				0.798	0.425	0.306	0.225	0.166
	10°	0°			0.438	0.377	0.322	0.273	0.229	0.190
		10°			0.521	0.438	0.367	0.306	0.254	0.208
		20°			0.690	0.540	0.436	0.354	0.286	0.230
		30°				1.051	0.582	0.437	0.338	0.264
	20°	0°			0.543	0.479	0.422	0.370	0.321	0.277
		10°			0.659	0.568	0.490	0.423	0.363	0.309
		20°			0.891	0.715	0.592	0.496	0.417	0.349
		30°				1.434	0.807	0.624	0.501	0.406
	−10°	0°			0.291	0.232	0.182	0.140	0.105	0.076
		10°			0.337	0.262	0.202	0.153	0.113	0.080
		20°			0.437	0.316	0.233	0.171	0.124	0.086
		30°				0.614	0.306	0.207	0.142	0.096
	−20°	0°			0.231	0.174	0.128	0.090	0.061	0.038
		10°			0.266	0.195	0.140	0.097	0.064	0.039
		20°			0.344	0.233	0.160	0.108	0.069	0.042
		30°				0.468	0.210	0.129	0.079	0.045

表 7-2　土对挡土墙墙背的摩擦角

挡土墙情况	摩擦角 δ	挡土墙情况	摩擦角 δ
墙背平滑、排水不良	(0～0.33)φ	墙背很粗糙、排水良好	(0.5～0.67)φ
墙背粗糙、排水良好	(0.33～0.5)φ	墙背与填土间不可能滑动	(0.67～1.0)φ

【例题 7-5】 已知挡土墙高 $H=4\text{m}$，墙背垂直，填土水平，墙与填土摩擦角 $\delta=20°$，墙后填以中砂，其物理性质指标为 $\gamma=18\text{kN/m}^3$，$\varphi=30°$。求作用在挡土墙上的主动土压力。

解 因墙背不光滑，墙与土之间有摩擦力，不能采用朗金土压力理论计算，由库伦土压力公式

$$E_a = \frac{1}{2}\gamma H^2 K_a$$

因为 $\delta=20°$，$\varphi=30°$，$\varepsilon=0°$，由公式或查表得 $K_a=0.297$。

故 $$E_a = \frac{1}{2}\times 18\times 4^2\times 0.297 = 42.77\text{kN/m}$$

合力作用点在距墙底$\frac{1}{3}\times 4=1.33\text{m}$处，见图 7-17。

【例题 7-6】 某挡土墙高 $H=4.8\text{m}$，墙背倾斜 $\varepsilon=10°$，墙后填土倾角 $\beta=10°$，墙与土

摩擦角 $\delta=20°$，墙后填以中砂，土的重度 $\gamma=17.5\text{kN/m}^3$，$\varphi=30°$。求作用在挡土墙上的主动土压力。

解 根据已知条件，采用库仑理论计算。

由 $\delta=20°$，$\varphi=30°$，$\varepsilon=10°$，$\beta=10°$，由公式或查表得 $K_a=0.438$。

故
$$E_a=\frac{1}{2}\gamma H^2 K_a=\frac{1}{2}\times17.5\times4.8^2\times0.438=88.30\text{kN/m}$$

合力作用点在距墙底 $\frac{1}{3}\times4.8=1.6\text{m}$ 处，见图 7-18。

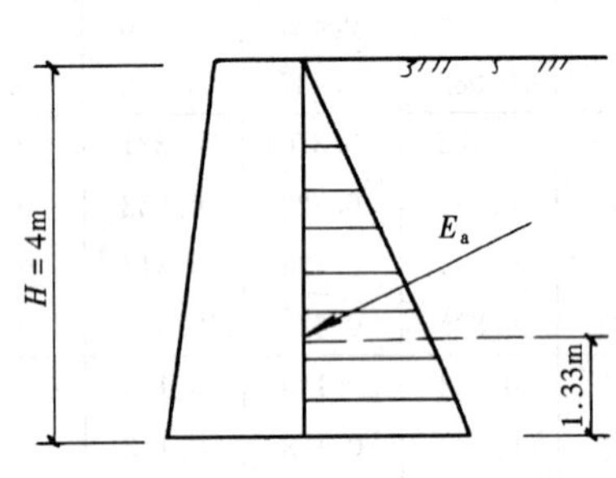

图 7-17 例题 7-5 图

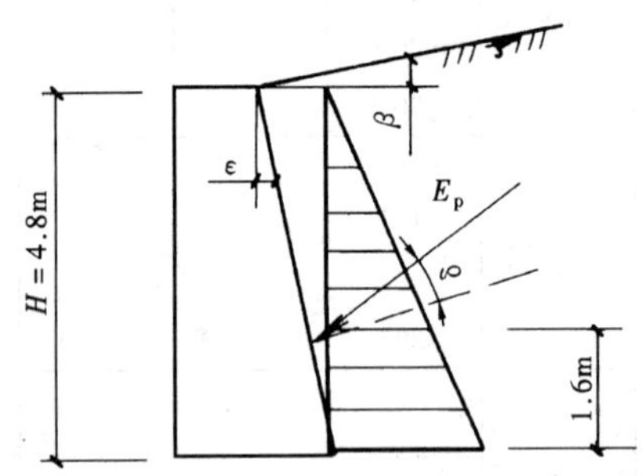

图 7-18 例题 7-6 图

三、朗肯理论与库仑理论的比较

朗肯土压力理论和库仑土压力理论的基本假设不同，以不同的分析方法计算土压力，只有在特殊情况下（$\varepsilon=0$，$\delta=0$，$\beta=0$），两种理论计算结果才相同，否则将得到不同结果。

朗肯土压力理论应用半空间中的应力状态和极限平衡理论的概念比较明确，公式简单，粘性土和无粘性土都可以直接利用该公式计算，在工程上得到广泛利用。但是由于假设条件的原因，在使用上受到限制，并且该理论忽略了墙背与填土之间摩擦的影响，使计算的主动土压力偏大，而计算的被动土压力偏小。

库仑土压力理论根据墙后土楔体的静力平衡条件得出的土压力计算公式，考虑了墙背与土之间的摩擦力，并可使用在墙背倾斜，填土面倾斜的情况，但由于该理论假设填土是无粘性土，因此不能直接利用公式计算粘性土的土压力。库仑理论假设墙后填土破坏时，破裂面是一平面，而实际上是一曲面。因此计算结果与曲线滑动面计算结果有出入。

第五节 挡土墙的设计

一、挡土墙的类型

挡土墙的类型很多，下面介绍几种常用挡土墙的形式和特点。

1. 重力式挡土墙

如图 7-19（a）所示，这种形式的挡土墙依靠挡土墙自身的重量保持墙体的稳定，墙体必须做成厚而重的实体，墙身断面较大，一般多用毛石、砖、素混凝土等材料构筑而成。挡土墙的前缘称为墙趾，后缘称为墙踵，重力式挡土墙墙背可以呈直立、俯斜和仰斜的形式，如图 7-20 所示。此种挡土墙具有结构简单，施工方便，能够就地取材等优点，是工程中利用较广的一种挡土墙形式。

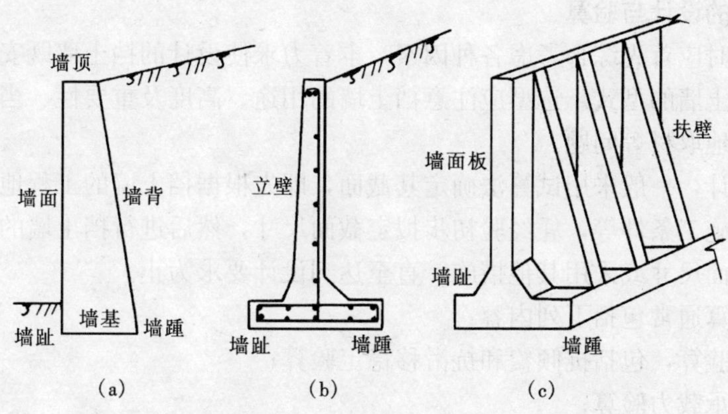

图 7-19　挡土墙的形式

(a) 重力式挡土墙；(b) 悬臂式挡土墙；(c) 扶壁式挡土墙

2. 悬臂式挡土墙

如图 7-19 (b) 所示，这种形式的挡土墙采用钢筋混凝土材料建成。挡土墙的截面尺寸较小，重量较轻，墙身的稳定是靠墙踵底板以上土重来保持，墙身内配钢筋来承担拉应力。悬臂式挡土墙的优点是充分利用了钢筋混凝土的受力特性，可适用于墙比较高，地基土质较差，以及工程比较重要时。如在市政工程、厂矿贮库中多采用悬臂式挡土墙。

3. 扶壁式挡土墙

如图 7-19 (c) 所示，当挡土墙较高时，为了增强悬臂式挡土墙中立壁的抗弯性能，以保持挡土墙的整体性，沿墙的长度方向每隔一定距离设置一道扶壁，称为扶壁式挡土墙。

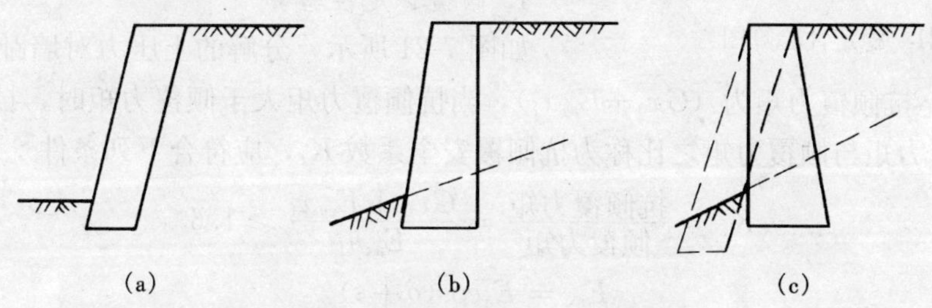

图 7-20　重力式挡土墙墙背倾斜形式

(a) 仰斜；(b) 直立；(c) 俯斜

4. 其他形式的挡土墙

除了以上三种常见的挡土墙之外，近十几年来国内外在发展挡土结构方面，又提出了多种结构形式。例如：①锚杆式挡土墙：这是一种新型的挡土结构物，它由预制的钢筋混凝土立柱、墙面板、钢拉杆和锚定板在现场拼装而成。这种型式的挡土墙具有结构轻、柔性大、工程量少、造价低、施工方便等优点，常用在临近建筑物的基础开挖、铁路两旁的护坡、路基、桥台等处。在国内多项工程中应用，效果良好。②加筋土挡土墙：国外近十几年来采用了加筋土挡土墙，这种挡土墙靠镀锌铁皮、扁钢和土之间的摩擦力来平衡土压力，因此，需要大量镀锌铁皮和扁钢。近年来土工合成材料在日本、法国、意大利、德国等地也被广泛地应用在土坝、围堰中，起到护坡的作用。国内也有不少类似工程的成功经验。

二、挡土墙的设计与验算

挡土墙设计时应首先综合考虑各种因素，本着力求使设计的挡土墙既安全又经济合理的原则，来选择挡土墙的型式。选型应注意挡土墙的用途、高度及重要性、当地的地形及地质条件、尽可能就地取材等问题。

挡土墙的设计，一般采用试算法确定其截面，即先根据挡土墙的工程地质条件、墙体材料、填土性质和施工条件等，凭经验初步拟定截面尺寸，然后进行挡土墙的验算，如不满足要求，则调整截面尺寸或采用其他措施，直至达到设计要求为止。

挡土墙的计算通常包括下列内容：

（1）稳定性验算，包括抗倾覆和抗滑移稳定验算；

（2）地基的承载力验算；

（3）墙身强度验算。

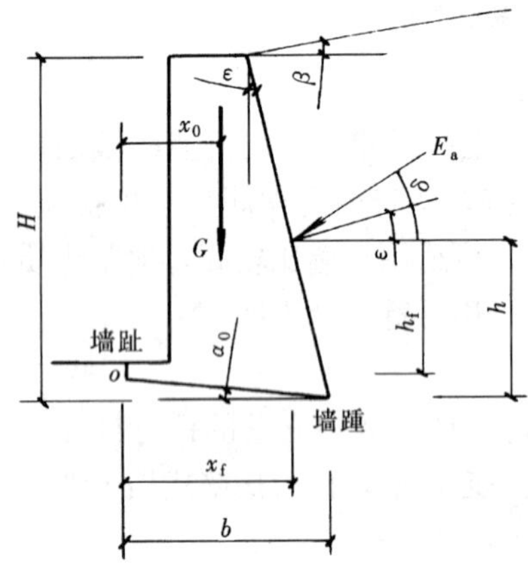

图 7-21　稳定性验算图

对挡土墙进行计算，首要的问题是确定作用在挡土墙上有哪些力，其中的关键是确定作用在挡土墙上的土压力的性质、大小、方向与作用点。在这些力的作用下要求挡土墙不产生滑移和倾覆而保持稳定状态。作用在挡土墙上的力主要有土压力、墙体自重、基底反力，这是作用在挡土墙上的基本荷载，如果墙背后的排水条件不好，有积水时，还应考虑静水压力作用在墙背；如果在挡土墙的填土表面上有堆放物或建筑物等，还应考虑附加的荷载；在地震区还需计算地震力的附加作用力。

1. 倾覆稳定性验算

如图 7-21 所示，分解的土压力对墙趾 O 点的倾覆力矩为 $E_{ax}h_f$，抗倾覆力矩为 $(Gx_0+E_{ay}x_f)$，当抗倾覆力矩大于倾覆力矩时，挡土墙才是稳定的。抗倾覆力矩与倾覆力矩之比称为抗倾覆安全系数 K_t，应符合下列条件

$$K_t=\frac{\text{抗倾覆力矩}}{\text{倾覆力矩}}=\frac{Gx_0+E_{ay}x_f}{E_{ax}h_f}\geqslant 1.6 \tag{7-24}$$

$$E_{ax}=E_a\cos(\delta+\varepsilon)$$

$$E_{ay}=E_a\sin(\delta+\varepsilon)$$

$$x_f=b-h\tan\varepsilon$$

$$h_f=h-b\tan\alpha_0$$

式中　K_t——抗倾覆安全系数；

E_{ax}——主动土压力的水平分力，kN/m；

E_{ay}——主动土压力的垂直分力；

G——挡土墙每延米自重，kN/m；

x_f——土压力作用点距离 o 点的水平距离 m；

x_0——挡土墙重心距离墙趾的水平距离，m；

h_f——土压力作用点距离 o 点的高度，m；

h——土压力作用点距离墙踵的高度，m；

b——基底的水平投影宽度，m；

α_0——挡土墙的基底倾角，(°)。

当验算结果不满足式（7-24）时，一般应采取诸如扩大挡土墙的断面尺寸以增加墙体自重、伸长墙趾增加力臂长度，将墙背做成仰斜式减小土压力等措施，来增加抗倾覆力矩、减小倾覆力矩。

2. 滑动稳定性验算

如图 7-21 所示，作用在挡土墙上的土压力 E_a 可分解成平行于基底平面方向的分力 E_{at} 和垂直于基底平面方向的分力 E_{an}，挡土墙自重 G 也相应分解成这两个方向的分力 G_t 和 G_n，使挡土墙产生滑动的力为 E_{at} 和 G_t，抵抗滑动的力为 E_{an} 和 G_n 在基底产生的摩擦力。抗滑力和滑动力的比值称为抗滑安全系数 K_f，应符合下列条件

$$K_s = \frac{抗滑力}{滑动力} = \frac{(G_n + E_{an})\mu}{E_{at} - G_t} \geqslant 1.3 \tag{7-25}$$

$$G_n = G\cos\alpha_0$$

$$G_t = G\sin\alpha_0$$

$$E_{an} = E_a \sin(\varepsilon + \alpha_0 + \delta)$$

$$E_{at} = E_a \cos(\varepsilon + \alpha_0 + \delta)$$

式中　K_s——抗滑稳定安全系数；

G_n——自重在垂直于基底平面方向的分力；

G_t——自重在平行于基底平面方向的分力；

E_{an}——土压力在垂直于基底平面方向的分力；

E_{at}——土压力在平行于基底平面方向的分力；

μ——基底摩擦系数，由试验测定或查表 7-3 选用。

其他符号同前。

当验算结果不满足上式时，一般应采取诸如修改挡土墙的断面尺寸加大自重 G、墙基底铺砂石垫层提高摩擦系数 μ 值、墙底做逆坡、在墙踵后加拖板等措施来增大抗滑力。

表 7-3　挡土墙基底对地基的摩擦系数

土的类别		摩擦系数	土的类别	摩擦系数
粘性土	可塑	0.25～0.30	中砂、粗砂、砾砂	0.40～0.50
	硬塑	0.30～0.35	碎石土	0.40～0.60
	坚硬	0.35～0.45	软质岩石	0.40～0.60
粉　土	$s_r \leqslant 0.5$	0.30～0.40	表面粗糙的硬质岩石	0.65～0.75

3. 地基承载力验算

挡土墙地基承载力的验算与一般偏心受压基础验算方法相同，应同时满足下列两式，即

$$\frac{1}{2}(p_{max} + p_{min}) \leqslant f_a \tag{7-26}$$

$$p_{max} \leqslant 1.2 f_a \tag{7-27}$$

【例题 7-7】　已知某混凝土挡土墙墙高 $H=6$m，墙背倾斜 $\varepsilon=10°$，填土面倾斜 $\beta=10°$，墙背与填土摩擦角 $\delta=20°$，墙后填土为中砂，其 $\varphi=30°$，$\gamma=18.5\text{kN/m}^3$，修正的地基土承

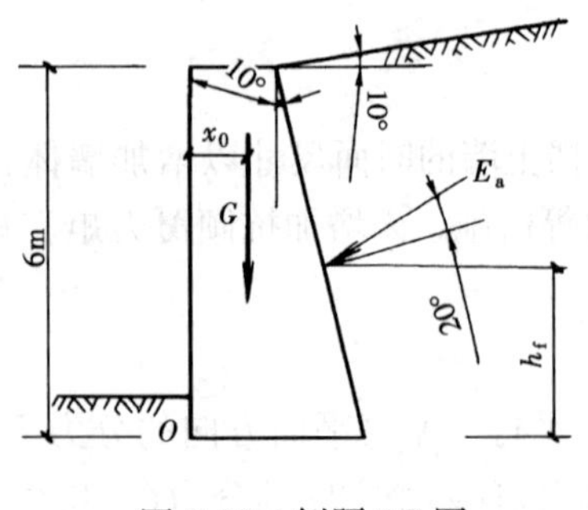

图 7-22 例题 7-7 图

载力特征值 $f_a=180\text{kPa}$，混凝土墙的重度 $\gamma_{混}=24\text{kN/m}^3$，墙背与墙面对称。试设计挡土墙的尺寸。

解 （1）用库仑理论计算作用在墙上的主动土压力

已知 $\varphi=30°$，$\delta=20°$，$\varepsilon=10°$，$\beta=10°$，查表得 $K_a=0.438$。

主动土压力

$$E_a=\frac{1}{2}\gamma H^2K_a=\frac{1}{2}\times18.5\times6^2\times0.438=145.68\text{kN/m}$$

土压力的垂直分力

$$E_{ay}=E_a\sin(\delta+\varepsilon)=E_a\sin30°=145.68\times\frac{1}{2}=72.84\text{kN/m}$$

土压力的水平分力

$$E_{ax}=E_a\cos30°=145.68\times0.866=126.16\text{kN/m}$$

（2）挡土墙断面尺寸的选择

根据经验初步确定墙的断面尺寸时，重力式挡土墙的顶宽约为 $\frac{1}{12}H$，底宽约为 $\left(\frac{1}{2}\sim\frac{1}{3}\right)H$，设顶宽 $b_1=0.5\text{m}$，因 $\varepsilon=10°$，可初步确定底宽 $B=0.5+6\tan10°=1.56\text{m}$，初选 $B=3\text{m}$。墙体自重为

$$G=\frac{1}{2}(b_1+B)H\gamma_{混}=\frac{1}{2}\times(0.5+3)\times6\times24=52\text{kN/m}$$

（3）滑动稳定性验算

查表 7-3 得基底摩擦系数 $\mu=0.4$，由公式求得抗滑稳定安全系数

$$K_s=\frac{(G+E_{ay})\mu}{E_{ax}}=\frac{(252+76.5)\times0.4}{132.5}=\frac{328.5\times0.4}{132.5}=\frac{131.4}{132.5}=0.99<1.3$$

其结果不满足抗滑稳定性要求，应修改断面尺寸，双面放坡，取顶宽 $b_1=1.4\text{m}$，因 $\varepsilon=10°$，$B=1.4+2\times6\times\tan10°=3.52\text{m}$，此时墙体自重为

$$G=\frac{1}{2}(b_1+B)H\gamma_{混}=\frac{1}{2}\times(1.4+3.52)\times6\times24=354.24\text{kN/m}$$

$$K_s=\frac{(354.24+72.84)\times0.4}{126.16}=1.35>1.30$$

满足抗滑稳定要求。

（4）倾覆稳定性验算

墙体自重 G 的重心距离墙趾 O 点的距离为 $x_0=3.52/2=1.76\text{m}$，土压力水平分力的力臂 $h_f=\frac{1}{3}H=2\text{m}$，土压力垂直分力力臂为 $x_f=3.52-2\times\tan10°=3.17\text{m}$，抗倾覆安全系数为

$$K_t=\frac{Gx_0+E_{ay}x_f}{E_{ax}h_f}=\frac{354.24\times1.76+72.84\times3.17}{126.16\times2}=\frac{854.37}{252.32}=3.38>1.50$$

抗倾覆验算满足要求，且安全系数较大，可见一般挡土墙稳定验算中抗倾覆安全性验算容易满足要求。

（5）地基承载力验算

作用在基础底面上总的垂直力

$$N = G + E_{ay} = 359 + 76.5 = 435.5\text{kN/m}$$

合力作用点距离 O 点的距离

$$c = \frac{Wx_0 + E_{ay}x_f - E_{ax}h_f}{N} = \frac{359\times 2.17 + 76.5\times 3.65 - 132.5\times 2}{435.5}$$

$$= \frac{779.03 + 279.225 - 265}{435.5} = 1.82\text{m}$$

偏心距 $e = \frac{B}{2} - c = \frac{4}{2} - 1.82 = 0.18 < \frac{B}{6}$

基底应力由公式得

$$P_{\min}^{\max} = \frac{N}{F}\left(1 \pm \frac{6e}{B}\right)$$

$$= \frac{435.5}{4}\times\left(1 \pm \frac{6\times 0.18}{4}\right) = 108.88\times(1 \pm 0.27)$$

$$= \begin{matrix}138.28\\79.48\end{matrix}\text{kPa}$$

$$\frac{1}{2}(P_{\max} + P_{\min}) = \frac{1}{2}\times(138.28 + 79.48) = 108.88 < f_a = 180\text{kPa}$$

$$P_{\max} = 138.28 < 1.2f_a = 1.2\times 180 = 216\text{kPa}$$

地基承载力验算满足要求。

墙体强度验算省略。

三、挡土墙的构造要求

1. 墙背的倾斜形式

一般的重力式挡土墙按墙背倾斜方向可分为仰斜、直立和俯斜三种形式，如图 7-20 所示，对于墙背不同倾斜方向的挡土墙，若用相同的计算方法和计算指标进行计算，其主动土压力以仰斜为最小，直立居中，俯斜最大。因此就墙背所受的土压力而言，仰斜墙背较为合理。但选择墙背形式还应根据使用要求、地形地貌和施工条件等情况后综合考虑而定。

2. 墙面坡度的选择

当墙前地面较陡时，墙面坡可取 1∶0.05～1∶0.2，亦可采用直立的截面。墙前地形较为平坦时，对于中、高挡土墙，墙面坡度可较缓，但不宜缓于 1∶0.4。仰斜墙背坡度愈缓，主动土压力愈小，但为了避免施工困难，仰斜墙背坡度一般不宜缓于 1∶0.25，墙面坡应尽量与墙背坡平行。

3. 基底逆坡坡度

为了增加墙身的抗滑稳定性，可将基底做成逆坡，但是基底逆坡过大，可能使墙身连同基底下的土体一起滑动，因此一般土质地基的基底逆坡不宜大于 0.1∶1，对岩石地基一般不宜大于 0.2∶1。

4. 墙顶宽度

重力式挡土墙自身尺度较大，若无特殊要求，一般块石挡土墙顶宽不应小于 0.5m，混凝土挡土墙最小可为 0.2～0.4m。

5. 墙后填土的选择

根据挡土墙稳定验算及提高稳定性措施的分析，希望作用在墙上的土压力为主动土压力且数值越小越好，因为土压力小有利于挡土墙的稳定性，可以减小挡土墙的断面尺寸，节省工程量和降低造价。主动土压力的大小主要与墙后填土的性质 γ、φ、c 有关，因此应合理的选择墙后的填土。

（1）回填土应尽量选择透水性较大的土，如砂土、砾石、碎石等，这类土的抗剪强度稳定，易于排水。

（2）可用的回填土为粘土、粉质粘土、含水量应接近最优含水量，易压实。

（3）不能利用的回填土为软粘土、成块的硬粘土、膨胀土、耕植土和淤泥土。因为这类土性质不稳定，交错的膨胀与收缩可在挡土墙上产生较大的侧压力，对挡土墙的稳定产生不利的影响。

填土压实质量是挡土墙施工中的关键问题，填土时应注意分层夯实。

6. 墙后排水措施

挡土墙建成使用期间，往往由于挡土墙后的排水条件不好，大量的雨水渗入墙后填土中。造成填土的抗剪强度降低，导致填土的土压力增大，有时还会受到水的渗流或静水压力的影响，对挡土墙的稳定产生不利的作用。因此设计挡土墙时必须考虑排水问题。

为了防止大量的水渗入墙后，在山坡处的挡土墙应在坡下设置截水沟，拦截地表水；同时在墙后填土表面宜铺筑夯实的粘土层，防止地表水渗入墙后，对渗入墙后填土的水则应使其顺利地排出去，通常在墙体上适当的部位设置泄水孔。孔眼尺寸一般为直径 50～100mm 的圆孔或 50mm×100mm、100mm×100mm、150mm×200mm 的方孔，孔眼间距为 2～3m，当墙的高度较低，在 12m 以内时，可在墙底部设置泄水孔，如图 7-23（a）所示，当墙高超过 12m 时，应在墙体不同的高度处设置两排泄水孔，如图 7-23（b）所示。一般泄水孔应高于墙前水位，以免倒灌。在泄水孔的入口处应用易渗水的粗粒材料（卵石、碎石等）做滤水层，在最低泄水孔下部应铺设粘土夯实层，防止墙后积水渗入地基，同时应将墙前回填土夯实，或做散水及排水沟，避免墙前水渗入地基。

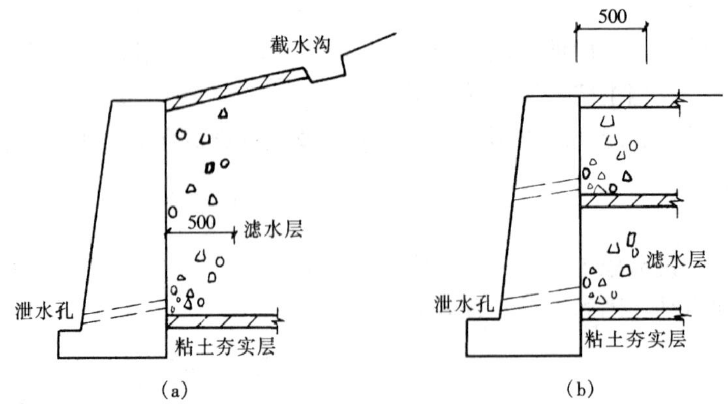

图 7-23 挡土墙排水措施

第六节 土坡稳定分析

在土建工程施工中由于开挖土方形成不稳的边坡，边坡失去稳定将会产生滑坡，这常常是由于外界因素或土体本身性质所造成的。土坡失稳产生滑坡不仅影响工程的正常施工，严重的会造成人身伤亡、建筑物破坏。在实际工程中遇到下列情况应特别注意土坡稳定问题。

（1）基坑开挖。当基础较深或土质条件较差，开挖基槽时应对如何放坡进行分析。有时施工场地有限，如在城市的原有建筑旁施工，放坡受限制时，更应注意合理坡度的选择。

（2）当在天然土坡坡顶修建建筑物或堆放物品时，由于增加外部荷载，可能会使本来处于稳定状态的边坡产生滑动，如建筑物离边坡较远，则对土坡的稳定不会产生影响，如果离边坡很近，就会影响边坡的稳定性，所以，应注意确定边坡稳定的安全距离。

（3）在道路工程中修筑路堤、路基或水利工程中修筑土坝时，由于这类工程的长度很长，工程量很大，在考虑经济的同时，一定要注意边坡稳定，做到既安全又经济。

一、影响土坡稳定的因素

土坡的稳定取决于土坡的自身状况和土坡的土质条件，往往是在外界的不利因素影响下诱发和加剧，诱发的原因主要有：土坡作用力发生改变，如坡顶堆放建筑材料；土的抗剪强度降低，如土体中含水量的增加；静水力的作用，如雨水流入土坡中的竖向裂缝，对土坡产生侧向压力，导致土坡的滑动；地下水的渗流引起的渗流力等。影响土坡稳定的因素有很多，具体有以下几个方面：

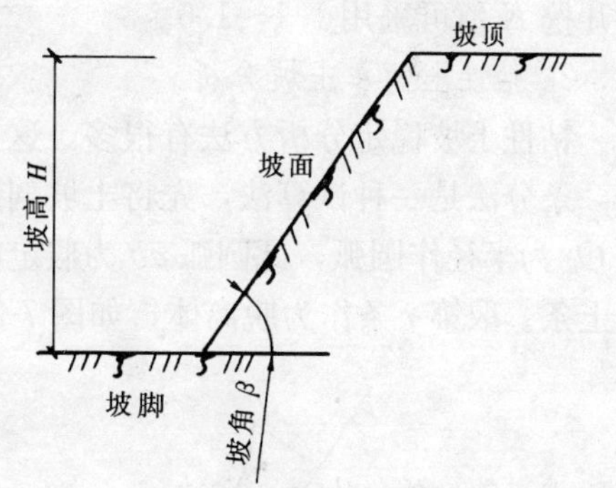

图 7-24 边坡各部位名称

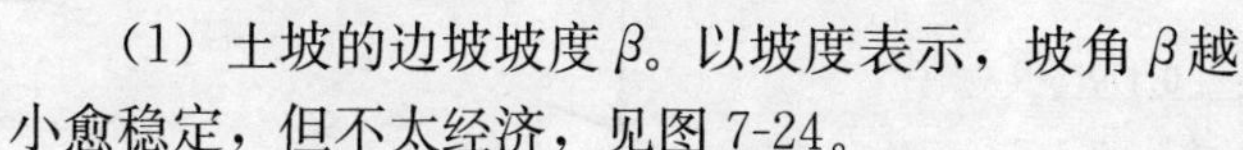

（1）土坡的边坡坡度 β。以坡度表示，坡角 β 越小愈稳定，但不太经济，见图 7-24。

（2）土坡的坡高 H。在其他条件相同时，坡高 H 越小越安全。

（3）土的性质。土的重度 γ、抗剪强度指标 φ、c 值大的土坡，比 γ、φ、c 小的土坡安全。由于地震和地下水位上升及暴雨等原因，使 φ 值降低或产生孔隙水压力时，可能使原来处于稳定状态的边坡丧失稳定而滑动。

（4）地下水的渗透力，当边坡中有渗透压力时，当渗透力的方向与可能产生的滑坡方向一致时，可能会使边坡处于不安全状态。

二、土坡稳定分析

土坡稳定分析是属于土力学中的稳定问题，各种土坡的稳定分析方法都会受到各种条件的制约，本节主要介绍简单土坡稳定分析。所谓的简单土坡，是指土质均匀、土坡的顶面和底面都是水平的并伸至无穷远处且坡度不变、没有地下水的土坡。对于简单土坡，可简化计算方法。

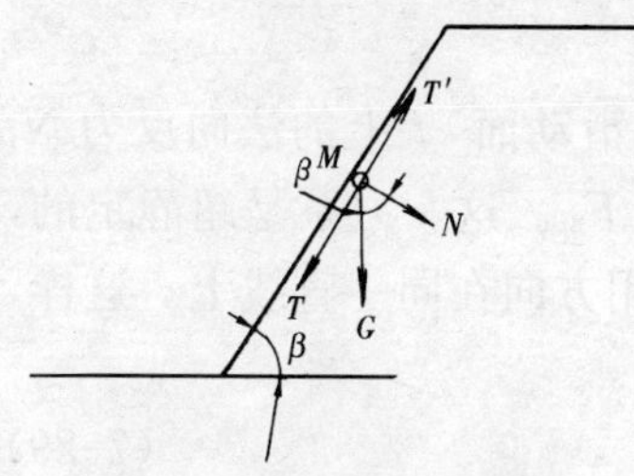

图 7-25 无粘性土简单土坡

1. 无粘性土简单土坡

由于无粘性土颗粒之间没有粘聚力，只有摩擦力，只要坡面不滑动，土坡就可以保持稳定状态。其稳定平衡条件可由图 7-25 所示的力系来分析。

设土坡上土的脱离体自重为 G，则自重在法向和切向的分力分别为

$$N = G\cos\beta$$

$$T = G\sin\beta$$

分力 T 是使土体向下滑动的力，阻止下滑的力是由垂直于坡面的法向分力 N 引起的摩擦力

$$T' = N\tan\varphi$$

稳定安全系数为

$$K = \frac{T'}{T} = \frac{G\cos\beta\tan\varphi}{G\sin\beta} = \frac{\tan\varphi}{\tan\beta} \tag{7-28}$$

由上式可见，当坡角 β 与土的内摩擦角 φ 相等时，土坡的稳定安全系数 $K=1$，此时的抗滑力等于滑动力，土坡处于极限平衡状态。由此可知，土坡稳定的极限坡角等于砂土的内摩擦角，称之为自然休止角。同时还可以看出，无粘性土土坡稳定性只与坡角有关，与坡高无关，只要 $\beta<\varphi$（$K>1$），土坡就处于稳定状态，但是为了保证土坡有足够的稳定性，对基坑开挖 K 值可采用1.1～1.5。

2. 粘性土简单土坡分析

粘性土坡稳定分析方法有很多，这里只介绍 A. W. 毕肖普（Bishop，1955）条分法。

条分法是一种试算法，先将土坡剖面按比例画出，如图 7-26（a）所示，任选一圆心 O，以 O_a 为半径作圆弧，此圆弧 ab 为假定的滑动面，将滑动面以上土体分成任意 n 个宽度相等的土条。取第 i 条作为脱离体，如图 7-26（b）所示。

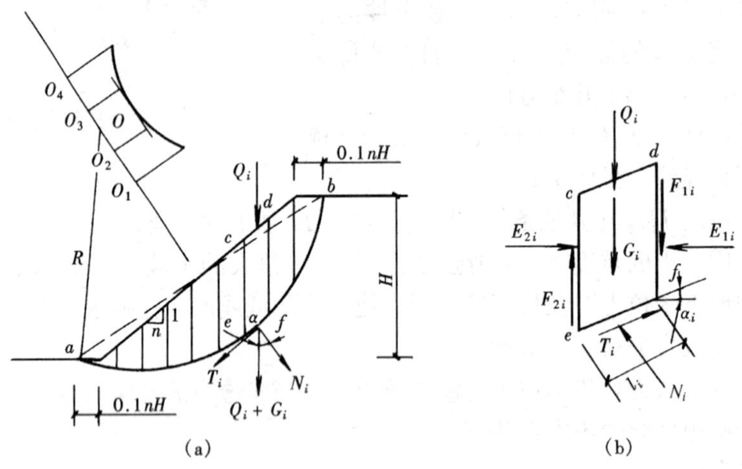

图 7-26　粘性土土坡稳定分析

（a）土坡剖面；（b）作用在土条上的力

作用在土条上的力有：土条的自重 G_i，土条上的荷载 Q_i，滑动面 ef 上的法向反力 N_i 和切向反力 T_i，以及竖直面上的法向力 E_{1i}、E_{2i} 和切向力 F_{1i}、F_{2i}。这一力系是超静定的，为了简化计算，假定 E_{1i} 和 F_{1i} 的合力等于 E_{2i} 和 F_{2i} 的合力且作用方向在同一直线上。这样，由土条的静力平衡条件可得

$$N_i = (G_i + Q_i)\cos\alpha_i \tag{7-29}$$

$$T_i = (G_i + Q_i)\sin\alpha_i \tag{7-30}$$

作用在 ef 面上的正应力及剪应力分别等于

$$\sigma_i = \frac{N_i}{l_i} = \frac{1}{l_i}(G_i + Q_i)\cos\alpha_i \tag{7-31}$$

$$\tau_i = \frac{T_i}{l_i} = \frac{1}{l_i}(G_i + Q_i)\sin\alpha_i \tag{7-32}$$

作用在滑动面 ab 上的总剪切力等于各土条剪切力之和，即

$$T = \sum T_i = \sum (G_i + Q_i)\sin\alpha_i \tag{7-33}$$

按总应力法，土条 ef 上的抗剪力表示为

$$S_i = (c_i + \sigma_i \tan\varphi_i) l_i = c_i l_i + (G_i + Q_i)\cos\alpha_i \tan\varphi_i \tag{7-34}$$

假设采用有效应力法，取 $\sigma'_i = \sigma_i - u_i$ ，则抗剪力表示为

$$S_i = (c'_i + \sigma'_i \tan\varphi'_i) l_i = c'_i l_i + [(G_i + Q_i)\cos\alpha_i - u_i l_i]\tan\varphi'_i \tag{7-35}$$

有效应力法引入了滑动土体周界上的孔隙水压力，这样，就可以进行有渗流作用时的土坡稳定分析，沿着整个滑动面上的抗剪力为

$$S = \sum (c'_i l_i + \sigma'_i \tan\varphi'_i) l_i = \sum \{c'_i l_i + [(G_i + Q_i)\cos\alpha_i - u_i l_i]\tan\varphi'_i\} \tag{7-36}$$

抗剪力与剪切力的比值称之为稳定安全系数 K，即

$$K = \frac{S}{T} = \frac{\sum \{c'_i l_i + [(G_i + Q_i)\cos\alpha_i - u_i l_i]\tan\varphi'_i\}}{\sum (G_i + Q_i)\sin\alpha_i} \tag{7-37}$$

如果考虑 E_i、F_i 的影响，可以提高分析的精度，计算要更复杂一些，在此不做叙述。

由于试算的滑动圆心是任意选定的，所选定的滑动面就不一定是真正的或最危险的滑动面。为了求得最危险的滑动面，必须采用试算法，即选择多个滑动面的圆心，按上述方法分别计算相应的稳定安全系数，与最小安全系数相对应的滑动面就是最危险的滑动面。若最小安全系数大于 1 时，土坡是稳定的，工程上一般要求 K 值大于 1.1～1.5。这种试算的方法工作量很大，可借助于计算机进行土坡的稳定分析。

三、地基稳定分析

地基稳定性问题包括地基承载力不足而失稳，经常作用有水平荷载的建筑物基础的倾覆和滑动失稳以及边坡失稳。地基的稳定性可采用圆弧滑动面法进行验算，最危险的滑动面上诸力对滑动中心所产生的抗滑力矩与滑动力矩应符合下列要求

$$\frac{M_R}{M_S} \geqslant 1.2 \tag{7-38}$$

式中 M_R——抗滑力矩；

M_S——滑动力矩。

这里仅就建造在土坡顶部的建筑的稳定性作一简单介绍。对位于稳定土坡坡顶的建筑，当垂直于坡顶边缘线的基础底面边长小于或等于 3m 时，其基础底面外边缘线至坡顶的水平距离（见图 7-27）应符合下列要求，但不得小于 2.5m。

对于条形基础

$$a \geqslant 3.5b - \frac{d}{\tan\beta} \tag{7-39}$$

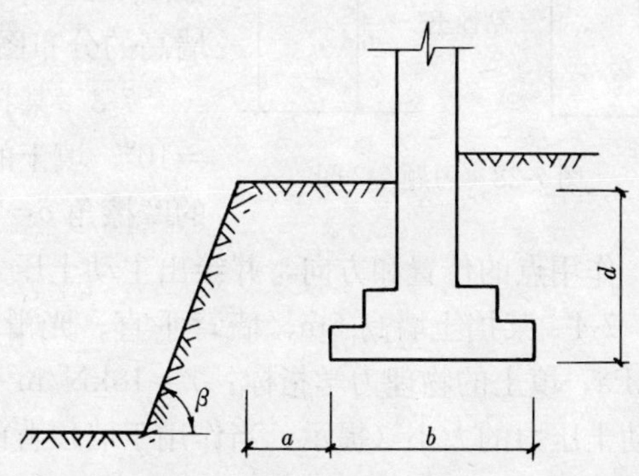

图 7-27 基础底面外边缘线至坡顶的水平距离

对于矩形基础

$$a \geqslant 2.5b - \frac{d}{\tan\beta} \tag{7-40}$$

式中 a——基础底面外边缘线至坡顶的水平距离；

b——垂直于坡顶边缘线的基础底面边长；

d——基础埋置深度；

β——边坡坡角。

当基础底面外边缘线至坡顶的水平距离不满足以上两式的要求时，可根据基底平均压力按式（7-38）确定基础距坡顶边缘的距离和基础埋深。

当边坡坡角大于45°、坡高大于8m，应按式（7-38）验算坡体稳定性。

思 考 题

7-1 提高挡土墙后的填土质量（用内摩擦角较大的填土），可使填土的抗剪强度增大，你认为主动土压力会发生什么变化，为什么？

7-2 朗肯土压力理论有什么适用条件？

7-3 库仑理论在什么条件下与朗肯理论相同？

7-4 挡土墙设计中需要验算什么内容，各有什么要求？

7-5 对挡土墙的墙后填土有什么要求？

7-6 三种土压力在相同条件下哪个最大、最小？

习 题

7-1 某挡土墙高6m，墙背垂直、光滑，墙后填土水平，填土的重度γ=19kN/m^3，c=10kPa，φ=30°，试确定主动土压力的大小和作用点的位置，并绘出主动土压力沿墙高的分布图。

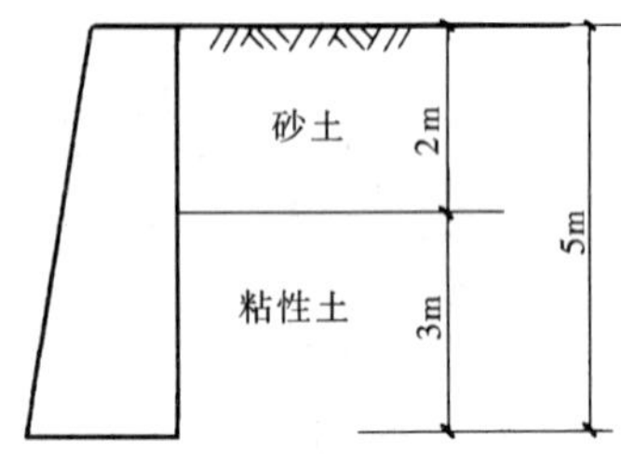

图7-28 习题7-2图

7-2 某一挡土墙高5m，墙背垂直、光滑、填土面水平，填土分两层，第一层为砂土：γ_1=18kN/m^3，c_1=0，φ_1=30°，第二层为粘性土：γ_2=19 kN/m^3，c_2=10kPa，φ_2=20°。如图7-28所示，试求主动土压力大小，并绘出主动土压力沿墙高的分布图。

7-3 某挡土墙高5m，墙背倾斜角ε=20°，填土面倾角β=10°，填土的重度γ=19kN/m^3，c=0，φ=30°，填土与墙背的摩擦角δ=15°，试用库仑土压力理论计算主动土压力的大小、作用点的位置和方向，并绘出主动土压力沿墙高的分布图。

7-4 某挡土墙高5m，墙背垂直、光滑，墙后填土面水平，作用有连续均布荷载q=20kPa，填土的物理力学指标：γ=18kN/m^3，c=12kPa，φ=30°，如图7-29所示，试计算主动土压力的大小（提示：当作用于墙顶背的主动土压力强度小于零时，按下式计算临界深

度 $z_0=\frac{2c}{\gamma\sqrt{K_a}}-\frac{q}{r}$）。

7-5　挡土墙高 6m，墙背垂直、光滑、墙后填土面水平，填土的重度 $\gamma=18\text{kN/m}^3$，$c=0$，$\varphi=30°$，试求：（1）墙后无地下水时的总主动土压力；（2）当地下水位离墙底 2m 时，作用在挡土墙上的总压力（包括土压力和水压力），地下水位以下填土的饱和重度 $\gamma_{sat}=19\text{kN/m}^3$。

7-6　如图 7-30 所示的挡土墙，墙身砌体重度 $\gamma_k=22\text{kN/m}^3$，填土的物理力学指标：$\gamma=19\text{kN/m}^3$，$c=0$，$\varphi=30°$，基底摩擦系数 $\mu=0.5$，试验算挡土墙的稳定性。

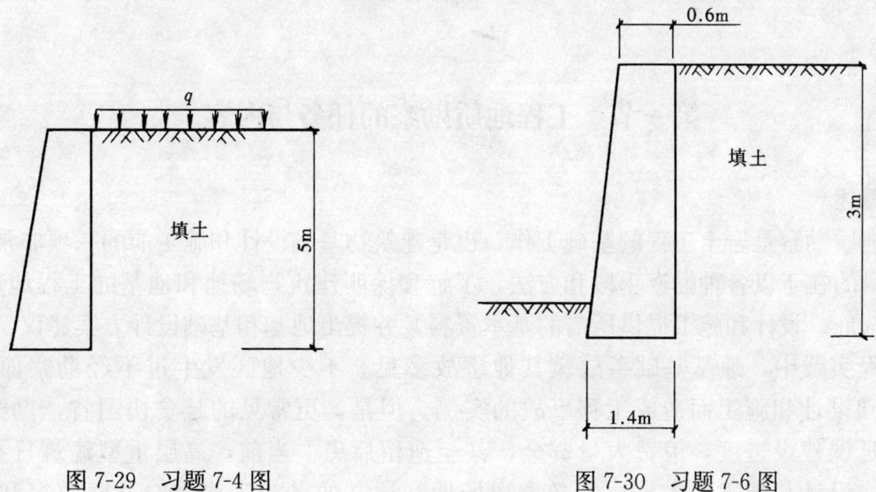

图 7-29　习题 7-4 图　　　图 7-30　习题 7-6 图

第八章　工 程 地 质 勘 察

本 章 提 要

通过本章的学习，要求根据建筑物和拟建场地和地基的具体情况，向勘察部门提出勘察任务和技术要求；分析和使用工程地质勘察报告，以便配合后面各章的内容，选择地基持力层，确定承载力，为采用合理的地基基础方案、进行地基基础的设计和施工提供根据。

第一节　工程地质勘察的任务与内容

一、概述

工程地质勘察是岩土工程的基础工作，也是建筑物基础设计和施工前的一项非常重要的工作。其目的在于以各种勘察手段和方法，了解和探明建筑物场地和地基的工程地质条件，为建筑物选址、设计和施工提供所需的基本资料，并提出地基和基础设计方案建议。

在工程实践中，地基基础事故较其他事故多见。不少地区发生过不经勘察而盲目进行地基基础设计和施工而造成工程事故的实例。但是，更常见的是贪快图省，勘察不详，结果反而延误建设进度，浪费大量资金，甚至遗留后患。当前，高层重型建筑日益增多，从事建筑物设计和施工的人员，务必重视场地和地基的勘察工作，对勘察内容和方法有所了解，以便正确地向勘察部门提出勘察任务和要求，并学会分析和使用工程地质勘察报告。

工程地质勘察是分阶段进行的。工业与民用建筑工程的设计分为场址选择、初步设计和施工图设计三个阶段，所以工程地质勘察也分为：选择场址勘察（选址勘察）、初步勘察（初勘）和详细勘察（详勘）三个阶段。对于工程地质条件复杂或有特殊施工要求的建筑物地基，尚应进行施工勘察。而对面积不大、工程地质条件简单的建筑场地，其勘察阶段可以适当简化。不同的勘察阶段，其勘察任务和内容不同。

一般说来，勘察工作的基本程序是：

（1）在开始勘察工作以前，由设计单位和施工单位按工程要求向勘察单位提出《工程地质勘察任务（委托）书》，以便制订勘察工作计划；

（2）对地质条件复杂和范围较大的建筑场地，在选址或初勘阶段，应先到现场踏勘观察，并以地质学方法进行工程地质测绘（用罗盘仪确定勘察点的位置，以文字描述或以素描图和照片来说明该处的地质构造和地质现象）；

（3）布置勘探点以及由相邻勘探点组成的勘探线，采用坑探、钻探、触探、地球物理勘探等手段，探明地下的地质情况，取得岩、土及地下水等试样；

（4）通过室内试验或现场原位测试取得土的物理力学性质指标和水质分析结果；

（5）整理分析所取得的勘察成果，对场地的工程地质条件做出评价，并以文字和图表等形式编制成《工程地质勘察报告书》。

二、各勘察阶段的任务与内容

重大的工程建设岩土工程勘察宜分阶段进行，各勘察阶段应与设计阶段相适应。

1. 选址勘察

在选址阶段，勘察的主要任务是取得几个场址方案的主要工程地质资料，作为比较和选择场址的依据。因此，本阶段应对各个场址的稳定性和建筑的适宜性做出正确的评价。

选址勘察阶段的具体工作内容：

(1) 搜集区域地质、地形地貌、地震、矿产和附近地区的工程地质资料及当地的建筑经验；

(2) 通过现场踏勘，了解场地的地层分布、构造、成因与年代和岩土性质、不良地质现象及地下水的水位、水质情况；

(3) 对各方面条件较好且倾向于选取的场地，如已有的资料不充分，应进行必要的工程地质测绘及勘探工作。

2. 初步勘察

初勘是在场址已经确定后进行。本阶段所承担的任务为：

(1) 对场地内各建筑物地段的稳定性做出岩土工程评价；

(2) 为确定建筑物总体平面布局提供依据；

(3) 为确定主要建筑物的地基基础方案提供资料；

(4) 为不良地质现象的防治提供资料和建议。

具体工作内容：

(1) 搜集与分析选址勘察阶段的岩土工程勘察报告；

(2) 通过现场勘探与测试，初步查明地层分布、构造、岩土物理力学性质、地下水埋藏条件及冻结深度，可以粗略些，但不能有错误，例如，不能把淤泥质土或膨胀土判为一般粘性土；

(3) 通过工程地质测绘和调查，查明场地不良地质现象的成因、分布、对场地稳定性的影响及其发展趋势；

(4) 对抗震设防烈度大于或等于 6 度的场地，应判定场地和地基的地震效应。

初步勘察的勘探工作应符合以下要求：

(1) 勘探线应垂直地貌单元、地质构造和地层界线布置；

(2) 每个地貌单元均应布置勘探点，在地貌单元交接部位和地层变化较大地段，勘探点应予加密；

(3) 在地形平坦地区，可按网格布置勘探点。

勘探线、勘探点的间距及勘探孔的深度可按表 8-1 及表 8-2 取值。

表 8-1　初步勘察勘探线、勘探点的间距 (m)

地基复杂程度等级	勘探线间距	勘探点间距
一级（复杂）	50～100	30～50
二级（中等复杂）	75～150	40～100
三级（简单）	150～300	75～200

注　控制性勘探点宜占勘探点总数的 1/5～1/3，且每个地貌单元均应设有控制性勘探点。

表 8-2 **初步勘察勘探孔深度（m）**

工程重要性等级	一般性勘探孔	控制性勘探孔
一级（重要工程）	≥15	≥30
二级（一般工程）	10～15	15～30
三级（次要工程）	6～10	10～20

注 勘探孔包括钻孔、探井和原位测试孔；特殊用途的钻孔除外。

初步勘察采取土样和进行原位测试应符合下列要求：

（1）采取土试样和进行原位测试的勘探点应结合地貌单元、地层结构和土的工程性质布置，其数量可占勘探点总数的 1/4～1/2。

（2）采取土试样的数量和孔内原位测试的竖向间距，应按地层特点和土的均匀程度确定；每层土均应采取土样和进行原位测试，其数量不少于 6 个。

3. 详细勘察

经过选址勘察和初步勘察之后，为配合技术设计和施工图的设计需进行详细勘察。对于单项工程或现有项目扩建工程，勘察工作一开始便应按详勘阶段进行。

详勘所要承担的任务是：

（1）按不同建筑物或建筑群，提供详细的岩土工程资料和设计所需的岩土技术参数。

（2）对建筑地基做出岩土工程分析评价，例如，建筑地基良好，可以采用天然基础；若地基软弱，需要加固处理。

（3）对基础设计方案做出论证和建议，例如，地基良好，可以建议采用浅基础；上部荷载大，地基浅层土不良，深层土坚实，可建议采用桩基础。

（4）对地基处理方案做出论证和建议，例如，对深厚淤泥质土上建造海港码头，可以建议采用真空预压法进行地基处理。

（5）对基础支护、工程降水做出论证和建议。

（6）对不良地质现象的防治做出论证和建议，例如，在山前冲积平原建筑场地，遇洪水冲沟，可建议在冲沟上游筑丁坝，将洪水引开。

具体工作内容：

（1）取得附有坐标及地形的建筑物总平面布置图，各建筑物的地面整平标高，建筑物的性质、规模、结构特点，可能采取的基础型式、尺寸、预计埋置深度，对地基基础设计的特殊要求等。

（2）查明不良地质现象的成因、类型、分布范围、发展趋势及危害程度，并提出评价与整治所需的岩土技术参数和整治方案建议。

（3）查明建筑物范围各层岩土的类别、结构、厚度、坡度、工程特性，计算和评价地基的稳定性和承载力，这是每一项岩土工程勘察都必做的重点任务。

（4）对需进行沉降计算的一级建筑和部分二级建筑，应取原状土进行固结试验，提供地基变形的计算的参数 $e-p$ 曲线。预测建筑物沉降、差异沉降或整体倾斜。

（5）对抗震设防烈度大于或等于 6 度的场地，应划分场地土类型和场地类别；对抗震设防烈度大于或等于 7 度的场地，尚应分析预测地震效应，判定饱和砂土与粉土的地震液化，并应计算液化指数，判定液化等级。

（6）查明地下水的埋藏条件和侵蚀性。必要时还应查明地层的渗透性、水位变化幅度规律。例如深基坑水下开挖就需要这些资料。

(7) 对深基坑开挖尚应提供稳定计算和支护设计所需的岩土技术参数：γ，c，φ值，论证和评价基坑开挖、降水等对邻近工程的影响。

(8) 若可能采用桩基，则需要提供桩基设计所需的岩土技术参数，并确定单桩承载力；提出桩的类型、长度和施工方法等建议。

(9) 判定地基土及地下水在建筑物施工期间可能产生的变化及其对工程的影响，提出防治措施及建议。

详勘的工作以勘探、原位测试和室内土工试验为主。对重要建筑物、详细勘察勘探点宜按建筑物的主要轴线布置，或沿建筑物周边及中点布置。勘探点的间距，可按表 8-3 确定。

表 8-3　　详勘勘探点的间距（m）

地基复杂程度等级	一级	二级	三级
勘探点间距	10～15	15～30	30～50

详细勘探的勘探深度自基础底面算起，应符合下列规定：

(1) 勘探孔深度应能控制地基的主要受力层；当基础底面宽度不大于 5m 时，勘探孔深度对条形基础不应小于基础底面宽度的 3 倍，对单独基础不应小于 1.5 倍，且不应小于 5m。

(2) 对高层建筑和需作变形计算的地基，控制性勘探孔的深度应超过地基变形计算的深度；高层建筑的一般性勘探孔应达到基底下 0.5～1.0 倍的基础宽度，并深入稳定分布的地层。

(3) 对仅有地下室的建筑或高层建筑的裙房，当不满足抗浮设计要求，需设置抗浮桩或锚杆时，勘探孔应满足抗拔承载力评价的要求。

(4) 当有大面积地面堆载或软弱下卧层时，应适当加深控制性勘探孔的深度。

(5) 在上述规定内当遇基岩或厚层碎石土等稳定地层时，勘探孔深度应根据情况进行调整。

详细勘察采取土样和进行原位测试应符合下列要求：

(1) 采取土样和进行原位测试的勘探点数量，应根据地层结构、地基土的均匀性和设计要求确定，对地基基础设计等级为甲级的建筑物每栋不应少于 3 个。

(2) 每个场地每一主要土层的原状土试样或原位测试数据不应少于 6 件（组）。

(3) 在地基主要受力层内，对厚度大于 0.5m 的夹层或透镜体，应采取土样或进行原位测试。

(4) 当土层性质不均时，应增加取土数量或原位测试工作量。

三、勘察任务书

地基勘察工作开始以前，由业主、设计及勘察单位等有关人员到拟建场地进行初步调查，察看场地的地形，建筑物拟建位置与邻近建筑物的关系，查明场地变迁历史，以便对场地的地形、土层及其历史方面有个粗略了解。同时还需搜集场地有关文献和档案等原始资料。在已编制有本地区地基基础设计规范和工程地质分区图的省市，应充分利用这些资料，以便大量减少勘察工作量。

设计人员在拟定工程地质勘察任务书时，应该把地基、基础与上部结构作为互相影响的整体来考虑，并在初步调查研究场地工程地质资料的基础上，下达工程地质勘察任务书。

提交给勘察单位的工程地质勘察任务书应说明工程的意图、设计阶段、要求提交勘察报告书的内容和现场、室内的测试项目，以及提出勘察技术要求等。同时应提供勘察工作所需要的各种图表资料。这些资料可视设计阶段的不同而有所差异。

为配合初步设计阶段进行的勘察，在任务书中应说明工程的类别、规划、建筑面积及建筑物的特殊要求、主要建筑物的名称、最大荷载、最大高度、基础最大埋深和重要设计的有关资料等，并向勘察单位提供附有坐标的、比例为 1∶1000～1∶2000 的地形图，图上应划出勘察范围。

对详细设计阶段，在勘察任务书中应说明需要勘察的各建筑物的具体情况：如建筑物上部结构特点、层数、高度、跨度及地下设施情况、地面整平标高、采取的基础型式、尺寸和埋深、单位荷重或总荷重以及有特殊要求的地基基础设计和施工方案等（详见表 8-4），并提供经上级部门批准附有坐标及地形的建筑总平面布置图（1∶500～1∶200）或单幢建筑物平面布置图。如有挡土墙时，还应在图中注明挡土墙位置、设计标高以及建筑物周围边坡开挖线等。

表 8-4 **工程地质勘察任务书**（第二页）

项目名称	设计标高（m）	层数及标高（m）	结构类型	跨度（m）	基础荷重		对地基沉降有无特殊要求	地下室标高及防水要求	特殊设备	地质钻探要求			
					矩阵形基础荷重(kN)	矩阵形基础每米荷重(kN/m)				技术要求	孔数（个）	深度（m）	涌水量（m^3/d）

第二节 工程地质勘察方法

一、测绘与调查

工程地质测绘的基本方法，是在地形图上布置一定数量的观察点和观测线，以便按点和线进行观测和描绘。

工程地质测绘与调查的目的是通过对场地的地形地貌、地层岩性、地质构造、地下水、地表水、不良地质现象进行调查研究和测绘，为评价场地工程地质条件及合理确定勘探工作提供依据。而对建筑场地的稳定性进行研究，则是工程地质调查和测绘的重点。

在选址阶段进行工程地质测绘与调查时，应搜集、研究已有的地质资料，进行现场踏勘；在初勘阶段，当地质条件较复杂时，应继续进行工程地质测绘；详勘阶段，仅在初勘测绘基础上，对某些专门地质问题作必要的补充，测绘与调查的范围，应包括场地及其附近与研究内容有关的地段。

二、勘探方法

常用的勘探方法有坑探、钻探和触探。地球物理勘探只在弄清某些地质问题时才采用。

勘探是工程地质勘察过程中查明地下地质情况的一种必要手段，它是在地面的工程地质测绘和调查所取得的各项定性资料基础上，进一步对场地的工程地质条件进行定量的评价。

（一）坑探

坑探是一种不必使用专门机具的勘探方法。通过探坑的开挖可以取得直观资料和原状土样。特别在场地地质条件比较复杂时，坑探能直接观察地层的结构和变化，但坑探的深度较浅，不能了解深层的情况。

坑探是一种挖掘探井(槽)[图 8-1(a)]的简单勘探方法。探井的平面形状一般采用1.5m×1.0m 的矩形或直径为 0.8～1.0m 的圆形. 其深度视地层的土质和地下水埋藏深度等条件而定，较深的探坑必须进行坑壁支护。

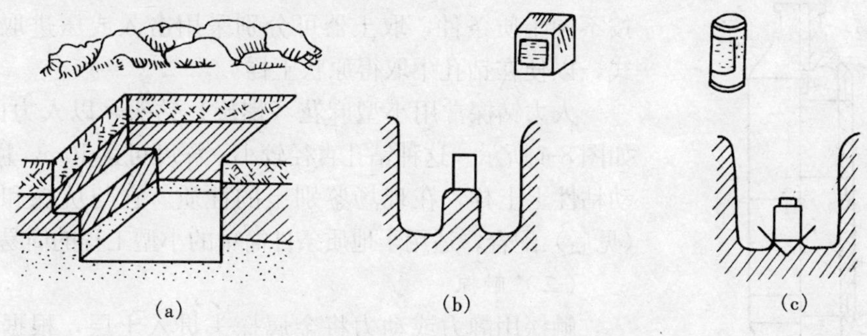

图 8-1 坑探示意图

(a) 探井；(b) 在探井中取原状土样；(c) 原状土样

在探井中取样可按下列步骤进行[图 8-1(b)]：先在井底或井壁的指定深度处挖一土柱，土柱的直径必须稍大于取土筒的直径。将土柱顶面削平，放上两端开口的金属筒并削去筒外多余的土，一面削土一面将筒压入，直到筒已完全套入柱后切断土柱。削平筒两端的土体，盖上筒盖，用熔蜡密封后贴上标签，注明土样的上下方向，如图 8-1(c)所示。

(二) 钻探

钻探是用钻机在地层中钻孔，以鉴别和划分地层。也可沿孔深取样，用以测定岩石和土层的物理力学性质，同时也可直接在孔内进行某些原位测试。

钻机一般分回转式与冲击式两种。回转式钻机是利用钻机回转器带动钻具旋转，磨削孔底的地层而钻进，这种钻机通常使用管状钻具，能取柱状岩土样。冲击式钻机则利用卷扬机钢丝绳带动钻具，利用钻具的重力上下反复冲击，使钻头冲击孔底，破碎地层形成钻孔。在冲击成孔过程中，只能取出岩石碎块或扰动土样。

国产 SH-30 型钻机属小型钻机，适用于工业与民用建筑和道路等工程的地质勘探。图 8-2 表示钻机钻进情况。在钻进中，对不同的地层应采取适宜于该地层的钻头。常用的几种钻头见图 8-2 中“12”至“15”各小图。

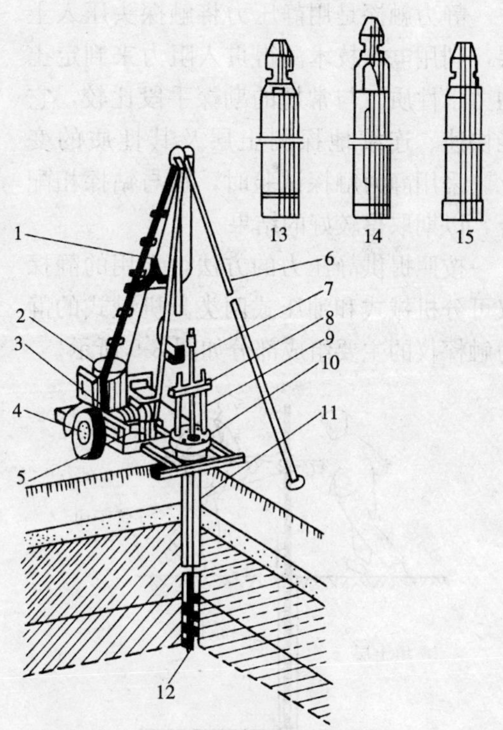

图 8-2 SH-30 型钻机

1—钢丝绳；2—汽油机；3—卷扬机；4—车轮；5—变速箱及操纵把；6—四腿支架；7—钻杆；8—钻杆夹；9—拨棍；10—转盘；11—钻孔；12—螺旋钻头；13—抽筒；14—劈土钻；15—劈石钻

场地内布置的钻孔，一般分技术孔和鉴别孔两类。钻进时，仅取扰动土样，用以鉴别土层分布、厚度及状态的钻孔，称鉴别孔。若在钻进中按不同的土层和深度采取原状土

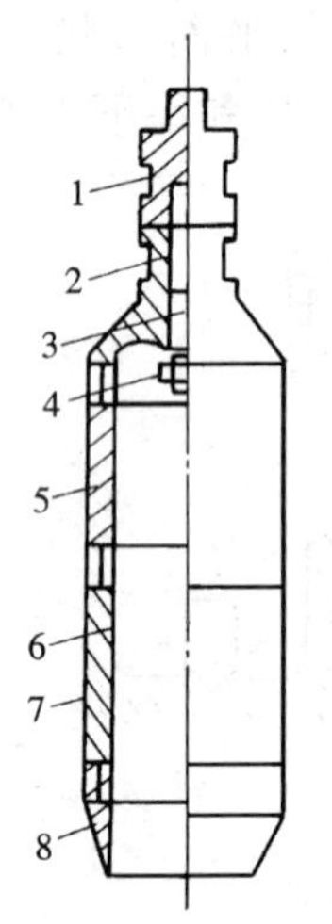

图 8-3 上提活阀式取土器
1—接头；2—连接帽；3—操纵杆；4—活阀；5—余土管；6—衬筒；7—取土筒；8—筒靴

样的钻孔，则称为技术孔。原状土样的采取常用取土器，如图 8-3 所示。实践证明，取土器的结构和规格决定了土样保持原状的程度，影响着试样的质量和随后土工试验的可靠性。按不同土质条件，取土器可分别采用击入或压进取土两种方式，以便在钻孔中取得原状土样。

人力钻探常用小型麻花（螺旋）钻头，以人力回转钻进，如图 8-4 所示。这种钻孔直径较小，深度可达 10m，且只能取扰动粘性土土样，在现场鉴别土的性质。它与坑探和轻便触探（见后）配合，适用于地质条件简单的小型工程的简易勘探。

（三）触探

触探用静力或动力将金属探头贯入土层，根据土对触探头的贯入阻力或锤击数，从而间接判断土层及其性质。触探既是一种勘探方法，又是一种原位测试技术。作为勘探方法，触探可用于划分土层，了解地层的均匀程度；作为测试技术，则可估计土的某些特性指标或估计地基承载力。触探按其贯入方式的不同，可分为静力触探和动力触探。

1. 静力触探

静力触探是用静压力将触探头压入土层，利用电测技术测得贯入阻力来判定土的力学性质。与常规的勘探手段比较，它能快速、连续地探测土层及其性质的变化。采用静力触探试验时，宜与钻探相配合，以期取得较好的结果。

按照提供静压力的方法，常用的静探仪可分机械式和油压式两类。机械式的静力触探仪的主要组成部分如图 8-5 所示。

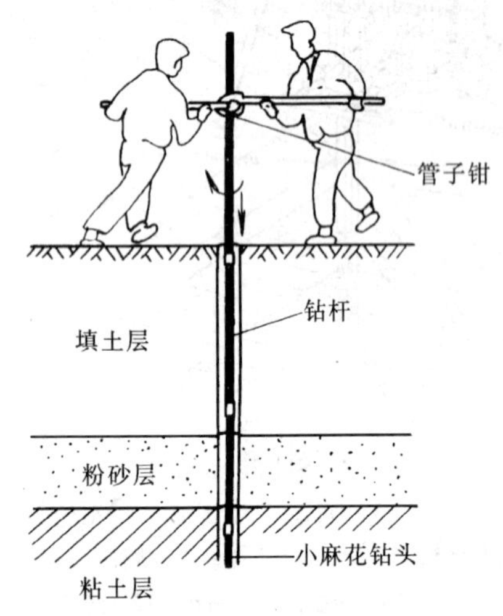

图 8-4 手摇麻花钻钻进示意

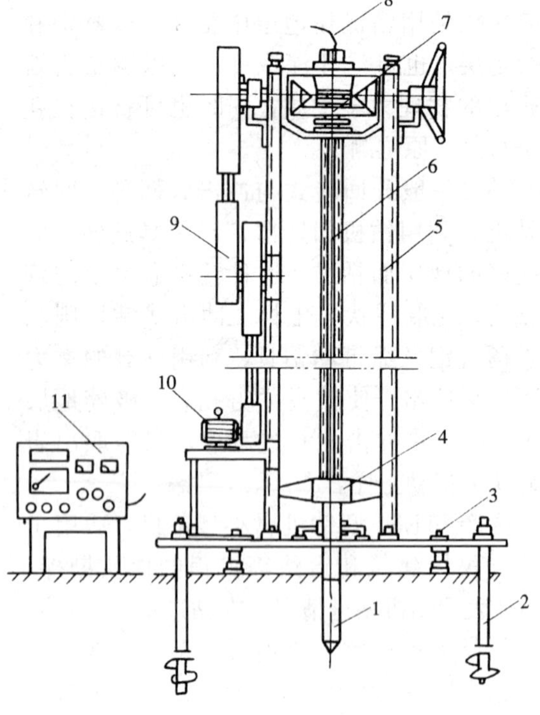

图 8-5 机械式静力触探仪
1—触探头；2—地锚；3—支座；4—导向器；5—支架；6—传动齿筒；7—传动齿轮；8—电缆；9—皮带轮；10—电动机；11—电阻应变仪

静力触探设备中的核心部分是触探头。它是土层阻力的传感器。触探杆将探头匀速向土层贯入时，探头附近一定范围内的土体对探头产生贯入阻力。在贯入过程中，贯入阻力变化反映了土的物理力学性质的变化。一般说来，同一种土，贯入阻力大，土层的力学性质好。反之，贯入阻力小，土层软弱。因此，只要测得探头的贯入阻力，就能据以评价土的强度和其工程性质。触探头(图 8-6)贯入土中时，探头套所受的土层阻力通过顶柱传到空心柱上部，使空心柱与贴在其上面的电阻应变片一起产生拉伸变形。这样，便可把探头贯入时所受的土层阻力转变成电讯号并通过接收仪器量测出来。

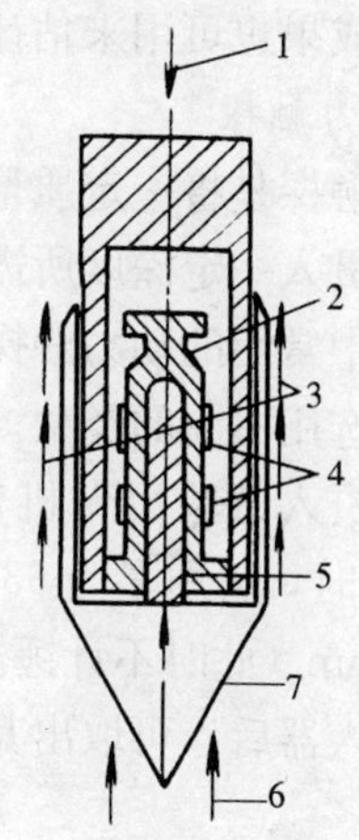

图 8-6　触探头工作原理示意图

1—贯入力；2—空心柱；3—侧壁摩阻力；4—电阻片；5—顶柱；6—锥尖阻力；7—探头套

根据触探头构造和测量贯入阻力方法的不同，探头分单用和双用两类，以一个测力电桥来量测探头总贯入阻力的称为单用探头，又称单桥探头；用两个测力电桥分别量测探头锥尖阻力和侧壁摩阻力的称为双用探头，又称双桥探头。

单桥探头（图 8-7）测得包括锥尖阻力和侧壁的摩阻力在内的总贯入阻力 P（kN），将其除以探头截面积就称为比贯入阻力 p_s（kPa）

$$p_s = \frac{P}{A} \tag{8-1}$$

式中　A——探头截面积，m^2。

双桥探头可分别测出锥尖总阻力 Q_c（kN）和侧壁总摩阻力 P_f（kPa）。通常以锥尖阻力 q_c（kPa）和侧壁摩阻力 f_s（kPa）来表示

$$q_c = \frac{Q_c}{A} \tag{8-2}$$

$$f_s = \frac{P_f}{A_s} \tag{8-3}$$

式中　A_s——外套筒的总表面积，m^2。

根据锥尖阻力 q_c 和侧壁摩阻力 f_s 可计算同一深度处的摩阻比 R_f

$$R_f = \frac{f_s}{q_c} \times 100\% \tag{8-4}$$

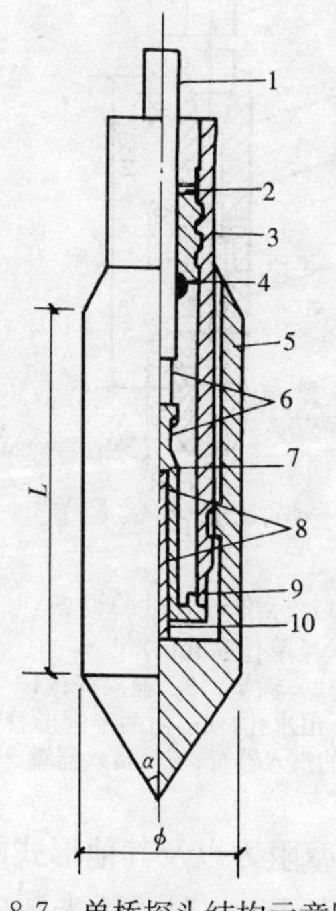

图 8-7　单桥探头结构示意图

1—四心电缆；2—密封圈；3—探头管；4—防水塞；5—外套管；6—导线；7—空心柱；8—电阻片；9—防水盘根；10—顶柱；ϕ—探头锥底直径；L—有效侧壁长度；α—探头锥角

为了直观地反映勘探深度范围内土层的力学性质，触探成果可绘出 p_s-z、q_c-z、f_s-z 和 R_f-z 曲线。单桥探头则得出 p_s-z 曲线，见图 8-8。

根据比贯入阻力 p_s 的大小可确定土的承载力、压缩模量 E_s 和变形模量 E_0（详见有关勘察规范）。单桥探头试验结果可用来划分土层。这主要是根据 p_s 的大小和 p_s-z 曲线的特征：粘性土的 p_s 值一般较小，p_s-z 曲线较平缓；而砂土的 p_s 值较大，且 p_s-z 曲线高低起伏大，如图 8-8 所示。此外，双桥

探头试验成果也可用来估计单桩承载力。

2. 动力触探

动力触探是将一定质量的穿心锤，以一定的高度（落距）自由下落，将探头贯入土中，然后记录贯入一定深度所需的锤击数，并以此判断土的性质。

勘探中常用的动力触探类型及规格见表 8-5，触探前可根据所测土层种类、软硬、松密等情况而选用不同的类型。下面重点介绍标准贯入试验和轻型触探试验。

标准贯入试验以钻机作为提升架，并配用标准贯入器、触探杆和穿心锤等设备（图 8-9）。试验时，将质量为 63.5kg 的穿心锤以 760mm 的落距自由下落，先将贯入器竖直打入土中 150mm（此时不计锤击数），然后记录每打入土中 300mm 的锤击数（实测锤击数 N'）。在提出贯入器后，可取出其中的土样进行鉴别描述。

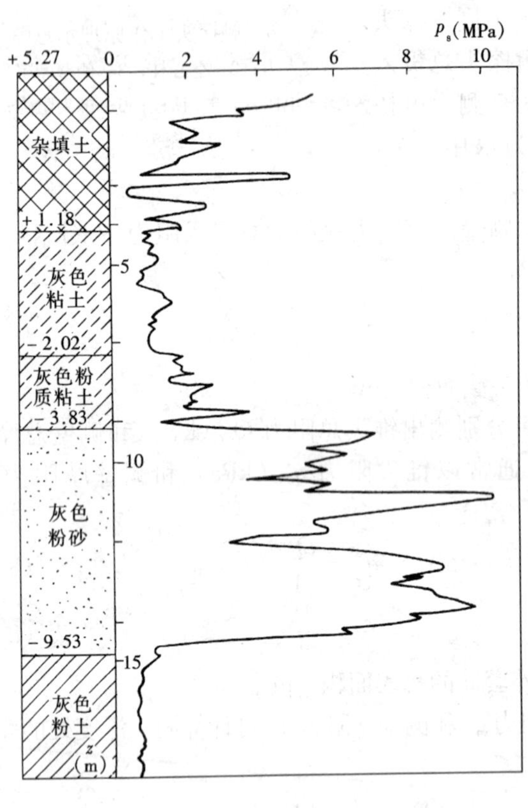

图 8-8 静力触探 p_s-z 曲线和钻孔柱状图

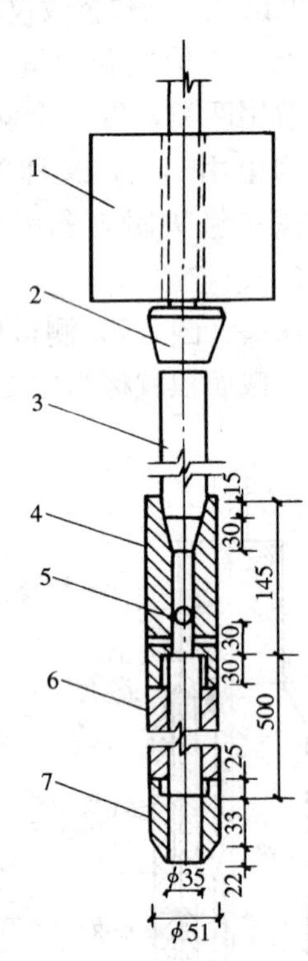

图 8-9 标准贯入试验设备（单位：mm）

1—穿心锤；2—锤垫；3—触探杆；4—贯入器头；5—出水孔；6—由两半圆形管并合而成的贯入器身；7—贯入器靴

进行标准贯入试验时，随着钻杆入土长度的增加，杆侧土层的摩阻力以及其他形式的能量消耗也增大了，因而使得锤击数 N' 值偏大。因此，当钻杆长度大于 3m 时，锤击数应按下式校正，即

$$N = aN' \tag{8-5}$$

式中 N——标准贯入试验锤击数；

a——触探杆长度校正系数，按表 8-6 确定。

表 8-5 国内常用的动力触探类型及规格

类型		锤的质量(kg)	落距(mm)	探头或贯入器	贯入指标	触探杆外径(mm)
轻型		10	500	圆锥头，规格详见图 8-10，锥底面积 12.6cm^2	贯入 300mm 的锤击数 N_{10}	25
中型		28	800	圆锥头，锥角 60°，锥底直径 6.18cm，锥底面积 30cm^2	贯入 100mm 的锤击数 N_{28}	33.5
重型	(1)	63.5	760	管式贯入器，规格详见图 8-9	贯入 100mm 的锤击数 N	42
	(2)			圆锥头，锥角 60°，锥底直径 7.4cm，锥底面积 43cm^2	贯入 100mm 的锤击数 $N_{63.5}$	42

注 重型（1）动力触探即标准贯入试验。

表 8-6 触探杆长度校正系数 a

触杆长度（m）	≤3	6	9	12	15	18	21
a	1.00	0.92	0.86	0.81	0.77	0.73	0.70

由标准贯入试验测得的锤击数 N，可用于估计粘性土的变形指标与软硬状态，砂土的内摩擦角与密实度，以及估计地震时砂土、粉土液化的可能性和地基承载力等，因而常被广泛采用。

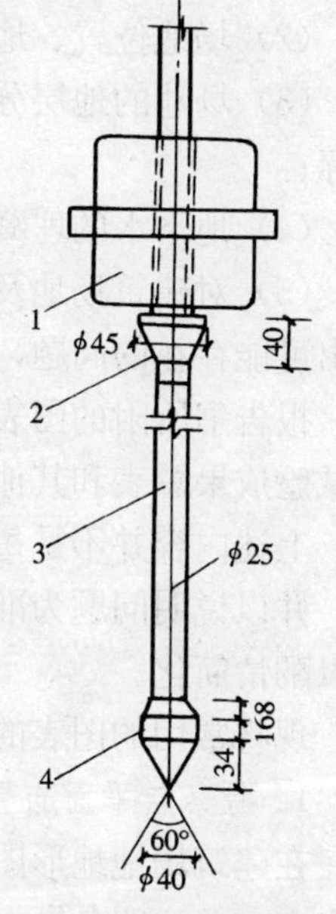

图 8-10 轻便触探设备

1—穿心锤；2—锤垫；3—触探杆；4—尖锥头

轻型触探试验的设备简单（图 8-10），操作方便，适用于粘性土和粘性素填土地基的勘探，其触探深度只限于 4m 以内。试验时，先用轻便钻具开孔至被测试的土层，然后以手提升质量为 10kg 的穿心锤，使其以 500mm 的落距自由下落，把尖锥头竖直打入土中。每贯入 300mm 的锤击数以 N_{10} 表示。

根据轻型触探锤击数 N_{10}，可确定粘性土和素填土的地基承载力，也可按不同位置的 N_{10} 值的变化情况判定地基持力层的均匀程度。

三、测试

测试是工程地质勘察工作的重要内容之一。通过室内试验或现场原位测试，可以取得土和岩石的物理力学性质和地下水的水质定量指标，以供设计计算时使用。

1. 室内试验

室内试验项目应按土质条件和工程性质确定。

对粘性土和粉土的试验项目一般是：天然重度、天然含水量、土粒比重、液限、塑限、压缩系数及抗剪强度等。

对砂土则要求进行颗粒分析、测定天然重度、天然含水量、土粒比重及自然休止角等。

对碎石土，必要时，可作颗粒分析；对含粘性土较多的碎石土，宜测定粘性土的天然含水量、液限和塑限。

对岩石一般可只作室内饱和单轴极限抗压强度试验。

如需要判定场地地下水对混凝土的侵蚀性时，一般可测定下列项目：pH 值和 Cl^-、SO_4^{2-}、HCO_3^-、Ca^{2+}、Mg^{2+} 等离子以及游离 CO_2 和侵蚀性 CO_2 的含量。

设计和勘察人员应根据土质条件、设计施工的需要和地区经验等，适当增减试验项目。

2. 原位测试

原位测试包括地基土静荷载试验、触探试验、十字板剪切试验、岩土现场剪切试验、动力参数或剪切波速的测定、桩的静、动荷载试验等。有时，还要进行地下水位变化的观测和抽水试验。一般来说，原位测试可在现场条件下直接测定土的性质，避免土样在取样、运输以及室内准备试验过程中被扰动，因而其试验成果较为可靠。

第三节 工程地质勘察报告

一、勘察报告书的编制

在建筑场地勘察工作结束以后，由直接和间接得到的各种工程地质资料，经分析整理、检查校对、归纳总结后，便可用简明的文字和图表编成勘察报告书。

勘察报告书的内容应根据勘察阶段，任务要求和工程地质条件编制。单项工程的勘察报告书一般包括如下部分：

（1）任务要求及勘察工作概况；

（2）场地位置、地形地貌、地质构造、不良地质现象及地震基本烈度；

（3）场地的地层分布、岩石和土的均匀性、物理力学性质、地基承载力和其他设计计算指标；

（4）地下水的埋藏条件和侵蚀性以及土层的冻结深度；

（5）对建筑场地及地基进行综合的工程地质评价，对场地的稳定性和适宜性做出结论，指出可能存在的问题，提出有关地基基础方案的建议。

报告书所附的图表，常见的有：勘察点平面布置图；钻孔柱状图；工程地质剖面图；土工试验成果总表和其他测试成果图表（如现场载荷试验、标准贯入试验、静力触探试验等）。

上述内容并不是每一份勘察报告都必须全部具备的，而应视具体要求和实际情况有所侧重，并以说明问题为准。对于地质条件简单和勘察工作量小且无特殊要求的工程，勘察报告可以酌情简化。

现将常用的图表的编制方法简述如下（常见图表可参见后述“勘察报告实例”）。

1. 勘察点平面布置图

在建筑场地地形图上，将建筑物的位置，各类勘探、测试点的编号、位置用不同图例表示出来，并注明各勘探、测试点的标高和深度、剖面连线及其编号等。

2. 钻孔柱状图

钻孔柱状图是根据钻孔的现场记录整理出来的，记录中除了注明钻进所用的工具方法和具体事项外，其主要内容是关于地层的分布（层面的深度、厚度）和地层特征的描述。绘制柱状图之前，应根据土工试验成果及保存在钻孔岩心箱的土样，对其分层情况和野外鉴别记录进行认真的校核，并做好分层和并层工作。当现场测试和室内试验成果与野外鉴别不一致时，一般应以测试试验成果为准。只有当样本太少且缺乏代表性时才以野外鉴别为准。绘制柱状图时，应自上而下对地层进行编号和描述，并按一定的比例、图例和符号绘制，这些图例和符号应符合有关勘察规范的规定。在柱状图中还应同时标出取土深度、标准贯入试验位置、地下水位等资料。

3. 工程地质剖面图

柱状图只反映场地某一勘探点地层的竖向分布情况；剖面图则反映某一勘探线上地层沿竖向和水平向的分布情况。由于勘探线的布置常与主要地貌单元或地质构造轴线相垂直，或与建筑物的轴线相一致，故工程地质剖面图是勘察报告的最基本的图件。

剖面图（见后面实例）的垂直距离和水平距离可采用不同的比例尺。绘图时，首先将勘探线的地形剖面线划出，然后标出勘探线上各钻孔中的地层层面，并在钻孔的两侧分别标出层面的高程和深度，再将相邻钻孔中相同的土层分界点以直线相连。当某地层在邻近钻孔中缺乏时，该层的可假定于相邻两孔中间消失。剖面图中应标出原状土样的取样位置和地下水的深度。各土层应用一定的图例表示。也可以只绘出某一地段的图例，该层未绘出图例的部分，可用地层编号来识别，这样可使图面更为清晰。

在柱状图和剖面图上，也可同时附上土的主要物理力学性质指标及某些试验曲线（如触探和标准贯入试验曲线等）。

4. 土工试验成果总表

土的物理力学性质指标是地基基础设计的重要数据。应该将土工试验和原位测试所得的成果汇总列表表示出来。由于土层固有的不均匀性、取样及运送过程的扰动、试验仪器及操作方法上的差异等原因，同一土层测得的任一指标，其数值可能比较分散。因此试验资料应该按地段及层次分别进行统计整理，以便求得具有代表性的指标，统计整理应在合理分层的基础上进行。对物理力学性质指标，标准贯入试验、轻便触探锤击数，每项参加统计的数据不宜少于6个。统计分析后的指标可分为标准值与特征值。确定地基承载力标准值和特征值的方法，可参阅第九章。

二、勘察报告实例

某学校4号及5号楼的工程地质勘察报告摘录如下。

1. 勘察的任务、要求及工作概况

根据工程的地质勘察任务书，某学校拟建教学楼（4号楼）及教工宿舍（5号楼）、工程的场地整平高程为2.5m。填土高约2m，4号楼的底面面积为8m×36m，拟采用钢筋混凝土框架结构，初步估算传至柱底的竖向荷载约670kN，可能采用浅基础或桩基础方案。5号楼的底层面积为6.24m×20.04m，开间3.3m，采用横墙承重混合结构，墙底竖向荷载约88kN/m，拟用天然地基上的浅基础方案。

2. 场地描述

该学校位于某河流的一级阶地上，紧邻该河东侧土堤。5号楼坐落于原有2号楼的西南面，该处5年前以水力冲填筑高，地面高程与整平高程一致，地势平坦。4号楼坐落于原3号楼北面，天然地面标高约0.5m，地势低平。

3. 地层分布

据钻探显示，校区的地层自上而下分为五层：

（1）冲填土：浅黄色细砂。主要矿物成分为石英，粘粒含量很少。层厚约2m。稍湿，中密。

（2）粉质粘土：呈褐黄色，含氧化铁及植物根。层厚为0.92～1.00m。硬塑至可塑，稍湿至很湿，为该区表面硬壳层。

（3）淤泥：呈黑灰色，含多量的有机质，有臭味，夹有薄层的粉砂和细砂，偶见贝壳，为三角洲冲积层，层厚4.60～7.49m，软塑，饱和。

（4）细砂：呈灰色，本层只见于钻孔Z1，层厚2.21m，稍密，饱和。

（5）粉质粘土：呈棕红色，有紫红条纹和白色斑点，为基岩强风化形成的残积物。层厚3.29～5.24m，层面高程变化于5.13～10.21m之间。硬塑（上部0.4～0.6m为可塑状态），稍湿。

（6）基岩：红色页岩，属白垩系，表层强风化，本层钻进深度约2.10～2.40m。

冲填土淤泥及粉质粘土的主要物理力学性质指标和地基承载力标准值见表 8-7。

4. 地下水情况

本区潜水位高程为−0.73m，略受潮水涨落的影响，但变化不大。根据附近某厂同样的地质条件测试资料，地下水无侵蚀性。淤泥层的渗透系数为 7.5×10^{-5}mm/s。

5. 工程地质条件评价

(1) 本场地地层的建筑条件评价：

1) 冲填土（细砂）层，冲填已达 5 年，处于中密稍湿状态，按载荷试验（采用 1m×1m 载荷板）成果，本层具有一定的承载力；

2) 粉质粘土层，厚地表面的硬壳层，处于硬塑、可塑状态，但厚度不大，又含有植物根须等杂物，不宜直接支承三、四层以上的建筑物；

3) 淤泥层，含水量高，孔隙比大，抗剪强度低，属高压缩性土，不宜作为建筑物地基持力层；

4) 细砂层，只分布在局部地段；

5) 粉质粘土层，承载力较高。

(2) 对 5 号楼可采用天然地基上浅基础。建议尽量减少基础的埋深，充分利用冲填土和硬壳层厚度，并应对软弱下卧层（淤泥层）进行验算。上部结构宜适当采取措施，以减少建筑物的不均匀沉降。

(3) 在 4 号楼拟建位置上部土层主要为高压缩性土，层厚变化较大，地面又有填土荷载，如采用浅基础，须特别注意建筑物的不均匀沉降以及钢筋混凝土框架结构对不均匀沉降的敏感性等问题。如利用填土层（勘察时尚未冲填）作为持力层，则须对填土层进行测试工作（如载荷试验等）。如采用桩基础，可选择硬塑粉质粘土层作为桩基持力层，桩尖进入粉质粘土层的深度不宜小于 3 倍桩径。由于粉质粘土层的上层面起伏不平，各基桩采用的桩长

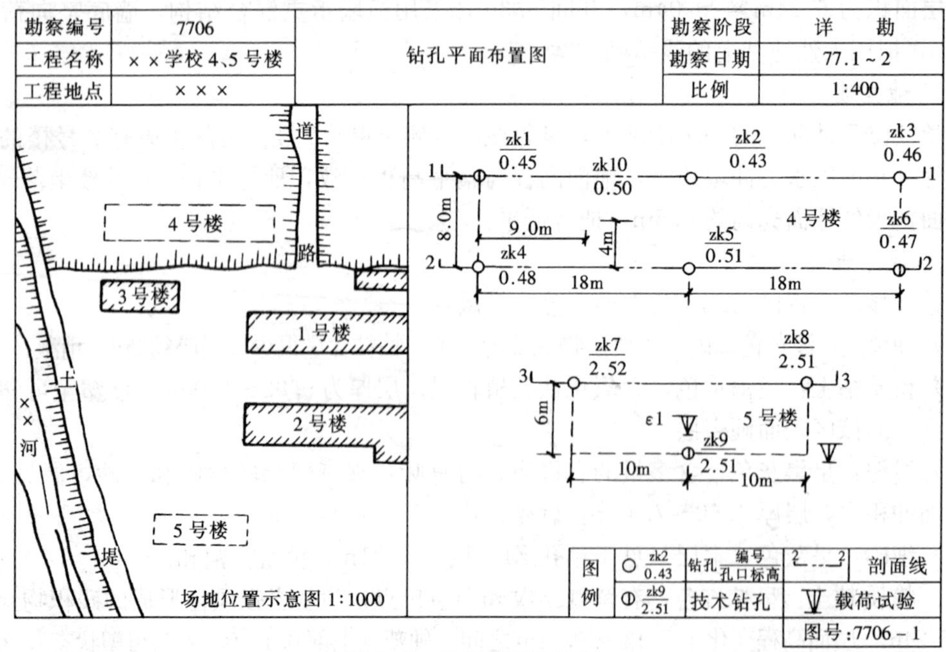

图 8-11 钻孔平面布置图

会有较大的差别，其中拟建位置西端（主要在补加的钻孔 Z10 以西）所需的桩长较大。

6. 附件

（1）钻孔平面布置图（图号：7706-1）见图 8-11；

（2）钻孔柱状图（图号：…，7706-7，…）见图 8-12；

（3）工程地质剖面图（图号：7706-10…）见图 8-13；

（4）土工试验成果总表（表 8-7）。

表 8-7　某学校 4、5 号楼工程土的物理力学性质指标的标准值

主要指标		天然含水量	土的天然重度	孔隙比	液限	塑限	塑性指数	液性指数	压缩模量	变形模量	抗剪强度（固结快剪）		地基承载力特征值
											内聚力	内摩擦角	
		w	γ	e	w_L	w_P	I_P	I_L	E_s	E_0	c	φ	f_{ak}
		%	kN/m³		%	%			MPa	MPa	kPa		kPa
①	冲填土	12	17.9	0.79						17.5			130
③	淤泥	75.0	15.2	2.09	47.3	26.0	21.3	1.30	2.18		6	6	39.5
⑤	粉质粘土	20.8	19.1	0.71	29.4	18.2	11.2	0.23	11.4		28	24	28.9

勘察编号	7706	钻孔柱状图	孔口高程	0.46m
工程名称	××学校 4、5 号楼		坐　标	x：y：
钻孔编号	Z3		钻探日期	77.1.27

地层编号	地质年代	地层描述	密度或稠度	湿度	柱状图比例 1：100	厚度 (m)	层底深度 (m)	层底高程 (m)	地下水位 (m)
②		粉质粘土。呈褐黄色，含氧化铁及植物根	硬塑至可塑	稍湿至很湿	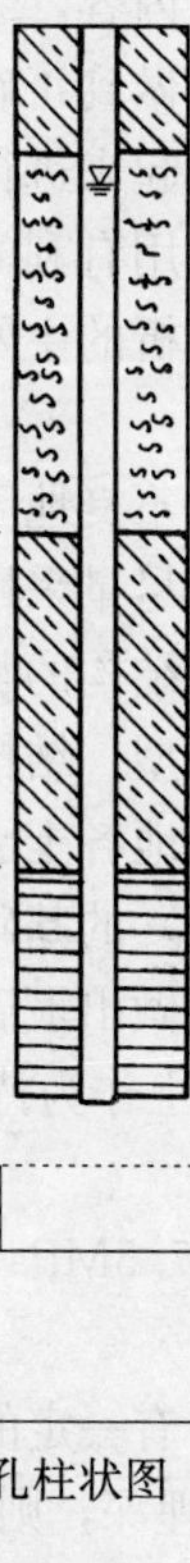	0.95	0.95	−0.49	−0.69
③	Qal	淤泥。呈黑灰色，有臭味，含大量有机质，下部夹有粉砂或细砂薄层	软塑			6.51	7.46	−7.00	
⑤	Qel	粉质粘土。呈棕红色，有紫红条纹及白色斑点	硬塑密实			4.90	12.36	−11.90	
⑥	K	页岩。红色，上部 2.20m 为强风化，以下为中等风化					孔底 13.98	−13.52	
附注								图号：7706−7	

图 8-12　钻孔柱状图

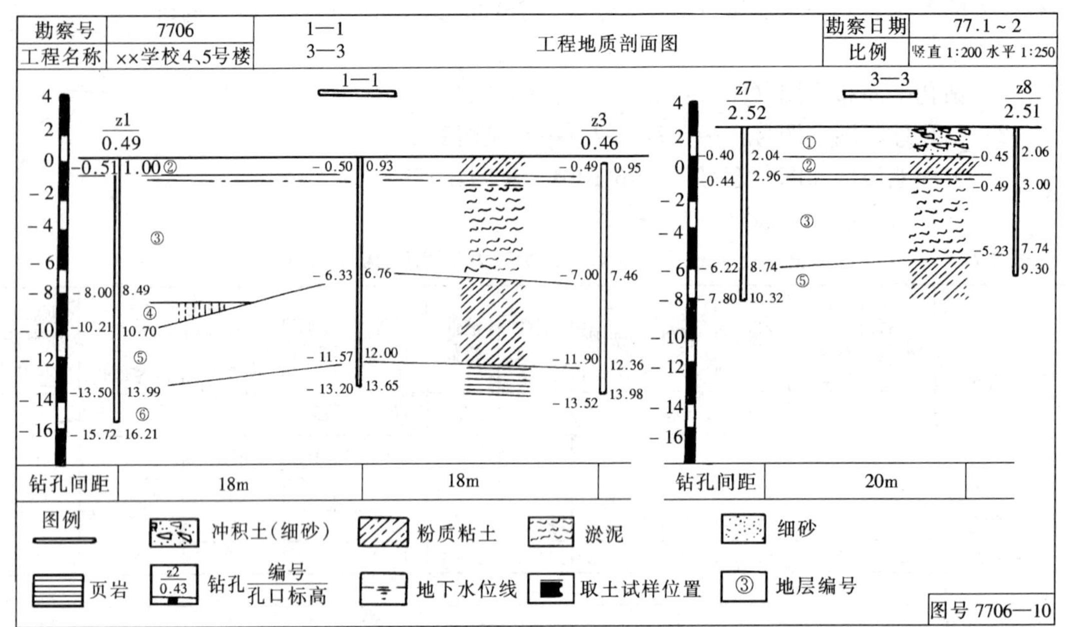

注：剖面图中钻孔左右两侧的数字分别为地层层面的高程和深度，m。

图 8-13　工程地质剖面图

三、勘察报告的阅读与使用

为了充分发挥勘察报告在设计和施工工作中的作用，必须重视对勘察报告的阅读和使用。阅读时应先熟悉勘察报告的主要内容，了解勘察结论和计算指标的可靠程度，进而判断报告中的建议对该项工程的适用性，做到正确使用勘察报告。这里需要把场地的工程地质条件与拟建建筑物具体情况和要求联系起来进行综合分析。工程设计与施工，既要从场地和地基的工程地质条件出发，也要充分利用有利的工程地质条件。下面我们通过一些实例来说明建筑场地和地基工程地质条件综合分析的主要内容及其重要性。

1. 地基持力层的选择

对不存在可能威胁场地稳定性的不良地质现象的地段，地基基础设计应在满足地基承载力和沉降这两个基本要求的前提下，尽量采用比较经济的天然地基上浅基础。这时，地基持力层的选择应该从地基、基础和上部结构的整体性出发，综合考虑场地的土层分布情况和土层的物理力学性质，以及建筑物的体型、结构类型和荷载的性质与大小等情况。

通过勘察报告的阅读，在熟悉场地各土层的分布和性质（层次、状态、压缩性和抗剪强度、土层厚度、埋深及其均匀程度等）的基础上，初步选择适合上部结构特点和要求的土层作为持力层，经过试算或方案比较后做出最后决定。

在上述实例中，5 号楼选择冲填土作为持力层是适宜的。因为考虑到该层具有下列的有利因素：

（1）土的变形模量较大：$E_0=17.5$MPa，压缩性比较低，估计地基沉降很快就会达到稳定，且沉降主要发生在施工期间；

（2）该土层冲填已有五年历史，有一定的承载力，虽然冲填厚度不大，但其下部还有厚1m 左右的硬壳层。如尽量减少基础埋深，则扩散至下卧淤泥层的附加应力可以减小，从而降低下卧层的压缩量；

(3) 上部结构是横墙承重，开间小，整体性较好，而荷载又不大，还可以加设圈梁以便提供其抗弯刚度；

(4) 基础埋深较浅，施工简便。

对 4 号楼来说，问题与 5 号楼完全不同，因为该处冲填土在建筑物兴建前才冲填，沉降尚未稳定，冲填土和淤泥层的压缩性高而承载力低；大面积的冲填土将加剧原来厚薄不均的淤泥层的不均匀变形；荷载 Q 比较集中，而钢筋混凝土框架结构对不均匀沉降很敏感。因此，选择良好的粉质粘土作为持力层是比较合理的。据附近的工程实践所表明，这样做的效果很好，建筑物的沉降很小。

根据勘察资料的分析，合理地确定地基土的承载力（详见第九章）是选择地基持力层的关键。而地基承载力实际上取决于许多因素，单纯依靠某种方法确定承载力值未必十分合理。必要时，可以通过多种测试手段，并结合实践经验适当予以增减。这样做，有时会取得良好的实际效果。

例如，某地区拟建十二层商业大厦，上部采用框架结构，设有地下室，建筑场地位于丘陵地区，地质条件并不复杂，表土层是花岗岩残积土，厚 14～25m 不等，覆盖层下为强风化花岗岩。场地勘探采用钻探和标准贯入试验进行，在不同深度处采取原状试样进行室内岩石和土的物理力学性质指标试验。试验结果表明：残积土的天然孔隙比 $e>1.0$，压缩模量 $E_s<5.0$MPa，属中等偏高压缩性土。而标准贯入试验 N 值变化很大：10～25 击。据土的物理性质指标判定地基土的承载力特征值为 $f_a=120$～140kPa。如果上述意见成立，该建筑物须采用桩基础，桩端应支承在强风化花岗岩上。

根据当地建筑经验，对于花岗岩残积土，由室内测试成果所得的 f_a 值常常偏低。为了检验室内成果的可靠程度，以便对建筑场地作出符合实际的工程地质评价，又在现场进行 3 次静载荷试验，并按不同深度进行旁压试验 15 次，各次试验算出的 f_{ak} 值均在 200kPa 以上。此外考虑到该建筑物可能采用筏板基础，基础的埋深和宽度都较大，地基承载力还可提高。于是决定采用天然地基浅基础方案，并在建筑、结构和施工各方面采取了某些减轻不均匀沉降影响的措施，使该商业大厦顺利建成。

由这个实例中可以看出，在阅读和使用勘察报告时，应该注意所提供资料的可靠性。有时，由于勘察工作不够详细，地基土特殊工程性质不明，以及勘探方法本身的局限性，勘察报告不可能充分地准确地反映场地的主要特征。或者，在测试工作中，由于人为的和仪器设备的影响，也可能造成勘察成果的失真而影响报告的可靠性。因此，在编写和使用报告过程中，应该注意分析发现问题，并对有疑问的关键性问题进一步查清，以便少出差错。

2. 场地稳定性的评价

地质条件复杂的地区，综合分析的首要任务是评价场地的稳定性，其次才是地基的强度和变形问题。

场地的地质构造（断层、褶皱等）、不良的地质现象（如滑坡、崩塌、岩溶、塌陷和泥石流等）、地层的成层条件和地震都可能影响场地的稳定性。在这些场地进行勘察时，必须查明其分布规律和危害程度，从而在场地之内划分出稳定、较稳定和危险地段，作为选址的依据。

在断层、向斜、背斜等构造地带和地震区修建建筑物时，必须慎重对待。在选址勘察中要指明应该避开的危险场地，但对于已经判明属于相对稳定的构造断裂地带，也可以进行工程建设。实际上，有的厂房的大直径钻孔桩直接支承在相对稳定的断裂带岩层上。

在不良地质现象发育且对场地稳定性有直接危害或潜在威胁的地区，如果不得不在其中较为稳定的地段进行建筑，必须事先采取有力措施，加强防范，以免中途改变场址或需要处理而花费极高的费用。

思 考 题

8-1 工程建设为什么要进行工程地质勘察？中小工程荷载不大，是否可省略勘察？

8-2 勘察为什么要分阶段进行？详细勘察阶段应当完成哪些工作？

8-3 技术钻孔与鉴别钻孔有什么区别？

8-4 建筑工程中常用哪几种勘探方法？试比较其优缺点和适用条件。

8-5 工程地质勘察报告书分哪几部分？对建筑物场地工程地质评价主要包括哪些内容？

习 题

某单位拟建一幢四层职工宿舍，高 12m，场地平整标高为 10.6m，宿舍平面尺寸为 8.24×29.94m，房间的开间为 3.3m，采用横墙承重混合结构，内墙墙底竖向轴心荷载为 110kN/m。据附近地质资料，场地土层的分布是：表层为粉质粘土，硬塑至可塑，其下分布为厚度变化较大的淤泥层，淤泥层之下为中密的砂层，地下水埋藏浅。拟采用天然地基上条形基础方案。勘察工作按详勘进行。根据上述情况，要求提出该建筑场地的勘察任务书，在任务书中说明钻孔的布置，技术孔和鉴别孔的数量和钻进深度，采取原状土样的数量和深度，各层土需要进行的土工试验的项目等。

第九章　浅基础设计

本章提要

基础设计是建筑结构设计的重要内容之一，与建筑物的安全和正常使用有着密切的关系。本章介绍了不同建筑物安全等级条件下的地基基础的设计原则，重点讨论了天然地基上浅基础的类型、基础埋置深度的选择、地基承载力特征值的确定、基础底面尺寸的确定、无筋扩展基础与扩展基础的设计，以及柱下条形基础的设计，简要介绍了地基基础与上部结构共同作用的概念和减轻不均匀沉降的建筑措施、结构措施和施工措施。

要求熟悉地基基础的设计原则；熟悉基础选型、基础埋置深度的选择；掌握地基承载力特征值的确定，基础底面积的确定，地基持力层和软弱下卧层的承载力验算；掌握钢筋混凝土墙下条型基础、独立基础的设计和柱下条形基础的设计；了解地基基础与上部结构共同作用的概念；熟悉减轻不均匀沉降的建筑、结构和施工措施。

第一节　概　述

地基基础设计是建筑结构设计的重要内容之一，与建筑物的安全和正常使用有密切关系，设计时必须根据上部结构的使用要求、建筑物的安全等级、上部结构类型特点、工程地质条件和水文地质条件，以及施工条件、造价和环境保护等各种条件，合理选择地基基础方案，因地制宜，精心设计，以确保建筑物的安全和正常使用，力求做到使基础工程安全可靠、经济合理和施工方便。

若基础直接建造在未经处理的天然地基上时，称这种地基为天然地基；若天然地基软弱不满足使用要求，需要进行人工处理后再建造基础，我们称这种地基为人工地基。天然地基上的基础，根据其埋置深度分为浅基础和深基础。一般认为埋置深度不超过 5m 的称为浅基础；埋置深度超过 5m 或大于基础宽度的称为深基础。实际上浅基础和深基础没有一个明确的界限。对于大多数基础，采用简单施工方法建造，不需要特殊的施工措施，埋置深度较浅的，均可按浅基础进行设计。天然地基上的浅基础具有施工方便、技术简单、造价较低等优点，因此，设计时应尽量选择使用。若经过方案比较后认为天然地基上的浅基础不能满足需要时，方可考虑采用诸如人工地基、桩基础或其他形式的深基础。

一、地基基础设计的基本原则

由于地基基础是隐蔽工程，不论地基和基础哪一方面出现问题，既不容易发现也难于修复，轻者会影响使用，严重者还会导致建筑物破坏甚至酿成灾害，因此，地基基础的设计应引起高度重视。我国现行《建筑地基基础设计规范》（GB 50007—2002）中，根据地基的复杂程度、建筑物规模和功能以及由于地基问题可能造成建筑物破坏或影响正常使用的程度将地基基础设计分为三个设计等级（表 9-1）。为了保证建筑物的安全与正常使用，根据建筑物地基基础设计等级和长期荷载作用下地基变形对上部结构的影响程度，设计时应根据具体情况，按照如下原则进行地基基础的设计：

（1）所有建筑物的地基均应满足地基承载力计算的有关规定。

（2）设计等级为甲级、乙级的建筑物均应按变形设计。

（3）表 9-1 所列范围内设计等级为丙级的建筑物可不做变形验算，如有下列情况之一时，仍应作变形验算：

1）地基承载力特征值小于 130kPa，且体形复杂的建筑物；

2）在地基上及其附近的地面上有堆载或相邻基础荷载差异较大，可能引起地基产生过大的不均匀沉降时；

3）软弱地基上的建筑物存在偏心荷载时；

4）相邻建筑距离过近，可能发生倾斜时；

5）地基内有厚度较大或厚薄不均的填土，其固结未完成时。

（4）对经常受水平荷载作用的高层建筑、高耸结构和挡土墙等，应验算其稳定性。

（5）基坑工程应进行稳定性验算。

（6）当地下水埋藏较浅，建筑地下室或地下构筑物存在上浮问题时，应进行抗浮验算。

表 9-1　地基基础设计等级

设计等级	建　筑　类　型
甲　级	重要的工业与民用建筑物；30 层以上的高层建筑；体型复杂，层数相差 10 层，高低层连成一体的建筑物；大面积的多层地下建筑物；对地基变形有特殊要求的建筑物；复杂地质条件下的坡上建筑物；对原有工程影响较大的新建建筑物；场地和地基条件复杂的一般建筑物；位于地质条件复杂或软土地区两层及两层以上地下室的基坑工程
乙　级	除甲级、丙级以外的工业与民用建筑物
丙　级	场地和地基条件简单、荷载分布均匀的七层及七层以下民用建筑及一般工业建筑物；次要的轻型建筑物

表 9-2　可不作地基变形计算且设计等级为丙级的建筑物范围

<table>
<tr><td rowspan="2">地基主要受力层情况</td><td colspan="3">地基承载力特征值 f_{ak}（kPa）</td><td>$60 \leqslant f_{ak} < 80$</td><td>$80 \leqslant f_{ak} < 100$</td><td>$100 \leqslant f_{ak} < 130$</td><td>$130 \leqslant f_{ak} < 160$</td><td>$160 \leqslant f_{ak} < 200$</td><td>$200 \leqslant f_{ak} < 300$</td></tr>
<tr><td colspan="3">各土层坡度（%）</td><td>≤5</td><td>≤5</td><td>≤5</td><td>≤5</td><td>≤5</td><td>≤5</td></tr>
<tr><td rowspan="8">建筑类型</td><td colspan="3">砌体承重结构、框架结构（层数）</td><td>≤5</td><td>≤5</td><td>≤5</td><td>≤6</td><td>≤6</td><td>≤7</td></tr>
<tr><td rowspan="4">单层排架结构（6m）柱距</td><td rowspan="2">单跨</td><td>吊车额定起重量（t）</td><td>5～10</td><td>10～15</td><td>15～20</td><td>20～30</td><td>30～50</td><td>50～100</td></tr>
<tr><td>厂房跨度（m）</td><td>≤12</td><td>≤18</td><td>≤24</td><td>≤30</td><td>≤30</td><td>≤30</td></tr>
<tr><td rowspan="2">多跨</td><td>吊车额定起重量（t）</td><td>3～5</td><td>5～10</td><td>10～15</td><td>15～20</td><td>20～30</td><td>30～75</td></tr>
<tr><td>厂房跨度（m）</td><td>≤12</td><td>≤18</td><td>≤24</td><td>≤30</td><td>≤30</td><td>≤30</td></tr>
<tr><td>烟囱</td><td colspan="2">高度（m）</td><td>≤30</td><td>≤40</td><td>≤50</td><td colspan="2">≤75</td><td>≤100</td></tr>
<tr><td rowspan="2">水塔</td><td colspan="2">高度（m）</td><td>≤15</td><td>≤20</td><td>≤30</td><td colspan="2">≤30</td><td>≤30</td></tr>
<tr><td colspan="2">容积（m^3）</td><td>≤50</td><td>50～100</td><td>100～200</td><td>200～300</td><td>300～500</td><td>500～1000</td></tr>
</table>

注 1. 地基主要受力层系指条形基础下深度为 $3b$（b 为基础底面宽度），独立基础下为 $1.5b$，且厚度均不小于 5m 的范围（二层以下一般的民用建筑除外）。

2. 地基主要受力层中如有承载力特征值小于 130kPa 的土层时，表中砌体承重结构的设计，应符合规范中第 7 章的有关要求。

3. 表中砌体承重结构和框架结构均指民用建筑，对于工业建筑可按厂房高度、荷载情况折合成与其相当的民用建筑层数。

4. 表中吊车额定起重量、烟囱高度和水塔容积的数值系指最大值。

二、地基基础的设计方法

地基基础的设计同上部结构一样，采用以概率理论为基础的极限状态设计方法。根据《建筑地基基础设计规范》(GB 50007—2002)，为了保证建筑物的安全使用，地基基础必须满足下列要求：

(1) 承载力要求。必须保证地基在抵抗剪切破坏和防止丧失稳定方面应具有足够的安全度，可表示为

$$p_k \leqslant f_a \tag{9-1}$$

式中 p_k——基础底面的平均压力值，kPa，计算时采用荷载效应标准组合；

f_a——修正后的地基承载力特征值，kPa。

(2) 正常使用要求。必须保证地基基础变形值小于地基的允许变形值，可表示为

$$s \leqslant [s] \tag{9-2}$$

式中 s——建筑物地基的变形值；

$[s]$——建筑物地基的变形允许值。

三、地基基础设计的一般步骤

天然地基上浅基础设计的内容和一般步骤是：

(1) 分析拟建场地地质勘察资料，掌握其工程地质条件和水文地质条件；

(2) 根据上部结构的类型，荷载的性质、大小，建筑布置和使用要求以及施工条件、材料供应等条件，选择基础类型和平面布置方案；

(3) 确定地基持力层和基础埋置深度；

(4) 确定修正的地基承载力特征值；

(5) 按地基承载力（包括持力层和软弱下卧层）确定基础底面尺寸；

(6) 进行必要的地基稳定性和特征变形验算；

(7) 进行基础的结构设计和构造设计；

(8) 绘制基础施工图，并提出工程设计技术说明。

第二节 浅基础的类型

了解浅基础的类型和适用条件，有助于基础设计的合理选型。浅基础的类型很多，但名称不统一。本节主要依据现行的《建筑地基基础设计规范》(GB 5007—2002)，将常用浅基础的类型和使用条件简介如下。

一、无筋扩展基础

无筋扩展基础是指砖、毛石、混凝土或毛石混凝土、灰土和三合土等材料组成的墙下条形基础或柱下独立基础。此类基础适用于多层民用建筑和轻型厂房。由于这类基础是用抗压性能较好，而抗拉、抗剪性能较差的材料建造的基础，见图 9-1。基础需具有非常大的截面抗弯刚度，受荷后基础不允许挠曲变形和开裂，所以过去称为“刚性基础”。基础设计时必须规定基础材料强度及质量、限制台阶宽高比、控制建筑物层高和一定的地基承载力，一般无需进行繁杂的内力分析和截面强度计算。

无筋扩展基础可用于六层和六层以下（三合土基础不宜超过四层）的民用建筑及砌体承重厂房。此类基础的台阶宽高比（图 9-1）要求，一般可表示为

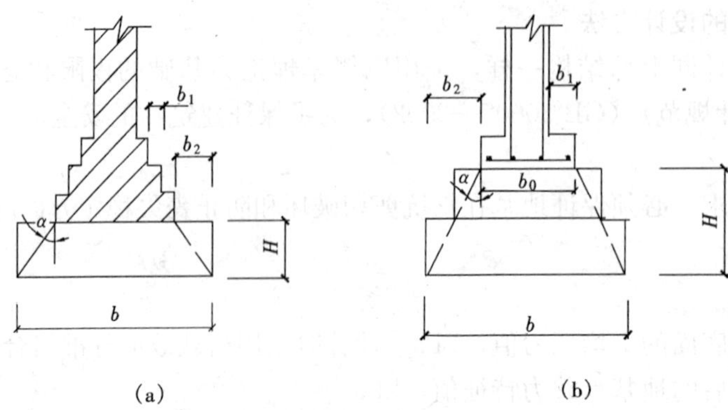

图 9-1 无筋扩展基础构造示意图

（a）墙下条形基础；（b）柱下独立基础

$$\frac{b_i}{H_i} \leqslant \tan\alpha \tag{9-3}$$

式中 b_i——刚性基础一台阶的宽度，mm；

H_i——相应 b_i 的台阶高度，mm；

$\tan\alpha$——刚性基础台阶宽高比的允许值，可按表 9-3 选用。

砖基础是应用最广的一种无筋扩展基础，各部分的尺寸应符合砖的模数。砖基础一般做成台阶式，俗称"大放脚"，其砌筑方式有两种，一种是"二皮一收"；另一种是"二、一间隔收"，但需保证底层和顶层为二皮砖，即 120mm 高，上述两种砌法本质上都应符合式(9-3) 的宽高比要求。

表 9-3 无筋扩展基础台阶宽高比的允许值

基础材料	质量要求	台阶宽高比的允许值		
		$p_k \leqslant 100$	$100 < p_k \leqslant 200$	$200 < p_k \leqslant 300$
混凝土基础	C15 混凝土	1：1.00	1：1.00	1：1.25
毛石混凝土基础	C15 混凝土	1：1.00	1：1.25	1：1.50
砖基础	砖不低于 MU10、砂浆不低于 M5	1：1.50	1：1.50	1：1.50
毛石基础	砂浆不低于 M5	1：1.25	1：1.50	
灰土基础	体积比 3：7 或 2：8 的灰土，其最小干密度：粉土 15.5kN/m³；粉质粘土 15.0kN/m³；粘土 14.5kN/m³	1：1.25	1：1.50	
三合土基础	体积比为 1：2：4～1：3：6（石灰：砂：骨料），每层约虚铺 220mm，夯至 150mm	1：1.50	1：2.00	

注 1. p_k 为荷载效应标准组合时基底平均压力值（kPa）。
2. 阶梯形毛石基础的每级伸出宽度，不宜大于 200mm。
3. 当基础由不同材料叠合组成时，应对接触部分作抗压验算。
4. 基础底面的平均压力值超过 300kPa 的混凝土基础，应进行抗剪验算。

为了保证砖基础的砌筑质量，常常在砖基础底面以下先做垫层。垫层一般可选用灰土、三合土或混凝土等材料。垫层每边伸出基础底面 100mm，厚度一般为 100mm。设计时，垫层不作为基础结构部分考虑。因此，垫层的宽度和高度都不计入基础的底宽和埋深之内。

无筋扩展基础有构造简单、造价低、易于就地取材等优点，但为了满足宽高比的要求，相应的基础埋深较大，往往给施工带来不便，另外，此类基础还存在着用料多，自重大等缺点。

二、扩展基础

扩展基础系指柱下钢筋混凝土独立基础和墙下钢筋混凝土条形基础。当无筋扩展基础荷载较大，地基的工程地质条件较差时，基础的底面尺寸及埋深也将扩大，但往往会造成由于基础设计布置与持力层选择和基坑开挖与排水带来的不便，也可能使工程造价提高。此时，可考虑采用扩展基础。即当无筋扩展基础的尺寸不能满足地基承载力和基础埋深的要求时，则需要使用柔性基础，即钢筋混凝土基础。这种基础的抗弯和抗剪性能好，可在竖向荷载较大、地基承载力不高以及承受水平力和力矩荷载等情况下使用。由于这类基础的高度不受台阶宽高比的限制，可用扩大基础底面积的方法来满足地基承载力的要求，但不必增加基础的埋置深度，所以能得到合适的基础埋深。

1. 柱下钢筋混凝土独立基础

独立基础也称“单独基础”，是最常用的柱下无筋的[图 9-1(b)]或配筋的(图 9-2)单独基础。现浇钢筋混凝土柱下常采用现浇钢筋混凝土独立基础，基础截面可做成台阶形，见图 9-2(a)或锥形见图 9-2(b)。预制柱下一般采用杯口形基础见图 9-2(c)。对于轴心受压柱下独立基础的底面形式一般为方形，偏心受压柱下独立基础的底面形式一般为矩形。

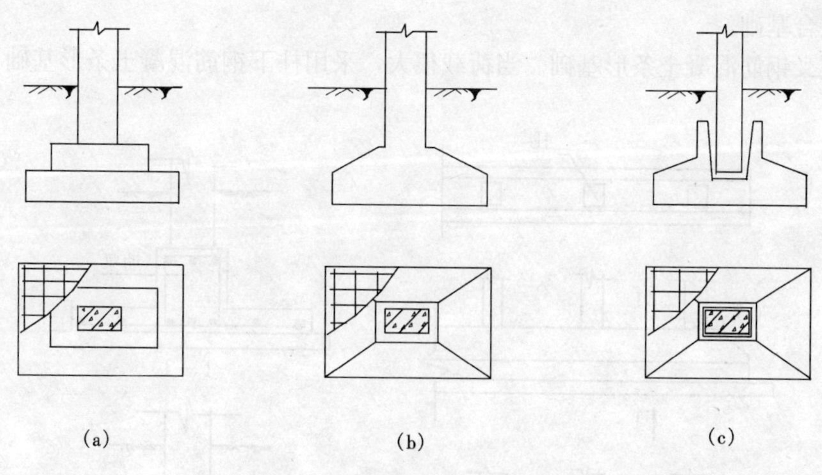

图 9-2 钢筋混凝土柱下单独基础

(a) 阶梯形；(b) 锥形；(c) 杯形

2. 墙下钢筋混凝土条形基础

条形基础是指长度远大于其宽度($l/b \geqslant 10$)的一种基础形式，按上部结构形式，可分为墙下条形基础和柱下条形基础两种；墙下条形基础有无筋的[图 9-1(a)]和配筋的(图 9-3)两种。

当上部墙体荷重较大而土质较差，使用无筋扩展基础中的墙下条形基础[图 9-1(a)]不能满足要求时，则可采用墙下钢筋混凝土条形基础(图 9-3)。墙下钢筋混凝土条形基础一般做成不带肋的，见图 9-3(a)，或带肋的，见图 9-3(b)两种，当基础长度方向的墙上荷载及地基土的压缩性不均匀时，常使用带肋的墙下钢筋混凝土条形基础，以增强基础的整体性能，减小不均匀沉降。

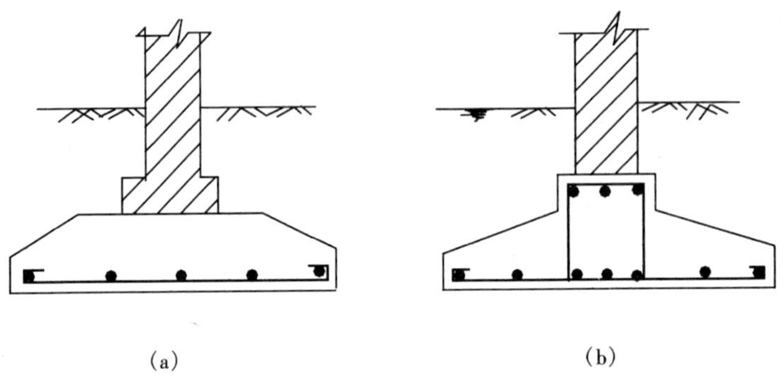

图 9-3 墙下钢筋混凝土条型基础

(a) 不带肋；(b) 带肋

三、柱下条形基础

此类基础由钢筋混凝土材料组成，又称柱下钢筋混凝土条形基础，“柱下条形基础”这一称谓是《规范》(GB 50007—2002) 给定的。柱下条形基础可分为单向的和双向的两种。

当地基软弱，承载力较低且荷载较大时，若采用柱下独立基础，为满足地基承载力要求，基础底面积可能很大而使基础边缘互相接近甚至重叠，为增加基础的整体性并方便施工，可做成单向柱下钢筋混凝土条形基础，见图 9-4。若仅是相邻两柱相连，又称作联合基础或双柱联合基础。

十字交叉钢筋混凝土条形基础。当荷载很大，采用柱下钢筋混凝土条形基础不能满足地

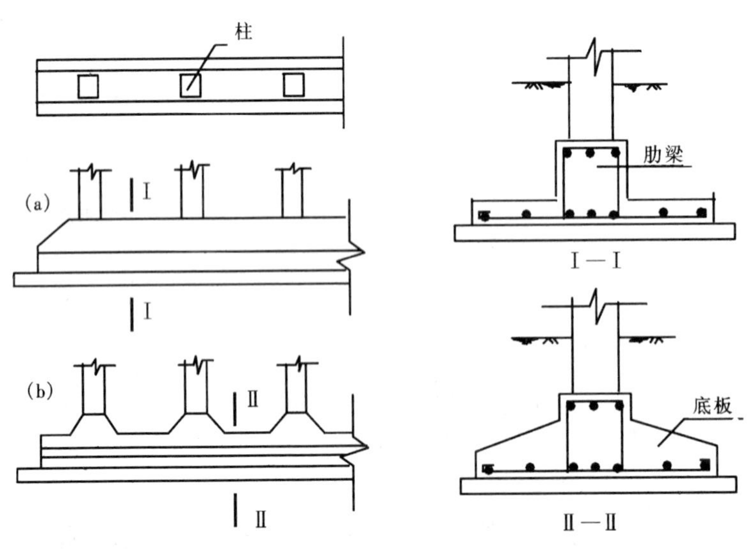

图 9-4 柱下条形基础

(a) 等截面；(b) 柱位处加腋

基基础设计要求时，可采用双向柱下钢筋混凝土条形基础—十字交叉钢筋混凝土条形基础，见图 9-5。这种基础在纵横两向均具有一定的刚度，当地基较弱且在两处方向的荷载和土质不均匀时，交叉条形基础具有良好的调整不均匀沉降的能力。

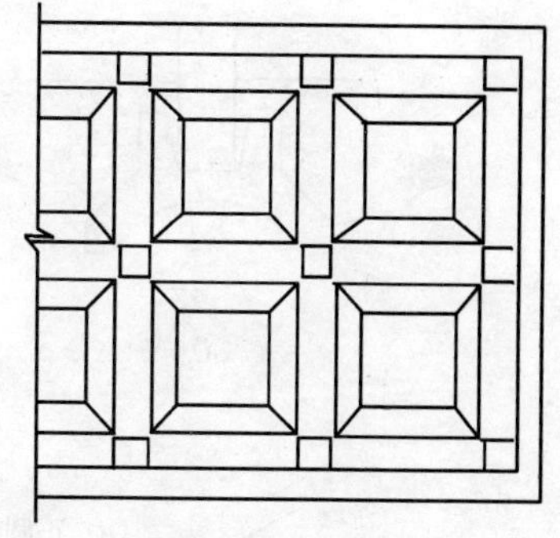
图 9-5　十字交叉钢筋混凝土条型基础

四、筏形基础

筏形基础是用钢筋混凝土做成的连续整片基础，俗称“满堂红”，又称筏板基础或片筏基础。当荷载很大且地基较弱，采用十字交叉条形基础也不能满足要求时，可采用筏形基础。它是高层建筑常用的基础形式之一。筏形基础类似一块倒置的楼盖，比十字交叉钢筋混凝土条形基础有更大的整体刚度，有利于调整地基的不均匀沉降。筏形基础分为平板式[图 9-6(a)]和梁板式[图 9-6(b)]两种。平板式筏板基础是一块等厚度(0.5～2.5m)的钢筋混凝土平板，其厚度的确定比较困难，目前常根据经验确定。梁板式筏板的板厚虽然比平板式小很多，但由于梁的作用其刚度较大，能承受较大的弯矩。筏形基础不仅可用于框架、框剪、剪力墙结构，也可用于砌体结构。

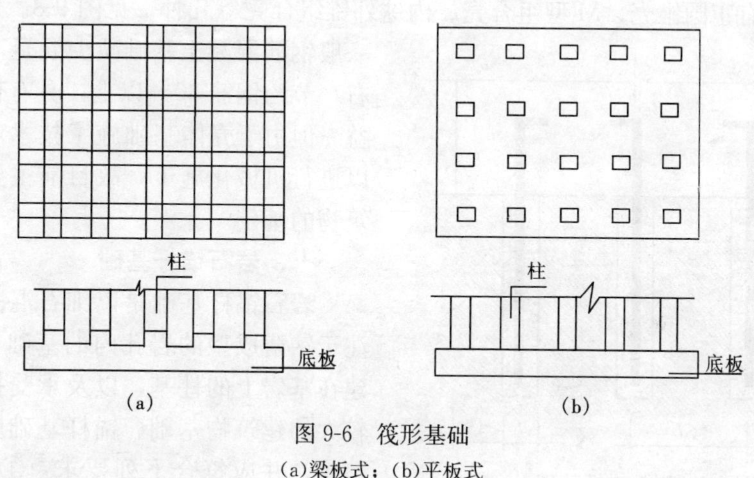

图 9-6　筏形基础
(a)梁板式；(b)平板式

五、箱形基础

为了使基础具有更大的刚度，高层建筑考虑建筑功能与结构受力等需要，可以采用箱形基础。这种基础是由钢筋混凝土底板、顶板和纵横交错的内外隔墙组成，见图 9-7，具有比筏板更大的空间刚度，和抵抗不均匀沉降的能力，此外，箱形基础的抗震性能好，且基础顶板与底板之间的空间可作为地下室使用。但是，箱形基础的材料用量大，造价高，施工技术复杂；尤其是进行深基

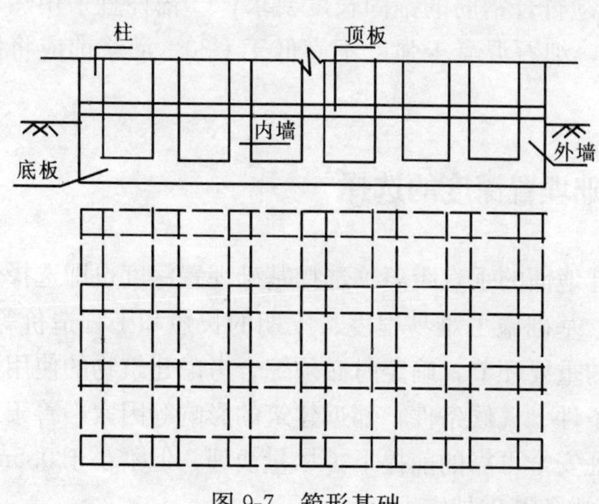

图 9-7　箱形基础

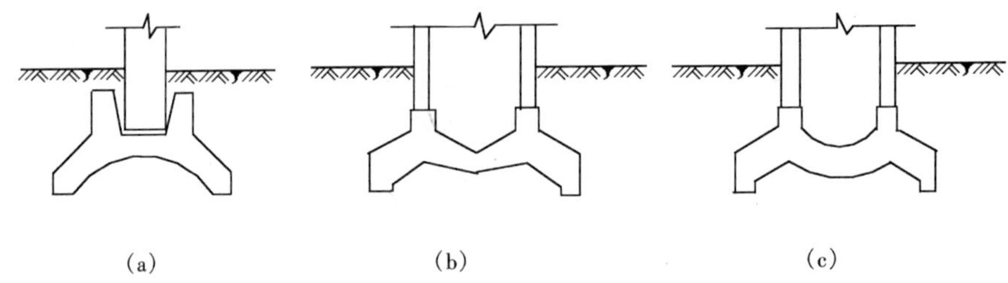

图 9-8 壳体基础

(a) 正圆锥壳；(b) M 型组合壳；(c) 内球外锥组合壳

坑开挖时，需要考虑可能遇到的各种问题，因此，选型时应进行方案比较后谨慎选择。

六、壳体基础

为使材料性能得到充分发挥，可以使用结构内力主要是轴向压力的壳体基础。此类基础一般可用于工业与民用建筑的柱基和筒形构筑物（如烟囱、水塔、料仓、中小型高炉等）基础。常用形式有正圆锥壳、M 型组合壳、内球外锥组合壳等几种，见图 9-8。这种基础可比一般钢筋混凝土基础减少混凝土用量 50%左右，节约钢筋 30%以上，具有良好的经济效益。但由于壳体基础施工技术难度较大、难以进行机械化施工，故目前主要用于筒形构筑物的基础。

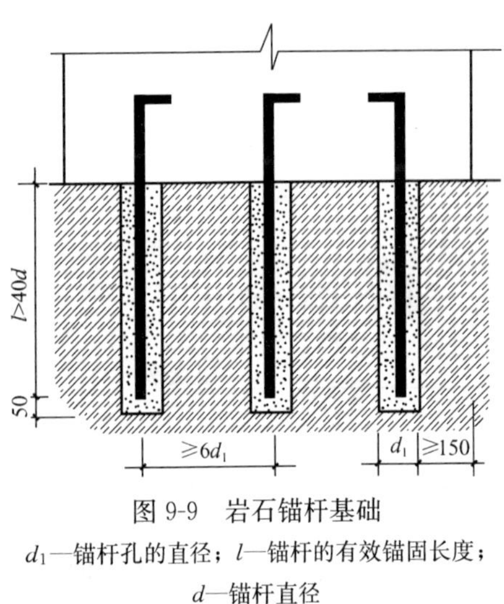

图 9-9 岩石锚杆基础

d_1—锚杆孔的直径；l—锚杆的有效锚固长度；d—锚杆直径

七、岩石锚杆基础

岩石锚杆基础是以细石混凝土和锚杆灌注于钻凿成型的岩孔内的基础。适用于直接建在基岩上的柱基，以及承受拉力或水平力较大的建筑物基础。锚杆基础应与基岩连成整体，并应符合下列要求：①锚杆孔直径，宜取 3 倍锚杆直径，但不应小于一倍锚杆直径加 250mm，锚杆基础的构造要求，可按图 9-9 采用；②锚杆插入上部结构的长度，必须符合钢筋的锚固长度要求；③锚杆宜采用热轧带肋钢筋，水泥砂浆强度不宜低于 30MPa，细石混凝土强度不宜低于 C30。灌浆前应将锚杆孔清理干净。

第三节 基础埋置深度的选择

基础埋置深度一般是指基础底面至设计地面的垂直距离。选择基础埋置深度也即选择合适的地基持力层。它关系到地基的可靠性、基础施工难易程度、工期的长短和工程造价等。合理确定基础埋置深度是基础设计工作中的重要环节，确定时必须综合考虑建筑物的使用条件、结构型式、荷载的大小和性质、地质条件、气候条件、邻近建筑的影响等因素，善于从实际出发，抓住决定性因素。原则上在保证安全可靠的前提下，尽量浅埋，但不小于 0.5m，基础顶面应低于设计地面 100mm 以上，以避免基础外露。

影响基础埋置深度的因素很多，主要有以下几方面：

1. 建筑物的用途、结构形式和荷载的性质与大小

某些建筑物的使用功能和用途，常常成为基础埋深选择的先决条件。例如设置地下室或设备层的建筑物、半埋式结构物、使用箱形基础的高层建筑等都需要较大的基础埋深，在抗震设防区，除岩石地基外，天然地基上的箱形基础和筏形基础其埋置深度不宜小于建筑物高度的1/15，桩箱或桩筏基础的埋置深度（不计桩长）不宜小于建筑物高度的1/18～1/20，位于岩石地基上的高层建筑，其基础埋置深度应满足抗滑要求。

荷载的性质与大小的不同，对地基土的要求也不同，因而会影响基础埋置深度的选择。对某一持力层而言，荷载比较小时能满足要求，荷载大时就可能不满足要求。荷载的性质对基础埋置深度的影响也很明显。对于承受水平荷载的基础，必须有足够的埋置深度，以防止发生倾覆及滑移，保证基础的稳定性。

2. 工程地质条件及水文地质条件

在确定埋置深度时，应尽量把基础埋置在好土层上。一般当上层土的承载力能满足要求时，就应选择浅埋，以减少造价；若其下有软弱土层时，则应验算软弱下卧层的承载力是否满足要求，并尽可能地增大基底至软弱下卧层的距离。当上层土的承载力低于下层土时，如果取下层土为持力层，所需的基础底面积较小，但埋深较大；若取上层土为持力层，则情况相反。在工程应用中，应根据实际情况，进行方案比较后确定。必要时也可考虑采用人工地基上的浅基础。

选择基础埋深时还应注意地下水的埋藏条件和动态。对于天然地基上浅基础设计，应尽量考虑将基础置于地下水位以上，以免地下水对基坑开挖施工质量的影响。若基础必须埋置在地下水位以下时，应考虑基坑排水、坑壁围护等措施，以及地下水是否对基础材料有化学腐蚀作用；并采取相应措施，防止地基土在施工时受到扰动。

对埋藏有承压含水层的地基（图9-10）确定基础埋深时，必须控制基坑开挖深度，防止基坑坑底土被承压水冲破，引起突涌或流砂现象。一般要求基底至承压含水层顶面之间保留的土层厚度（槽底安全厚度）h_0 为

$$K\gamma_0 h_0 > \gamma_w h \tag{9-4}$$

式中　h——承压水位高度（从承压含水层顶算起），m；

h_0——槽底安全厚度，m；

γ_0——h_0 范围内土的加权平均重度，水位以下的土取饱和重度，kN/m^3；

K——系数，一般取1.0，对宽基坑宜取0.7。

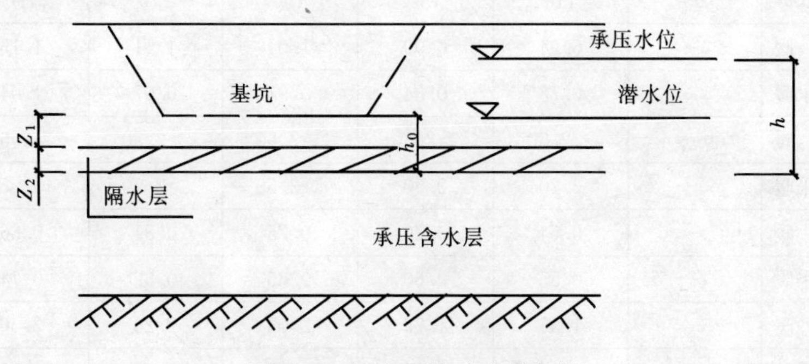

图9-10　坑底不被冲破的条件

3. 相邻建筑物的基础埋深

当存在相邻建筑物时，新建建筑物的基础埋深不宜大于原有的建筑物基础。当埋深大于原有建筑物基础时，两基础间应保持一定净距，其数值应根据原有建筑荷载大小、基础形式和土质情况确定。当上述条件不能满足时，应分段施工，设置临时加固支撑等或加固原有建筑物基础。

4. 地基冻融条件

地下一定范围内，土层温度随大气温度而变化。季节性冻土是冬季冻结，天暖融解的土层，在我国北方地区分布较广。若产生冻胀，基础就有可能被上抬；土层融解时，土体软化，强度降低，地基产生融陷。地基土的冻胀与融陷通常是不均匀的，因此，容易引起建筑物开裂损坏。

季节性冻土的冻胀性与融陷性是相互关联的，其冻结深度主要取决于当地的气象条件，气温越低，低温持续时间越长，冻结深度就越大。冻结深度内的土是否冻胀，以及冻胀的严重程度，则取决于土的种类、土的含水量和地下水位的情况。根据冻胀对建筑物危害的程度，将地基土的冻胀性划分为不冻胀、弱冻胀、冻胀和强冻胀四类《建筑地基基础设计规范》(GB 50007—2002，附录 G. 0. 1)。

粗颗粒土（细砂、中砂、粗砂、砾砂等）为不冻胀土，选择埋置深度时，可不考虑冻深的影响。

对于冻胀土中的基础，当建筑基础底面之下允许有一定厚度的冻土层，可用下式确定基础的最小埋深

$$d_{min} = z_d - h_{max} \tag{9-5}$$

式中 h_{max}——基础底面下允许残留冻土层的最大厚度，m，按表 9-4 查取；

z_d——设计冻深，m，$z_d = z_0 \cdot \psi_{zs} \cdot \psi_{zw} \cdot \psi_{ze}$；

ψ_{zs}——土的类别对冻深的影响系数，按表 9-5 查取；

ψ_{zw}——土的冻胀性对冻深的影响系数，按表 9-6 查取；

ψ_{ze}——环境对冻深的影响系数，按表 9-7 查取；

z_0——标准冻深，按《建筑地基基础设计规范》(GB 50007—2002，附录 F) 查取。

表 9-4　建筑基底下允许残留冻土层厚度 h_{max} (m)

冻胀性	基础形式	采暖情况	基础平均压力 (kPa)						
			90	110	130	150	170	190	210
弱冻胀土	方形基础	采　暖	—	0.94	0.99	1.04	1.11	1.15	1.20
		不采暖	—	0.78	0.84	0.91	0.97	1.04	1.10
	条形基础	采　暖	—	>2.50	>2.50	>2.50	>2.50	>2.50	>2.50
		不采暖	—	2.20	2.50	>2.50	>2.50	>2.50	>2.50
冻胀土	方形基础	采　暖	—	0.64	0.70	0.75	0.81	0.86	—
		不采暖	—	0.55	0.60	0.65	0.69	0.74	—
	条形基础	采　暖	—	1.55	1.79	2.03	2.26	2.50	—
		不采暖	—	1.15	1.35	1.55	1.75	1.95	—

续表

冻胀性	基础形式	采暖情况	基础平均压力（kPa）						
			90	110	130	150	170	190	210
强冻胀土	方形基础	采 暖	—	0.42	0.47	0.51	0.56	—	—
		不采暖	—	0.36	0.40	0.43	0.47	—	—
	条形基础	采 暖	—	0.74	0.88	0.00	1.13	—	—
		不采暖	—	0.56	0.66	0.75	0.84	—	—
特强冻胀土	方形基础	采 暖	0.30	0.34	0.38	0.41	—	—	—
		不采暖	0.24	0.27	0.31	0.34	—	—	—
	条形基础	采 暖	0.43	0.52	0.61	0.70	—	—	—
		不采暖	0.33	0.40	0.47	0.53	—	—	—

注 1. 本表只计算法向冻胀力，如果基侧存在切向冻胀力，应采取防切向力措施。
2. 本表不适用于宽度小于 0.6m 的基础，矩形基础可取短边尺寸按方形基础计算。
3. 表中数据不适用于淤泥、淤泥质土和欠固结土。
4. 表中基底平均压力数值为永久荷载标准值乘以 0.9，可以内插。

表 9-5　土的类别对冻深的影响系数

土的类别	影响系数 ψ_{zs}	土的类别	影响系数 ψ_{zs}
粘性土	1.00	中、粗、砾砂	1.30
细砂、粉砂、粉土	1.20	碎石土	1.40

表 9-6　土的冻胀性对冻深的影响系数

冻胀性	影响系数 ψ_{zw}	冻胀性	影响系数 ψ_{zw}
不冻胀	1.00	强冻胀	0.85
弱冻胀	0.95	特强冻胀	0.80
冻胀	0.90		

表 9-7　环境对冻深的影响系数

周围环境	影响系数 ψ_{ze}	周围环境	影响系数 ψ_{ze}
村、镇、旷野	1.00	城市市区	0.90
城市近郊	0.95		

第四节　地基承载力特征值

地基承载力特征值是《建筑地基基础设计规范》（GB 50007—2002）采用概率极限状态设计原则确定的地基承载力。其含义是在地基发挥正常使用功能时允许采用的抗力设计值，实质是地基容许承载力。

根据地基基础设计的基本原则，地基基础必须保证在基底压力作用下，地基不发生剪切破坏和丧失稳定性，并具有足够的安全度。因此，要求对各级建筑物均应进行地基承载力计算。

地基承载力特征值的确定在地基基础设计中是一个非常重要而又十分复杂的问题，它与土的物理、力学性质指标有关，而且还与基础型式、底面尺寸、埋深、建筑类型、结构特点和施工等因素有关。确定地基承载力特征值的方法可归纳为三类：

（1）根据地基土强度理论确定；

（2）根据现场载荷试验的 p-s 曲线或其他原位试验结果确定；

（3）根据当地工程实践经验确定。

以上三类方法各有所长，互为补充，必要时可按多种方法综合确定，确定的精度宜按建筑物安全等级以及地质条件并结合当地经验适当选择。

一、按地基土的强度理论确定地基承载力

根据地基承载力理论可知，按土的抗剪强度指标 c、φ 计算地基临塑荷载 p_{cr}、极限荷载 p_u 以及塑性荷载 $p_{1/4}$（或 $p_{1/3}$）等，均可用来衡量地基承载能力。地基从开始出现塑性区到整体剪切破坏，相应的荷载有一个相当大的变化范围，因此，以 p_{cr} 作为地基承载力设计值显得过于保守。实践表明，地基中出现小范围的塑性区域，对安全并无妨碍，而且与极限荷载 p_u 相比，一般具有足够的安全度。一些国家建议采用理论计算的 $p_{1/4}$ 或极限荷载 p_u 除以安全系数后作为地基承载力特征值。

当偏心距 e 小于或等于 0.033 倍基础底面宽度时，我国《建筑地基基础设计规范》(GB 50007—2002)推荐采用的理论计算公式为

$$f_a = M_b \gamma b + M_d \gamma_m d + M_c c_k \tag{9-6}$$

式中 f_a——由土的抗剪强度指标确定的地基承载力特征值。

M_b、M_d、M_c——承载力系数，按 φ_k 值查表 9-8。

c_k——基底下一倍短边宽的深度内土的粘聚力标准值。

γ_m——基础底面以上土的加权平均重度，地下水位以下取浮重度。

γ——基础底面以下土的重度，地下水位以下取浮重度。

b——基础底面宽度，大于 6m 时按 6m 考虑；对于砂土，小于 3m 时按 3m 考虑。

d——基础埋置深度，一般至室外地面，m。

表 9-8 **承载力系数表**

土的内摩擦角标准值 φ_k（°）	M_b	M_d	M_c	土的内摩擦角标准值 φ_k（°）	M_b	M_d	M_c
0	0.00	1.00	3.14	22	0.61	3.44	6.04
2	0.03	1.12	3.32	24	0.80	3.87	6.45
4	0.06	1.25	3.51	26	1.10	4.37	6.90
6	0.10	1.39	3.71	28	1.40	4.93	7.40
8	0.14	1.55	3.93	30	1.90	5.59	7.95
10	0.18	1.73	4.17	32	2.60	6.35	8.55
12	0.23	1.94	4.42	34	3.40	7.21	9.22
14	0.29	2.17	4.69	36	4.20	8.25	9.97
16	0.36	2.43	5.00	38	5.00	9.44	10.80
18	0.43	2.72	5.31	40	5.80	10.84	11.73
20	0.51	3.06	5.66				

注 φ_k 为基底下一倍短边宽的深度内土的内摩擦角标准值。

需要注意的是：

(1) 按理论公式计算地基承载力，关键是土的抗剪强度指标 c_k、φ_k 的取值，对甲级建筑物，要求采取原状土样以三轴剪切试验测定，一般要求在建筑场地范围内布置 6 个以上的取土钻孔，各孔中同一层土的试验不少于三组；对于一般建筑物，如无条件进行三轴剪切试验，也可用直接剪切试验代替。

据《建筑地基基础设计规范》(GB 50007—2002)，c_k、φ_k 按下式计算

$$\varphi_k = \varphi_\varphi \cdot \varphi_m \tag{9-7}$$

$$c_k = \varphi_c \cdot C_m \tag{9-8}$$

$$\varphi_\varphi = 1 - \left(\frac{1.704}{\sqrt{n}} + \frac{4.678}{n^2}\right)\delta_\varphi$$

$$\varphi_c = 1 - \left(\frac{1.704}{\sqrt{n}} + \frac{4.678}{n^2}\right)\delta_c$$

$$\sigma = \sqrt{\frac{\sum_{i=1}^{n}\mu_i^2 - n\mu^2}{n-1}}$$

$$\mu = \frac{1}{n}\sum_{i=1}^{n}\mu_i$$

式中 φ_m——内摩擦角的试验平均值；

C_m——粘聚力的试验平均值；

φ_φ——内摩擦角的统计修正系数；

φ_c——粘聚力的统计修正系数；

δ_φ、δ_c——内摩擦角、粘聚力的变异系数，按式 $\delta=\sigma/\mu$ 计算；

n——三轴剪切试验组数；

σ——标准差；

μ——试验平均值。

(2) 确定抗剪强度指标 c_k、φ_k 的试验方法必须和地基土的工作状态相适应。例如：对饱和软土，取不固结不排水内摩擦角 $\varphi_k=0$，由表 9-8 知：$M_b=0$、$M_d=1.0$、$M_c=3.14$，将式 (9-6) 中的 c_k 改为 c_u，则地基短期承载力设计值：$f_v=\gamma_0 d+3.14c_u$；这时，增大基底尺寸不可能提高地基承载力。但对 $\varphi_k>0$ 的土，增大基底宽度，承载力将随着 φ_k 的提高而逐渐增大。

(3) 系数 $M_d\geqslant1$，故承载力随埋深 d 线性增加，但对设置后回填土的实体基础，因埋深增大而提高的那一部分承载力将被基础和回填土重 G 的相应增加而抵消；尤其是对 φ_u 的软土，$M_d=1.0$，由于 $\gamma_G\approx\gamma_0$，这两方面几乎相抵而收不到明显的效果。

(4) 式 (9-6) 仅适用于 $e\leqslant0.033b$ 的情况，这是因为用该公式确定承载力时相应的理论模式是基底压力呈条形均匀分布。当受到较大水平荷载而使合力的偏心距过大时，地基反力就会很不均匀，为了使理论计算的地基承载力符合其假定的理论模式，故而对公式使用时增加了以上限制条件。

(5) 按土的抗剪强度确定地基承载力时，没有考虑建筑物对地基变形的要求。因此按式 (9-6) 求得的承载力确定基础底面尺寸后，还应进行地基变形特征验算。

二、按现场载荷试验结果确定地基承载力

1. 按现场载荷试验 p-s 曲线确定地基承载力特征值 f_{ak}

现场载荷试验确定地基承载力是最可靠的方法。在现场通过一定的载荷板对扰动较小的地基土体直接施加荷载，所得的成果一般能反映相当于 1～2 倍载荷板宽度的深度以内的土体的平均性质。对地基进行载荷试验，整理试验记录可以得到图 9-11 所示的荷载 p 与沉降 s 的关系曲线，由此来确定地基承载力特征值：

对于密实砂土、硬塑粘土等低压缩性土，其 p-s 曲线通常由比较明显的起始直线段和极限值，曲线呈“陡降型”[图 9-11（a）]，《建筑地基基础设计规范》（GB 50007—2002）规定，取图中比例界限所对应的荷载 p_1 作为承载力特征值。

当极限荷载小于对应比例界限的荷载值的 2 倍时，取极限荷载值的一半作为承载力特征值。

对于有一定强度的中、高压缩性土，如松砂、填土、可塑粘土等，其 p-s 曲线无明显转折点，但曲线的斜率随荷载的增大而逐渐增大，最后稳定在某个最大值，即呈渐进破坏的“缓变型”[图 9-11（b）]，当加载板面积为 0.25～0.50m^2，可取 s/b=0.01～0.015 所对应的荷载，但其值不大于最大加载量的一半。

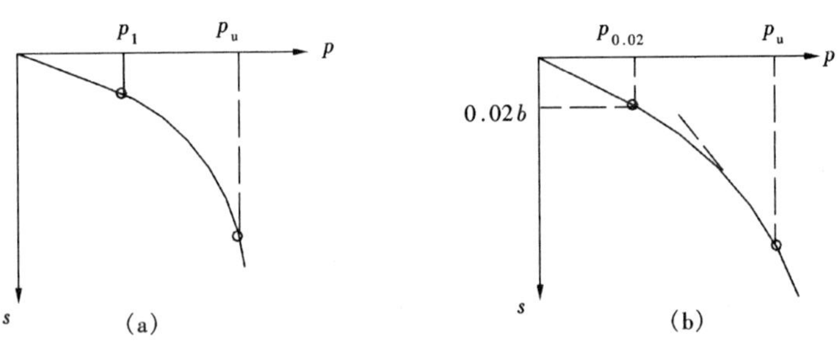

图 9-11 按载荷试验结果确定地基承载力基本值
（a）低压缩性土；（b）高压缩性土

同一土层参加统计的试验点数不应少于三点，当试验实测值的极差（即最大值减最小值）不超过平均值的 30%时，取此平均值作为地基承载力特征值 f_{ak}。

2. 确定修正后的地基承载力特征值 f_a

当基础宽度大于 3m 或埋深大于 0.5m 时，由载荷试验等方法确定的地基承载力特征值 f_{ak}，根据《建筑地基基础设计规范》（GB 50007—2002），尚应按下式确定修正后的地基承载力特征值 f_a

$$f_a = f_{ak} + \eta_b \gamma (b - 3) + \eta_d \gamma_m (d - 0.5) \tag{9-9}$$

式中 f_a——修正后的地基承载力特征值，kPa。

f_{ak}——地基承载力特征值，kPa。

η_b、η_d——基础宽度和埋深的地基承载力修正系数，按基底下土的类别查表 9-9。

γ——基础底面以下土的重度，地下水位以下取浮重度，kN/m^3。

γ_m——基础底面以上土的加权平均重度，地下水位以下部分取浮重度，kN/m^3。

b——基础底面宽度，b<3m 时按 3m 计，b>6m 时按 6m 计，m。

d——基础埋置深度，d<0.5m 时按 0.5m 计，m。一般自室外地面标高算起；在

填方整平地区，可自填土地面标高算起，但填土在上部结构施工后完成时，应以天然地面标高算起。对于地下室，如采用箱形基础或筏板时，基础埋置深度自室外地面标高算起，在其他情况下，应从室内地面标高算起。

表 9-9　承载力修正系数

土的类别		η_b	η_d
淤泥和淤泥质土		0	1.0
人工填土 e 或 I_L 大于等于 0.85 的粘性土		0	1.0
红粘土	含水比 $a_w>0.8$	0	1.2
	含水比 $a_w\leqslant 0.8$	0.15	1.4
大面积压实填土	压实系数大于 0.95、粘粒含量 $\rho_c\geqslant 10\%$的粉土 最大干密度大于 2.1t/m^3 的级配砂石	0 0	1.5 2.0
粉土	粘粒含量 $\rho_c\geqslant 10\%$的粉土 粘粒含量 $\rho_c<10\%$的粉土	0.3 0.5	1.5 2.0
e 及 I_L 均小于 0.85 的粘性土 粉砂、细砂（不包括很湿与饱和时的稍密状态） 中砂、粗砂、砾砂和碎石土		0.3 2.0 3.0	1.6 3.0 4.4

注 1. 强风化和全风化的岩石，可参照所风化成的相应土类取值，其他状态下的岩石不修正。

2. 地基承载力特征值按《建筑地基基础设计规范》（GB 50007—2002）附录 D 深层平板载荷试验确定时，η_d 取 0。

三、岩石地基承载力特征值的确定方法

对完整、较完整和较破碎的岩石地基承载力特征值，可据室内饱和单轴抗压试验强度按下式计算

$$f_a = \psi_r f_{rk} \tag{9-10}$$

式中 f_a——岩石地基承载力特征值，kPa；

f_{rk}——岩石饱和单轴抗压强度标准值，kPa；

ψ_r——折减系数。据岩石完整程度以及结构面的间距、宽度、产状和组合，由地区经验确定。无经验时，完整岩石取 0.5；较完整岩石取 0.2～0.5；较破碎岩石取 0.1～0.2。此系数为考虑施工因素及建筑物使用后风化作用影响。

对完整、较完整和较破碎的岩石地基承载力特征值也可据地区经验取值，若无地区经验，可由平板载荷试验确定。岩石地基承载力不进行深宽修正。

【例题 9-1】 某建筑工程场地，经工程地质勘察得到如下资料：第一层土为杂填土，厚度1.0m，$\gamma=18\text{kN/m}^3$；第一层土之下为粉质粘土，厚度很大，$\gamma=18.5\text{kN/m}^3$，$e=0.919$，$I_L=0.94$，$f_{ak}=136\text{kPa}$。该建筑工程地基持力层为粉质粘土，试求以下基础的持力层修正后地基承载力特征值 f_a。

（1）当基础底面为 2.6m×4.0m 的独立基础，埋深 $d=1.0$m；

（2）当基础底面为 9.5m×36m 的箱形基础，埋深 $d=3.5$m。

解 （1）独立基础下的 f_a。

基础宽度 $b=2.6\text{m}<3\text{m}$，按 3m 考虑；埋深 $d=1.0\text{m}$，持力层粉质粘土的孔隙比 $e=0.94>0.85$，查表 9-10 得：$\eta_b=0$，$\eta_d=1.0$；$\gamma_m=18\text{kN/m}^3$，$\gamma=18.5\text{kN/m}^3$

$$\begin{aligned} f_a &= f_{ak}+\eta_b\gamma(b-3)+\eta_d\gamma_m(d-0.5) \\ &= 136+0\times18.5\times(3-3)+1.0\times18\times(1.0-0.5)=145\text{kPa} \end{aligned}$$

（2）箱形基础下的 f_a。

基础宽度 $b=9.5\text{m}>6\text{m}$，按 6m 考虑；$d=3.5\text{m}$，持力层仍为粉质粘土，$\eta_b=0$，$\eta_d=1.0$，$\gamma=18.5\text{kN/m}^3$，$\gamma_m=(18\times1.0+18.5\times2.5)/3.5=18.4\text{kN/m}^3$，则

$$\begin{aligned} f_a &= f_{ak}+\eta_b\gamma(b-3)+\eta_d\gamma_m(d-0.5) \\ &= 136+0\times18.5\times(6-3)+1.0\times18.4\times(3.5-0.5) \\ &= 191.2\text{kPa} \end{aligned}$$

第五节　基础底面尺寸的确定

在进行基础设计时，一般先确定基础埋深后确定基础底面尺寸。选择底面尺寸首先应满足地基承载力要求，包括持力层和软弱下卧层的承载力验算；另外，对部分建（构）筑物，还需考虑地基变形的影响，验算建（构）筑物的变形特征值，并对基础底面尺寸作必要的调整。

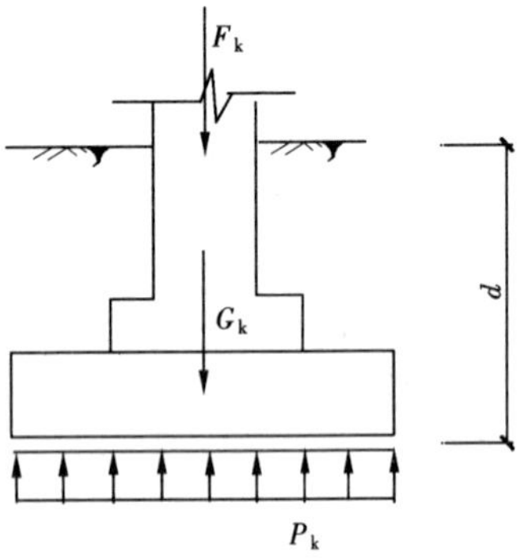

一、按地基持力层的承载力计算基底尺寸

1. 轴心荷载作用下的基础

基础上仅作用竖向荷载，且荷载通过基础底面形心时，基础在轴心荷载作用下，假定基底反力均匀分布，如图 9-12 所示。设计要求基底的平均压力不超过持力层土的承载力特征值，即

图 9-12　中心荷载作用下的基础

$$p_k=\frac{F_k+G_k}{A}\leqslant f_a \tag{9-11}$$

式中　p_k——相应于荷载效应标准组合时，基础底面处的平均压力值；

f_a——修正后的地基承载力特征值；

F_k——相应于荷载效应标准组合时，上部结构传至基础顶面的竖向力值；

G_k——基础自重和基础上的土重。

中心荷载作用下的基础底面积 A 的计算公式

$$A\geqslant\frac{F_k}{f_a-\gamma_G\cdot d} \tag{9-12}$$

式中　γ_G——基础及回填土的平均重度，一般取 20kN/m^3；

d——基础平均埋深（m）。

对于单独基础，按上式计算出 A 后，先选定 b 或 l（垂直于力矩作用方向的基础底面边长），确定出 l 和 b 的比值，再计算另一边长，使 $A=l\cdot b$，一般取 $l/b=1.0\sim2.0$。

对于条形基础，F_k 为沿长度方向 1m 范围内上部结构传至基础顶面标高处的竖向力值

(kN/m)，则条形基础的宽度为

$$b \geqslant \frac{F_k}{f_a - \gamma_G \cdot d} \tag{9-13}$$

在按以上两式计算 A 或 b 时，需要先确定地基承载力特征值 f_a，但 f_a 值又与基础底面尺寸 A 有关，因此，可能要通过反复试算才能确定。计算时，由于基础埋深已经确定，可先对地基承载力进行深度修正；然后按计算所得的 $A=l \cdot b$，考虑是否需要进行宽度修正。

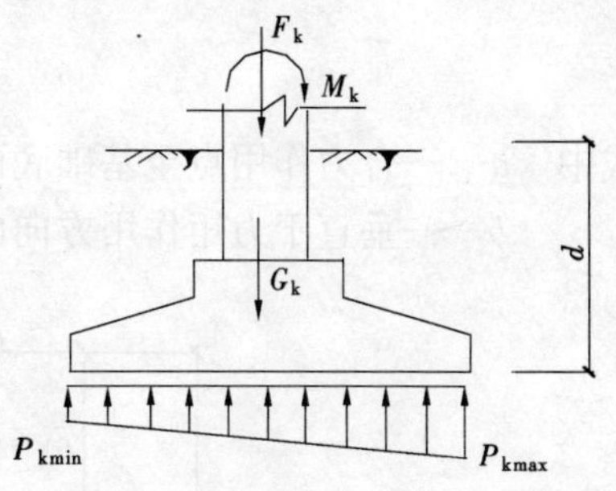

图 9-13 偏心荷载作用下的基础

2. 偏心荷载作用下的基础

当传至基础顶面的荷载除了轴心荷载外，还有弯矩 M 或水平力 V 作用时，基底反力假定呈梯形分布，如图 9-13 所示，除应符合式（9-11）要求外，尚应符合下列要求，即

$$p_{kmax} \leqslant 1.2 f_a \tag{9-14}$$

其中

$$p_{kmax} = \frac{F_k + G_k}{A} + \frac{M_k}{W} \tag{9-15}$$

$$p_{kmin} = \frac{F_k + G_k}{A} - \frac{M_k}{W} \tag{9-16}$$

$$p_k = \frac{p_{kmax} + p_{kmin}}{2} \tag{9-17}$$

式中 M_k——相应与荷载效应标准组合时，作用于基础底面的力矩值；

p_{kmax}——相应与荷载效应标准组合时，基础底面边缘的最大压力值；

p_{kmin}——相应与荷载效应标准组合时，基础底面边缘的最小压力值；

W——基础底面的截面抵抗矩。

根据上述按承载力计算的要求，在计算偏心荷载作用下的基础底面尺寸时，通常可按下述试算法进行：

（1）先按轴心荷载作用下的公式，计算基础底面积 A_0。

（2）考虑偏心影响，加大 A_0。一般可根据偏心距的大小增大，使 $A=(1.1\sim1.4)A_0$。对矩形底面的基础，按 A 初步选择相应的基础底面长度 l 和宽度 b，一般 $l/b=1.2\sim2.0$。

（3）计算偏心荷载作用下的 p_{kmax}、p_{kmin}，验算是否满足要求。如不满足要求，可调整基底尺寸再验算，如此反复，直至底面尺寸合适为止。

对于常用的矩形或条形基础，式（9-14）可改写为

$$p_{kmax} = p_k\left(1 + \frac{6e}{b}\right) \leqslant 1.2 f_a \tag{9-18}$$

为了保证基础不至于过分倾斜，通常要求偏心距 e 应满足下列条件

$$e = \frac{M_k}{F_k + G_k} \leqslant \frac{b}{6} \tag{9-19}$$

一般认为，在中、高压缩性土上的基础，或由吊车的厂房柱基础，e 不宜大于 $b/6$，对于低压缩性地基上的基础，当考虑短暂作用的偏心荷载时 e 应控制在 $b/4$ 以内。

当偏心距 $e>b/6$ 时，如图 9-14 所示，基础底面边缘的最大压力值应按下式计算

$$p_{\mathrm{kmax}} = \frac{2(F_{\mathrm{k}} + G_{\mathrm{k}})}{3ba} \tag{9-20}$$

式中 a——合力作用点至基础底面最大压力边缘的距离；

b——垂直于力矩作用方向的基础底面边长。

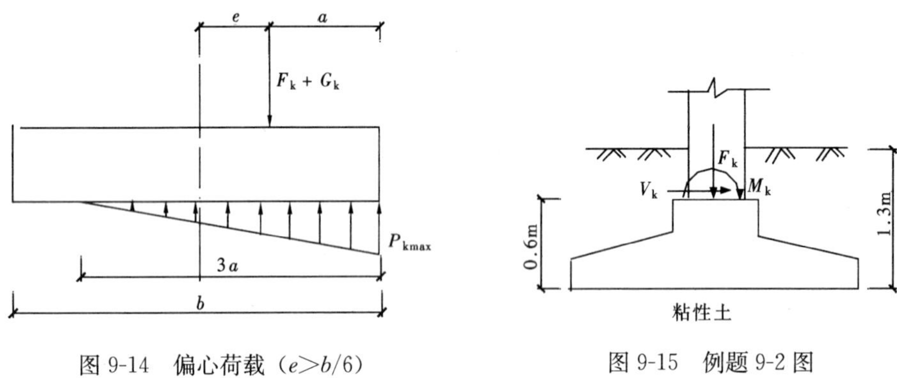

图 9-14 偏心荷载（$e>b/6$）下基底压力计算示意

图 9-15 例题 9-2 图

【例题 9-2】 一工业厂房柱截面 350mm×400mm，作用在柱底的荷载为：$F_{\mathrm{k}}=700\mathrm{kN}$，$M_{\mathrm{k}}=80\mathrm{kN\cdot m}$，$V_{\mathrm{k}}=15\mathrm{kN}$。土层为粘性土，其中：$\gamma=17.5\mathrm{kN/m^3}$，$e=0.7$，$I_{\mathrm{L}}=0.78$，$f_{\mathrm{ak}}=226\mathrm{kPa}$，其他参数如图 9-15 所示，试根据持力层地基承载力确定基础底面尺寸。

解 （1）求地基承载力特征值 f_{a}。

根据粘性土 $e=0.7$、$I_{\mathrm{L}}=0.78$ 查表 9-10 得：$\eta_{\mathrm{b}}=0.3$，$\eta_{\mathrm{d}}=1.6$。持力层修正后的承载力特征值 f_{a}（先不考虑对基础宽度进行修正）：

$$f_{\mathrm{a}} = f_{\mathrm{ak}} + \eta_{\mathrm{d}}\gamma_{\mathrm{m}}(d-0.5) = 226 + 1.6\times 17.5\times(1.3-0.5) = 248.4\mathrm{kPa}$$

（2）初步选择基底尺寸。

由公式 $$A \geqslant \frac{F_{\mathrm{k}}}{f_{\mathrm{a}} - \gamma_{\mathrm{G}}\cdot d}，得$$

$$A_0 = \frac{700}{248.4 - 20\times 1.3} = 3.15\mathrm{m}^2$$

由于偏心不大，基础底面积按 20%增大，即

$$A = 1.2A_0 = 1.2\times 3.15 = 3.78\mathrm{m}^2$$

初步选择基础底面积 $A=l\cdot b=2.5\times 1.6=4\mathrm{m}^2$，由于 $b<3\mathrm{m}$ 不需再对 f_{a} 进行修正。

（3）验算持力层地基承载力。

基础和回填土重 $$G_{\mathrm{k}} = \gamma_{\mathrm{G}}\cdot d\cdot A = 20\times 1.3\times 4 = 104\mathrm{kN}$$

偏心距 $$e = \frac{M_{\mathrm{k}}}{F_{\mathrm{k}} + G_{\mathrm{k}}} = \frac{80 + 15\times 0.6}{700 + 104} = 0.11\mathrm{m} < l/6 = 0.42\mathrm{m}$$

基底压力为

$$p_k=\frac{F_k+G_k}{A}=\frac{700+104}{4}=201\text{kPa}<f_a$$

$$p_{kmax}=\frac{F_k+G_k}{A}\left(1+\frac{6e}{b}\right)=\frac{700+104}{4}\times\left(1+\frac{6\times0.11}{2.5}\right)$$

$$=254\text{kPa}\leqslant1.2f_a=298.1\text{kPa}$$

最后，确定该柱基础底面 $b=1.6\text{m}$，$l=2.5\text{m}$。

【例题 9-3】 柱下独立基础因受相邻建筑限制，只能设计成梯形底面，如图 9-16 所示。若持力层修正后的地基承载力特征值 $f_a=205\text{kPa}$，试进行地基承载力验算。

解 底面积 $A=\frac{(2+4.4)\times2.5}{2}=8\text{m}^2$

形心至基础外边缘的距离分别为 x_1、x_2

$$x_1=\frac{(2.0\times2.5)\times\left(\frac{1}{2}\times2.5\right)+\left(\frac{1}{2}\times1.2\times2.5\right)\times\left(\frac{1}{3}\times2.5\right)\times2}{8}=1.09\text{m}$$

$$x_2=2.5-1.09=1.41\text{m}$$

基础底面对形心轴线的惯性矩 I

$$I=\frac{2.0^2+4\times2.0\times4.4+4.4^2}{36\times(2.0+4.4)}\times2.5^3=3.97\text{m}^4$$

竖向荷载偏心引起的弯矩 $M_k=(x_1-0.9)F_k=(1.09-0.9)\times1200=228\text{kN}\cdot\text{m}$

基础及回填土重 $G_k=\gamma_G dA=20\times1.5\times8=240\text{kN}$

基底平均压力 $p_k=\frac{F_k+G_k}{A}=\frac{1200+240}{8}=180\text{kPa}<f_a=205\text{kPa}$

基底最大压力 $p_{kmax}=p_k+\frac{M_k}{I}x_1=180+\frac{228}{3.97}\times1.09=243\text{kPa}$

$$<1.2f_a=246\text{kPa}$$

基底最小压力

$$p_{kmin}=p-\frac{M_k}{I}x_2=180-\frac{228}{3.97}\times1.41$$

$$=99\text{kPa}>0$$

经验算基底尺寸满足持力层承载力要求。

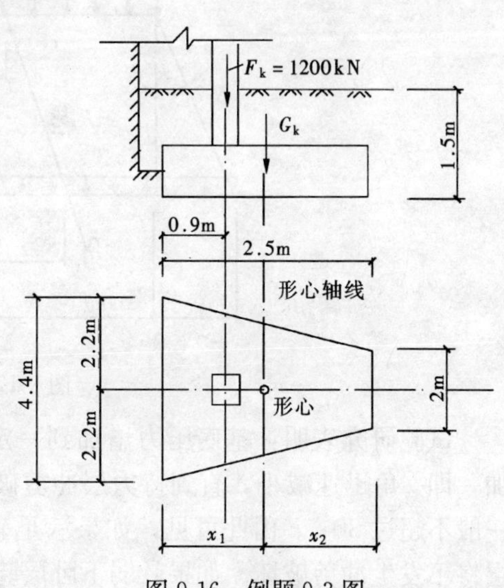

图 9-16 例题 9-3 图

二、软弱下卧层的验算

当地基受力层范围内存在软弱下卧层（承载力显著低于持力层的高压缩性土层）时，按前述持力层土的承载力计算得出基础底面所需的尺寸后，还必须对软弱下卧层进行验算，要求作用在软弱下卧层顶面处的附加应力与自重应力之和不超过它的修正后的承载力特征值，即

$$p_z+p_{cz}\leqslant f_{az} \tag{9-21}$$

式中 p_z——软弱下卧层顶面处的附加压力值，kPa；

p_{cz}——软弱下卧层顶面处土的自重压力值，kPa；

f_{az}——软弱下卧层顶面处经深度修正后的地基承载力特征值，kPa。

关于附加压力 p_z 的计算，通过试验研究并参照双层地基中附加应力分布的理论解答，提出了按扩散角原理的简化计算方法，如图 9-17 所示；当持力层与软弱下卧土层的压缩模量比值 $E_{s1}/E_{s2}\geqslant 3$ 时，对矩形和条形基础，假设基底处的附加压力（$p_0=p_k-p_c$）向下传递时按某一角度 θ 向外扩散分布于较大面积上，根据基底与软弱下卧层顶面处扩散面积上的附加压力相等的条件，可得

矩形基础
$$p_z=\frac{lb(p_k-p_c)}{(l+2z\tan\theta)(b+2z\tan\theta)} \tag{9-22}$$

条形基础
$$p_z=\frac{b(p_k-p_c)}{b+2z\tan\theta} \tag{9-23}$$

式中 b——条形和矩形基础底面宽度，m；

l——矩形基础底面长度，m；

p_c——基础底面处土的自重压力值；

z——基础底面至软弱下卧层顶面的距离，m；

θ——地基压力扩散线与垂直线的夹角，可按表 9-11 采用；

p_k——基础底面处的平均压力值，kPa。

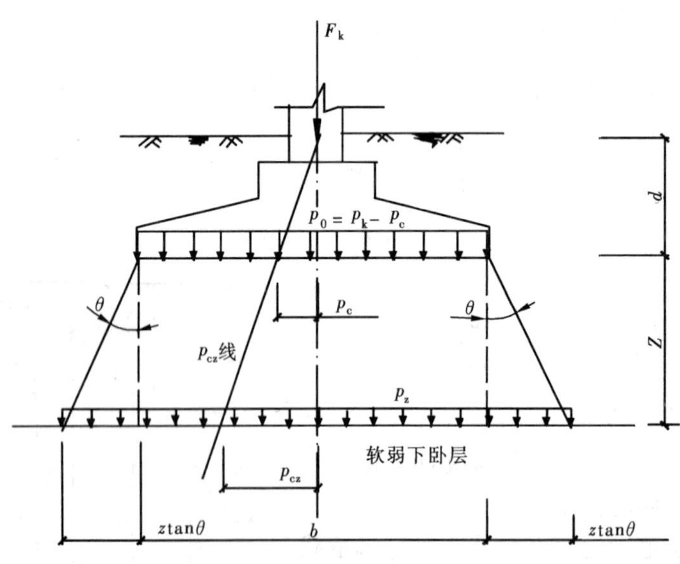

图 9-17 软弱下卧层验算

试验研究表明：基底压力增加到一定数值后，传至软弱下卧层顶的压力将随之迅速增加，即 θ 角迅速减小，直到持力层冲剪破坏时的 θ 值为最小（相当于冲切锥体斜面的倾角，一般不超过 30°）。由此可见，如果满足软弱下卧层验算要求，实际上也就保证了上覆持力层将不发生冲剪破坏。如果软弱下卧层验算不满足要求，应考虑增大基础底面积，或改变基

础埋深，甚至改用地基处理或深基础设计的地基基础方案。

表 9-11 **地基压力扩散角 θ**

E_{s1}/E_{s2}	Z/b	
	0.25	≥0.50
3	6°	23°
5	10°	25°
10	20°	30°

注 1. E_{s1}为上层土压缩模量；E_{s2}为下层土压缩模量。

2. $z<0.25b$ 时一般取 $\theta=0°$，必要时，宜由试验确定；$z>0.50b$ 时 θ 值不变。

【例题 9-4】 柱基础荷载设计值 $F_k=1200$kN，$M_k=140$kN·m；若基础底面尺寸 $b\times l=2.8\text{m}\times3.6\text{m}$。第一层土为杂填土：$\gamma=16.5\text{kN/m}^3$；第二层土为粉质粘土：$\gamma_{sat}=19\text{kN/m}^3$，$e=0.8$，$I_L=0.82$，$f_{ak}=135$kPa，$E_{s1}=7.5$MPa；第三层土为淤泥质粉土：$f_{ak}=85$kPa，$E_{s2}=2.5$MPa。试根据已知和图 9-18 中资料验算基底面积是否满足地基承载力要求。

解 (1) 持力层承载力验算埋深范围内土的加权平均重度。

$$\gamma_{m1}=\frac{16.5\times1.2+(19-10)\times0.8}{2.0}$$
$$=13.5\text{kN/m}^3$$

由粉质粘土 $e=0.8$，$I_L=0.82$ 查表得：$\eta_b=0.3$，$\eta_d=1.6$。

修正后持力层承载力特征值为

$f_a=135+0+1.6\times13.5\times(2-0.5)=167$kPa

基础及回填土重（0.8m 在地下水中）为

$G_k=(20\times1.2+10\times0.8)\times3.6\times2.8=323$kN

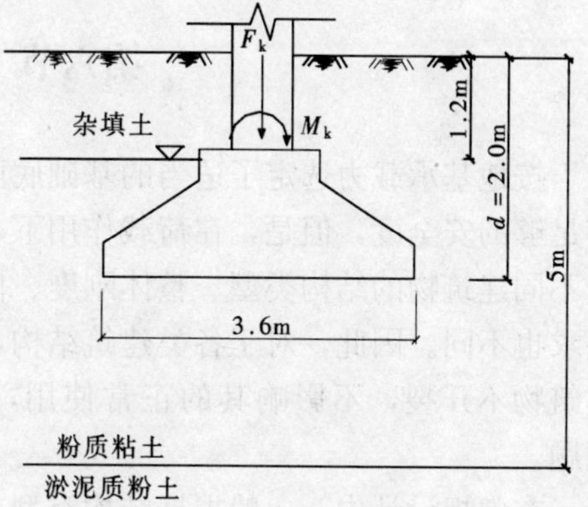

图 9-18 例题 9-4 图

$$e=\frac{M_k}{F_k+G_k}=\frac{140}{1200+323}=0.1\text{m}$$

持力层承载力验算

$$p_k=\frac{F_k+G_k}{A}=\frac{1200+323}{3.6\times2.8}=151\text{kPa}<f_a$$

$$p_{max}=p_k\left(1+\frac{6e}{l}\right)=151\times\left(1+\frac{6\times0.1}{3.6}\right)=151\times(1+0.167)=176\text{kPa}$$
$$<1.2f_a=200\text{kPa}$$

$$p_{min}=151\times(1-0.167)=126\text{kPa}>0$$

故持力层满足承载力要求。

(2) 软弱下卧层承载力验算。

软弱下卧层顶面处自重压力 $p_{cz}=16.5\times1.2+(19-10)\times3.8=54$kPa

软弱下卧层顶面以上土的加权平均重度

$$\gamma_{m2}=\frac{1.2\times16.5+(19-10)\times3.8}{5}=\frac{54}{5}=10.8\text{kN/m}^3$$

由淤泥质粘土查表得 $\eta_d=1.0$

则 $f_{az}=85+1.0\times10.8\times(5-0.5)=134\text{kPa}$

由 $E_{s1}/E_{s2}=7.5/2.5=3$，以及 $z/b=3/2.8=1.07>0.5$，查表得：地基压力扩散角 $\theta=23°$

软弱下卧层顶面处的附加压力

$$p_z=\frac{lb(p_k-\gamma_{m1}d)}{(l+2z\tan\theta)(b+2z\tan\theta)}=\frac{3.6\times2.8\times(151-13.5\times2.0)}{(3.6+2\times3\times\tan23°)(2.8+2\times3\times\tan23°)}$$

$$=38\text{kPa}$$

验算：$p_{cz}+p_z=54+38=92\text{kPa}<f_{az}$

软弱下卧层满足承载力要求。

第六节 地基变形验算

按地基承载力选定了适当的基础底面尺寸，一般可保证建筑物在地基抗剪切破坏方面具有足够的安全度，但是，在荷载作用下，地基土总要产生压缩变形，使建筑物产生沉降。由于不同建筑物的结构类型、整体刚度、使用要求的差异对地基变形的敏感程度、危害、变形要求也不同。因此，对于各类建筑结构，如何控制其不利的沉降形式—地基的特征变形，使建筑物不开裂，不影响其的正常使用，也是地基基础设计必须予以充分考虑的一个基本问题。

在常规设计中，一般根据结构类型、整体刚度、体型大小、荷载分布、基础形式以及土的工程地质特性，计算地基沉降的某一特征值 s，验证其是否不超过相应的允许值 $[s]$，即要求满足下列条件

$$s\leqslant[s] \tag{9-24}$$

式中 s——地基变形计算值；

$[s]$——地基变形允许值，查表 9-12。

式（9-24）中的地基特征变形计算值 s，以对应于荷载效应准永久组合时的附加压力，按前面学过的方法计算沉降量后求得。地基变形允许值 $[s]$ 的确定涉及的因素很多，它与对地基不均匀沉降反应的敏感性、结构强度贮备、建筑物的具体使用要求等条件有关。我国《建筑地基基础设计规范》（GB 50007—2002）综合分析了国内外各类建筑物的有关资料，提出了表 9-12 所示的地基变形允许值供设计时采用。对表中未包括的其他建筑物的地基变形允许值，可根据上部结构对地基特征变形的适应能力和使用要求自行确定。

地基特征变形验算结果如果不满足式（9-24）的条件，可以先通过适当调整基础底面尺寸或埋深，如仍不满足要求，再考虑从建筑、结构、施工诸方面采取有效措施以防止不均匀沉降对建筑物的损害，或改用其他地基基础设计方案。

地基特征变形一般分为沉降量、沉降差、倾斜、局部倾斜。

（1）沉降量。独立基础或刚性特别大的基础中心的沉降值。

（2）沉降差。相邻柱基中点的沉降量之差。

（3）倾斜。基础倾斜方向两端点的沉降差与其距离的比值。

（4）局部倾斜。砌体承重结构沿纵向 6～10m 内基础两点的沉降差与其距离的比值。

对于单层排架结构，在低压缩性地基上一般不会因沉降而损坏，但在中高压缩性地基上，应该限制柱基沉降量，尤其是限制多跨排架中受荷较大的中排柱基的沉降量不宜过大，以免支承于其上相邻屋架发生对倾而使端部相碰。

框架结构和排架结构，主要因柱基的不均匀沉降使结构受剪扭曲而损坏，所以，设计计算应由沉降差来控制。通常认为填充墙框架结构的相邻柱基沉降差按不超过 0.002l 设计时，是安全的。

表 9-12　　建筑物的地基变形允许值

变形特征		地基土类别	
		中、低压缩性土	高压缩性土
砌体承重结构基础的局部倾斜		0.002	0.003
工业与民用建筑相邻柱基的沉降差			
（1）框架结构		0.002l	0.003l
（2）砌体墙填充的边排柱		0.007l	0.001l
（3）当基础不均匀沉降时不产生附加应力的结构		0.005l	0.005l
单层排架结构（柱距为 6m）柱基的沉降量（mm）		(120)	200
桥式吊车轨面的倾斜（按不调整轨道考虑）			
纵向		0.004	
横向		0.003	
多层和高层建筑的整体倾斜	$H_g \leqslant 24$	0.004	
	$24 < H_g \leqslant 60$	0.003	
	$60 < H_g \leqslant 100$	0.0025	
	$H_g > 100$	0.002	
体型简单的高层建筑基础的平均沉降量（mm）		200	
高耸结构基础的倾斜	$H_g \leqslant 20$	0.008	
	$20 < H_g \leqslant 50$	0.006	
	$50 < H_g \leqslant 100$	0.005	
	$100 < H_g \leqslant 150$	0.004	
	$150 < H_g \leqslant 200$	0.003	
	$200 < H_g \leqslant 250$	0.002	
高耸结构基础的沉降量	$H_g \leqslant 100$	400	
	$100 < H_g \leqslant 200$	300	
	$200 < H_g \leqslant 250$	200	

注 1. 本表数值为建筑物地基实际最终变形允许值。
2. 有括号者仅适用于中压缩性土。
3. l 为相邻柱基的中心距离（mm）；H_g 为自室外地面起算的建筑物高度（m）。
4. 倾斜指基础倾斜方向两端点的沉降差与其距离的比值。
5. 局部倾斜指砌体承重结构沿纵向 6～10m 内基础两点的沉降差与其距离的比值。

对于被开窗面积不大的墙砌体所填充的边排柱、尤其是房屋端部抗风柱之间的沉降差，以及当基础不均匀沉降时不产生附加应力的结构相邻柱基的沉降差，也应予以注意。

对于高耸结构以及长高比很小的高层建筑，其地基的主要特征变形是建筑物的整体倾斜。高耸结构重心高，基础倾斜会使重心侧向移动引起的偏心力矩荷载，不仅使基底边缘压力 p_{kmax} 增加，而影响倾覆稳定性，还会导致烟囱等筒体的结构附加弯矩。因此，高耸结构基础的倾斜容许值随结构高度的增加而递减。一般，地基土层的不均匀分布以及邻近建筑物的影响是高耸结构产生倾斜的重要原因，如果地基的压缩性比较均匀，且无邻近荷载的影响，对高耸结构，只要基础中心沉降量不超过表 9-12 中的允许值，可不作倾斜验算。

高层建筑横向整体倾斜容许值主要取决于对人们视觉的影响，倾斜值达到明显可见的程度时大致为 1/250（0.004），而结构损坏则大致当倾斜值达到 1/150 时才开始。

对于有吊车的工业厂房，还应验算桥式吊车轨面纵向或横向的倾斜，以免因倾斜而导致吊车自动滑行或卡轨。

一般砌体承重结构房屋的长高比不太大，因地基沉降所引起的损坏，最常见的是房屋外纵墙由于相对挠曲引起的拉应变形成的裂缝，有裂缝呈正“八”字形的墙体正向挠曲（下凹），和呈倒“八”字形的反向挠曲（凸起）。但是，墙体的相对挠曲不易计算，一般以沿纵墙一定距离范围（6～10m）内基础两点的沉降量计算局部倾斜，作为砌体承重墙结构的主要特征变形。

由于沉降计算方法误差较大，理论计算结果常和实际产生的沉降有出入，因此，对于重要的、新型的、体形复杂的房屋和结构物或使用上对不均匀沉降有严格要求的房屋和结构物，还要进行系统的沉降观测。一方面能观测沉降发展的趋势并预估最终沉降量，以便及时研究加固和处理措施，另一方面也可以验证地基基础设计计算的正确性，以完善设计规范。

沉降观测点的布置，应根据建筑物体型、结构、工程地质条件等综合考虑，一般设在建筑物四周角点、转角处、中点以及沉降缝和新老建筑物连接处的两侧，或地基条件有明显变化的地段内，测点的间隔距离为 8～12m。

沉降观测应从施工时就开始，民用建筑每增高一层观测一次。工业建筑应在不同的荷载阶段分别进行观测，完工后逐渐拉开观测间隔时间直至沉降稳定为止。稳定标准为半年的沉降量不超过 2mm。当工程有特殊要求时，应根据要求进行观测。

在必要的情况下，需要分别预估建筑物在施工期间和使用期间的地形变形值，以便预留建筑物有关部分之间的净空，并考虑连接方法和施工顺序。一般浅基础的建筑物在施工期间完成的沉降量，对于砂土可认为其最终沉降量已基本完成，对于低压缩粘性土可认为已完成最终沉降量的 50％～80％，对于中压缩粘性土可认为已完成 20％～50％，对于高压缩粘性土可认为已完成 5％～20％。在软土地基上，埋深 5m 左右的高层建筑箱型基础在结构竣工时已完成其最终沉降量的 60％～70％。

第七节 常规浅基础设计

一、无筋扩展基础设计

由于无筋扩展基础通常由砖石、素混凝土、三合土和灰土等材料建造的，这些材料具有抗压强度高而抗拉、抗剪强度低的特点，所以在进行刚性基础设计时，基础应承受主要的压应力，并保证基础内产生的拉应力和剪应力都不超过材料强度。具体设计中是通过对基础的外伸宽度与基础高度的比值进行验算来实现。同时，基础宽度还应满足地基承载力的要求。

1. 无筋扩展基础的构造要求

按照建造基础的材料不同，无筋扩展基础可分为砖基础、毛石基础、三合土基础、灰土基础、混凝土基础和毛石混凝土基础等。在设计刚性基础时应按其材料特点满足相应的构造要求。

（1）砖基础。砖基础采用的砖强度等级应不低于 MU10，砂浆强度等级应不低于 M5，在地下水位以下或地基土比较潮湿时，应采用水泥砂浆砌筑。基础底面以下一般先做 100mm 厚的灰土垫层或混凝土垫层，混凝土强度等级为 C7.5 或 C15。

（2）毛石基础。毛石基础采用的材料为未加工或仅稍做修正的未风化的硬质岩石，每级高度一般不小于 200mm。当毛石形状不规则时，其高度不应小于 150mm，基础底面以下一般先做 100mm 厚的灰土垫层或混凝土垫层，混凝土强度等级为 C7.5 或 C10。

（3）三合土基础。三合土基础由石灰、砂和骨料（矿渣、碎砖或碎石）加适量的水充分搅拌均匀后，铺在基槽内分层夯实而成。三合土的配方比（体积比）为 1∶2∶4 或 1∶3∶6，在基槽内每层虚铺 220mm，夯实至 150mm。

（4）灰土基础。灰土基础由熟化后的石灰和粘土按比例拌合并夯实而成。常用的配合比（体积比）有3∶7和 2∶8，铺在基槽内分层夯实，每层虚铺 220～250mm 夯实至 150mm。其最小干密度要求为：粉土 15.5kN/m^3，粉质粘土 15.0kN/m^3，粘土 14.5kN/m^3。

（5）混凝土和毛石混凝土基础。混凝土基础一般用 C15 以上的素混凝土做成。毛石混凝土基础是在混凝土基础中加入 25%～30%（体积比）的毛石形成，且用于砌筑的毛石直径不宜大于 300mm。

2. 无筋扩展基础的设计计算步骤

（1）初步选定基础高度 H

混凝土基础的高度 H 不宜小于 200mm。对于石灰三合土基础和灰土基础，基础高度 H 应为 150mm 的倍数。砖基础的高度应符合砖的模数，标准砖的规格为 240mm×115mm×53mm，在布置基础剖面时，大放脚的每皮宽度和高度均应满足要求。

（2）基础宽度 b 的确定

根据地基承载力要求初步确定基础宽度，再按下列公式进一步验算基础的宽度

$$b \leqslant b_0 + 2H\tan\alpha \tag{9-25}$$

式中 b——基础的宽度；

b_0——基础顶面的砌体宽度；

H——基础高度；

$\tan\alpha$——基础台阶宽高比的允许值，见表 9-3，α 称为刚性角。

【例题 9-5】 某承重砖墙混凝土基础的埋深为 1.5m，上部结构传来的压力 F_k=200kN/m。持力层为粉质粘土，其天然重度 γ=17.5kN/m^3，孔隙比 e=0.843，液性指数 I_L=0.76，承载力特征值 f_{ak}=150kPa，地下水位在基础底面以下，试设计此基础。

解 （1）修正后的地基承载力特征值的确定。

按基础宽度 b 小于 3m 考虑，不作宽度修正。根据土的孔隙比和液性指数查表得 η_d=1.6，则

$$f_a = f_{ak} + \eta_d \gamma_m (d-0.5)$$

$$=150+1.6\times17.5\times(1.5-0.5)$$
$$=178\text{kPa}$$

（2）确定基础宽度。

$$b\geqslant\frac{F_k}{f-\gamma_G d}=\frac{200}{178-20\times1.5}=1.35\text{m}$$

初步选定基础宽度为 1.40m。

（3）基础剖面设计。

选定基础高度 $H=300$mm，大放脚采用标准砖砌筑，每皮宽度 $b_1=60$mm，$h_1=120$mm，共砌五皮，大放脚的底面宽度 $b_0=240+2\times5\times60=840$mm，如图 9-20 所示。

（4）按台阶的宽高比要求验算基础的宽度。

基础采用 C10 混凝土砌筑，基底的平均压力为

$$p_k=\frac{F_k+G_k}{A}=\frac{200+20\times1.4\times1.5}{1.4\times1.0}=172.8\text{kPa}<f_a$$

查表 9-3 得到台阶的允许宽高比 $\tan\alpha=1.0$，则

$$b\leqslant b_0+2H\tan\alpha=0.84+2\times0.3\times1.0=1.44\text{m}$$

取基础宽度为 1.40m 满足设计要求。

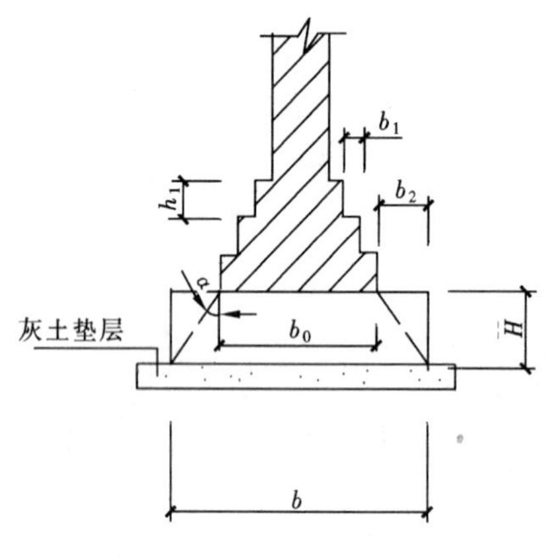

图 9-19 无筋扩展基础

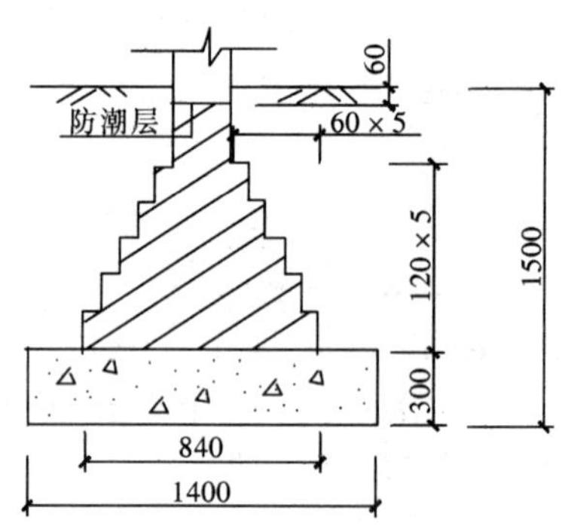

图 9-20 砖墙混凝土基础剖面

二、扩展基础设计

（一）墙下钢筋混凝土条形基础设计

墙下钢筋混凝土条形基础的构造要求如下。

墙下钢筋混凝土条形基础按外形不同可分为无肋板式条形基础和有肋板式条形基础两种。

墙下钢筋混凝土条型基础一般采用阶梯形、锥形和矩形断面。锥形基础的边缘高度一般不宜小于 200mm，也不宜大于 500mm；阶梯形基础的每阶高度，宜为 300～500mm；基础高度小于 250mm 时，也可做成矩形的等厚度板。

通常在底板下宜设 C10 素混凝土垫层。垫层厚度一般为 100mm，两边伸出基础底板一般为 100mm。

底板受力钢筋直径不宜小于 10mm，间距不大于 200mm 和小于 100mm；底板纵向分布钢筋直径不宜小于 8mm，间距不大于 300mm，每延米分布钢筋的面积应不小于受力钢筋面

积的1/10；当基础宽$b \geqslant 2.5$m时，底板受力钢筋的长度可取宽度的0.9，并交错布置。钢筋的保护层，当设垫层时不宜小于40mm；无垫层时不宜小于70mm。

混凝土强度等级不应低于C20。

当地基软弱时，为了减小不均匀沉降的影响，基础断面可采用带肋梁的底板，肋梁的纵向钢筋和箍筋按经验确定或按弹性地基梁计算。

其他构造要求详见《建筑地基基础设计规范》(GB 50007—2002)。

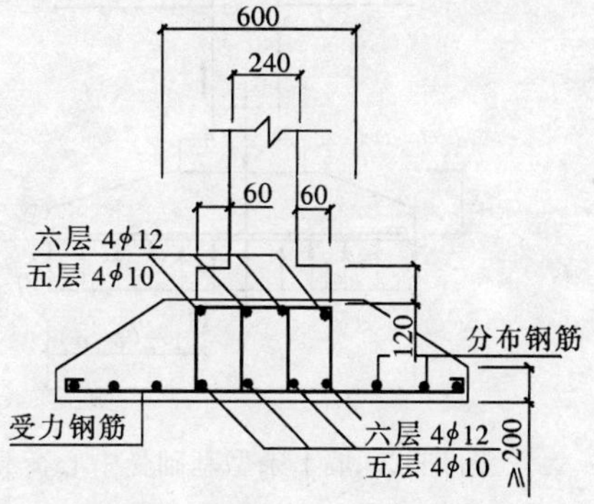

图9-21 墙下钢筋混凝土条形基础构造

（二）墙下钢筋混凝土条形基础的底板厚度和配筋计算

1. 中心荷载作用

墙下钢筋混凝土条形基础在均布线荷载F(kN/m)作用下的受力分析可简化为如图9-22所示的模型。它的受力情况如同一受p_j作用的倒置悬臂梁。p_j是指由上部结构荷载F在基底产生的净反力（不包括基础自重和基础台阶上回填土重所引起的反力）若取沿墙长度方向$l=1$m的基础板分析，则

$$p_j=\frac{F}{b \cdot l}=\frac{F}{b} \tag{9-26}$$

式中 p_j——地基净反力，kPa；

F——上部结构传至基础顶面的荷载，kN/m；

b——墙下钢筋混凝土条形基础宽度，m。

在p_j作用下，将在基础底板内产生弯矩M和剪力V，其值在图9-22中Ⅰ—Ⅰ截面（悬臂板根部）最大。

$$V_{\mathrm{I}}=\frac{1}{2}p_j\ (b-a) \tag{9-27}$$

$$M_{\mathrm{I}}=\frac{1}{8}p_j\ (b-a)^2 \tag{9-28}$$

式中 V_{I}——基础底板根部的剪力值，kN/m；

M_{I}——基础底板根部的弯矩值，kN·m；

a——砖墙厚。

为了防止因V、M作用而使基础底板发生冲切破坏和弯曲破坏，基础底板应有足够的厚度和配筋。

基础底板由于基础内不配箍筋和弯筋，故基础底板厚度应满足混凝土的抗剪切条件

$$V_{\mathrm{I}} \leqslant 0.07 f_c h_0 \tag{9-29}$$

或

$$h_0 \geqslant \frac{V}{0.07 f_c} \tag{9-30}$$

式中 f_c——混凝土轴心抗压强度设计值，kPa；

h_0——基础底板有效高度，m。

基础底板配筋按下式计算

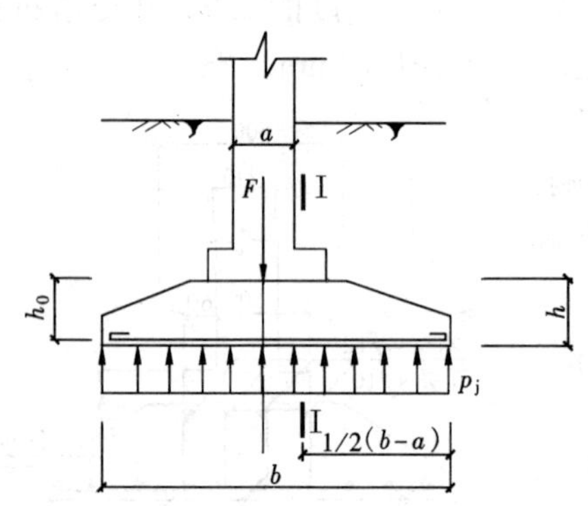

图 9-22 墙下条型基础受中心荷载作用

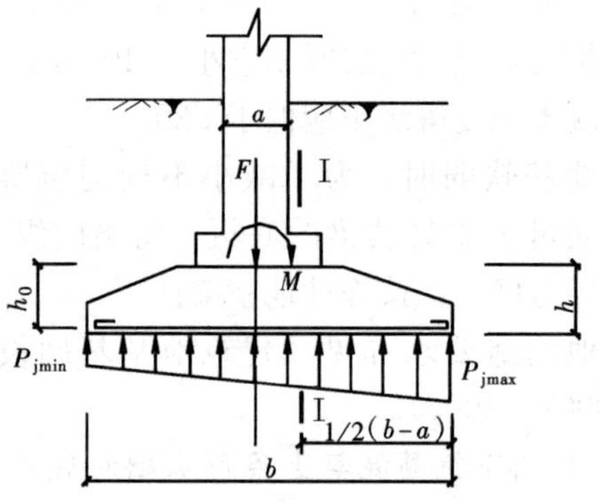

图 9-23 墙下条型基础受偏心荷载作用

$$A_s = \frac{M_{\mathrm{I}}}{0.9h_0 f_y} \tag{9-31}$$

式中 A_s——每米长基础底板受力钢筋截面积；

f_y——钢筋抗拉强度设计值。

2. 偏心荷载作用

先计算基底净反力的偏心距 e_{j0}

$$e_{j0} = \frac{M}{F}\left(一般要求\ e_{j0} \leqslant \frac{b}{6}\right) \tag{9-32}$$

基础边缘处的最大和最小净反力为

$$p_{\substack{jmax\\jmin}} = \frac{F}{b}\left(1 \pm \frac{6e_{j0}}{b}\right) \tag{9-33}$$

图 9-23 中悬臂根部截面Ⅰ-Ⅰ处的净反力为

$$p_{j\mathrm{I}} = p_{jmin} + \frac{b+a}{2b}\ (p_{jmax} - p_{jmin}) \tag{9-34}$$

基础的高度和配筋计算仍按式（9-30）和式（9-31）进行；不过，在计算剪力 V 和弯矩 M 时应将式（9-27）和式（9-28）中的 p_j 改为$\frac{1}{2}(p_{jmax} + p_{j\mathrm{I}})$。这样计算，当 p_{jmax}/p_{jmin} 值很大时，计算的 M 值略偏小。

（三）柱下钢筋混凝土独立基础设计

1. 柱下钢筋混凝土独立基础的构造要求

柱下钢筋混凝土独立基础，除了满足墙下钢筋混凝土条形基础的一般要求外，尚应满足如下一些要求。

矩形独立基础底面的长边与短边的比值 l/b，一般取 1～1.5。阶梯形基础每阶高度一般为 300～500mm。基础的阶数可根据基础的高度设置，当 $H \leqslant 500$mm 时，宜分为一级；当 500mm$\leqslant H \leqslant$900mm 时，宜分为二级；当 $H >$900mm 时，宜分为三级。锥型基础的边缘高度，一般不宜小于 200mm，也不宜大于 500mm；锥形坡度角一般取 25°；锥型基础的顶部每边宜沿柱边放出 50mm。

柱下钢筋混凝土单独基础的受力钢筋应双向配置。当基础宽度大于或等于 2.5m 时，底板受力钢筋的长度可取边长或宽度的 0.9，并交错布置。对于现浇柱基础，如基础不与柱同时现浇，则应设置插筋，插筋在柱内的纵向钢筋连接宜优先采用焊接或机械连接的接头，插筋的直径、钢筋种类、根数及其间距应与柱内的纵向钢筋相同，插筋的下端宜作成直钩放在基础底板钢筋网上。当符合下列条件之一时，可仅将四角的插筋伸至底板钢筋网上，其余插筋锚固在基础顶面以下 l_a 或 l_{aE}处。

(1) 柱为轴心受压或小偏心受压，基础高度大于等于 1200mm；

(2) 柱为大偏心受压，基础高度大于 1400mm。

l_a 和 l_{aE}及其他构造要求详见《建筑地基基础设计规范》(GB 50007—2002)。

2. 中心荷载下作用柱下钢筋混凝土独立基础高度和配筋计算

(1) 基础截面的抗冲切验算与基础高度的确定。在柱中心荷载 F (kN) 作用下，如果基础高度（或阶梯高度）不足，则将沿着柱周边（或阶梯高度变化处）产生冲切破坏，形成45°斜裂面的角锥体，如图 9-24 所示。因此，由冲切破坏锥体以外的地基净反力所产生的冲切力应小于冲切面处混凝土的抗冲切能力。对于矩形基础，柱短边 b_c 一侧冲切破坏较柱长边 a_c 一侧危险，所以，只需根据短边一侧冲切破坏条件来确定底板厚度，即要求

$$F_l \leqslant 0.7\beta_{hp} f_t a_m h_0 \quad (9\text{-}35)$$

$$a_m = (a_t + a_b)/2 \quad (9\text{-}36)$$

$$F_l = p_j A_l \quad (9\text{-}37)$$

式中 β_{hp}——受冲切承载力截面高度影响系数，当 $h \leqslant 800$mm 时，β_{hp}取 1.0；当 $h \geqslant 2000$mm 时，β_{hp}取 0.9，其间按线性内插法取值。

f_t——混凝土抗拉强度设计值，kPa。

a_m——冲切破坏锥体最不利一侧计算长度。

h_0——基础冲切破坏锥体的有效高度。

a_t——冲切破坏锥体最不利一侧斜截面的上边长，当计算柱与基础交接处的受冲切承载力时，取柱宽；当计算基础变阶处的受冲切承载力时，取上阶宽。

a_b——冲切破坏锥体最不利一侧斜截面在基础底面积范围内的下边长，当冲切破坏锥体的底面落在基础底面以内，计算柱与基础交接处的受冲切承载力时，取柱宽加两倍基础有效高度；当计算基础变阶处的受冲切承载力时，取上阶宽加两倍该处的基础有有效高度。当冲切破坏锥体的底面在 b 方向落在基础底面以外，即 $a+2h_0 \geqslant b$ 时，$a_b = b$。

p_j——荷载效应基本组合时的地基土单位面积净反力，对偏心受压基础可取基础边沿处的最大地基土单位面积净反力。

A_l——冲切验算时取用的部分基底面积；图 9-24 (a) 中的阴影面积 $ABCDEF$，或图 9-24 (b) 中的阴影面积 $ABCD$。

F_l——相应于荷载效应基本组合时作用在 A_l 上的地基土净反力设计值。

当 $b > b_c + 2h_0$ 时

$$A_l = \left(\frac{l}{2} - \frac{a_c}{2} - h_0\right)b - \left(\frac{b}{2} - \frac{b_c}{2} - h_0\right)^2 \quad (9\text{-}38)$$

$$a_t = b_c$$

$$a_b = b_c + 2h_0$$

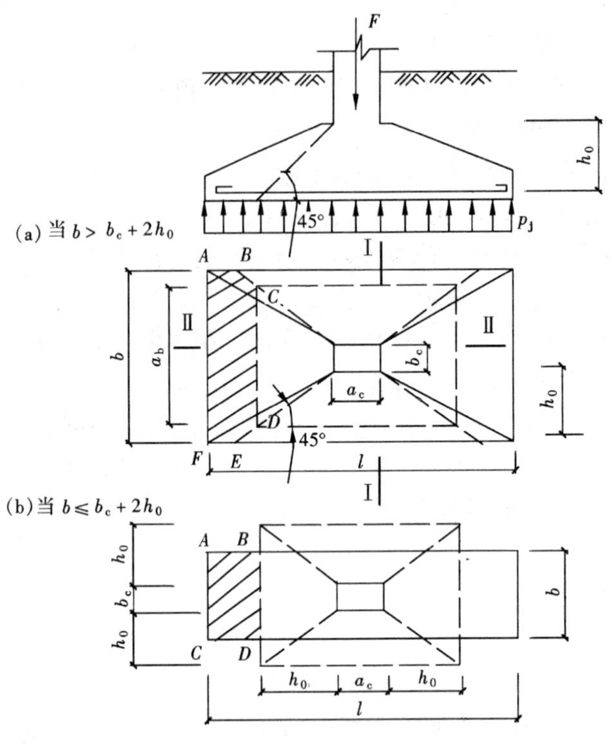

图 9-24 中心受压柱基础

$$a_m = (a_t + a_b)/2 = (b_c + b_c + 2h_0)/2 = b_c + h_0$$

当 $b \leqslant b_c + 2h_0$

$$A_l = \left(\frac{l}{2} - \frac{a_c}{2} - h_0\right)b \tag{9-39}$$

$$a_t = b_c$$

$$a_b = b$$

$$a_m = (a_t + a_b)/2 = (b_c + b)/2$$

式中 a_c、b_c——分别为柱长边、短边尺寸，m；

h_0——基础有效高度，m。

其余符号同前。

当基础剖面为阶梯形时，除可能在柱子周边开始沿 45°斜面拉裂形成冲切角锥体外，还可以从变阶处开始沿 45°斜面拉裂。因此，还应验算变阶处的有效高度 h_{01}。验算方法与上述基本相同，仅需将上述公式中的 b_c 和 a_c 分别换成变形阶处台阶尺寸 b_1 和 a_1 即可。

当初选的基础高度不满足抗冲切验算要求时，可适当增加基础高度后重新验算，直至满足要求为止。

（2）基础底板配筋。由于单独基础底板在 P_j 作用下，在两个方向均发生弯曲，所以两个方向都要配受力钢筋，钢筋面积按两个方向的最大弯矩分别计算

Ⅰ—Ⅰ截面

$$M_{\mathrm{I}} = \frac{p_j}{24}(l - a_c)^2(2b + b_c) \tag{9-40}$$

$$A_{s\,\mathrm{I}}=\frac{M_{\mathrm{I}}}{0.9h_0f_y} \tag{9-41}$$

Ⅱ—Ⅱ截面

$$M_{\mathrm{II}}=\frac{p_j}{24}(b-b_c)^2(2l+a_c) \tag{9-42}$$

$$A_{s\,\mathrm{II}}=\frac{M_{\mathrm{II}}}{0.9(h_0-d)f_y} \tag{9-43}$$

3. 偏心荷载作用下柱下钢筋混凝土独立基础高度和配筋计算

（1）基础底板厚度。偏心受压基础底板厚度计算方法与中心受压相同。仅需将式(9-37)中的 p_j 以基底最大设计净反力 p_{jmax} 代替即可（偏于安全）（图 9-25）

$$p_{jmax}=\frac{F}{lb}\left(1+\frac{6e_{j0}}{l}\right) \tag{9-44}$$

式中 e_{j0}——净偏心距，$e_{j0}=\frac{M}{F}$。

（2）基础底板配筋。

偏心受压基础底板配筋计算与中心受压基本相同。只需将式(9-40)～式(9-42)中的 p_j 换成偏心受压时柱边处（或变阶面处）基底设计反力 $p_{j\mathrm{I}}$（或 $p_{j\mathrm{II}}$）与 p_{jmax} 的平均值（图 9-25）：$\frac{1}{2}(p_{jmax}+p_{j\mathrm{I}})$ 或 $\frac{1}{2}(p_{jmax}+p_{j\mathrm{II}})$。

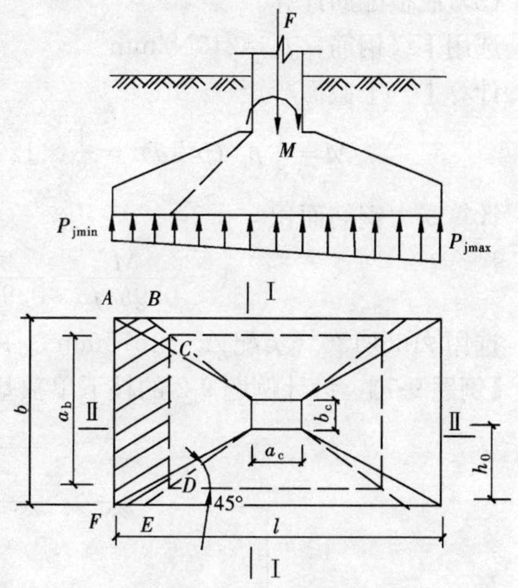

图 9-25 偏心受压柱基础

【例题 9-6】 已知某工程墙体（370mm）传至基础的荷载为 $F=360\mathrm{kN/m}$，基础埋深 $d=1.75\mathrm{m}$，经深度修正的地基承载力特征值 $f_a=165\mathrm{kPa}$。试设计该墙下钢筋混凝土条形基础。

解 （1）求基础宽度。

$$b\geqslant\frac{F}{f_a-\gamma_G d}=\frac{360}{165-20\times1.75}=2.77\mathrm{m}$$

取基础宽度 $b=2.80\mathrm{m}$。

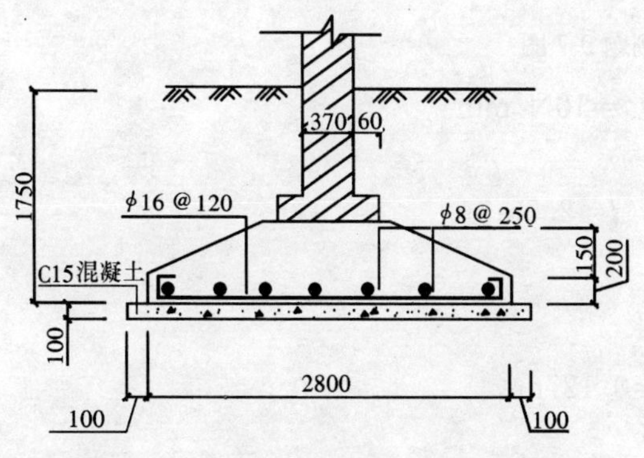

图 9-26 例题 9-6 图

（2）确定基础高度。

按 $h=\frac{b}{8}=\frac{2800}{8}=350\mathrm{mm}$，根据墙下钢筋混凝土基础构造要求，初步绘制基础剖面，如图 9-26 所示。基础抗剪切验算如下：

计算地基净反力设计值

$$p_j=\frac{F}{b}=\frac{360}{2.8}=129\mathrm{kPa}$$

计算Ⅰ—Ⅰ截面的剪力设计值

$$V=\frac{1}{2}p_j\ (b-a)$$
$$=\frac{1}{2}\times129\times\ (2.8-0.37)$$
$$=157\text{kN/m}$$

选用 C20 混凝土，$f_c=10\text{N/mm}^2$

计算基础至少所需有效高度

$$h_0=\frac{V}{0.07f_c}=\frac{157\times10^3}{0.07\times10\times10^6}=0.224\text{m}$$

实际基础有效高度 $h_0=350-45=305\text{mm}>224\text{mm}$，满足要求。

（3）底板配筋计算。

选用Ⅰ级钢筋，$f_y=210\text{N/mm}^2$

计算Ⅰ—Ⅰ截面弯矩

$$M=\frac{1}{8}p_j\ (b-a)^2=\frac{1}{8}\times129\times\ (2.8-0.37)^2=95.2\text{kN}\cdot\text{m}$$

计算受力钢筋面积

$$A_s=\frac{M}{0.9h_0f_y}=\frac{95.2\times10^6}{0.9\times305\times210}=1651\text{mm}^2$$

选用 ϕ16@120（实配 $A_s=1675\text{mm}^2>1651\text{mm}^2$），分布筋选 ϕ8@250。

【例题 9-7】 设计例题 9-2 的柱下单独基础。材料选用 C20 混凝土，Ⅰ级钢筋。

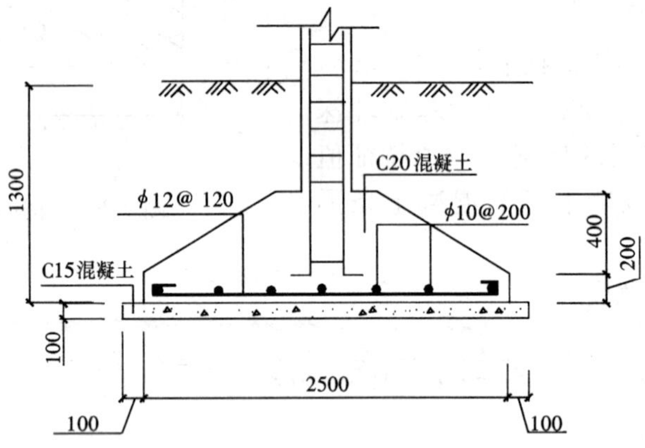

图 9-27 例题 9-7 图

解 查得 C20 混凝土，$f_t=1.1\text{N/mm}^2$，$f_c=10\text{N/mm}^2$

Ⅰ级钢筋，$f_y=210\text{N/mm}^2$

已知 $a_c=400\text{mm}$，$b_c=350\text{mm}$，$b=1.6\text{m}$，$l=2.5\text{m}$。

初步选择基础高度 $h=600\text{mm}$。

（1）计算基底净反力。

偏心距 $e_{j0}=\dfrac{M+Vh}{F}=\dfrac{80+15\times0.6}{700}=\dfrac{89}{700}=0.127\text{m}$

基础最大和最小净反力

$$p_{\text{jmax}}=\frac{F}{lb}\left(1+\frac{6e_{\text{j0}}}{l}\right)=\frac{700}{2.5\times1.6}\times\left(1+\frac{6\times0.127}{2.5}\right)=228\text{kPa}$$

$$p_{\text{jmin}}=\frac{F}{lb}\left(1-\frac{6e_{\text{j0}}}{l}\right)=\frac{700}{2.5\times1.6}\times\left(1-\frac{6\times0.127}{2.5}\right)=122\text{kPa}$$

（2）柱边基础截面抗冲切验算。

$$h_0=555\text{mm}\ （有垫层）$$

$$b_c+2h_0=0.35+2\times0.555=1.46\text{m}<b=1.6\text{m}$$

因偏心受压，按公式验算时 p_j 取 p_{jmax}

冲切力：

$$F_l=p_{\text{jmax}}\left[\left(\frac{l}{2}-\frac{a_c}{2}-h_0\right)b-\left(\frac{b}{2}-\frac{b_c}{2}-h_0\right)^2\right]$$

$$=228\times\left[\left(\frac{2.5}{2}-\frac{0.4}{2}-0.555\right)\times1.6-\left(\frac{1.6}{2}-\frac{0.3}{2}-0.555\right)^2\right]$$

$$=179.5\text{kN}$$

抗冲切力：$\beta_{\text{hp}}=1.0$

$$a_m=(a_t+a_b)/2=(b_c+b_c+2h_0)/2=b_c+h_0=350+550=905\text{mm}$$

$$0.7\beta_{\text{hp}}f_t a_m h_0=0.7\times1.0\times1.1\times10^3\times0.905\times0.555$$

$$=386.8\text{kN}>178.5\text{kN}$$

满足抗冲切要求

（3）配筋计算。

1）基础长边方向。

Ⅰ—Ⅰ截面（柱边）

柱边净反力

$$p_{\text{jⅠ}}=p_{\text{jmin}}+\frac{l+a_c}{2l}(p_{\text{jmax}}-p_{\text{jmin}})$$

$$=122+\frac{2.5+0.4}{2\times2.5}\times(228-122)$$

$$=183\text{kPa}$$

悬臂部分净反力平均值

$$\frac{1}{2}(p_{\text{jmax}}+p_{\text{jⅠ}})=\frac{1}{2}\times(228+183)=206\text{kPa}$$

弯矩

$$M_Ⅰ=\frac{1}{24}\left(\frac{p_{\text{jmax}}+p_{\text{jⅠ}}}{2}\right)(l-a_c)^2(2b+b_c)$$

$$=\frac{1}{24}\times206\times(2.5-0.4)^2\times(2\times1.6+0.35)$$

$$=134\text{kN}\cdot\text{m}$$

$$A_{sⅠ}=\frac{M_Ⅰ}{0.9f_y h_0}=\frac{134\times10^6}{0.9\times210\times555}=1277\text{mm}^2$$

实际配筋 $\phi12@120$，$A_s=1470.4\text{mm}^2$。

2）基础短边方向。

因该基础受单向偏心荷载作用，所以，在基础短边方向的基底反力可按均匀分布计算，取 $p_j=\frac{1}{2}(p_{jmax}+p_{jmin})$计算。

$$p_j=\frac{1}{2}(228+122)=175\text{kPa}$$

$$M_{\text{II}}=\frac{p_j}{24}(b-b_c)^2(2l+a_c)=\frac{175}{24}(1.6-0.35)^2\times(2\times2.5+0.4)=62\text{kN}\cdot\text{m}$$

$$A_{s\text{II}}=\frac{M_{\text{II}}}{0.9(h_0-d)f_y}=\frac{62\times10^6}{0.9\times(555-14)\times210}=606\text{mm}^2$$

实际配筋 ϕ10@200，$A_s=942\text{mm}^2$。

第八节　柱下钢筋混凝土条形基础设计

一般情况下，柱下基础应首选独立基础。但是，若遇到柱荷载较大，地基承载力低或各柱荷载差异过大，地基土质变化较大等情况，采用独立基础无法满足设计要求时，则可考虑采用柱下条形基础等基础形式。柱下条形基础在其纵、横两个方向均产生弯曲变形，故在这两个方向的截面内均存在剪力和弯矩。柱下条形基础的横向剪力与弯矩通常可考虑由翼板的抗剪、抗弯能力承担，其内力计算与墙下条形基础相同。柱下条形基础纵向的剪力和弯矩一般则有基础梁承担，基础梁的纵向内力通常可采用简化法或弹性地基梁法计算。

一、柱下条形基础的构造要求

柱下条形基础由沿柱列轴线的肋梁以及从梁底沿其横向伸出的翼板组成。基础走向应结合柱网行列间距、荷载分布和地基情况适当选择。基础宽度受横向柱距和基础结构合理设计的限制，所以，相应于柱荷载的大小，条型基础的地基承载力不能过低。在软土地区，基底下易保留较厚的硬壳层或敷设一定厚度的砂石垫层。

在基础平面布置允许的情况下，条形基础梁的两端宜伸出边柱之外，伸出长度 l_0 宜为 $(1/4\sim1/3)l_1$（l_1 为边跨柱距），其作用在于增加基底面积，调整底面形心位置，使基底压力分布较为均匀，并使各柱下弯矩与跨中弯矩趋于均衡以利于配筋。

条型基础的肋梁高度应综合考虑地基与上部结构对基础抗弯刚度的要求选择，一般宜为柱距的 1/8～1/4，并经承载力验算确定。翼板厚度 h_f 也应由计算确定，一般不宜小于 200mm；当 $h_f=200\sim250$mm 时，宜取等厚度板，当 $h_f>250$mm 时，宜用变厚度翼板，板顶坡面 $i\leqslant1:3$，如图 9-28 所示。

一般柱下条形基础沿梁纵向取等截面，当柱荷载较大时，可在柱两侧局部增高（加腋），当柱截面边长大于或等于肋宽时，可仅在柱位处将肋部加宽，现浇柱与条形基础梁的交接处平面尺寸不应小于图 9-28 中的要求。

基础梁内纵向受力钢筋宜选用Ⅱ级钢筋，顶面和底面的纵向受力钢筋除满足计算要求外，顶部钢筋按计算配筋全部贯通，底部通长钢筋不应少于底部受力钢筋总面积的 1/3，当基础梁高大于 700mm 时，应在梁的两侧放置直径大于等于 ϕ10 的腰筋。

基础梁内的箍筋应做成封闭式，直径不小于 8mm；当梁宽 $b\leqslant350$mm 时用双肢箍，当

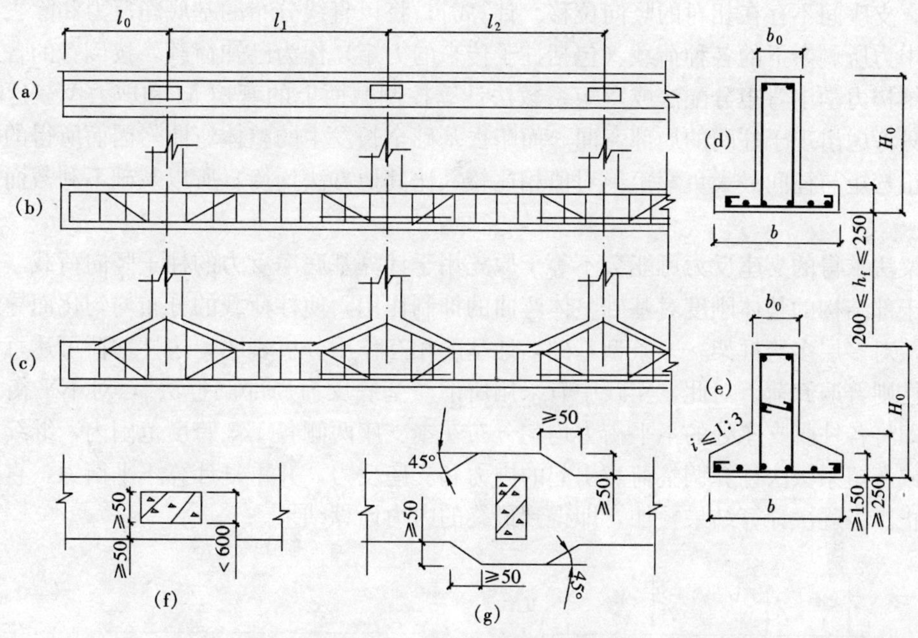

图 9-28 柱下条形基础的构造

(a) 平面图；(b)、(c) 纵剖面图；(d)、(e) 横剖面图；(f)、(g) 现浇柱与条形基础梁交接处平面尺寸

300mm＜b≤800mm 时用四肢箍，当 b＞800mm 时用六肢箍。底板钢筋直径不宜小于 8mm，间距宜为 100～200mm。

基础梁混凝土强度等级，不应低于 C20。基础垫层、钢筋保护层厚度可参考常规浅基础中钢筋混凝土墙下条基和柱下独立基础的构造要求。

二、柱下钢筋混凝土条形基础内力计算方法

在计算基础内力、确定截面尺寸、配置钢筋之前，应先按常规方法选定基础底面的长度 l 和宽度 b。基础长度可按主要荷载合力作用点与基底形心尽量靠近的原则，并结合端部伸出边柱以外的长度 l_0 确定。然后按地基持力层的承载力计算所需的宽度，有必要的话，还要验算软弱下卧层及基底变形。

当地基持力层比较均匀，上部结构刚度较好，荷载分布较均匀，且条型基础梁的高度不小于 1/6 柱距时，地基反力可按直线分布，条型基础梁的内力可按连续梁计算。当不满足上述条件时，宜按弹性地基梁计算。

按直线分布的基底反力计算方法如下。

假设基础具有足够的相对刚度，基底反力按直线分布，基础梁内力计算方法常用静定分析法和倒梁法。

静定分析法不考虑与上部结构的相互作用，因而在荷载和直线分布的基底反力作用下产生整体弯曲。计算时，先求出基底净反力，然后将柱子传下的荷载和基底净反力作用在基础梁上，按结构力学中静力平衡条件计算出控制截面上的弯矩 M 和剪力 V。与其他方法相比，静定分析法计算结果所得的基础不利截面上的弯矩绝对值较大。此法只宜用于上部为柔性结构、且自身刚度较大的条形基础以及联合基础。

倒梁法认为上部结构是刚性的，各柱之间没有沉降差异，因而可把柱脚视为条形基础的铰支座，支座间不存在相对的竖向位移。计算时，将以直线分布的基底净反力和除去柱子的竖向集中力所剩余下的各种荷载（包括柱子传来的力矩）作为已知荷载，按倒置的普通连续梁，用结构力学中弯矩分配法或弯矩系数法计算控制截面上的弯矩 M 和剪力 V。这种计算模型，只考虑出现于柱间的局部弯曲，而略去基础全长发生的整体弯曲，因而所得的柱位处截面的正弯矩与柱间最大负弯矩绝对值相比较，比其他方法均衡，所以基础不利截面的弯矩最小。

倒梁法求得的支座反力可能会不等于原先用于计算基底净反力的柱子竖向荷载。这被认为是由于部结构的整体刚度对基础整体弯曲的抑制作用，使柱荷载的分布均匀化而导致出现此结果。对多层多跨框架——条型基础，地基的相互作用分析表明，边柱增荷可达百分之几十，内柱则普遍卸荷。对此，实践中有采用所谓“基底反力局部调整法”，对不平衡力进行调整。即将各柱脚支座处的不平衡力均匀分布在本支座两侧各 1/3 跨度范围内，继续用弯矩分配法或弯矩系数法计算调整荷载引起的内力和支座反力，并重复计算不平衡力，直至达到要求为止。将逐次计算结果叠加，即得到最终的内力计算结果。

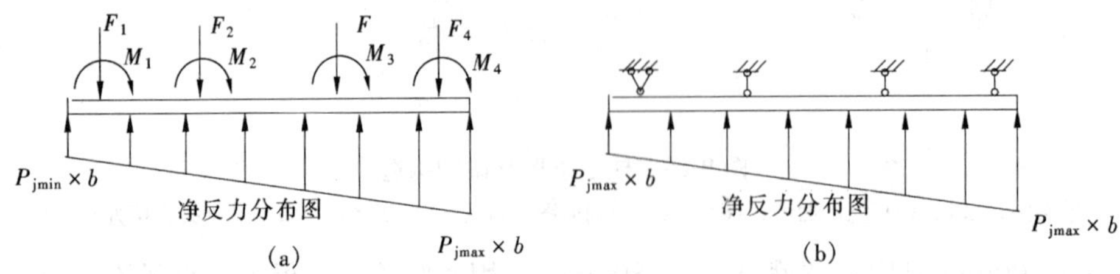

图 9-29 用倒梁法计算地基梁简图

(a) 基底反力分布；(b) 按连续梁求内力

考虑到按倒梁法计算时，基础以及上部结构的刚度较好，由于架越作用较强，基础两端部的基底反力可能会比直线分布的反力有所增加。此时边跨跨中弯矩及第一支座的弯矩值宜乘以 1.2 的系数。值得注意的是，当荷载较大、土的压缩性较高或基础埋深较浅时，随着端部基底下塑性区的开展，架越作用将减弱、消失，甚至出现基底反力从端部向内转移的相反现象。

柱下条形基础除了进行抗弯、抗剪验算外，当存在扭矩时，尚应进行抗扭验算；当条形基础的混凝土强度等级小于柱的混凝土强度等级时，尚应验算柱下条型基础梁顶面的局部受压承载力。

【例题 9-8】 试确定如图 9-30（a）所示条形基础的底面尺寸，并用倒梁法分析内力。已知：基础埋深 $d=1.5\text{m}$，修正后的地基承载力特征值 $f_a=160\text{kPa}$，其余数据见图9-30（a）。

解 （1）确定基础底面尺寸。

各柱竖向力的合力，距图中 A 点的距离 x 为

$$x=\frac{900\times 15+1750\times 10.5+1750\times 4.5}{900+1750+1750+600}=7.95\text{m}$$

考虑构造需要和竖向力合力与基底形心重合，基础 A 点外伸 $x_1=0.5\text{m}$，则基础 D 点必

须外伸 x_2

$$x_2 = 2\times(7.95+0.5)-(15+0.5)=1.4\text{m}$$

基础总长度 $l=15+0.5+1.4=16.9\text{m}$

需基础底板宽度 b

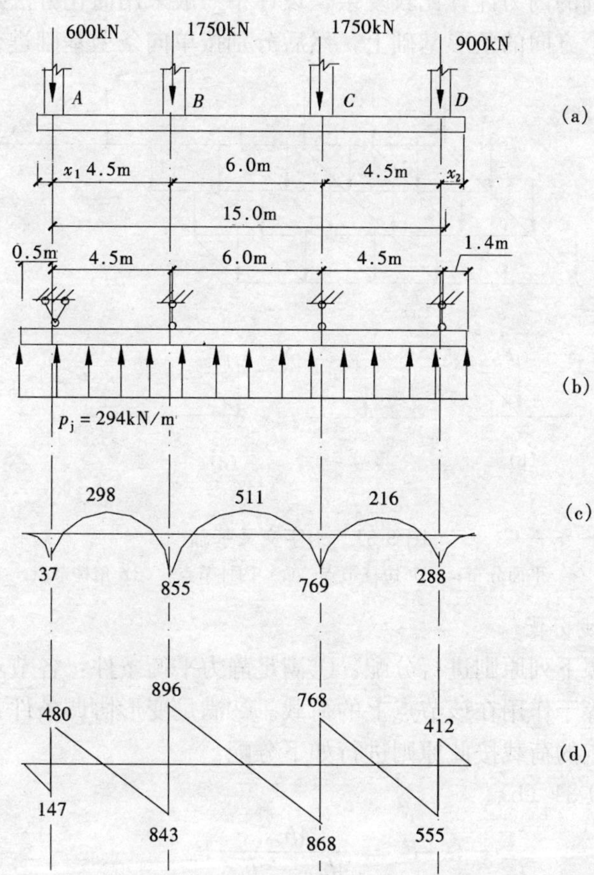

图 9-30 倒梁法分析柱下条形基础的内力

(a) 条形基础示意图；(b) 倒梁法计算；

(c) M图（单位：kN·m）；(d) V图（单位：kN）

$$b \geqslant \frac{1}{l}\cdot\frac{\Sigma F}{f_a-\gamma_G d}=\frac{900+1750+1750+600}{16.9\times(160-20\times1.5)}=2.28\text{m}$$

取基础底板宽度 $b=2.4\text{m}$。

(2) 内力分析。

因荷载的合力通过基底形心，因此基底反力呈均匀分布，沿基础每 m 长度上的净反力值为

$$bp_j=\frac{900+1750+1750+600}{16.9}=294\text{kN/m}$$

以柱底 A、B、C、D 为支座，按弯矩分配法分析三跨连续梁，其弯矩 M 和剪力 V 值见图 9-30（b）。

三、十字交叉条形基础

当上部结构传来的荷载较大，持力层承载力较小，利用单向柱下条型基础不能满足要求时，可采用十字交叉条型基础，如图 9-31（a）所示。柱下十字交叉条型基础是由柱网下的两组条型基础组成的空间结构，柱网传下的集中荷载与弯矩作用在两组条型基础的交叉点上。十字交叉条形基础的内力计算比较复杂，设计中一般采用简化方法，即将柱荷载按一定原则分配到纵、横两个方向的条形基础上，然后分别按单向条型基础进行计算与配筋。

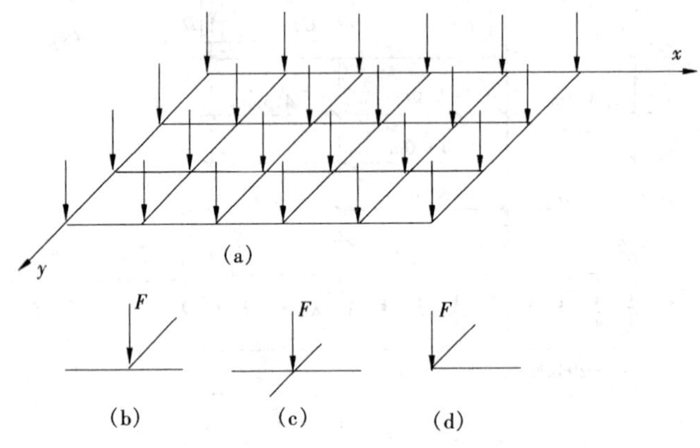

图 9-31 十字交叉基础

（a）平面分布；（b）边柱节点；（c）内柱节点；（d）角柱节点

1. 节点荷载的初步分配

节点荷载一般按照下列原则进行分配：①满足静力平衡条件：各节点分配在纵、横基础梁上的荷载之和，应等于作用在该节点上的荷载。②满足变形协调条件：纵、横基础梁在节点上的位移相等的结点的荷载按此原则进行如下分配：

（1）边柱节点图 9-31（b）。

$$F_x = \frac{4b_x s_x}{4b_x s_x + b_y s_y} F \tag{9-45}$$

$$F_y = \frac{b_y s_y}{4b_x s_x + b_y s_y} F \tag{9-46}$$

$$s_x = \sqrt[4]{\frac{4EI_x}{k_s b_x}} \qquad s_y = \sqrt[4]{\frac{4EI_y}{k_s b_y}}$$

式中 b_x，b_y——x，y 方向的基础梁底面宽度；

s_x，s_y——x，y 方向的基础梁弹性特征长度；

k_s——地基的基床系数；

E——基础材料的弹性模量；

I_x，I_y——x，y 方向的基础梁截面惯性矩。

当边柱有伸出悬臂长度时，可取悬臂长度 $l_y=(0.6\sim0.75)s_y$，而荷载分配为

$$F_x = \frac{\alpha b_x s_x}{\alpha b_x s_x + b_y s_y} F \tag{9-47}$$

$$F_y = \frac{b_y s_y}{\alpha b_x s_x + b_y s_y} F \tag{9-48}$$

式中，α 系数可查表 9-13。

(2) 内柱节点［图 9-31 (c)］。

$$F_x = \frac{b_x s_x}{b_x s_x + b_y s_y} F \tag{9-49}$$

$$F_y = \frac{b_y s_y}{b_x s_x + b_y s_y} F \tag{9-50}$$

(3) 角柱节点［图 9-31 (d)］。

一般的与内柱节点公式相同。当角柱节点由一个方向伸出悬臂时，可取悬臂长度 $l_y = (0.6 \sim 0.75) s_y$，而荷载分配为

$$F_x = \frac{\beta b_x s_x}{\beta b_x s_x + b_y s_y} F \tag{9-51}$$

$$F_y = \frac{b_y s_y}{\beta b_x s_x + b_y s_y} F \tag{9-52}$$

式中，β 值可查表 9-13。

表 9-13　　计算系数 α，β 值

l/s	0.60	0.62	0.64	0.65	0.66	0.67	0.68	0.69	0.70	0.71	0.73	0.75
α	1.43	1.41	1.38	1.36	1.35	1.34	1.32	1.31	1.30	1.29	1.26	1.24
β	2.80	2.84	2.91	2.94	2.97	3.00	3.03	3.05	3.08	3.10	3.18	3.23

2. 节点荷载的调整

(1) 计算调整前的地基平均反力。

$$p = \frac{\Sigma F}{\Sigma A + \Sigma \Delta A} \tag{9-53}$$

式中　ΣF——交梁基础上竖向荷载的总和；

ΣA——交梁基础总面积；

$\Sigma \Delta A$——交梁基础节点处重叠面积之和。

(2) 地基反力增量。

$$\Delta p = \frac{\Sigma \Delta A}{\Sigma A} P \tag{9-54}$$

(3) x，y 方向分配的荷载增量。

$$\Delta F_x = \frac{F_x}{F} \Delta A \Delta P \tag{9-55}$$

$$\Delta F_y = \frac{F_y}{F} \Delta A \Delta P \tag{9-56}$$

式中　ΔA——节点外重叠面积。

(4) 调整后的分配荷载

$$F_{x1} = F_x + \Delta F_x \tag{9-57}$$

$$F_{y1} = F_y + \Delta F_y \tag{9-58}$$

四、弹性地基梁方法

为了分析地基上梁板受力，必须建立某种理想化的地基计算模型，这种模型应尽可能准

确的模拟地基与基础相互作用时所表现的主要力学性状，同时又便于利用已有的数学方法进行分析。随着人们认识的发展，曾经提出过不少模拟地基与基础相互作用时，能够力图准确反映主要力学性状的地基基础模型。然而，由于地基基础问题的复杂性，不管哪一种模型都难以反映地基基础工作性状的全貌，因而各具有一定的局限性。以下只简单介绍目前较为常用的计算弹性地基梁内力的方法基床系数法和半无限弹性体法的概念。

1. 基床系数法

基床系数法以文克勒（Winkler）地基模型为基础，假定地基每单位面积上所受的压力与其相应的沉降成正比，而地基是由许多互不联系的弹簧所组成，某点的地基沉降仅由该点上作用的荷载所产生。通过求解弹性地基梁的挠曲微分方程，可求出地基梁的内力。

文克勒地基模型假定：地基上任一点所受的压力强度 p 与该点的地基沉降 s 成正比，关系式如下

$$p = ks \tag{9-59}$$

式中，比例常数 k 称为基床反力系数（简称“基床系数”），其单位为 MN/m^3。

根据这个假定，既然地面上某点的沉降与作用于别处的压力无关，所以，实质上就是把地基看成无数分割开的小土柱组成的体系［图 9-32（a）］，或者，进一步用一根根弹簧代替土柱，则地基是由许多互不相连的弹簧所组成［图 9-32（b）］。这就是著名的文克勒地基模型。由式（9-59）可知，文克勒模型的基底反力图与基础的竖向位移图是相似的。如果基础是刚性的，则基底反力图按线性分布图［图 9-32（c）］，这就是基底反力简化计算方法所依据的计算图式。

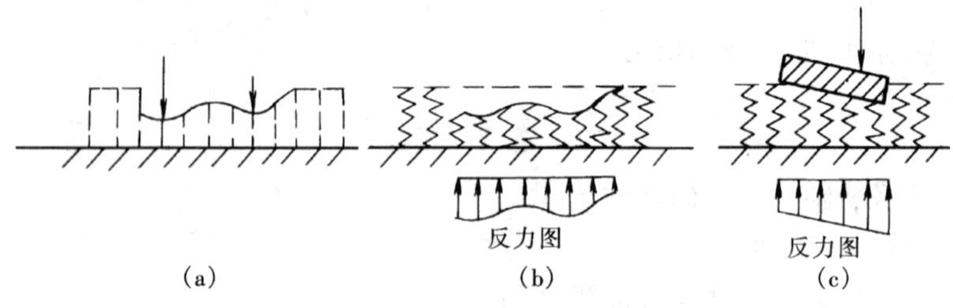

图 9-32　文克勒地基模型

（a）侧面物膜阻力的土柱体系；（b）弹簧模型；（c）文克勒地基上的刚性基础

按照文克勒模型，地基的沉降只发生在基底范围以内，这与实际情况不符。其原因在于忽略了地基中的剪应力，而正是由于剪应力的存在，地基中的附加应力才能向周围扩散分布，使基底以外的地表发生沉降。为了弥补这个缺陷，有人曾经在文克勒模型的基础上作了改进，例如：考虑相邻小土柱之间存在摩阻力的弗拉索夫模型，以及在弹簧上加一张拉紧的无伸缩性的薄膜组成的菲洛宁柯—鲍罗基契模型等。但是，这些模型的基床系数都难以确定，故未获广泛采用。

尽管文克勒地基模型不能扩散应力和变形，但仍有其独特的适用性。如抗剪强度很低的半液态土（如淤泥、软粘土等）地基或基底下塑性区相对较大时，采用该方法比较合适。此外，厚度不超过梁或板的短边宽度之半的薄压缩层地基也适于采用这种模型。

2. 半无限弹性体法

半无限弹性体法假定地基为半无限弹性体，将柱下条形基础看作放在半无限弹性体表面

上的梁，而基础梁在荷载作用下，满足一般的挠曲微分方程。在应用弹性理论求解基本挠曲微分方程时，引入基础与半无限弹性体满足变形协调的条件及基础的边界条件，求得位移和基底压力，进而求出基础的内力。半无限弹性体法的求解一般需要采用有限单元法等数值方法，计算比较复杂，往往需要利用计算机进行计算。

半无限弹性体法假定地基为半无限弹性体，当荷载作用在半无限弹性体表面时，某点的沉降不仅与作用在该点上的压力大小有关，同时也和邻近处作用的荷载有关，所以其具有能够扩散应力和变形的优点。但是，它的扩散能力往往超过地基的实际情况，所以计算所得的沉降量和地表的沉降范围，往往比实测结果要大。这与它具有无限大的压缩层（沉降计算深度）有关，尤其是它未能考虑到地基的成层性、非均匀性以及土体应力—应变关系的非线性等重要因素。

半无限弹性体法对于压缩层深度较大的一般土层、地基土的弹性模量和泊松比数值较为准确时适于采用此模型。当作用于地基上的荷载不很大，地基处于弹性变形状态时，用这种方法计算较符合实际。

以上两种弹性地基梁计算方法都很复杂，限于篇幅在此不作过多介绍，实际应用时，可参照相关书籍或运用计算机软件解决实际问题。

第九节 筏形基础与箱形基础设计

一、筏形基础

筏形基础形式有平板式，梁板式两大类。筏形基础的设计一般包括基础梁设计和板的设计两部分。筏板上基础梁的设计计算方法同柱下条形基础，这里仅简要介绍筏板的设计计算内容和筏形基础的构造要求。

1. 地基承载力验算

筏形基础地基承载力的验算公式与常规浅基础相同，即

$$p_k \leqslant f_a$$

$$p_{kmax} \leqslant 1.2 f_a$$

2. 筏板的内力计算

筏板的内力计算一般根据上部结构刚度及筏形基础刚度的大小分别采用刚性法或弹性地基基床系数法进行。由于弹性地基基床系数法计算复杂，需参考相关书籍或运用计算机软件解决实际问题。下面仅介绍刚性法。

当上部结构整体刚度较大，筏形基础下的地基土层比较均匀，梁板式筏基梁的高跨比或平板式筏基梁的厚跨比不小于1/6，且相邻柱荷载及柱间距的变化不超过20%时，可不考虑整体弯曲而只考虑局部弯曲作用。若符合上述条件的筏形基础的内力可按刚性法计算，此时基础底面的地基净反力呈直线分布，可按下式计算

$$p_{jmax} = \frac{\Sigma F}{A} + \frac{\Sigma F e_y}{W_x} + \frac{\Sigma F e_x}{W_y} \tag{9-60}$$

$$p_{jmin} = \frac{\Sigma F}{A} - \frac{\Sigma F e_y}{W_x} - \frac{\Sigma F e_x}{W_y} \tag{9-61}$$

式中 p_{jmax}，p_{jmin}——基底的最大和最小净反力；

ΣF——作用于筏形基础上的竖向荷载之和；

e_x，e_y——ΣF 在 x 方向和 y 方向上与基础形心的偏心距；

A——筏形基础底面积；

W_x，W_y——筏形基础底面对 x 轴 y 轴的截面抵抗矩。

利用刚性法计算时，计算出基底地基的净反力后，常用倒楼盖法和刚性板条法计算筏板内力。

（1）倒楼盖法。倒楼盖法计算基础内力的步骤是将筏板作为楼盖，地基净反力作为荷载，底板按连续单向板或双向板计算。采用倒楼盖法计算基础内力时，在两端第一、二开间内，应按计算增加10%～20%的配筋量且上下均匀配置。

（2）刚性板条法。框架体系下的筏板基础也可按刚性板条法计算筏板内力，其计算步骤参考相关资料。

与柱下条形基础一样，为满足抵抗整体弯曲的要求，除按规定梁板均应配置一定数量的主筋外，边跨跨中弯矩以及第一内支座的弯矩值宜乘以 1.2 的系数进行配筋计算。

3. 构造要求

筏形基础有平板式，梁板式两类。其选型应根据工程地质、上部结构体系、柱距、荷载大小以及施工条件等因素确定。确定筏板基础底面形状和尺寸时，宜考虑使上部结构荷载的合力点与基础底面的形心重合。如果荷载不对称，宜调整筏板的外伸长度，但伸出长度从轴线起不宜大于 2000mm，且同时宜将肋梁挑至筏板边缘。无外伸肋梁的筏板，其伸出长度宜适当减小。如上述调整措施不能完全达到目的时，尚可采取调整筏上填土等措施以改变合力点位置。

筏基底板除了计算正截面受弯承载力外，其厚度尚应满足受冲切承载力、受剪切承载力的要求。平板式筏基的厚度可按楼层层数×每层 50mm 设定，但不得小于 200mm，肋梁式筏板的厚度尚不宜小于计算区段内最小板跨的 1/20，一般取 200～400mm。对于 12 层以上高层建筑的梁板式筏基，其底板厚度不应小于计算区段内最小板跨的 1/14，且不应小于 400mm，而肋的高度宜大于或等于柱距的 1/6。

筏板配筋率一般在 0.5%～1.0%为宜。受力钢筋最小直径不宜小于 8mm，一般不小于 12mm，间距 100～200mm。分布钢筋直径取 8～10mm，间距 200～300mm。当板厚小于等于 250mm 时，可选取 ϕ8@250；当板厚大于 250mm 时，可选取 ϕ10@200。

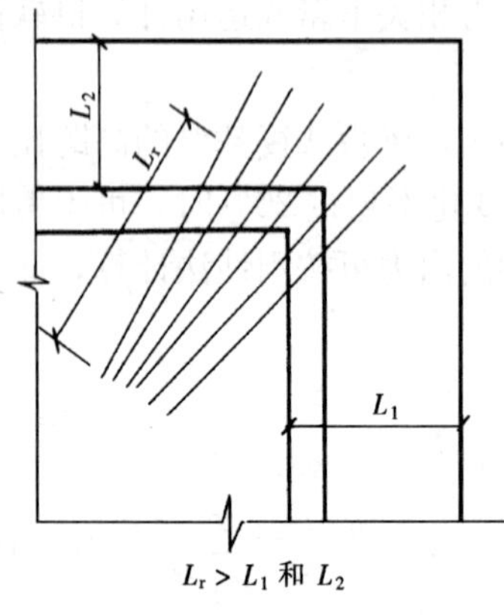

图 9-33 辐射状钢筋

基础筏板的钢筋配置量除应按计算要求外，纵横两方向的支座外（指柱、肋梁和墙处的板底钢筋）尚应配置有一定配筋率的钢筋。对墙下筏板，纵向为 0.15%，横向为 0.10%；对柱下筏基，纵横向均为 0.15%。跨中钢筋一般应按实际配筋率通长配置。对墙下筏板或无外伸肋梁的阳角外伸板角底面，应配置 5～7 根辐射状的附加钢筋，如图 9-33 所示，该附加钢筋的直径与板边缘的主筋相同，钢筋外伸间距不大于 200mm，且内锚长度（从肋梁外边缘算起）应大于板的外伸长度，当外伸尺寸较大时，尚可考虑切除板角，以改善受力状况。

肋梁式筏形基础梁的构造要求同柱下条形基础。一般混凝土强度等级不低于 C20，高层建筑筏形基础不应低于 C30，对于地下水位以下的地下室筏板基础，尚应考虑混凝土的防渗等级，并进行抗裂度验算。

其他构造要求详见《建筑地基基础设计规范》(GB 50007—2002)。

二、箱形基础

箱形基础适用于软弱地基上的高层建筑、重型或对不均匀沉降有严格要求的建筑物。它是由底板、顶板、外墙板及一定数量纵横布置的内墙构成的整体刚度很大的箱式结构。在承受上部结构传来的荷载和不均匀地基反力引起的整体弯曲的同时，其顶板和底板还分别受到顶板荷载与地基反力引起的局部弯曲。箱形基础基本设计要求与构造要求如下：

采用箱形基础时，上部结构体型应力求简单、规则，平面布局尽量对称，基底平面形心应尽量与上部结构竖向荷载中心重合。当偏心较大时，可使基础底板四周伸出不等长的悬臂以调整底面的形心，偏心距不宜大于 $0.1W/A$，式中 W 为基底的抵抗矩，A 为基底面积。

箱形基础的墙体宜与上部结构的内墙对正，并沿柱网轴线布置。箱基的墙体含量应有充分的保证，平均每平方米基础面积上墙体长度不得小于 400mm 或墙体水平截面积不得小于基础面积的 1/10，其中纵墙配置不得小于墙体总配置量的 60%，且有不少于三道纵墙贯通全长。

箱形基础的高度一般取建筑物高度的 1/8～1/12，或箱形基础长度的 1/16～1/18，并不小于 3m。顶板、底板及墙身的厚度应根据受力情况、整体刚度、施工条件及防水要求等确定。一般底板与外墙厚度不小于 250mm，内墙厚度不小于 200mm，顶板厚度不小于 150mm。

箱形基础的墙体应尽量不开洞或少开洞，并应尽量避免开偏洞或边洞、高度大于 2m 的高洞、宽度大于 1.2m 的宽洞。两相邻洞口最小净间距不宜小于 1m，否则洞间墙体应按柱子计算，并采取相应构造措施。墙体的开口系数应符合下式要求

$$\alpha = \sqrt{\frac{A_0}{A_w}} \leqslant 0.4 \tag{9-62}$$

式中 A_0——门洞开口面积；

A_w——墙体面积（柱距与箱形基础全高的乘积）。

箱形基础的顶板、底板及内外墙一般采用双面双向分离式配筋。墙体中的配筋中墙身竖向钢筋不宜小于 ϕ12@200，其他部位不宜小于 ϕ10@200。顶板底板配筋不宜小于 ϕ14@200。在两片钢筋网之间应设置架立钢筋，架立钢筋间距不大于 800mm。

箱形基础的混凝土强度等级不应低于 C20，并宜采用防水混凝土，其抗渗等级不低于 S6。

当箱基埋置于地下水位以下时，要重视施工阶段中的抗浮稳定性。一般采用井点降水法，使地下水位维持在基底以下以利施工。在箱基封完底让地下水位回升前，上部结构应有足够的重量，保证抗浮稳定系数不小于 1.2，否则应另拟抗浮措施。

箱形基础的具体设计计算可参考有关规范与资料。

第十节 减轻不均匀沉降损害的措施

一般地基发生过大的变形将使建筑物损坏或影响其使用功能，特别是软弱地基引起的过

量沉降以及软硬不均匀地基引起的不均匀沉降造成的危害，是建筑物设计中必须认真对待的问题之一。单纯从地基基础的角度出发，通常的解决办法有以下三种：①采用柱下条形基础、筏基和箱基等；②采用桩基或其他深基础；③采用各种地基处理方法。但是以上三种方法往往造价偏高。因此我们可以考虑从地基、基础、上部结构相互作用的观点出发，选择合理的建筑、结构、施工方案和措施，降低对地基基础处理的要求和难度，同样可以达到减轻房屋不均匀沉降损害的目的。

一、建筑措施

1. 建筑物体型力求简单

建筑物体型系指其平面形状与立面轮廓。平面形状复杂的建筑物，在纵、横单元交叉处基础密集，地基中各单元荷载产生的附加应力互相重叠，使该处的局部沉降量增加；同时，此类建筑物整体刚度差，刚度不对称，当地基出现不均匀沉降时，容易产生扭曲应力，因而更容易使建筑物开裂。建筑物高低（或轻重）变化太大，地基各部分所受的荷载轻重不同，自然也容易出现过量的不均匀沉降。在选择建筑物体型时应力求做到：

（1）平面形状简单，如用“一”字形建筑物；

（2）立面体型变化不宜过大，砌体承重结构房屋高差不宜超过1～2层。

2. 控制建筑物长高比及合理布置纵横墙

纵横墙的连接和房屋的楼（屋）面共同形成了砌体承重结构的空间刚度。当砌体承重房屋长高比（建筑物长度或沉降单元长度与自基底面算起的总高度之比）较小时，建筑物的整体刚度较大，能较好地防止不均匀沉降的危害。相反，长高比大的建筑物整体刚度小，纵墙很容易因挠曲变形过大而开裂。

合理布置纵横墙，是增强砌体承重结构房屋整体刚度的重要措施之一。一般房屋的纵向刚度较弱，故地基不均匀沉降的损害主要表现为纵墙的挠曲破坏。内、外纵墙的中断、转折，都会削弱建筑物的纵向刚度。当遇地基不良时，应尽量使内、外纵墙都贯通；另外，缩小横墙的间距，也可有效地改善房屋的整体性，从而增强调整不均匀沉降的能力。

3. 设置沉降缝

当地基极不均匀、且建筑物平面形状复杂或长度太长、高差悬殊等情况不可避免时，可在建筑物的适当部位设置沉降缝，以有效地减小不均匀沉降的危害。沉降缝是从屋面到基础把建筑物断开，将建筑物划分成若干个长高比较小、体形简单、整体刚度较好、结构类型相同、自成沉降体系的独立单元。根据《建筑地基基础设计规范》（GB 50007—2002），沉降缝的位置宜设置在下列部位上。

（1）建筑物平面的转折部位；

（2）高度差异与荷载差异处；

（3）长高比过大的砌体承重结构或钢筋混凝土框架的适当部位；

（4）地基土压缩性显著差异处；

（5）建筑结构或基础类型不同处；

（6）分期建造房屋的交界处。

沉降缝要求有一定的宽度，以防止缝两侧单元发生互倾沉降时造成单元结构间的挤压破坏。一般沉降缝的宽度：二、三层房屋为50～80mm；四、五层房屋为80～120mm；六层及以上不小于120mm。

沉降缝应按相应的构造要求处理，沉降缝可结合伸缩缝、在抗震区结合抗震缝设置。

4. 控制相邻建筑物基础的间距

由于地基附加应力的扩散作用，使相邻建筑物产生附加不均匀沉降，可能导致建筑物的开裂或互倾。为了避免相邻建筑物影响的损害，建筑物基础之间要有一定的净距。其值视地基的压缩性、产生影响建筑物的规模和重量以及被影响建筑物的刚度等因素而定。

表 9-14　　相邻建筑物基础间的净距（m）

影响建筑的预估平均沉降量 s（mm）	受影响建筑的长高比	
	$2.0\leqslant L/H_f<3.0$	$3.0\leqslant L/H_f<5.0$
70～150	2～3	3～6
160～250	3～6	6～9
260～400	6～9	9～12
>400	9～12	≥12

注　1. 表中 L 为房屋长度或沉降缝分隔的单元长度（m）；H_f 为自基础底面算起的房屋高（m）。
2. 当被影响建筑的长高比为 $1.5<L/H_f<2.0$ 时，其间净距可适当缩小。

5. 调整建筑物的局部标高

由于沉降会改变建筑物原有标高，严重时将影响建筑物的正常使用，甚至导致管道等设备的破坏。设计时可采取下列措施调整建筑物的局部标高。

（1）根据预估沉降，适当提高室内地坪和地下设施的标高；

（2）将相互有联系的建筑物各部分（包括设备）中预估沉降较大者的标高适当提高；

（3）建筑物与设备之间应留有足够的净空；

（4）有管道穿过建筑物时，应留有足够尺寸的孔洞，或采用柔性管道接头。

二、结构措施

1. 减轻建筑物自重

基底压力中，建筑物自重（包括基础及回填土重）所占的比例很大，据统计，一般工业建筑约占40%～50%，一般民用建筑可高达60%～80%。因而，减小沉降量常可以首先从减轻建筑物自重着手，措施如下：

（1）减轻墙体重量。许多建筑物（特别是民用建筑物）的自重，大部分以墙体重量为主，例如：砌体承重结构房屋，墙体重量占结构总重量的一半以上。为了减少这部分重量，宜选择轻型高强墙体材料，如：轻质高强混凝土墙板、各种空心砌块、多孔砖及其他轻质墙等，都能不同程度地达到减少自重的目的。

（2）选用轻型结构。采用预应力钢筋混凝土结构、轻钢结构及各种轻型空间结构。

（3）减少基础和回填土重量。首先是尽可能考虑采用浅埋基础（例如：钢筋混凝土独立基础、条形基础、壳体基础等）；如果要求大量抬高室内地坪时，底层可考虑用架空层代替室内厚填土（当整板基础时的效果更佳）。

2. 设置圈梁

对于砌体承重房屋，不均匀沉降的损害突出地表现为墙体的开裂。因此，实践中宜在基础顶面附近、门窗顶部楼（屋）面处设置圈梁，每道圈梁应尽量贯通外墙、承重内纵墙及主要内横墙，并在平面内形成闭合的网状系统。这是砌体承重结构防止出现裂缝和阻止裂缝开展的一项十分有效的措施。

3. 减小或调整基底附加压力

（1）减小基底附加压力。除了采用本节“减轻建筑物自重”减小基底附加压力外，还可设置地下室（或半地下室、架空层），以挖除的土重去补偿（抵消）一部分甚至全部的建筑物重量，达到减小沉降的目的。

（2）改变基底尺寸。按照沉降控制的要求，选择和调整基础底面尺寸，针对具体工程的不同情况考虑，尽量做到有效又经济合理。

4. 采用非敏感性结构

根据地基、基础与上部结构共同作用的概念，上部结构的整体刚度很大时，能调整和改善地基的不均匀沉降；同样，地基的不均匀沉降，也能引起上部结构（敏感性结构）产生附加应力，但只要在设计中合理地增加上部结构的刚度和强度，地基不均匀沉降所产生的附加应力是完全可以承受的。

与刚性较好的敏感性结构相反，排架、三铰拱（架）等铰接结构，支座发生相对位移时不会引起上部结构中产生很大的附加应力，故可以避免不均匀沉降对主体结构的损害。但是，这类非敏感性结构型式通常只适用于单层工业厂房、仓库和某些公共建筑。必须注意，即使采用了这些结构，严重的不均匀沉降对于楼盖系统、围护结构、吊车梁及各种纵、横连系构件等仍是有害的，因此，必须考虑采取相应的防范措施，例如，避免用连续吊车梁、刚性屋面防水层等。

三、施工措施

合理安排施工进度、注意某些施工方法，也能收到减小或调整不均匀沉降的效果。

当拟建的相邻建筑物之间轻（低）重（高）悬殊时，一般应按先重后轻的次序施工；有时还需要在重建筑物竣工后歇一段时间后，再建造轻的邻近建筑物。当高层建筑的主、裙楼下有地下室时，可在主、裙楼相交的裙楼一侧适当位置设置施工后浇带，同样以先主楼后裙楼的施工顺序，以减小不均匀沉降的影响。

在已建成的轻型建筑物和在建工程的周围，应避免长时间集中堆放大量的建筑材料或弃土，以免引起建筑物的附加沉降。

在淤泥及淤泥质土的地基上开挖基坑时，应尽可能地保持地基土的原状结构而不受到扰动。通常在开挖基槽时，可暂不挖到基底标高，保留约 200mm 的原状土，等施工基础垫层时临时开挖。如出现槽底受到扰动，可先挖去扰动部分，再用砂、碎石等回填处理。

思　考　题

9-1　天然地基上浅基础的设计包括哪些内容？

9-2　常用浅基础形式有哪些？

9-3　如何确定浅基础的地基承载力？

9-4　什么是基础的埋置深度，当选择基础埋深时，应考虑哪些因素？

9-5　确定地基承载力的方法有哪些？

9-6　对于中小型建筑物来说，应如何选择地基基础的设计方案？

9-7　在什么情况下，应增加或减少基础埋深？

9-8　在什么情况下，应进行基础软弱下卧层验算？若不满足下卧层验算时，可能产生什么后果？应如何处理？

9-9 在偏心荷载作用下如何确定基础的底面尺寸？

9-10 为什么对软弱地基上的砌体结构和框架结构，要采取减少不均匀沉降危害的措施？减少不均匀沉降的措施有哪些？

9-11 在哪种情况下，基础设计可按常规方法进行？

9-12 应如何考虑地基、基础的相互作用？

9-13 刚性基础的高度是如何确定的？

9-14 柱下钢筋混凝土独立基础的高度是根据什么条件确定的？

9-15 什么是基础底面压力（基底压力）、基底附加压力、基底净反力？

9-16 什么是框架结构相邻柱基础沉降差，规范中允许沉降差是多少？

习　　题

9-1 某中粗砂土地基承载力特征值 $f_{ak}=250$kPa。如基础宽度为 4.0m，埋深为 1.5m，土的重度为 18kN/m^3，试确定该基础修正后的地基承载力特征值。

9-2 某砖墙基础，采用素混凝土（C15）条形基础，基础顶面处的砌体宽度 $b_0=490$mm，传到基础顶面的荷载 $F=220$kN/m，地基承载力特征值为 $f_{ak}=144$kPa，试确定条形基础的宽度 b、最小埋置深度 d，并画出符合刚性基础条件的基础剖面图。

9-3 某墙下钢筋混凝土条形基础，如图 9-34 所示，地基状况第一层土为杂填土 $\gamma_1=19$kN/m^3，厚度为 0.6m；第二层土为褐黄色粉质粘土 $\gamma_2=18$kN/m^3，$\gamma_{2sat}=19.5$kN/m^3，$E_{s2}=9$MPa，$f_{ak2}=200$kPa，$\eta_{b2}=0.3$，$\eta_{d2}=1.6$，厚度为 2.4m；第三层土为淤泥质粘土 $\gamma_3=18.5$kN/m^3，$E_{s3}=1.8$MPa，$f_{ak3}=60$kPa，$\eta_{b3}=0$，$\eta_{d3}=1.1$，厚度为 8m，如图 9-34 所示，已知条形基础宽度 $b=1.65$m，上部结构传来荷载 $F=220$kN/m,试验算地基承载力。

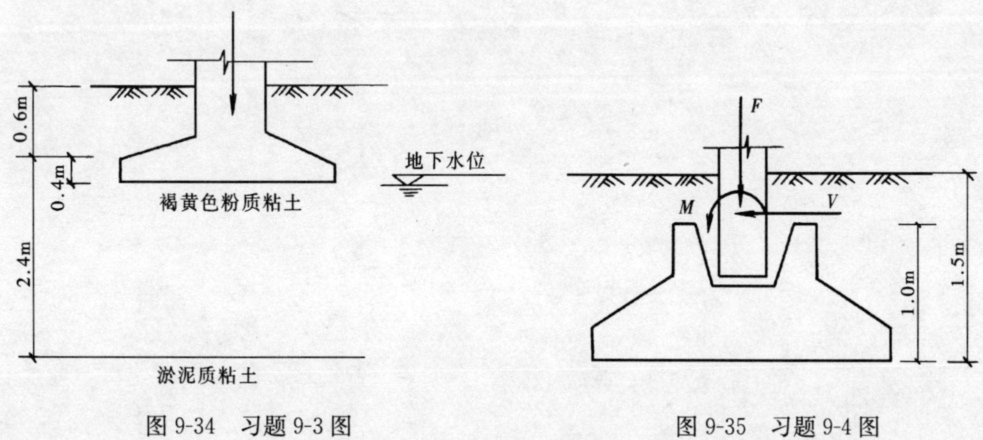

图 9-34 习题 9-3 图　　　　图 9-35 习题 9-4 图

9-4 某工业厂房柱基，采用钢筋混凝土独立基础,如图 9-35 作用在基础顶部的荷载为 $F=1850$kN,$M=112$kN·m，$V=20$kN，V 的作用点距基础底面 1.0m。持力层为粘性土 $\gamma=18.5$kN/m^3，$f_{ak}=240$kPa，$\eta_b=0.3$，$\eta_d=1.6$，试确定基础底面尺寸。

9-5 某柱基础采用钢筋混凝土独立基础，如图 9-36 所示，$F=2200$kN，柱截面尺寸为

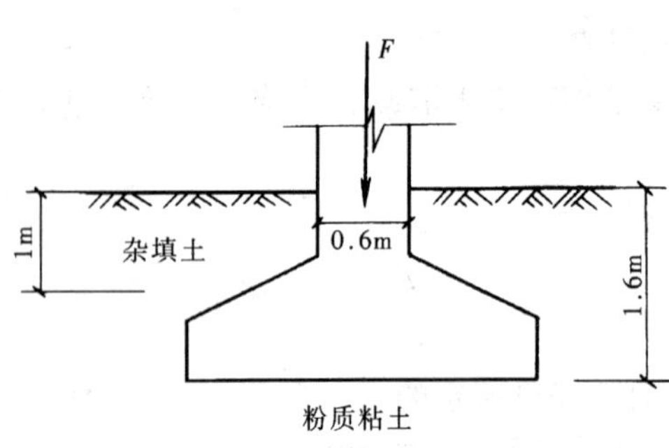

图 9-36 习题 9-5 图

300×600，第一层土为杂填土 $\gamma_1=18.5\text{kN/m}^3$，厚度为 1m；持力层土为粉质粘土 $\gamma_2=19\text{kN/m}^3$，$e=0.83$，$I_L=0.84$，$f_{ak}=250\text{kPa}$，基础埋深$d=1.6\text{m}$，采用 C20 混凝土，Ⅰ级钢筋，试确定基础底面尺寸、基础高度并进行底板配筋。

9-6 同上题，但上部结构荷载还有弯矩$M=40\text{kN}\cdot\text{m}$作用。

9-7 试用倒梁法计算图 9-37 所示柱下条形基础的内力并计算配筋。材料采用 C20 混凝土，Ⅰ、Ⅱ级钢筋。

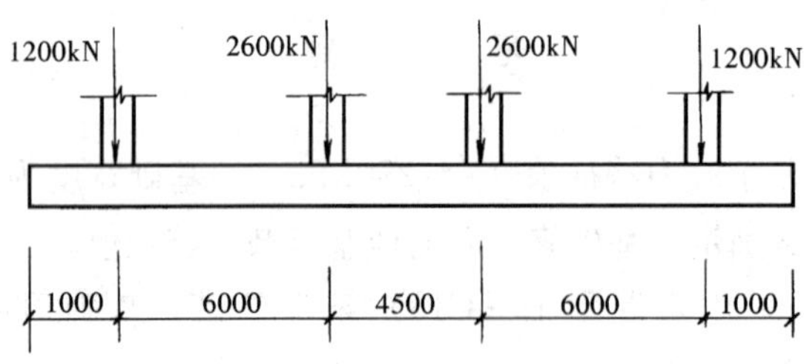

图 9-37 习题 9-7 图

第十章　桩　基　础

本　章　提　要

桩基础是一种在高层建筑、桥梁及港口工程中应用极为广泛的深基础。通过本章学习，要求掌握按照静载试验和现行规范的经验公式确定单桩竖向承载力和桩基础验算的方法，熟悉桩基础设计与计算的各项内容和方法，初步了解桩基础的施工要求。

第一节　概　　述

如果建筑场地浅层地基不能满足建筑物对其承载力或变形的要求时，则需要考虑采用深基础，将建筑物荷载传递到下部坚实土层或岩层中。深基础有桩基础、沉井和地下连续墙等几种，其中以桩基础应用最为广泛，本章仅对桩基础进行介绍。

如图 10-1 所示，桩基础是通过承台把若干根桩的顶部连接成整体，共同承受动静荷载的一种深基础。桩基础根据承台位置可分为低承台桩基础和高承台桩基础。低承台桩基础的承台底面位于地面（或冲刷线）以下，如图 10-1（a）所示；高承台桩基础的承台底面位于地面（或冲刷线）以上，部分桩身外露在地面以上，如图 10-1（b）所示。

高承台桩基础由于承台位置较高，设在施工水位以上，可避免或减少墩台的水下作业，施工较为方便，且更经济。但高承台桩基础刚度较小，在水平力作用下，由于承台及基桩露出地面的一段自由长度周围无土来共同承受水平外力，对基桩的受力情况较为不利，桩身内力和位移都将大于同样外力作用下的低承台桩基础；在稳定性方面低承台桩基础也比高承台桩基础好。

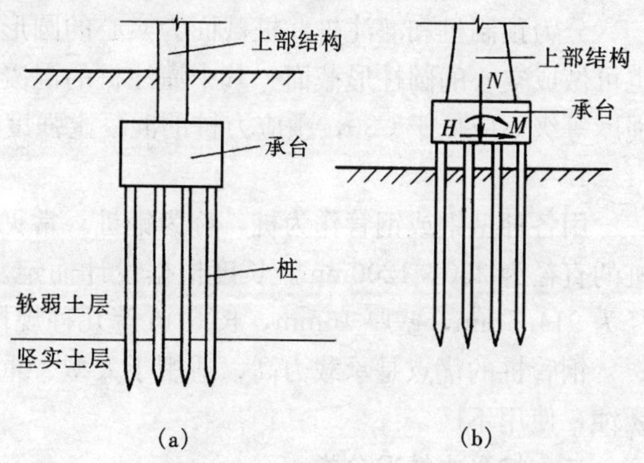

图 10-1　桩基础示意图
（a）低桩承台基础；（b）高桩承台基础

在我国，木桩基础的使用由来已久，隋朝的郑州超化寺塔基和五代的杭州湾大海堤工程，均采用了木桩。20 世纪 30 年代以来，由于建筑物层数的增多，桩基础的应用日趋普遍。近年来，随着高层建筑和重型厂房的大量兴建，桩基应用越来越广。桩的种类和桩基型式、沉桩机具和施工工艺以及桩基理论和设计方法都有了很大的演变，桩的应用比过去更多样化。

由于桩基础承载力高、沉降量小，可以抵抗水平力和上拔力，同时具有减振和抗震的优点，桩基已成为在土质不良地区修建各种建筑物，特别是高层建筑、重型工业厂房和具有特殊要求的构筑物所广泛采用的基础型式。

第二节 桩的分类和质量检验

从工程观点出发，桩可以用不同的方法分类。常见的分类方法有：按桩身材料分类、按受力情况分类、按成桩方法分类和按设置效应分类等。

一、按桩身材料分类

1. 木桩

适用于常年在地下水位以下的地基。所用木材坚韧耐久，如松木、杉木和橡木等。桩长一般为4～10m，直径约为180～260mm。使用时应将木桩打入最低水位以下0.5m，因在干湿交替的环境或是地下水位以上部分，木桩极易腐烂，海水中木桩也易腐蚀。木桩桩顶应平正并加铁箍，以保护桩顶不被打坏。桩尖削成棱锥形，桩尖长为直径的1～2倍。木桩的优点是储运方便，打桩设备简单，较经济；但承载力较低，目前只用于盛产木材的地区和某些小型的工程中。

2. 混凝土桩

在现场开孔至所需深度，随即在孔内浇灌混凝土，经振捣密实后就成为混凝土桩。混凝土桩的直径一般为300～500mm，长度一般不超过25m。混凝土桩的混凝土强度等级不应低于C20。

混凝土桩的优点是设备简单，操作方便、经济，节省钢材；缺点是可能产生“缩颈”、“断桩”、局部夹土和混凝土离析等质量事故，应采取必要的措施，以保证质量。

3. 钢筋混凝土桩

分为预制桩和灌注桩。桩截面为实心的圆形、方形或是十字形截面；当桩的直径较大时也可做成空心的圆柱形截面。其中灌注桩的混凝土强度等级不应低于C20，预制桩的混凝土强度等级不应低于C30，预应力桩的混凝土强度等级不应低于C40。

4. 钢桩

用各种型钢或钢管作为桩，称为钢桩。常见的钢桩有钢管桩、宽翼工字形钢桩等。钢管桩的直径为250～1200mm，长度根据设计而定。如上海宝钢一号高炉基础采用钢管桩，直径为914.6mm，壁厚16mm，长61m等几种规格的开口钢管桩。

钢管桩的优点是承载力高，适用于大型、重型的设备基础；缺点是价格高、费钢材、易锈蚀，使用不广。

二、按受力情况分类

1. 摩擦型桩

桩顶竖向荷载主要由桩侧阻力承担的桩成为摩擦型桩。摩擦型桩可分为摩擦桩和端承摩擦桩，当端阻力很小时，称为摩擦桩。

2. 端承型桩

桩顶竖向荷载主要由桩端阻力承担。端承型桩可分为端承桩和摩擦端承桩，当桩侧阻力很小时，称为端承桩。

三、按施工工艺分类

1. 预制桩

混凝土预制桩的截面形状、尺寸和长度可在一定范围内按需要选择，其截面有方、圆等各种形状。普通实心方桩的截面边长一般为 300～500mm。现场预制桩的长度一般在 25～30m 以内。工厂预制桩的分节长度一般不超过 12m，沉桩时在现场连接到所需长度。

分节预制桩应保证接头质量以满足桩身承受轴力、弯矩和剪力的要求，分节接头采用钢板、角钢焊接后，宜涂以沥青以防锈蚀。还有采用机械式接桩法以钢板垂直插头加水平销连接，施工快捷，又不影响桩的强度和承载力。

大截面实心桩的自重较大，其配筋主要受起吊、运输、吊立和沉桩等各阶段的应力控制，因而用钢量较大。采用预应力（抽筋或不抽筋）混凝土桩，则可减轻自重、节约钢材、提高桩的承载力和抗裂性。

预应力混凝土管桩采用先张法预应力工艺和离心成型法制作。经高压蒸汽养护生产的为 PHC 管桩，其桩身混凝土强度等级为 C80 或高于 C80；未经高压蒸汽养护生产的为 PC 管桩（C60～C80）。建筑工程中常用的 PHC、PC 管径的外径为 300～600mm，分节长度为 5～13m。桩的下端设置开口的钢桩尖或封口十字刃钢桩尖。沉桩时桩节处通过焊接端头板接长。

2. 灌注桩

灌注桩是直接在所设计桩位处成孔，然后在孔内加放钢筋笼（也有省去钢筋的）再浇灌混凝土而成。与混凝土预制桩比较，灌注桩一般只根据使用期间可能出现的内力配置钢筋，用钢量较省。当持力层顶面起伏不平时，桩长可在施工过程中根据要求在某一范围内确定。灌注桩的横截面呈圆形，可以做成大直径和扩底桩。保证灌注桩承载力的关键在于施工时桩身的成形和混凝土质量。

灌注桩有不下十几个品种，大体可归纳为沉管灌注桩和钻（冲、磨、挖）孔灌注桩两大类。同一类桩还可按施工机械和施工方法以及直径的不同予以细分。

（1）沉管灌注桩。沉管灌注桩可采用锤击、振动等方法沉管成孔，其施工程序如图 10-2 所示。锤击沉管灌注桩的常用直径为 300～500mm，桩长常在 20m 以内，可打至硬塑粘土层或中、粗砂层。这种桩的施工设备简单，打桩进度快，成本低，但很容易产生缩颈、断桩、局部夹土、混凝土离析和强度不足等质量问题。

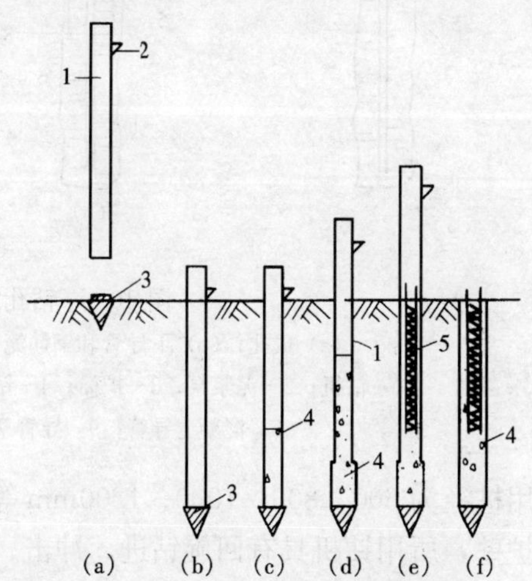

图 10-2　沉管灌注桩工艺

(a) 打桩机就位；(b) 沉管；(c) 浇灌混凝土；(d) 边拔管、边振动；(e) 安放钢筋笼，继续浇灌混凝土；(f) 成型
1—桩管；2—混凝土入口；3—预制桩尖；4—混凝土；5—钢筋笼

振动沉管灌注桩的钢管底端带有活瓣桩尖（沉管时桩尖闭合，拔管时活瓣张开以便浇灌混凝土），或套上预制钢筋混凝土桩尖。桩横截面直径一般为 400～500mm。常用的振动锤（振箱）的振动力为 70kN、100kN 和 160kN。在粘性土中，振动沉管穿透能力比锤击沉管灌注桩稍差，承载力也比锤击沉管灌注桩低。

为了扩大桩径（这时桩距不宜太小）和防止缩颈，可对沉管灌注桩加以“复打”。所谓复打，就是在浇灌混凝土并拔出钢管后，立即在原位重新放置预制桩尖（或闭合管端活瓣）再次沉管，并再浇注混凝土。被复打的桩，其横截面面积增大，承载力提高，但其造价也相应地增加。

内击式沉管灌注桩（亦称弗朗基桩，Franki pile）是另一类型的沉管灌注桩。施工时，先在地面竖起钢套管，在筒底放进约 1m 高的混凝土（或碎石），并用长圆形吊锤在套筒内锤打，以便形成套筒底端的混凝土“塞头”。以后锤打时，塞头带动套筒下沉。沉入深度达到要求后，吊住套筒，浇注混凝土并继续锤击，使塞头脱出筒口，形成扩大的桩端，锤击成的扩大桩端直径可达桩身直径的 2～3 倍，当桩端不再扩大而使套筒上升时，开始浇灌桩身混凝土（吊下钢筋笼），同时边拔套筒边锤击，直至到达所需高度为止。这种桩的主要优点是，在套筒内可用重锤加大冲击能量，以便采用干硬性混凝土，形成与桩周土紧密接触的密实桩身和扩大的桩端以提高桩的承载力。但施工时如不注意，则扩大头与桩身交接处的混凝土质量可能较差。这种桩穿过厚砂层的能力较低，打入的深度难以掌握，但条件合适时可达强风化岩。

（2）钻（冲、磨）孔灌注桩。各种钻孔在施工时都要把桩孔位置处的土排出地面，然后清除孔底残渣，安放钢筋笼，最后浇灌混凝土。直径为 600mm 或 650mm 的钻孔桩，常用回转机具成孔，桩长 10～30m。

目前国内的钻（冲）孔灌注桩在钻进时不下钢套筒，而是利用泥浆保护孔壁以防坍孔，清孔（排走孔底沉渣）后，在水下浇灌混凝土。其施工程序见图 10-3。

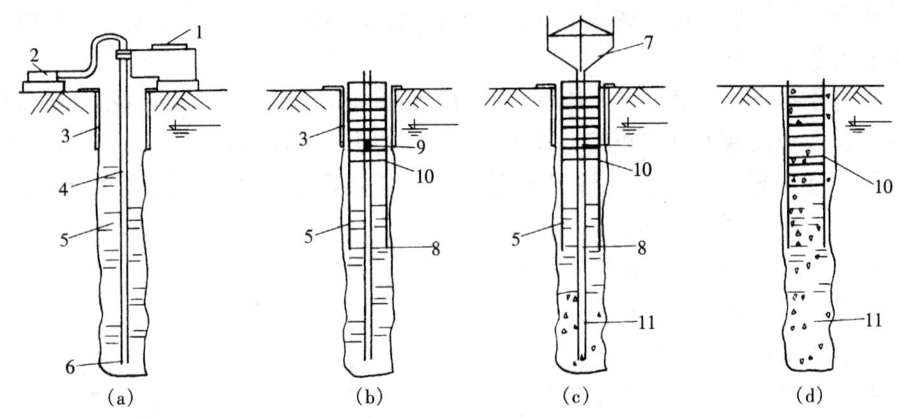

图 10-3 钻孔灌注桩施工顺序

(a) 成孔；(b) 下导管和钢筋笼；(c) 浇灌水下混凝土；(d) 成桩

1—钻机；2—泥浆泵；3—护筒；4—钻杆；5—护壁泥浆；6—钻头；7—漏斗；8—混凝土导管；9—导管塞；10—钢筋笼；11—混凝土

常用桩径为 600、800、1000、1200mm 等。更大直径（1500～2800mm）钻孔桩一般用钢套管护壁，所用钻机具有回旋钻进、冲击、磨头磨碎岩石和扩大桩底等多种功能，钻进速度快，深度可达 60m，能克服流砂、消除孤石等障碍物，并能进入微风化硬质岩石。其最大优点在于能进入岩层，刚度大，因此承载力高且桩身变形很小。

（3）挖孔桩。挖孔桩可采用人工或机械挖掘成孔。人工挖孔桩施工时应人工降低地下水位，每挖深 0.9～1.0m，就浇灌或喷射一圈混凝土护壁（上下圈之间用插筋连接），达到所需深度时，再进行扩孔，最后在护壁内安装钢筋笼和浇灌混凝土（图 10-4）。

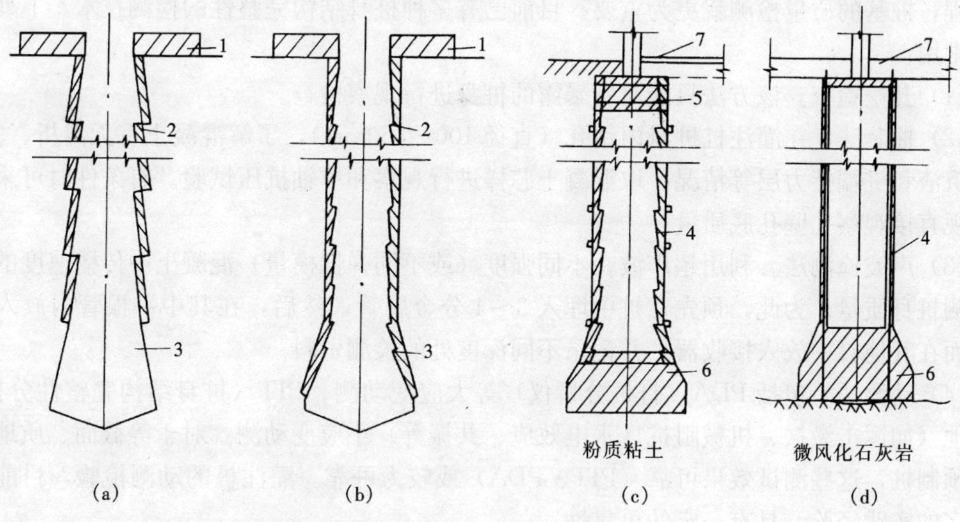

图 10-4 挖孔桩的护壁形式和空心桩构造

(a) 阶梯式护壁；(b) 内叠式护壁；(c) 竹节式护壁；(d) 直壁式空心桩

1—孔口护板；2—孔壁护圈；3—扩底；4—配筋护壁兼桩身；5—顶盖；6—混凝土封底；7—基础梁

混凝土护壁厚度不宜小于 100mm，混凝土强度等级不得低于桩身混凝土强度等级。在挖孔施工时，由于工人下到桩孔中操作，可能遇到流砂、塌孔、有害气体、缺氧、触电和上面掉下重物等危险而造成伤亡事故，因此应严格执行有关安全生产的规定。挖孔桩的直径一般不得小于 0.8m。

挖孔桩的优点是，可直接观察地层情况，孔底易清除干净，设备简单，噪声小，场区各桩可同时施工，桩径大，适应性强，又较经济。

四、按设置效应分类

由于桩的设置方法（打入或钻孔成桩等）的不同，桩周土所受的排挤作用也很不相同。排挤作用会引起桩周土天然结构、应力状态和性质的变化，从而影响土的性质和桩的承载力。桩按设置效应分为下列三类：

(1) 挤土桩。实心的预制桩、下端封闭的管桩、木桩以及沉管灌注桩等打入桩，在锤击、振动贯入过程中，都将桩位处的土大量排挤开，因而使桩周土的结构受到严重扰动破坏。粘性土由于重塑作用而降低了抗剪强度（过一段时间可恢复部分强度）；而非密实的无粘性土则由于振动挤密而使抗剪强度提高。

(2) 部分挤土桩。开口钢管桩、H 型钢桩和开口的预应力混凝土管桩，打入时对桩周土稍有排挤作用，但土的强度和变形性质变化不大。由原状土测得的土的物理力学性质指标一般可用于估算部分挤土桩的承载力和沉降。

(3) 非挤土桩。先钻孔后再打入的预制桩和钻（冲或挖）孔桩在成桩过程中都将孔中土体清除去，故设桩时对土没有排挤作用，桩周土反而可能向桩孔内移动。因此，非挤土桩的桩侧摩阻力常有所减小。

五、桩的质量检验

采用某种方法设置于土中的预制桩，或在地下隐蔽条件下成型的灌注桩，均应进行施工监督、现场记录和质量检测，以保证质量，减少隐患。特别是柱下采用一根或少量大直径桩的工程，桩基的质量检测就更为重要。目前已有多种桩身结构完整性的检测技术，下列几种较为常用：

（1）开挖检查。该方法只能对所暴露的桩身进行观察检查。

（2）抽芯法。在灌注桩桩身内钻孔（直径100～150mm），了解混凝土有无离析、空洞、桩底沉渣和桩端持力层等情况，取混凝土芯样进行观察和单轴抗压试验。有条件时可采用钻孔电视直接观察孔壁孔底质量。

（3）声波检测法。利用超声波在不同强度（或不同弹性模量）混凝土中传播速度的变化来检测桩身质量。为此，预先在桩中埋入3～4分金属管，然后，在其中一根管内放入发射器，而在其他管中放入接收器，并记录不同深度处的检测资料。

（4）动测法。包括PDA（打桩分析仪）等大应变动测、PIT（桩身结构完整性分析仪）和其他（如锤击激振、机械阻抗、水电效应、共振等）小应变动测。对于等截面、质地较均匀的预制桩，这些测试效果可靠（PIT、PDA）或较为可靠。灌注桩的动测检验，目前已有相当多的实践经验，具有一定的可靠性。

第三节　单桩轴向荷载的传递

一、桩身轴力和截面位移

在桩顶轴向荷载的作用下，桩身横截面上产生了轴向力和竖向位移，由于桩身和桩周土的相互作用，随着桩身变形而下移的桩周土在桩侧表面产生了竖向的摩阻力。随着桩顶荷载的增加，桩身轴力和侧摩阻力都不断发生变化。由于侧摩阻力的作用，桩身轴力一般随深度的增加而减小。

如图10-5所示，桩顶在竖向荷载的作用下，深度z处的桩身轴力为

$$Q(z)=Q_0-u\int_0^z q_s(z)\mathrm{d}z \qquad (10\text{-}1)$$

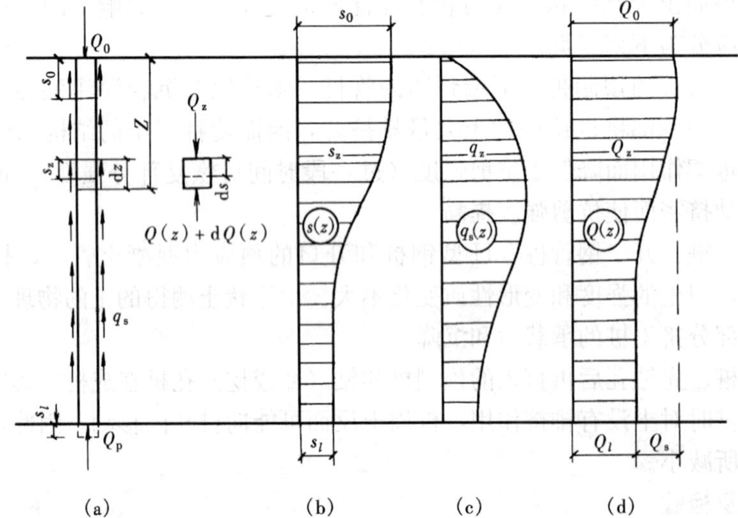

图10-5　单桩荷载传递分析

相应的竖向沉降为

$$s(z)=s_l+\frac{1}{E_pA_p}\int_z^l Q(z)\mathrm{d}z=s_0-\frac{1}{E_pA_p}\int_0^z Q(z)\mathrm{d}z \tag{10-2}$$

从 dz 微元体的竖向力的平衡可得

$$q_s(z)=-\frac{1}{u}\cdot\frac{\mathrm{d}Q(z)}{\mathrm{d}z} \tag{10-3}$$

则 z 处桩身轴力为

$$Q(z)=-E_p\cdot A_p\cdot\frac{\mathrm{d}s(z)}{\mathrm{d}z} \tag{10-4}$$

将式（10-4）代入式（10-3），可得桩土体系荷载传递过程的基本微分方程为

$$\frac{\mathrm{d}s^2(z)}{\mathrm{d}z^2}-\frac{u}{E_pA_p}\cdot q_s(z)=0 \tag{10-5}$$

式中　$s(z)$——深度 z 处的桩身位移；

$q_s(z)$——深度 z 处的桩侧摩阻力；

u——桩身截面周长；

l——桩长；

E_p——桩身弹性模量；

A_p——桩身截面积。

由于桩顶轴力 Q_0 沿桩身向下通过桩侧摩阻力逐渐传给桩周土，因此桩身轴力 Q 就相应的随深度而递减。桩底的轴力 Q_l 即为桩端阻力 Q_p，而桩侧总阻力 $Q_s=Q_0-Q_l$。

二、桩侧摩阻力和桩端阻力

桩侧摩阻力 τ 是桩截面对桩周土的相对位移 δ 的函数，可以用图 10-6 中的曲线 OCD 表示，为方便起见常简化为折线 OAB。OA 段表示摩阻力尚未达到极限值的情况；AB 段表示一旦桩-土界面相对滑移量超过某一限值，则桩侧摩阻力将保持极限值 τ_u 不变。一般说来，桩侧极限摩阻力与所在的深度、土的类别和性质、成桩方法等许多因素有关。但是，桩侧摩阻力达到极限值 τ_u 所需的桩土相对位移极限值 δ_u 则基本上只与土的类别有关、与桩径大小则无关，根据试验资料桩土相对位移极限值 δ_u 约为 4～6mm（粘性土）或 6～10mm（砂土）。

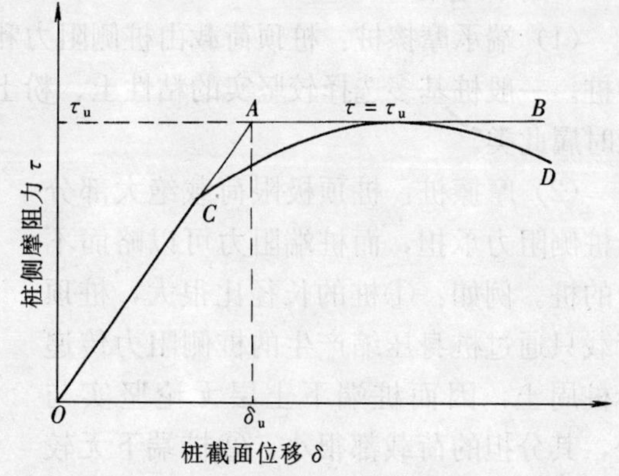

图 10-6　τ-δ 曲线

当逐级增加桩顶荷载时，桩身压缩和位移随之增大，使桩侧摩阻力从桩身上段向下逐次发挥。另一方面，桩底持力层也将受压引起桩端反力，导致桩端下沉 s_l。这样又会引发桩侧摩阻力的进一步发挥。当沿桩身全长的摩阻力都达到极限值之后，桩顶荷载增量全部由桩端阻力承担，直到桩端持力层破坏，无力支撑更大的桩顶荷载为止。此时，桩已处于承载力极限状态。

单桩受荷过程中桩端阻力的发挥不仅滞后于桩侧阻力，而且其充分发挥所需的桩底位移

值比桩侧摩阻力所需桩身截面位移值大得多。根据小型桩试验所得的桩底极限位移值，对砂类土约为 $d/12 \sim d/10$，对粘性土约为 d（d 为桩径）。因此，对工作状态下的单桩，其桩端的安全储备一般大于桩侧摩阻力的安全储备。

桩身轴线位移在桩顶最大，自上而下逐步减小。由于发挥桩端阻力所需的极限位移明显大于桩侧阻力发挥所需的极限位移，一般桩侧摩阻力总是先于桩端阻力发挥。

三、端承型桩和摩擦型桩

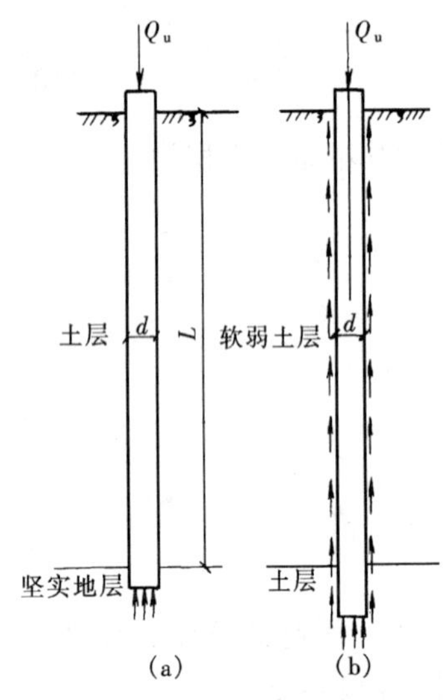

图 10-7　桩按荷载传递方式分类
(a) 端承型桩；(b) 摩擦型桩

轴向荷载作用下的竖直桩，根据其桩-土相互作用特点及荷载传递方式，可分为端承型桩和摩擦型桩两大类，如图 10-7 所示，各类又可按桩侧阻力与桩端阻力分担荷载的比例细分为两个亚类。

1. 端承型桩

(1) 端承桩：桩顶荷载绝大部分由桩端阻力承担，而桩侧阻力可以略而不计的桩。其长径比较小（一般 $l/d<10$），桩端设置在密实砂类、碎石类土层中或位于中等风化、微风化及新鲜基岩顶面（即入岩深度 $h_r \leqslant 0.5d$）。

桩端进入基岩一定深度以上（$h_r > 0.5d$）的嵌岩桩，其嵌岩段侧阻力常是构成单桩承载力的主要分量，故不宜归为端承桩这一类。

(2) 摩擦端承桩：桩顶荷载由桩侧阻力和桩端阻力共同承担，但桩端阻力分担荷载较大的桩。其桩端进入中密以上的砂类、碎石类土层，或位于中等风化、微风化及新鲜基岩顶面。这类桩的侧摩阻力虽属次要，但不可忽略。

2. 摩擦型桩

(1) 端承摩擦桩：桩顶荷载由桩侧阻力和桩端阻力共同承担，但桩侧阻力分担荷载较大的桩。一般桩基多选择较坚实的粘性土、粉土和砂类土作为桩端持力层，且桩的长径比不太大时属此类。

(2) 摩擦桩：桩顶极限荷载绝大部分由桩侧阻力承担，而桩端阻力可以略而不计的桩。例如：①桩的长径比很大，桩顶荷载只通过桩身压缩产生的桩侧阻力传递给桩周土，因而桩端下土层无论坚实与否，其分担的荷载都很小；②桩端下无较坚实的持力层；③桩底残留虚土或残渣的灌注桩；④打入邻桩使先设置的桩上抬、甚至桩端脱空等情况。

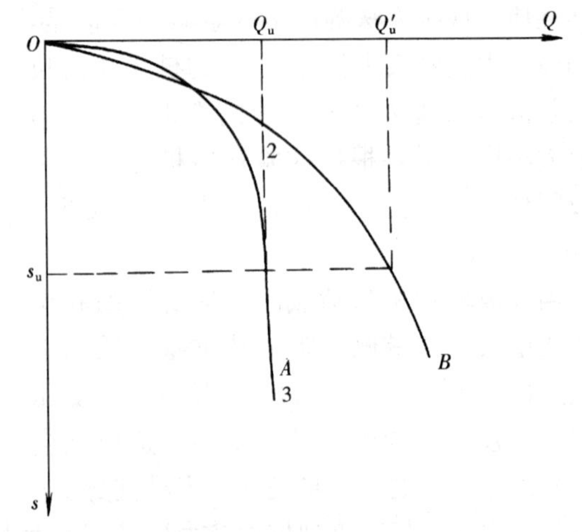

图 10-8　单桩荷载-沉降曲线
A—陡降型；B—缓降型

单桩的破坏模式同桩的荷载—沉降曲线和受力特点有关。如图 10-8 所示，对于摩擦型桩，桩端持力层的地基反力系数值很小，2-3 直线段近似于竖直线，Q-s

曲线陡降，在点 2 出现明显拐点，一般属刺入破坏；对于端承桩，桩端阻力占承载力的比例较大，桩端持力层的地基反力系数值较大，在 2 处出现不明显拐点，而端阻破坏又需要很大位移，整个 Q-s 曲线呈缓变型。对于端承桩和桩身有缺陷的桩，在土阻力尚未充分发挥的情况下，出现因桩身材料强度破坏而破坏，Q-s 曲线也呈陡降型。

四、桩侧负摩阻力

桩土之间相对位移的方向，对于荷载传递的影响很大。当土层相对于桩侧向下位移时，产生于桩侧的向下的摩阻力称为负摩阻力。产生负摩阻力的情况有多种，如①位于桩周欠固结的软粘土或新填土在重力作用产生固结；②大面积堆载使桩周土层压密下沉；③在正常固结或弱超固结的软粘土地区，由于地下水位全面降低（例如长期抽取地下水），致使土体中有效应力增加，因而引起大面积沉降；④自重湿陷性黄土浸水后产生湿陷；⑤打桩时使已设置的邻桩抬升等。在这些情况下，土的重力和地面荷载将通过负摩阻力传递给桩。

桩侧负摩阻力问题，实质上和正摩阻力一样，如果已知土与桩之间的相对位移以及负摩阻力与相对位移之间的关系，就可以得到桩侧负摩阻力的分布和桩身轴力与截面位移。

图 10-9（a）表示一根承受竖向荷载的桩，桩身穿过正在固结中的土层而达到坚实土层。在图 10-9（b）中，曲线 1 表示土层不同深度的位移；曲线 2 为该桩的截面位移曲线。曲线 1 和曲线 2 之间的位移差（图中画上横线部分）为桩土之间的相对位移。交点（O_1 点）为桩土之间不产生相对位移的截面位置，称为中性点。在 O_1 点之上，土层产生相对于桩身的向上位移，出现负摩阻力 τ_{nz}。在 O_1 点之下的土层相对向上位移，因而在桩侧产生正摩擦力 τ_z。图 10-9（c）、（d）分别为桩侧摩阻力和桩身轴力曲线。其中 F_n 为负摩阻力的累计值，又称为下拉力；F_p 为中性点以下正摩阻力的累计值。从图中可知，在中性点处桩身轴力达到最大值（$Q+F_n$），而桩端总阻力则等于 $Q+(F_n-F_p)$。

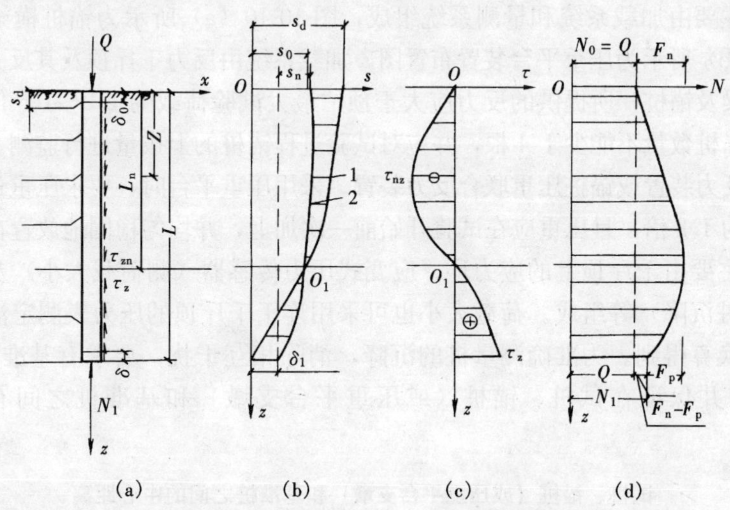

图 10-9 单桩在产生负摩阻力时的荷载传递

（a）单桩；（b）位移曲线；（c）桩侧摩阻力分布曲线；（d）桩身轴力分布曲线

1—土层竖向荷载位移曲线；2—桩的截面位移曲线

由于桩周土层的固结是随着时间而发展的，所以土层竖向位移和桩身截面位移都是时间的函数。在一定的桩顶荷载 Q 作用下，这两种位移都随时间而变，因此中性点的位置、摩阻力以及轴力都相应发生变化。如果在桩顶荷载作用下的截面位移已经稳定，以后才发生周围土层的固结，那么土层固结的程度和速率是影响负摩阻力的大小和分布的主要因素。固结程度高，地面沉降大，则中性点往下移；固结速率大，则负摩擦力增长快。不过负摩阻力的增长要经过一定时间才能达到极限值。在这个过程中，桩身在负摩阻力作用下产生压缩。随着负摩阻力的产生和增大，桩端处的轴力增加，桩端沉降也增大了。这就必然带来桩土相对位移的减小和负摩阻力的降低，进而逐渐达到稳定状态。

第四节　单桩竖向承载力的确定

单桩竖向承载力取决于桩本身的材料强度和土对桩的支承力，取其小值作为单桩承载力的特征值。一般情况下，土对桩的支承力小于桩身的材料强度，桩的承载力由土的强度和变形条件确定。如果土对桩的支承力大于桩身材料强度，则桩的承载力应根据桩身材料的最大承压强度计算。

一、按土对桩的支承力确定

按土对桩的支承力确定单桩竖向承载力特征值的方法很多，主要有静载荷试验、经验公式、静力触探等勘察手段估算、打桩公式、动力试验、理论公式等方法。

（一）静载荷试验

根据《建筑地基基础设计规范》（GB 50007—2002）的规定：单桩竖向承载力特征值应通过单桩静载荷试验确定。在同一条件下的试桩数量，不宜少于总桩数的1%，且不应少于3根。

1. 试验装置

试验装置主要由加载系统和量测系统组成，图10-10（a）所示为锚桩横梁试验装置布置图；图10-10（b）所示为压重平台装置布置图。加载系统由反力千斤顶及其反力系统组成，后者包括主、次梁及锚桩，所提供的反力应大于预估最大试验荷载的1.2～1.5倍。采用工程桩作为锚桩时，锚桩数量不能少于4根，并应对试验过程锚桩的上拔量进行监测。反力系统也可采用压重平台反力装置或锚桩压重联合反力装置。采用压重平台时，要求压重量必须大于预估最大试验荷载的1.2倍，且压重应在试验开始前一次加上，并均匀稳固地放置在平台上。

量测系统主要由千斤顶上的应力环、应变式压力传感器（测荷载大小）及百分表或电子位移计（测试桩沉降）等组成。荷载大小也可采用连于千斤顶的压力表测定油压，再根据千斤顶率定曲线换算得到。为准确测量桩的沉降，消除相互干扰，要求有基准系统（基准桩、基准梁组成），并保证在试桩、锚桩（或压重平台支墩）和基准桩之间有足够的距离，见表10-1。

表10-1　试桩、锚桩（或压重平台支墩）和基准桩之间的中心距离

反力系统	试桩与锚桩（或压重平台支座墩边）	试桩与基准桩	基准桩与锚桩（或压重平台支座墩边）
锚桩横梁反力装置 压重平台反力装置	≥4d且 >2.0m	≥4d且 >2.0m	≥4d且 >2.0m

注　d为试桩或锚桩的设计直径，取其较大者（如试桩或锚桩为扩底桩时，试桩或锚桩的中心距尚不应小于2倍扩大端直径）。

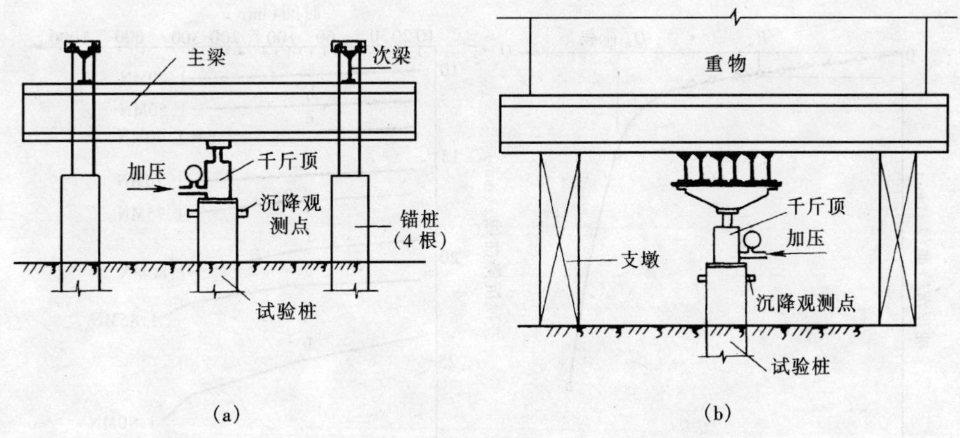

图 10-10　单桩静载荷载试验的加荷装置

(a) 锚桩横梁反力装置；(b) 压重平台反力装置

2. 试验方法

一般应采用慢速维持荷载法逐级加载，加荷分级不应少于 8 级，每级基本荷载增量一般为预估极限荷载的 1/8～1/10，第一级荷载可加倍施加。每级加荷后，按 5、10、15、30、45、60、90、120 分钟…间隔测读桩顶沉降量。当桩的沉降量连续两次每小时小于 0.1mm，则认为沉降已经稳定，可加下一级荷载。当符合下列条件之一时，可终止加载。

(1) 当桩的荷载～沉降曲线（Q-s 曲线）上有可判定极限承载力的陡降段，且桩顶总沉降量超过 40mm；

(2) $\frac{\Delta s_{n+1}}{\Delta s_n} \geqslant 2$，且经 24 小时尚未达到稳定；

(3) 25m 以上的非嵌岩桩，Q-s 曲线呈缓变型时，桩顶总沉降量大于 60～80mm；

(4) 在特殊条件下，可根据具体要求加载至桩顶沉降量大于 100mm。

终止加载后进行卸载，每级基本卸载量按每级基本加载量的 2 倍控制，并按 15、30、60 分钟测读回弹量，然后进行下一级的卸载。全部卸载后，隔 3～4 小时再测读一次桩顶回弹量。

常规试验方法还有循环加卸载法（每级荷载相对稳定后卸载到零）和快速维持荷载法（每隔 1 小时加一级荷载）。在进行单桩竖向荷载传递的研究时，经常有选择地在桩身某些截面（如土层分界面）的主筋上埋设钢筋应力计，在静荷载试验时，可同时测得这些截面的应变，进而可得到这些截面的轴力、位移，从而算出两个截面之间的平均摩阻力。

3. 试验成果与极限承载力的确定

采用以上试验装置与方法进行试验，测试结果一般可整理成 Q-s、s-$\lg t$ 等曲线，Q-s 曲线表示桩顶荷载与沉降的关系，s-$\lg t$ 曲线表示对应荷载下沉降与时间的变化关系，见图 10-11。

单桩极限承载力根据 Q-s、s-$\lg t$ 等曲线按下列方法确定：

(1) Q-s 曲线有明显陡降段时，取相应于陡降段起点的荷载值。

(2) 当出现"$\frac{\Delta s_{n+1}}{\Delta s_n} \geqslant 2$，且经 24 小时尚未达到稳定"的情况时，取终止加载的前一级

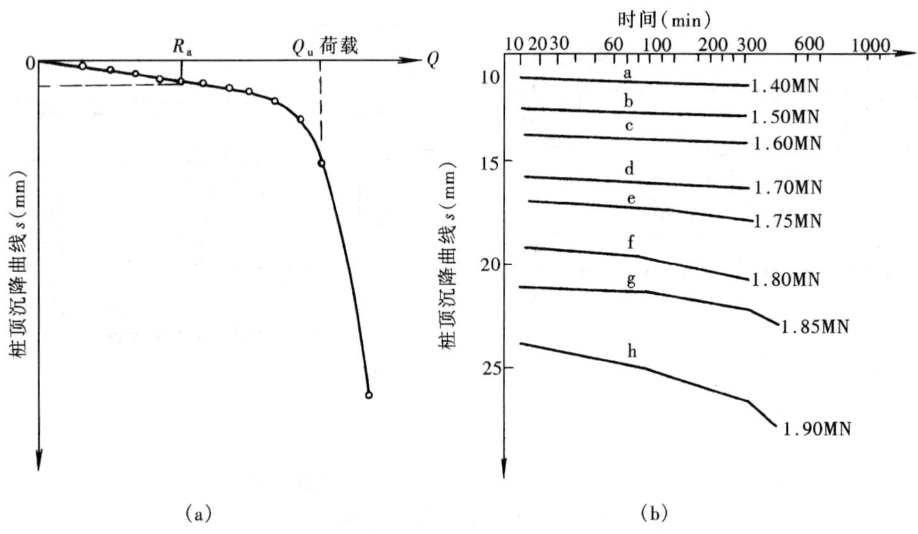

图 10-11 单桩静载荷试验曲线

（a）单桩 Q-s 曲线；（b）单桩 s-lg$t$ 曲线

荷载值。

（3）Q-s 曲线有明显缓变型时，取桩顶总沉降量 $s=40$mm 所对应的荷载值。

（4）s-lg$t$ 曲线尾部明显向下弯曲的前一级荷载值。

参加统计的试桩，当满足其极差不超过平均值的 30%时，可取其平均值作为单桩竖向极限承载力；对桩数为 3 根及 3 根以下的柱下桩台，取最小值。极差超过平均值的 30%时，宜增加试桩数量并分析离差过大的原因，结合工程具体情况确定极限承载力。

4. 单桩竖向承载力特征值

将单桩竖向极限承载力除以安全系数 2，为单桩竖向承载力特征值。

（二）经验公式

初步设计时，单桩竖向承载力特征值可按下式估算

$$R_a = q_{pa}A_p + u_p \Sigma q_{si} l_i \tag{10-6}$$

式中 R_a——单桩竖向承载力特征值，kN；

q_{pa}、q_{si}——桩端阻力、桩侧摩阻力特征值，kPa；

A_p——桩端横截面积，m^2；

u_p——桩身截面周长，m；

l_i——第 i 层岩土的厚度，m。

当桩端嵌入完整或较完整的硬质岩石中时，可按下式估算

$$R_a = q_{pa}A_p \tag{10-7}$$

式中 q_{pa}——桩端岩石承载力特征值，kPa。

二、桩身材料强度验算

将桩视为插入土中的轴心受压构件，单桩的桩身材料强度应满足下式

$$Q \leqslant A_p f_c \psi_c \tag{10-8}$$

式中 Q——相应于荷载效应基本组合时的单桩竖向力设计值，kN；

A_p——桩身截面面积，m^2；

f_c——混凝土轴心抗压强度设计值，按现行《混凝土结构设计规范》（GB 50010—2002）取值，kPa；

ψ_c——工作条件系数，预制桩取 0.75，灌注桩取 0.6～0.7（水下灌注桩或长桩取低值）。

第五节 桩基础验算

一、单桩桩顶竖向力计算

桩基中单桩桩顶竖向力按下列公式计算

1. 轴心竖向力作用下

$$Q_k=\frac{F_k+G_k}{n} \tag{10-9}$$

2. 偏心竖向力作用下

$$\overline{Q}_k=\frac{F_k+G_k}{n} \tag{10-10}$$

$$Q_{ik}=\frac{F_k+G_k}{n}\pm\frac{M_{xk}y_i}{\sum y_i^2}\pm\frac{M_{yk}x_i}{\sum x_i^2} \tag{10-11}$$

式中 F_k——相应于荷载效应标准组合时，作用于桩基承台顶面的竖向力，kN；

G_k——桩基承台自重及承台上土自重标准值，kN；

Q_k——相应于荷载效应标准组合轴心竖向力作用下任一单桩的竖向力，kN；

n——桩基中的桩数；

Q_{ik}——相应于荷载效应标准组合偏心竖向力作用下第 i 根桩的竖向力，kN；

M_{xk}、M_{yk}——相应于荷载效应标准组合作用于承台底面通过桩群形心的 x、y 轴的力矩，kN·m；

x_i、y_i——桩 i 至桩群形心的 y、x 轴线的距离，m。

二、单桩承载力验算

单桩竖向承载力按下式验算：

1. 轴心竖向力作用下

$$Q_k\leqslant R_a \tag{10-12}$$

2. 偏心竖向力作用下

$$\overline{Q}_k\leqslant R_a \tag{10-13}$$

$$Q_{ikmax}\leqslant 1.2R_a \tag{10-14}$$

式中 R_a——单桩竖向承载力特征值，kN。

三、沉降验算

根据《建筑地基基础设计规范》（GB 50007—2002）的规定：对地基基础设计等级为甲级的建筑物桩基；体型复杂、荷载不均匀或桩端以下存在软弱土层的设计等级为乙级的建筑物桩基；摩擦型桩基；应进行沉降验算。嵌岩桩、设计等级为丙级的建筑物桩基、对沉降无特殊要求的条形基础下不超过两排桩的桩基、吊车工作级别 A5 及 A5 以下的单层工业厂房桩基（桩端下为密实土层），可不进行沉降验算。当有可靠地区经验时，对地质条件不复杂、荷载均匀、对沉降无特殊要求的端承型桩基也可不进行沉降验算。

桩基最终沉降量宜按单向压缩分层总和法计算。计算公式为

$$s = \psi_p \sum_{j=1}^{m} \sum_{i=1}^{n_j} \frac{\sigma_{j,i} \Delta h_{j,i}}{E_{sj,i}} \tag{10-15}$$

式中 s——桩基最终计算沉降量，mm；

m——桩端平面以下压缩层范围内土层总数；

$E_{sj,i}$——桩端平面下第 j 层土第 i 个分层在自重应力至自重应力加附加应力作用段的压缩模量，MPa；

n_j——桩端平面下第 j 层土的计算分层数；

$\Delta h_{j,i}$——桩端平面下第 j 层土的第 i 个分层厚度，m；

$\sigma_{j,i}$——桩端平面下第 j 层土的第 i 个分层的竖向附加应力，可按实体深基础（桩距不大于 $6d$）或明德林应力公式方法计算，kPa；

ψ_p——桩基沉降计算经验系数，ψ_p 可按表 10-2 选用。

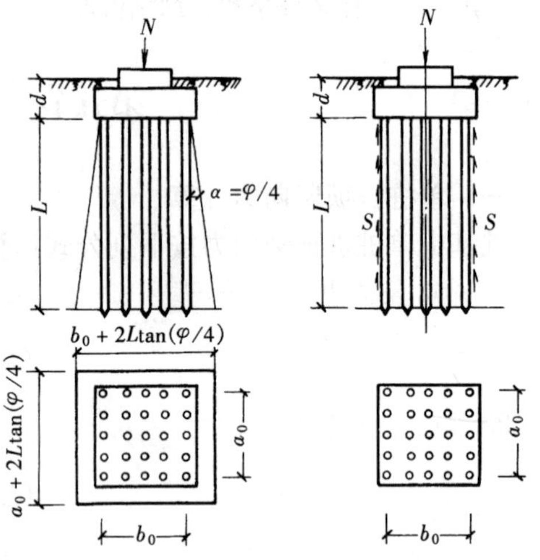

图 10-12 实体深基础的底面积

表 10-2 **实体深基础计算桩基沉降经验系数表**

$\overline{E}_s$（MPa）	$\overline{E}_s<15$	$15\leqslant\overline{E}_s<30$	$30\leqslant\overline{E}_s<40$
ψ_p	0.5	0.4	0.3

实体深基础的支承面积可按图 10-12 采用。

第六节 桩基础设计

一、桩基础的设计步骤

桩基础设计可按下列步骤进行：

（1）确定桩的类型和几何尺寸，初步选择承台底面标高；

（2）确定单桩竖向承载力特征值；

（3）确定桩的数量及其在平面的布置；

（4）单桩受力验算，必要时验算桩基沉降；

（5）计算桩基中各桩的荷载，进行单桩设计；

（6）承台设计；

（7）绘制桩基施工图。

二、桩的类型和桩长的选择

桩基设计的第一步，就是根据结构类型及层数、荷载大小、地层条件和施工机械设备，选择预制桩或灌注桩的类别、桩的截面尺寸、桩端持力层和桩的长度，确定桩的受力类型。

从建筑物层数和荷载大小来看，10 层以下的，可选择直径 500mm 左右的灌注桩或边长为 400mm 左右的预制桩；10～20 层的可采用直径 800～1000mm 的灌注桩或边长 450～500mm 的预制桩；20～30 层的可采用直径 1000～1200mm 的钻（冲、挖）孔灌注桩或边长大于 500mm 的预制桩；30～40 层的可用直径大于 1200mm 的钻（冲、挖）孔灌注桩或边长大于 500～550mm 的预应力管桩和大直径钢管桩。扩底灌注桩的扩底直径不应大于桩身直径的 3 倍。

当土中存在大块孤石、废金属以及密实砂层时，预制桩将难以穿越；当土层分布很不均匀时，混凝土预制桩的预制长度较难掌握；在场地土层分布比较均匀的条件下，采用质量易于保证的预应力高强混凝土管桩比较合理。

确定桩长的关键，在于选择桩端持力层。坚实土层最适宜作为桩端持力层。对于 10 层以下的建筑物，如在桩端可达的深度内无坚实土层时，也可选择中等强度的土层作为桩端持力层。

桩底进入持力层的深度，根据地质条件、荷载及施工工艺确定，宜为桩身直径的 1～3 倍。对粘性土、粉土进入的深度不宜小于 2 倍桩径；砂类土不宜小于 1.5 倍桩径；对碎石土不宜小于 1 倍桩径。嵌岩灌注桩周边嵌入完整和较完整的未风化、微风化、中风化硬质岩体的最小深度，不宜小于 0.5m。桩端下坚实土层的厚度，一般不宜小于 4 倍桩径。

同一结构单元应避免采用不同类型的桩，一般情况下，同一基础相邻桩的桩底高差，对非嵌岩端承型桩，不宜超过相邻桩的中心距；对摩擦型桩，在相同土层中不宜超过桩长的 1/10。

三、桩的根数及平面布置

1. 桩数的确定

竖向轴心荷载和竖向偏心荷载作用下的桩数可按下式估算

$$n=\mu\frac{F+G}{R_{a}} \tag{10-16}$$

式中 F——作用于桩基承台顶面的竖向力标准值，kN；

G——桩基承台和承台上土自重标准值，kN；

μ——考虑偏心荷载时各桩受力不均而增加桩数的经验系数，可取 $\mu=1.0\sim1.2$。

2. 桩的中心距

桩的最小中心距应符合表 10-3 的要求；扩底灌注桩除应满足表 10-4 的要求外，尚应满足表 10-3 的规定。

表 10-3　桩的最小中心距

土类与成桩工艺		排数超过 3 排（含 3 排）且桩数超过 9 根（含 9 根）的摩擦型桩基	其他情况
非挤土桩和部分挤土灌注桩		3.0d	2.5d
挤土灌注桩	穿越非饱和土	3.5d	3.0d
	穿越饱和软土	4.0d	3.5d
挤土预制桩		3.5d	3.0d
打入式敞口管桩和 H 型桩		3.5d	3.0d

表 10-4 灌注扩底端最小中心距

成桩方法	最小中心距
钻、挖孔灌注桩	1.5D 或 D+1m（当 D>2m 时）
沉管扩底灌注桩	2.0D

3. 桩的平面布置

排列基桩时，布置桩位宜使桩基承载力合力点与竖向永久荷载合力作用点重合，并使桩基受水平力和力矩较大方向有较大的抵抗矩。桩在平面内可以布置成方形或三角形的形式，也可以采用不等距排列。为节省承台用料和减少承台施工的工作量，在可能的情况下，墙下应尽可能采用单排桩基，柱下的桩数也应尽量减少。一般来说，桩数较少而桩长较大的摩擦型桩基，无论在承台的设计和施工方面，还是在提高群桩的承载力以及减小桩基沉降方面，都比桩数多而桩长小的桩基优越。

四、桩身结构设计

桩身混凝土强度应满足桩的承载力设计要求，轴心受压时，应满足式（10-9）。

1. 预制桩

预制桩在施工过程中的最不利状况，主要出现在吊运和锤击沉桩时。

桩在吊运施工过程中的受力状况与梁相同，一般按两支点（桩长<18m 时）或三支点（桩长>18m 时）起吊和运输，在打桩架下竖起时，按一点吊立。吊点的设置应使桩身在自重下产生的正负弯矩相等，如图 10-13 所示。图中最大弯矩

双点起吊时 $M_1=M_2=0.0214kql^2$

单点起吊时 $M_1=M_2=0.0429kql^2$

计算式中的 q 为桩单位长度的自重；k 为桩考虑在吊运过程中可能受到的冲撞和振动影响而采取的动力系数，一般取 $k=1.5$。通常情况下，按吊运过程中引起的内力对预制桩的配筋起决定作用。

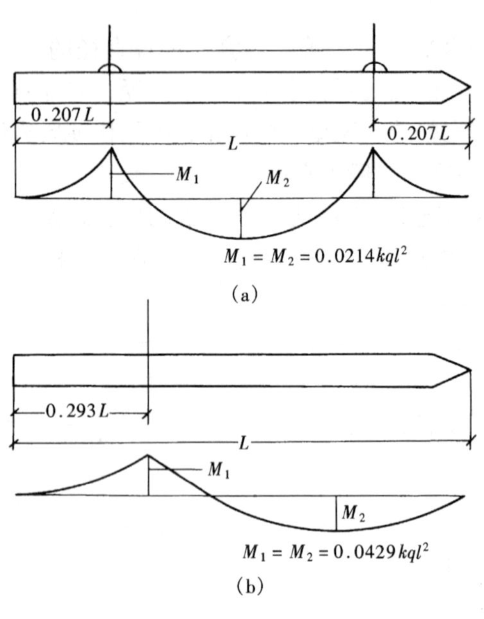

图 10-13 预制桩的吊点位置和弯矩图
（a）双点起吊时；（b）单点吊立时

沉桩常用的有锤击法和静力压桩法两种。静力压桩法在正常的沉桩过程中，其桩身应力一般小于吊运运输过程和使用阶段的应力，故不必要验算。

锤击沉桩法在桩身产生了应力波的传递，桩身受到锤击压应力和拉应力的反复作用，故需要进行桩身的动应力计算。对一级建筑桩基、桩身有抗裂要求和处于腐蚀性土质中的打入式预制混凝土桩、钢桩，锤击压应力应小于桩身材料的轴心抗压强度设计值，锤击拉应力值应小于桩身材料的抗拉强度设计值。

预制桩的混凝土强度等级不应低于 C30，预应力桩不应低于 C40。打入式预制桩的最小配筋率不宜小于 0.8%；静压预制桩的最小配筋率不宜小于 0.6%；应通长配筋。箍筋直径 6～8mm，间距不大于 200mm，在桩顶和桩尖处应适当加密。

2. 灌注桩

对轴心受压桩，若计算表明桩身混凝土强度能够满足设计要求，受力桩头部分设构造配

筋如下：一级建筑桩基应配置桩顶与承台的连接筋最小配筋率不宜小于0.2%～0.65%（桩径小时取大值），桩身配筋长度不小于10倍桩身直径，且不小于承台下软弱土层层底深度；桩径大于600mm的钻孔灌注桩配筋长度不宜小于桩长的2/3；受水平荷载和弯矩较大的桩，配筋长度应通过计算确定；坡地岸边的桩、8度及8度以上地震区的桩、抗拔桩、嵌岩桩应通长配置钢筋。灌注桩的混凝土强度等级不应小于C20。

五、承台设计

承台设计包括确定承台的材料、形状、高度、底面标高和平面尺寸以及强度验算，并应符合某些构造要求。

（一）构造要求

承台的最小厚度不应小于300mm。

承台的宽度不应小于500mm。边桩中心至承台边缘的距离不宜小于桩的直径或边长，且桩的外边缘至承台边缘的距离不小于150mm。对条形承台梁，桩的外边缘至承台梁边缘的距离不小于75mm，如图10-14所示。

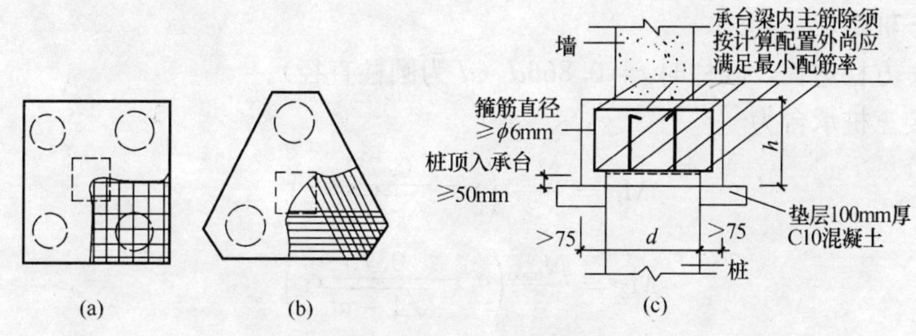

图10-14 承台配筋示意图

(a) 矩形承台配筋；(b) 三桩承台配筋；(c) 承台剖面配筋

承台的配筋，对于矩形承台其钢筋应按双向均匀通长布置，钢筋直径不宜小于10mm，间距不宜大于200mm；对三桩承台，钢筋应按三向板带均匀布置，且最里面的三根钢筋围成的三角形应在柱截面范围内。承台梁的主筋除满足计算要求外，尚应符合现行《混凝土结构设计规范》（GB 50010—2002）关于最小配筋率的规定，主筋直径不宜小于12mm，架立筋直径不宜小于10mm，箍筋直径不宜小于6mm。

承台混凝土强度等级不应低于C20，纵向钢筋的混凝土保护层厚度不应小于70mm，当有混凝土垫层时，不应小于40mm。

桩顶嵌入承台的长度不宜小于50mm。主筋伸入承台内的锚固长度不宜小于钢筋直径30d（Ⅰ级钢），35d（Ⅱ、Ⅲ级钢）。

（二）柱下桩基承台的弯矩计算

柱下桩基承台的弯矩可按以下简化计算方法确定：

1. 多桩矩形承台计算截面取在柱边和承台高度变化处［杯口外侧或台阶边缘，图10-15 (a)］

$$M_x = \sum N_i y_i \tag{10-17}$$

$$M_y = \sum N_i x_i \tag{10-18}$$

式中 M_x、M_y——垂直y轴和x轴方向计算截面处的弯矩设计值；

x_i、y_i——垂直y轴和x轴方向自桩轴线到相应计算截面的距离；

N_i——扣除承台和其上填土自重后相应于荷载效应基本组合时的第i桩竖向力设计值。

2. 三桩承台

（1）等边三桩承台［图 10-15(b)］为

$$M = \frac{N_{max}}{3}\left(s - \frac{\sqrt{3}}{4}c\right) \tag{10-19}$$

式中 M——由承台形心至承台边缘距离范围内板带的弯矩设计值；

N_{max}——扣除承台和其上填土自重后的三桩中相应于荷载效应基本组合时的最大单桩竖向力设计值；

s——桩距；

c——方柱边长，圆柱时 $c=0.866d$（d 为圆柱直径）。

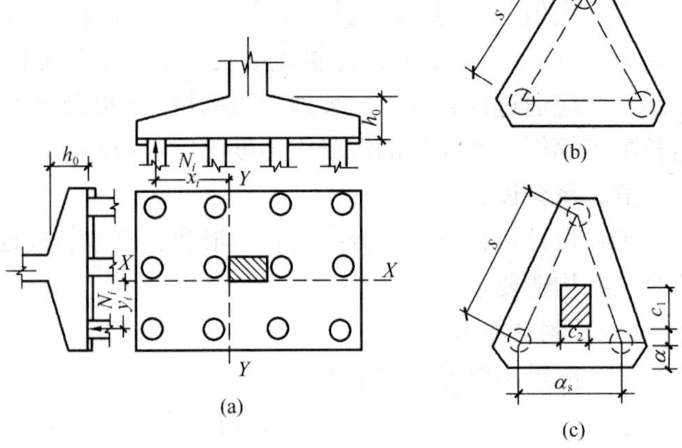

图 10-15 承台弯矩计算示意图

（2）等腰三桩承台为

$$M_1 = \frac{N_{max}}{3}\left(s - \frac{0.75}{\sqrt{4-\alpha^2}}c_1\right) \tag{10-20}$$

$$M_2 = \frac{N_{max}}{3}\left(\alpha_s - \frac{0.75}{\sqrt{4-\alpha^2}}c_2\right) \tag{10-21}$$

式中 M_1、M_2——由承台形心到承台两腰和底边的距离范围内，板带的弯矩设计值；

s——长向桩距；

α——短向桩距与长向桩距之比，当小于 0.5 时，应按变截面的二桩承台设计；

c_1、c_2——垂直于、平行于承台底边的柱截面边长。

（三）柱下桩基础独立承台受冲切承载力的计算

1. 柱对承台的冲切（图 10-16）

$$F_l \leqslant 2[\beta_{ox}(b_c + a_{oy}) + \beta_{oy}(h_c + a_{ox})]\beta_{hp} f_t h_0 \tag{10-22}$$

$$F_l = F - \sum N_i \tag{10-23}$$

$$\beta_{ox} = 0.84/(\lambda_{ox} + 0.2) \tag{10-24}$$

$$\beta_{oy} = 0.84/(\lambda_{oy} + 0.2) \tag{10-25}$$

式中 F_l——扣除承台及其上填土自重，作用在冲切破坏锥体上相应于荷载效应基本组合的冲切力设计值，冲切破坏锥体应采用自柱边或承台变阶处至相应桩顶边缘连线构成的锥体，锥体与承台底面的夹角不小于 45°。

h_0——冲切破坏锥体的有效高度。

β_{hp}——受冲切承载力截面高度影响系数，当 h 不大于 800mm 时，β_{hp} 取 1.0；当 h 大于等于 2000mm 时，β_{hp} 取 0.9；其间按线性内插法取用。

β_{ox}、β_{oy}——冲切系数。

λ_{ox}、λ_{oy}——冲跨比，$\lambda_{ox}=a_{ox}/h_0$、$\lambda_{oy}=a_{oy}/h_0$。

a_{ox}、a_{oy}——柱边或变阶处至桩边的水平距离，当 $a_{ox}(a_{oy})<0.2h_0$ 时，$a_{ox}(a_{oy})=0.2h_0$；当 $a_{ox}(a_{oy})>h_0$ 时，$a_{ox}(a_{oy})=h_0$。

F——柱根部轴力设计值。

$\sum N_i$——冲切破坏锥体范围内各桩的净反力设计值之和。

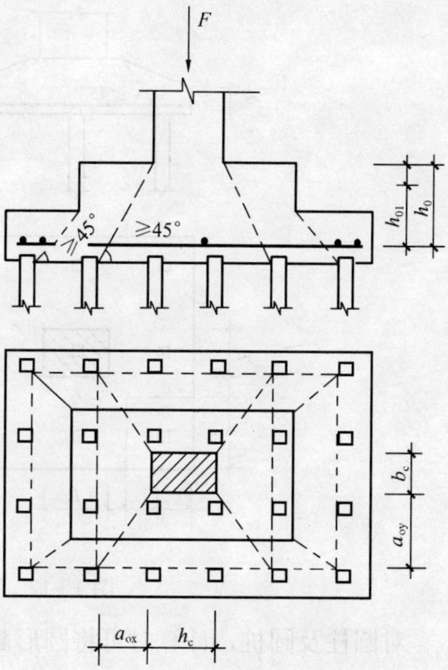

对中低压缩性土上的承台，当承台与地基土之间没有脱空现象时，可根据地区经验适当减小柱下桩基础独立承台受冲切计算的承台厚度。

图 10-16 柱对承台冲切计算示意图

2. 角桩对承台的冲切

(1) 多桩矩形承台受角桩冲切的承载力应按下式计算

$$N_l \leqslant \left[\beta_{1x}\left(c_2+\frac{a_{1y}}{2}\right)+\beta_{1y}\left(c_1+\frac{a_{1x}}{2}\right)\right]\beta_{hp} f_t h_0 \tag{10-26}$$

$$\beta_{1x}=\frac{0.56}{\lambda_{1x}+0.2} \tag{10-27}$$

$$\beta_{1y}=\frac{0.56}{\lambda_{1y}+0.2} \tag{10-28}$$

式中 N_l——扣除承台和其上填土自重后的角桩桩顶相应于荷载效应基本组合时的竖向力设计值；

β_{1x}、β_{1y}——角桩冲切系数；

λ_{1x}、λ_{1y}——角桩冲跨比，其值满足 0.2～1.0，$\lambda_{1x}=a_{1x}/h_0$、$\lambda_{1y}=a_{1y}/h_0$；

c_1、c_2——从角桩内边缘至承台外边缘的距离；

a_{1x}、a_{1y}——从承台底有桩内边缘引 45°冲切线与承台顶面或承台弯阶处相交点至角桩内边缘的水平距离；

h_0——承台外边缘的有效高度。

(2) 三桩三角形承台受角桩冲切的承载力可按下列公式计算

底部角桩

$$N_l \leqslant \beta_{11}(2c_1+a_{11})\tan\frac{\theta_1}{2}\beta_{hp} f_t h_0 \tag{10-29}$$

$$\beta_{11}=\frac{0.56}{\lambda_{11}+0.2} \tag{10-30}$$

顶部角桩

$$N_l \leqslant \beta_{12}(2c_2+a_{12})\tan\frac{\theta_2}{2}\beta_{hp} f_t h_0 \tag{10-31}$$

$$\beta_{12}=\frac{0.56}{\lambda_{12}+0.2} \tag{10-32}$$

式中 λ_{11}、λ_{12}——角桩冲跨比，$\lambda_{11}=a_{11}/h_0$、$\lambda_{12}=a_{12}/h_0$；

a_{11}、a_{12}——从承台底角桩内边缘向相邻承台边引 45°冲切线与承台顶面相交点至角桩内边缘的水平距离，当柱位于该 45°线以内时，则取柱边与桩内边缘连线为冲切锥体的锥线。

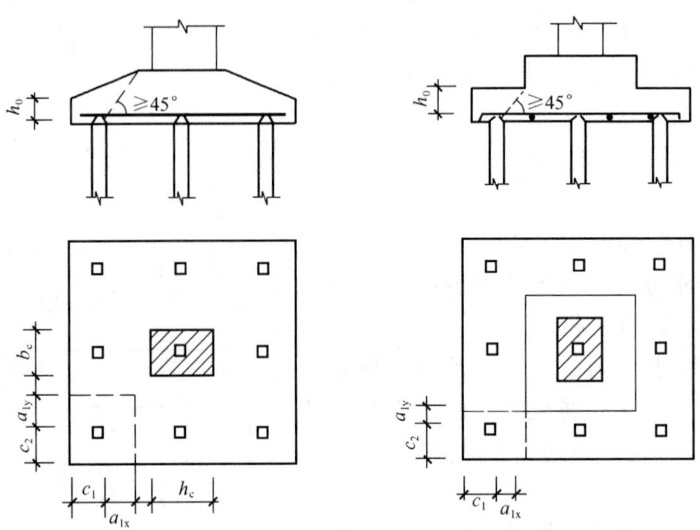

图 10-17 矩形承台角桩冲切计算示意图

对圆柱及圆桩，计算时可将圆形截面换算成正方形截面。

（四）柱下桩基独立承台斜截面受剪计算

柱下桩基独立承台应分别对柱边和桩边、变阶处和桩边连线形成的斜截面进行受剪计算。当柱边外有多排桩形成多个剪切斜截面时，尚应对每个斜截面进行验算。斜截面受剪承载力可按下列公式计算

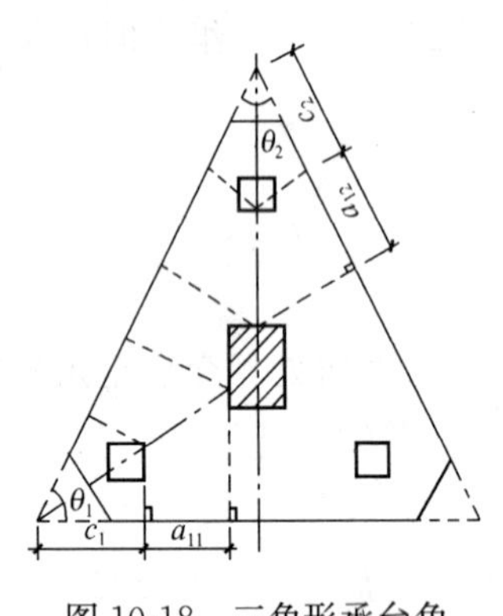

图 10-18 三角形承台角桩冲切计算示意图

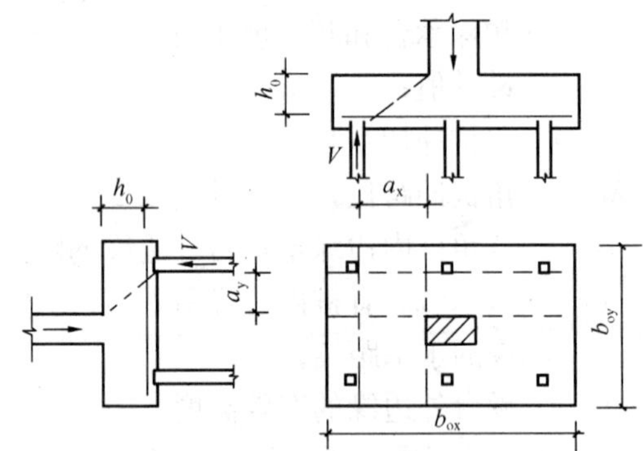

图 10-19 承台斜截面受剪计算示意图

$$V \leqslant \beta_{hs}\beta f_t b_0 h_0 \tag{10-33}$$

$$\beta = \frac{1.75}{\lambda + 1.0} \tag{10-34}$$

式中 V——扣除承台及其上填土自重后相应于荷载效应基本组合时，斜截面的最大剪力设计值；

b_0——承台计算截面处的计算宽度；

h_0——计算宽度处的承台有效高度；

β——剪切系数；

β_{hs}——受剪切承载力截面高度影响系数，$\beta_{hs}=(800/h_0)^{1/4}$；

λ——计算截面的剪跨比，$\lambda_x=a_x/h_0$、$\lambda_y=a_y/h_0$；

a_x、a_y——柱边或承台变阶处至 x、y 方向计算一排桩的桩边的水平距离，当 $\lambda<0.3$ 时取 $\lambda=0.3$，当 $\lambda>3$ 时取 $\lambda=3$。

【例题 10-1】 某框架结构，如图 10-20 所示，拟采用钻孔灌注桩基础。场地地层自上而下依次为：①填土，厚度 1.5m；②淤泥质土，软塑～流塑，$q_s=12$kPa，厚度 7.2m；③粉质粘土，可塑，$q_s=36$kPa，厚度 3.3m；④中砂，密实，$q_s=60$kPa，$q_{pa}=1500$kPa，厚度 4.6m；⑤碎石土，中密，该层未揭穿，$q_s=80$kPa，$q_{pa}=2000$kPa。初步选定承台底面在天然地面下 1.5m 处，已知一内柱传至承台顶面（天然地面下 0.7m）处的荷载标准值为 $F=5000$kN，$M=360$kN·m，$H=120$kN，试设计该基础。

解 (1) 桩的类型和尺寸。

根据地质情况，初步选择密实中砂层作为桩端持力层，灌注桩直径定为 600mm，进入中砂层 1.2m ($2d$)。

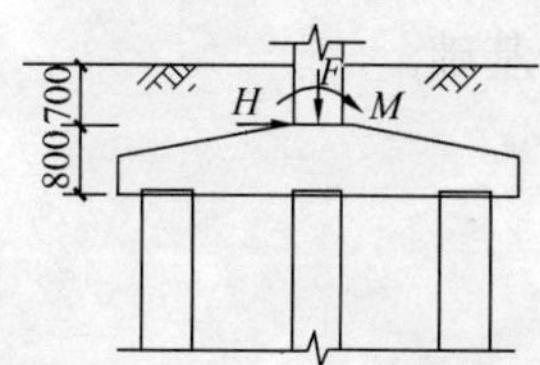

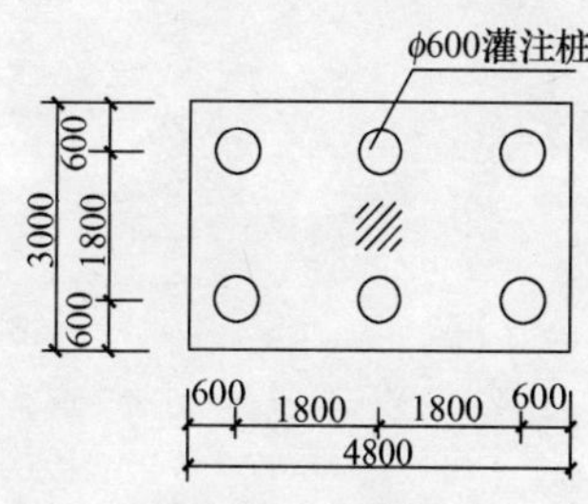

图 10-20 例题 10-1 图

(2) 单桩承载力特征值的确定。

$$R_a=q_{pa}A_p+u_p\Sigma q_{si}l_i$$
$$=\frac{3.14\times0.6^2}{4}\times1500+3.14\times0.6\times(12\times7.2+36\times3.3+60\times1.2)$$
$$=423.9+522.2=946.1\text{kN}$$

(3) 初选桩的数量。

$$n=\mu\frac{F}{R_a}=1.1\times\frac{5000}{946.1}=5.8$$

取为 6 根。

(4) 初选承台尺寸。

桩距 $s=3d=1.8$m

承台短边边长为：$2d+s=2\times0.6+1.8=3.0$m

承台长边边长为：$2d+2s=2\times0.6+2\times1.8=4.8$m

(5) 单桩受力验算。

$$\overline{Q}=\frac{F+G}{n}=\frac{5000+20\times3.0\times4.8\times1.5}{6}=905.3\text{kN}<R_a$$

$$Q_{max}=\frac{F+G}{n}+\frac{Mx_{max}}{\Sigma x_i^2}=905.3+\frac{(360+0.8\times120)\times1.8}{4\times1.8^2}=940.5\text{kN}$$

$<1.2R_a=1135.3$kN

单桩受力满足安全要求。

思 考 题

10-1 桩可以分为多少种类？各类桩的优缺点和适用条件是什么？

10-2 单桩竖向荷载如何传递？

10-3 何谓桩的负摩阻力？其产生的原因有哪些？

10-4　单桩竖向承载力如何确定？

10-5　桩基设计有哪些步骤？哪种情况须进行桩基沉降验算？

习　　题

某10层框架结构办公楼，室内外高差为0.9m，拟采用钻孔灌注桩基础。场地地层自上而下依次为：①填土，厚度1.2m；②淤泥质土，软塑～流塑，$q_s=11\text{kPa}$，厚度6.0m；③粉质粘土，可塑，$q_s=32\text{kPa}$，厚度4.6m；④碎石土，中密，该层未揭穿，$q_s=80\text{kPa}$，$q_p=2000\text{kPa}$。初步选定承台底面在天然地面下1.2m处，已知一外柱传至承台顶面（天然地面下0.5m）处的荷载标准值为$F=4000\text{kN}$，$M=360\text{kN}\cdot\text{m}$，$H=120\text{kN}$，试设计该桩基础。

第十一章　软弱土地基处理

本 章 提 要

软弱土地基是指具有强度低、压缩性高及其他不良性质的软弱土组成的地基。通过本章学习要求熟悉常用地基处理方法及使用范围、作用原理、设计要点及施工质量要求。

第一节　概　　述

软弱土包括淤泥、淤泥质土、部分冲填土和杂填土及其他高压缩性土。由软弱土组成的地基称为软弱土地基。淤泥和淤泥质土一般是第四纪后期在滨海、湖泊、河滩、三角洲、冰渍等地质沉积环境下形成的。这类土大部分是饱和的，含有机质，天然含水量大于液限，孔隙比大于1。当天然孔隙比大于1.5时，称为淤泥；天然孔隙比大于1而小于1.5时，则称为淤泥质土。这类土工程特性甚为软弱，抗剪强度很低，压缩性较高，渗透性很小，并具有结构性，广泛分布于我国东南沿海地区和内陆江河湖泊的周围，是软弱土的主要土类，通称软土。

冲填土是在整治和疏通江河航道时，用挖泥船或泥浆泵把江河和港口底部的泥砂用水力冲填（吹填）形成的沉积土。冲填土的物质成分比较复杂，若以粘土为主，则属于强度较低和压缩性较高的欠固结土层，而以砂或其他粗颗粒土所组成的冲填土则不属于软弱土。

杂填土是人类在城市局部地表面回填一层人工杂物，包括建筑垃圾、工业废料和生活垃圾等。

一、软弱土的特性

（一）软土的特性

软土的特性和一般的粘性土不同，一般具有下列工程特性：

（1）含水量较高，孔隙比较大。因为软土的成分主要是由粘土粒组和粉土粒组组成，并含少量的有机质。粘粒的矿物成分为蒙脱石、高岭石和伊利石。这些矿物晶粒很细，呈薄片状，表面带负电荷，它与周围介质的水和阳离子相互作用，形成偶极水分子，并吸附于表面形成水膜。在不同的地质环境下沉积形成各种絮状结构。因此，这类土的含水量和孔隙比都比较高。根据统计，一般含水量为35%～80%；孔隙比为1～2。软土的高含水量和大孔隙比不但反映土中的矿物成分与介质相互作用的性质，同时也反映软土的抗剪强度和压缩性的大小。含水量愈大，土的抗剪强度愈小，压缩性愈大；反之，强度愈大，压缩性愈小。软土天然含水量的大小，在一定范围内是影响土的抗剪强度和压缩性的重要因素。

（2）抗剪强度很低。根据土工试验的结果，我国软土的天然不排水抗剪强度一般小于20kPa，其变化范围约在5～25kPa。有效内摩擦角为$\varphi'=20°\sim35°$。固结不排水内摩擦角$\varphi_{cu}=12°\sim17°$。正常固结的软土层的不排水抗剪强度往往是随离地表深度的增大而增大，每米的增长率约为1～2kPa。在荷载的作用下，如果地基能够排水固结，软土的强度将产生显著的变化，土层的固结速度愈快，软土的强度增加愈大。加速软土层的固结速率是改善软土强度特性的一项有效途径。

(3) 压缩性较高。压缩系数 a_{1-2} 在 0.5～1.5MPa^{-1}之间，有些可以达到 0.45MPa^{-1}，其压缩性往往随着液限的增大而增大。软土是第四纪后期的沉积物，一般来说，它是正常固结的，但某些近期沉积的软土则是欠固结的，例如近期围垦的海滩。未完全固结的土在自重作用下还会继续下沉。

(4) 透水性差。软土的透水性差，其渗透系数一般在 $i\times10^{-6}\sim i\times10^{-8}$ cm/s 之间。因此土层在自重或荷载作用下达到完全固结所需的时间是很长的。

(5) 结构性强。软土有显著的结构性，特别是海滨相的软土，一旦受到扰动（振动、搅拌或搓揉等），其絮状结构受到破坏，土的强度显著降低，甚至呈流动状态。软土受到扰动后强度降低的特性可用灵敏度表示。我国东南沿海（如上海和宁波等地）的海滨相软土的灵敏度约在 4～10 之间。因此，在高灵敏粘土地基上进行地基处理或开挖基坑时，力求避免土的扰动。软土扰动后，随着静置时间的增长，其强度又会逐渐恢复，但一般不能恢复到原来结构的强度。

(6) 具有明显的流变性。软土具有明显的流变性，在剪应力的作用下，软土将产生缓慢的剪切变形，并可能导致抗剪强度的衰减。在固结沉降完成后，软土还可能继续产生可观的次固结沉降。许多工程的现场实测结果表明，当软土中孔隙水压力完全消散后，软土地基上的基础还继续沉降。

根据上述软土的特点，在软土上建造建筑物是十分不利的，由于软土具有强度较低、压缩性较高和透水性很小等特性，因此，在软土地基上修建建筑物，必须重视地基的变形和稳定问题。对普通浅基础而言，软土地基的承载力特征值一般为 50～80kPa，因此，如果不作任何处理，一般不能承受荷载较大的建筑物，否则软土地基就有可能出现局部剪切乃至整体剪切破坏的危险。此外，软土地基上建筑物的沉降和不均匀沉降也是较大的。根据统计，对于砖墙承重的混合结构，四层至七层的房屋，其最终沉降量可达 200～500mm；而大型构筑物（如水池、油罐、粮仓和等）的沉降量一般超过 500mm，有些达到 2000mm 以上。如果上部结构各部分荷载的差异较大，体型又比较复杂，将会出现较大的不均匀沉降。沉降或不均匀沉降过大将会引起建筑物基础标高的降低，影响建筑物的使用条件或者造成建筑物倾斜、开裂破坏。由于软土渗透性很小，固结速率很慢，沉降延续的时间很长，使建筑物内部设备的安装和与外部的连接带来很多困难；同时，软土的强度增长比较缓慢，长期处于软弱状态，影响地基加固的效果。由于软土具有比较高的灵敏度，若在地基施工中对地基产生扰动，就可能引起软土结构的破坏，降低软土的强度。因此，在软土地基上建造建筑物，则要求对软土地基进行处理。处理的主要目的是改善地基土的工程性质，达到满足建筑物对地基稳定和变形的要求，包括改善地基土的变形特性和渗透性，提高其抗剪强度和抗液化能力，消除其他不利影响。

（二）杂填土的特性

由于杂填土是人类活动所形成的无规律的堆填物，因而具有如下特性：①成分复杂。包含有碎砖、瓦砾等建筑垃圾，炉灰和杂物等生活垃圾和矿渣、煤渣等工业废料。②无规律性。土层厚薄不均，软硬不匀，土的颗粒和孔隙有大有小，强度和压缩性有高有低。③性质随着堆填龄期而变化。龄期较短的杂填土往往在自重作用下尚未固结稳定，在水的作用下，细颗粒有被冲刷而塌陷的可能。一般认为，填龄达五年左右的填土，性质才逐渐趋于稳定。

杂填土的承载力则随填龄的增大而提高。④含腐殖质和水化物。以生活垃圾为主的填土，其腐殖质的含量常较高。随着有机质的腐化，地基的沉降将增大；以工业残渣为主的填土，要注意其中可能含有水化物，因而遇水后容易发生膨胀和崩解，使填土的强度迅速降低。在大多数情况下，杂填土是比较疏松和不均匀的，在同一建筑场地的不同位置，其承载力和压缩性往往有较大差异。

（三）冲填土的特性

冲填土是由水力冲填形成的，因此其成分和分布规律与所冲填泥砂的来源及冲填时的水力条件有着密切的关系。在大多数情况下，冲填的物质是粘土和粉砂，在吹填的入口处，沉积的土粒较粗，顺出口处方向则逐渐变细，反映出水力分选作用的特点。有时在冲填过程中，由于泥砂的来源有所变化，更加造成冲填土在纵横方向上的不均匀性。由于土的颗粒粗细的不均匀分布，土的含水量也是不均匀的，土的颗粒愈细，排水愈慢，土的含水量也越大。冲填土的含水量较大，一般大于液限，当土粒很细时，水分难以排出，土体在形成的初期呈流动状态；当冲填土经自然蒸发后，表面常形成龟裂，但下部仍然处于流动状态，稍加扰动，即出现触变现象。冲填土的工程性质与其颗粒组成有密切关系，对于含砂量较多的冲填土，它的固结情况较好；对于含粘粒颗粒较多的冲填土，则往往时欠固结的。其强度和压缩性指标都比同类天然沉积土差。因此，评估冲填土地基的变形和承载力特征值时，应考虑欠固结的影响，对于桩基则应考虑桩侧负摩阻力的影响。

二、地基处理的一般方法

上述软弱土地基的特点，多数对建筑工程是不利的。在实际工程中，软弱土地基的承载力和变形往往不能满足设计要求，因而常常需要采取处理措施。根据地基处理的作用机理，地基处理方法大致可分为如表 11-1 所示的几类。

表 11-1　　地基处理方法分类

分类	处理方法	加固原理	适用范围
换土垫层	机械碾压法 重锤夯实法 平板振动法	挖除浅层软弱土或不良土，回填力学性能良好的材料，分层碾压或夯实。按回填材料可分为砂垫层、碎石垫层、灰土垫层、素土垫层、粉煤灰垫层和矿渣垫层等。可提高持力层的承载力，减少沉降量，消除或部分消除土的湿陷性或涨缩性，防止土的冻涨作用，以及改善土的抗液化性能	适用于处理浅层软土地基、湿陷性黄土地基、膨胀土地基、素填土和杂填土地基等
排水固结	堆载预压法 真空预压法 降水预压法 电渗排水法	通过布置垂直排水井，改善地基的排水条件，并采用加压、抽气、抽水或电渗等措施，以加速地基土的排水固结和强度增长，提高地基的承载力，减小地基的沉降	适用于处理厚度较大的饱和软土和冲填土地基，应有预压的荷载和时间条件
强夯法	强夯法 强夯置换法	利用强大的夯击能，使地基土产生动力固结而使土体密实。强夯置换是在夯坑内回填块石碎石等材料，在夯锤的作用下形成连续的强夯置换墩，形成复合地基	适用于处理碎石土、砂土、低饱和度的粉土与粘性土、湿陷性黄土、素填土和杂填土等地基。强夯置换适用于处理高饱和度的粉土与软塑～流塑的粘性土

续表

分类	处理方法	加固原理	适用范围
振密挤密	振冲挤密 挤密砂、石桩 挤密土桩、灰土桩 石灰桩 柱锤夯扩桩法	通过挤密或振动使深层土密实，并在振动或挤密过程中，回填砾石、碎石、砂、素土、石灰、灰土等材料，形成碎石桩、砂桩、土桩、石灰桩、灰土桩等，与桩间土一起形成复合地基，提高地基承载力，减小地基沉降量，消除或部分消除湿陷性或液化性	振冲挤密和挤密砂、石桩适用于处理粉土、粘性土、杂填土和松散砂土地基。土桩与灰土桩适用于处理地下水位以上的湿陷性黄土、素填土和杂填土地基
置换及拌入	振冲置换 水泥土搅拌桩 高压喷射注浆法	采用振冲方法，以碎石、砂等材料置换部分软弱土地基，或在部分软弱土地基中掺入水泥、石灰等材料与土反应形成加固体，与未加固软弱土部分组成复合地基，从而提高地基承载力，减小沉降量	适用于处理淤泥与淤泥质土（振冲法慎用）、粉土、粘性土、杂填土和松散砂土地基
化学加固	单液硅化法 碱液法	将水玻璃溶液或烧碱溶液灌入湿陷性黄土，经过化学反应，形成强度较高且难溶于水的加固体，与未加固部分组成复合地基，从而降低地基的湿陷性，提高地基承载力，减小沉降量	适用于处理湿陷性黄土地基
加筋与托换法	加筋土、土工聚合物 锚杆静压桩法 微型桩法 坑式静压桩法	在人工填土的路堤或挡墙内铺设土工聚合物、钢带、钢条等作为拉筋，或在软弱土地基中设置微型桩体，用以提高承载力，减小沉降和增加地基稳定性	加筋土和土工聚合物适用于人工填土的路堤和挡墙结构；托换法适用于已建建筑物地基的加固

表中各种地基处理方法都有各自的特点和作用机理，在不同的土类中产生不同的加固效果和各自的局限性，没有哪一种方法是万能的。具体的工程地质条件是千变万化的，工程对地基的要求也不相同，而且材料的来源、施工机具和施工条件也因工程地点的不同又有较大的差别。因此，对于每一个工程必须进行综合考虑，通过几种可能的地基处理方案的比较，选择一种技术可靠、经济合理、施工可行的方案，既可以是单一的地基处理方法，也可以是多种地基处理方法的综合处理。

第二节 换土垫层法

一、换土垫层及其作用

当建筑物基础下的持力层比较软弱、不能满足上部荷载对地基的要求时，常采用换土垫层来处理软弱土地基，即将基础下一定范围内的土层挖去，然后回填以强度较高、压缩性较低的砂、碎石或灰土等，并夯至密实。实践证明：换土垫层可以有效地处理某些荷载不大的建筑物地基问题，例如：一般的三、四层房屋、路堤、油罐和水闸等的地基。换土垫层按其回填的材料可分为砂垫层、碎石垫层、素土垫层、灰土垫层等。

垫层的主要作用是：①提高浅基础下地基的承载力。一般来说，地基中的剪切破坏是从基础底面开始的，并随着应力的增大逐渐向纵深发展。因此，若以强度较高的砂、碎石或灰土代替可能产生剪切破坏的软弱土，就可以避免地基的破坏。②减少沉降量。一般情况下，基础下浅层地基的沉降量在总沉降量中所占的比例是比较大的。以条形基础为例，在相当于基础宽度的深度范围内沉降量约占总沉降量的50%左右，同时由侧向变形而引起的沉降，理论上也是浅层部分占的比例较大，若以密实的砂、石或灰土代替了浅层软弱土，那么就可以减少大部分的沉降量。③加速软弱土层的排水固结——砂、碎石垫层。建筑物的不透水基础直接与软弱土层接触时，在荷载的作用下，软弱土地基中的水被迫绕基础两侧排出，因而使基底下的软弱土不易固结，形成较大的孔隙水压力，还可能导致由于地基土强度降低而产生塑性破坏的危险。砂或碎石垫层提供了基底下的排水面，不但可以使基础下面的孔隙水压力迅速消散，避免地基土的塑性破坏，还可以加速砂垫层下软弱土层的固结及其强度的提高，但是固结的效果只限于表层土体，深部的影响就不显著了。在各类工程中，砂石、垫层的作用是不同的，房屋建筑物基础下的砂垫层主要起置换的作用；对路堤和土坝等则主要是利用其排水固结作用。④隔水作用——素土或灰土垫层。对湿陷性黄土地基或填土地基，由于其具有遇水沉陷的特点，因此为防止地表水下渗造成地基沉降，可在基础底面采用素土或灰土垫层隔水。

二、垫层的设计要点

垫层设计的主要内容是确定断面的合理宽度。根据建筑物对地基变形及稳定的要求，对于换土垫层，既要求有足够的厚度置换可能被剪切破坏的软弱土层，又要有足够的宽度以防止垫层向两侧挤动。垫层设计的方法有多种，本节只介绍一种常用的方法。

1. 垫层厚度的确定

根据垫层作用的原理，垫层厚度必须满足如下要求：当上部荷载通过垫层按一定的扩散角传至下卧软土层时，该下卧软土层的顶面所受的全部压力不应超过下卧层的承载力，即应满足下式的要求

$$p_{cz}+p_z\leqslant f_{az} \tag{11-1}$$

式中　f_{az}——垫层底面处软弱土层的承载力特征值，kPa（应按垫层底面的深度考虑深度修正）；

p_{cz}——垫层底面处土的自重压力值，kPa；

p_z——相应于荷载效应标准组合时，垫层底面处的附加压力值，kPa。

垫层底面处的附加应力值 p_z 可按图 11-1 中的应力扩散图形计算，对条形基础为

$$p_z=\frac{b\ (p_k-p_c)}{b+2z\tan\theta} \tag{11-2}$$

对矩形基础为

$$p_z=\frac{bl\ (p_k-p_c)}{(b+2z\tan\theta)\ (l+2z\tan\theta)} \tag{11-3}$$

式中　l——基础的长度，m；

b——基础的宽度，m；

z——基础下垫层的厚度，m；

p_k——相应于荷载效应标准组合时，垫层底面处的平均压力值，kPa；

p_c——基础底面处土的自重压力值，kPa；

θ——砂垫层的压力扩散角，可按表 11-2 采用。

表 11-2　　压力扩散角（°）

z/b	换填材料		
	中砂、粗砂、砾砂、圆砾、角砾、石屑、卵石、碎石、矿渣	粉质粘土、粉煤土	灰土
0.25	20	6	30
≥0.5	30	23	

注　1. 当 $z/b<0.25$ 时，除灰土外，其余材料均取 $\theta=0$，必要时，宜由试验确定。

2. 当 $0.25<z/b<0.5$ 时，θ 可内插求得。

计算时，先假设一个垫层的厚度，然后用式（11-1）验算。如不合要求，则改变垫层厚度，重新验算，直至满足为止。换填垫层的厚度不宜小于 0.5m，也不宜大于 3m。一般垫层的厚度为 1～2m 左右，过薄的垫层（<0.5m）的作用不显著；垫层太厚（>3m）则施工较困难。

2. 垫层宽度的确定

垫层的宽度一方面要满足应力扩散的要求，另一方面防止垫层向两边挤动。关于宽度的计算，目前还缺乏可靠的理论方法，在实践中常常按照当地某些经验数（考虑垫层两侧土的性质）或按经验方法确定。常用的经验方法是扩散角法，如图 11-1，设垫层厚度为 z，垫层底宽按基础底面每边向外扩出 $z\tan\theta$ 考虑，那么条形基础下垫层宽度应不小于 $b+2z\tan\theta$。扩散角 θ 仍按表（11-2）的规定采用，当 $z/b<0.25$ 时，仍按表中 $z/b=0.25$ 取值。底宽确定以后，然后根据开挖基坑所要求的坡度延伸至基础底面，即得垫层的设计断面。

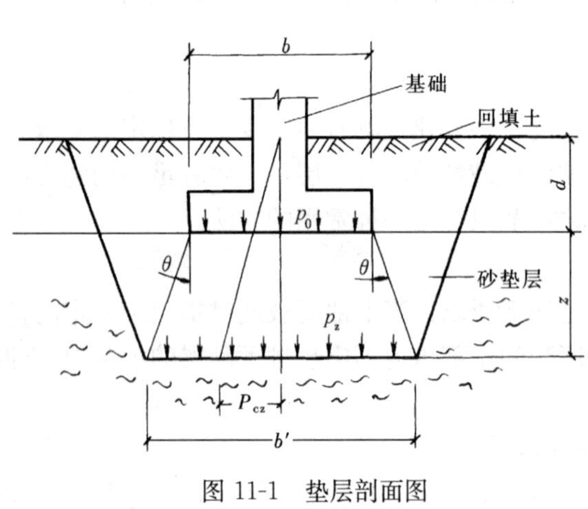

图 11-1　垫层剖面图

整片垫层底面的宽度可根据施工的要求适当加宽。垫层顶面宽度可从垫层底面两侧向上，按基坑开挖期间保持边坡稳定的当地经验放坡确定。垫层顶面每边超出基础底边不宜小于 300mm。

3. 垫层沉降验算

垫层断面确定之后，对于比较重要的建筑物还要验算基础的沉降，以便使建筑物基础的最终沉降值小于建筑物的允许沉降值。验算时不考虑垫层本身的变形。对沉降要求严的或垫层厚的建筑，应计算垫层自身的变形。

以上按应力扩散设计垫层的方法比较简单，故常被设计人员所采用。但是必须注意，应用此法验算垫层的厚度时，往往得不到接近实际的结果。因为增加垫层的厚度时，式(11-1)

中的σ_z虽可减少，但σ_{cz}却增大了，因而两者之和（$\sigma_z+\sigma_{cz}$）的减少并不明显，所以这样设计的垫层往往较厚（偏于安全）。

4. 垫层材料

（1）砂石。宜选用碎石、卵石、角砾、圆砾、砾砂、粗砂、中砂或石屑（粒径小于2mm的部分不应超过总重的45%），应级配良好，不含植物残体、垃圾等杂质。当使用粉细砂或石粉（粒径小于0.075mm的部分不超过总重的9%）时，应掺入不少于总重30%的碎石或卵石。砂石的最大粒径不宜大于50mm。对湿陷性黄土地基，不得选用砂石等透水材料。

（2）粉质粘土。土料中有机质含量不得超过5%，亦不得含有冻土或膨胀土。当含有碎石，用于湿陷性黄土或膨胀土地基的粉质粘土垫层，土料中不得夹有砖、瓦和石块。

（3）灰土。体积配合比宜为2∶8或3∶7。土料宜用粉质粘土，不宜使用块状粘土和砂质粉土，不得含有松软杂质，并应过筛，其颗粒不得大于15mm。石灰宜用新鲜的消石灰，其颗粒不得大于5mm。

（4）粉煤灰。可用于道路、堆场和小型建筑、构筑物等的换填垫层。粉煤灰垫层上宜覆土0.3～0.5m。粉煤灰垫层中采用掺加剂时，应通过试验确定其性能及适用条件。作为建筑物垫层的粉煤灰应符合有关放射性安全标准的要求。粉煤灰垫层中的金属构件、管网宜采取适当防腐措施。大量填筑粉煤灰时，应考虑对地下水和土壤的环境影响。

（5）矿渣。垫层使用的矿渣是指高炉重矿渣，可分为分级矿渣、混合矿渣及原状矿渣。矿渣垫层主要用于堆场、道路和地坪，也可用于小型建筑、构筑物地基。选用矿渣的松散重度不小于11kN/m^3，有机质及含泥总量不超过5%。设计、施工前必须对选用的矿渣进行试验，在确认其性能稳定并符合安全规定后方可使用。作为建筑物垫层的矿渣应符合对放射性安全标准的要求。易受酸、碱影响的基础或地下管网不得采用矿渣垫层。大量填筑矿渣时，应考虑对地下水和土壤的环境影响。

（6）其他工业废渣。在有可靠试验结果或成功工程经验时，对质地坚硬、性能稳定、无腐蚀性和放射性危害的工业废渣等，均可用于填筑换填垫层。被选用工业废渣的粒径、级配和施工工艺等应通过试验确定。

（7）土工合成材料。由分层铺设的土工合成材料与地基土构成加筋垫层。所用土工合成材料的品种、性能及填料的土类，应根据工程特性和地基土条件，按照现行国家标准《土工合成材料应用技术规范》（GB 50290—1998）的要求，通过设计并进行现场试验后确定。

作为加筋的土工合成材料应采用抗拉强度较高、受力时伸长率不大于4%～5%、耐久性好、抗腐蚀的土工格栅、土工格室、土工垫层或土工织物等土工合成材料；垫层填料宜用碎石、角砾、砾砂、粗砂、中砂或粉质粘土等材料。当工程要求垫层具有排水功能时，垫层材料应具有良好的透水性。在软土地基上使用加筋垫层时，应保证建筑稳定并满足允许变形的要求。

【例题 11-1】 某砖混结构建筑，承重墙下为条形基础，宽1.2m，埋深1m，上部建筑物作用于基础的标准组合荷载为每米120kN，基础的平均重度为20kN/m^3。地基土表层为粉质粘土，厚1m，重度为17.5kN/m^3；第二层为淤泥质粘土，厚15m，饱和重度为17.8kN/m^3，地基承载力特征值为$f_{ak}=45$kPa；第三层为密实的砂砾层。地下水距地表为1m。因为地基土较软弱，不能承受建筑物的荷载，试设计砂垫层。

解

（1）砂垫层的厚度为1m，并要求分层碾压夯实，干密度达到 $\gamma_d>1.5t/m^3$。

（2）砂垫层厚度的验算：根据题意，基础底面平均压力设计值为

$$P=\frac{F+G}{b}=\frac{120+1.2\times1\times20}{1.2}=120kPa$$

砂垫层底面的附加应力由式（11-2）得

$$p_z=\frac{1.2\ (120-17.5\times1)}{1.2+2\times1\times\tan30^\circ}=52.2kPa$$

$$p_{cz}=17.5\times1+7.8\times1=25.3kPa$$

经深度修正得地基承载力特征值。

$$f_{az}=45+\frac{17.5\times1+7.8\times1}{2}\times1\times\ (2-0.5)\ =64.2kPa$$

则 $$p_{cz}+p_z=52.2+25.3=77.5>64.2kPa$$

这说明所设计的垫层厚度不够，再假设垫层厚度为1.7m，同理可得

$$p_{cz}+p_z=30.76+38.9=69.66<f_{az}=70.06kPa$$

（3）确定砂垫层的底宽 b' 为

$$b'=b+2z\tan\theta=1.2+2\times1.7\times\tan30^\circ=3.2m$$

（4）绘制砂垫层剖面图，如图11-2所示。

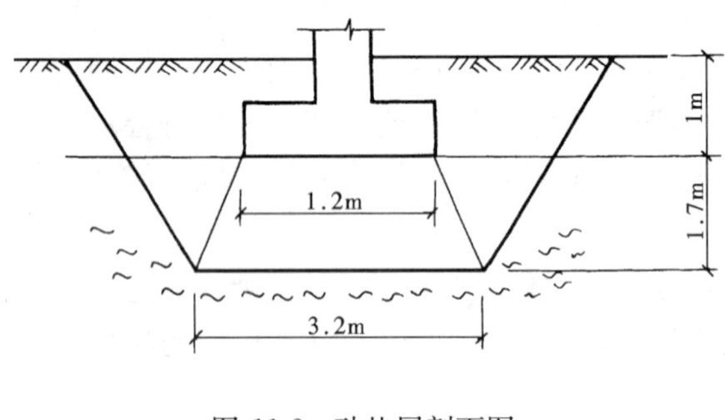

图11-2 砂垫层剖面图

三、垫层的施工要点

1. 砂垫层（或碎石垫层）

（1）砂垫层的砂料必须具有良好的密实性，以中、粗砂为好，也可使用碎石。细砂虽然也可以作垫层，但不易压实，且强度不高。垫层用料虽然要求不高，但不均匀系数不能小于5，有机质含量、含泥量和水稳性不良的物质不易超过3%，且不宜掺有大石块。

（2）砂垫层施工的关键是如何将砂加密至设计的要求。加密的方法常用的有加水振动、水撼法、碾压法等，这些方法都要求控制一定的含水量，分层铺砂，逐层振密或压实。含水量太低或饱和砂都不易密实。以湿润到接近饱和状态时为好。

（3）基坑开挖时，应避免坑底上层受扰动。可保留约200mm厚的土层暂不挖去，铺填垫层前再挖至设计标高。严禁扰动垫层下的软弱土层，防止其被践踏、受冻或受水浸泡。

（4）在碎石或卵石垫层底部宜设置150～300mm厚的砂垫层或铺一层土工织物，以防止软弱土层表面的局部破坏，同时必须防止基坑边坡坍土混入垫层。

2. 素土和灰土垫层

素土和灰土垫层施工时应将施工含水量控制在最优含水量 $\omega_p\pm2\%$ 的范围内；分段施工时，不得在柱基、墙角及承重窗间墙下接缝。上下两层的缝距不得小于500mm。接缝处应夯压密实，灰土应拌和均匀并应当日铺填夯压。灰土夯压密实后3d内，不得受水浸泡。

各种垫层的压实标准应满足表11-3的要求。

表 11-3　　各种垫层的压实标准

施工方法	换填材料类别	压实系数 λ_c
碾压、振密或夯实	碎石、卵石	0.94～0.97
	砂夹石（其中碎石、卵石占全重的 30%～50%）	
	土夹石（其中碎石、卵石占全重的 30%～50%）	
	中砂、粗砂、角砾、圆砾、石屑	
	粉质粘土	
	灰土	0.95
	粉煤灰	0.90～0.95

第三节　强　夯　法

强夯法是法国 L. 梅纳（Menard，1969）首创的一种地基加固方法，亦称动力固结法，迄今为止已为国内外广泛采用。该法一般是将十几至几十吨的重锤提升至十几米至几十米的高度，令重锤自由落下反复多次夯击地面。这种强大的夯击力在地基中产生应力和振动，从地面夯击点发出的纵波和横波可以传至土层深处，从而使浅层和深层得到不同程度的加固作用。

强夯法具有较多的优点和较广的适用范围，且设备简单、施工方便、效果显著、经济易行和节省材料。可用于加固各种填土、湿陷性黄土、碎石土、砂土、低饱和的粘性土和粉土。对于高饱和的粉土和粘性土地基，可向夯坑内回填碎石、块石和其他粗颗粒材料进行强夯置换。经强夯后的地基承载力可提高 2～5 倍，压缩性可显著降低，影响深度在 10m 以上。因而受到工程界的广泛重视。这种方法不足之处是施工振动大，噪声大，影响附近建筑物，所以在城市中不宜采用。

一、强夯法的作用机理

关于强夯法加固地基的作用机理，尚未完全了解。目前较为广泛采用和影响较大的是梅那动力固结理论。梅那根据饱和粘性土在经受强夯时瞬间产生数十厘米的沉降现象，提出了一个新的模型来解释动力固结机理。第一次打破了太沙基固结理论，提出了饱和土是可压缩的新观点。梅那认为饱和粘性土在强夯冲击能量的作用下，经历饱和细粒土的排气压缩、土体液化、重新固结和强度恢复等过程，使得强夯后地基土的承载力显著提高，压缩性显著降低。

梅那认为，由于土中有机物的分解，土的液相中总存在一些微小的气泡，其体积占整个体积的 1%～4%。在夯击能量作用下，每夯一遍，液相和气相体积均有所减小，因此孔隙水也可压缩。在重复夯击能量作用下，土体中孔隙水压力逐渐增加，当孔隙水压力上升到上覆土层的初始有效应力时，土体产生液化。同时，随着孔隙水压力的升高，地基中竖向应力减小，水平拉应力增大，致使夯坑周围出现大量垂直裂缝，形成类似树枝状的排水通道，使土的渗透系数激增，孔隙水得以顺利排出，孔隙体积减、孔隙水压力逐渐消散，加速了土体的固结速度。强夯过后土体颗粒间排列更加紧密，并随着时间的增加强度逐渐恢复并增长，从而达到加固的目的。强夯加固地基主要是由于强大的夯击能在地基中产生强烈的冲击波和动应力对土体作用的结果。由强夯产生的冲击波，按其在途中的传播和对土作用的特性可分为体波和面波两类。体波包括纵波和横波（或分别称为压缩波和剪切波），从夯击点向地基深处传播，对地基土起压缩和剪切作用，可能引起地基土的压密固结。面波从夯击点沿低表面传播，对地基不起加固作用，而使地基表面松动。因此，强夯的结果，在地基中延深度常形成性质不同的三个作用区。在地基表层受到面波和剪切波的干扰形成松动区；在松动区下面某一深度，受到压缩波的作用，使土层产生沉降和土体的压密，形成加固区；在加固区下面，冲击波逐渐衰减，不足以使土产生塑性变形，对地基不起加固作用，称为弹性区。

二、强夯法设计

（一）地基加固的目的及要求

根据场地土的不同特性，强夯法加固地基的目的及要求也有不同。如对高填土地基，要求提高地基承载力，减小不均匀变形；对地震液化地基，要求加固后消除或降低地基的液化势；对湿陷性黄土地基，要求消除地基湿陷性；对软土地基，要求提高地基土强度和减小变形。

（二）主要设计参数的选择

强夯法设计计算中需要确定的参数有单点夯击能、夯击遍数、相邻两遍夯击的间隔时间、加固范围、夯点间距等。

1. 夯击能量的选择

夯击能量一般根据需要加固土层的厚度来确定，同时应考虑当地施工设备情况。强夯法地基加固影响深度按下式确定

$$H=\alpha\sqrt{mh} \tag{11-4}$$

式中 H——加固影响深度，m；

m——锤的质量，t；

h——落距，m；

α——地基土深度影响修正系数，其值为0.5～0.8，细颗粒土取小值，粗颗粒土取高值。

根据《建筑地基处理技术规范》（JGJ 79—2002）提供经验资料，加固影响深度可按下表预估。

表 11-4 强夯法的有效加固深度

单击夯击能（kN·m）	碎石土、砂土等粗颗粒土	粉土、粘性土、湿陷性黄土等细颗粒土	单击夯击能（kN·m）	碎石土、砂土等粗颗粒土	粉土、粘性土、湿陷性黄土等细颗粒土
1000	5.0～6.0	4.0～5.0	5000	9.0～9.5	8.0～8.5
2000	6.0～7.0	5.0～6.0	6000	9.5～10.0	8.5～9.0
3000	7.0～8.0	6.0～7.0	8000	10.0～10.5	9.0～9.5
4000	8.0～9.0	7.0～8.0			

注 强夯法的有效加固深度应从最初起夯面算起。

根据经验为使加固效果较佳，对粗颗粒土单击夯击能一般可取1000～3000kN·m，细

颗粒土一般可取 1500～4000kN·m。

2. 夯击遍数的确定

夯击遍数应根据地基土的性质确定，可采用点夯 2～3 遍，对于渗透性较差的细颗粒土，必要时夯击遍数可适当增加，最后再以低能量满夯 2 遍。满夯可采用轻锤或低落距锤多次夯击，锤印搭接。一般认为，夯击期间沉降量为计算最终沉降量的 80%～90%时，即可停止夯击。最后一遍以低能量满夯。

3. 相邻两遍夯击之间的间隔时间

相邻两遍夯击的间隔时间，应以孔隙水压力消散时间的长短而定。一旦孔隙水压力消散，即可进行下一遍的夯击施工。对饱和粘性土，经夯击后的土体通常有 50kPa～100kPa 的孔隙水压力，由于粘性土的渗透性差，孔隙水压力消散所需时间较长，有时达到 3～4 周；对砂性土地基孔隙水压力的峰值出现在夯完的瞬间，消散时间很短，因此可以连续夯击。

4. 加固范围

强夯的加固范围应大于建筑物基础范围，每边超出基础外边缘的宽度宜为基底下设计处理深度的 1/2～2/3，并不宜小于 3m。

5. 夯点布置

夯击点位置可根据基底平面形状，采用等边三角形、等腰三角形或正方形布置。第一遍夯击点间距可取夯锤直径的 2.5～3.5 倍，第二遍夯击点位于第一遍夯击点之间。以后各遍夯击点间距可适当减小。对处理深度较深或单击夯击能较大的工程，第一遍夯击点的间距宜适当加大。

第四节　挤密砂石桩法和振冲法

一、挤密及振冲作用机理

众所周知：在砂土中，通过机械振动挤压或加水振动可以使土密实。挤密法和振冲法就是利用这个原理发展起来的两种地基加固方法。

1. 挤密法

挤密法是以振动或冲击的方式成孔，然后在孔中填入砂、石或其他材料，并加以捣实成为桩体，按其填入的材料分别称为砂桩、碎石桩和砂石桩等。挤密法一般采用打桩机或振动打桩机施工的，也有用爆破成孔的。挤密桩的加固机理主要靠桩管打入地基中，对土产生横向挤密作用，在一定挤密功能作用下，土粒彼此移动，小颗粒填入大颗粒的孔隙，颗粒间彼此靠近，孔隙减少，使土密实，地基土的强度也随之增强。所以挤密法主要是使松软土地基密实，改善土的强度和变形特性。由于桩体本身具有较大的强度和变形模量，桩的断面也较大，故桩体与土组成复合地基，共同承担建筑物荷载。

必须指出，挤密砂桩与排水砂井都是以砂为填料的桩体，但两者的作用是不同的。砂桩的作用主要是挤密，故桩径较大，桩距较小；而砂井的作用主要是排水固结，故井径小而间距较大。挤密砂石桩的桩径一般取为 300～800mm，对饱和粘性土地基宜选用较大的直径。

挤密桩主要应用于处理松散砂土、粉土、粘性土、素填土、杂填土等地基，饱和粘性土地基上对变形控制要求不严的工程也可采用砂石桩置换处理。

2. 振冲法

振冲法是利用一个振冲器（见图 11-3），在高压水流的帮助下边振边冲使松砂地基变密；或在粘性土地基中成孔，在孔中填入碎石制成一根根的桩体，这样的桩体和原来的土构成比原来抗剪强度高和压缩性小的复合地基。振冲器为圆筒形，同内有一组偏心铁块、潜水电机和通水管三部分组成。潜水电机带动偏心铁块使振冲器产生高频振动，通水管接过高压水流从喷水口喷出，形成振动水冲作用。振冲法的工作过程是用吊车或卷扬机把振冲器就位后（见图 11-4 中第一步骤）；打开喷水口，开动振冲器；在振冲器作用下使振冲器沉到需要加固的深度（图中第二步骤）；然后边往孔内回填碎石，边喷水振动，使碎石密实，逐渐上提，振密全孔；孔内的填料愈密，振动消耗的电量愈大，常通过观察电流的变化，控制振密的质量，这样就使孔内的填料及孔周围一定范围内土密实（图 11-4 中第三、四步骤）。

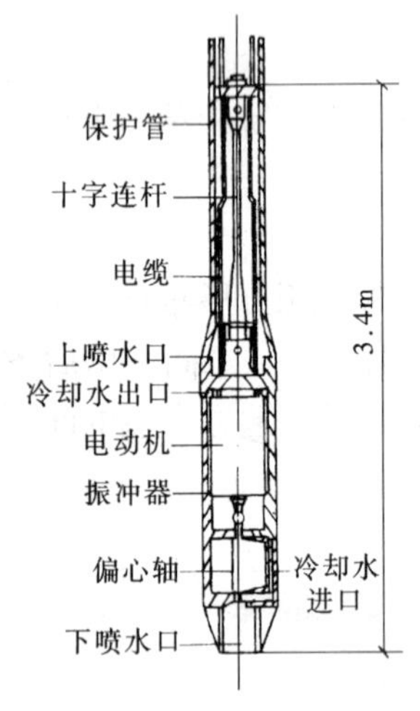

图 11-3 振冲器构造图

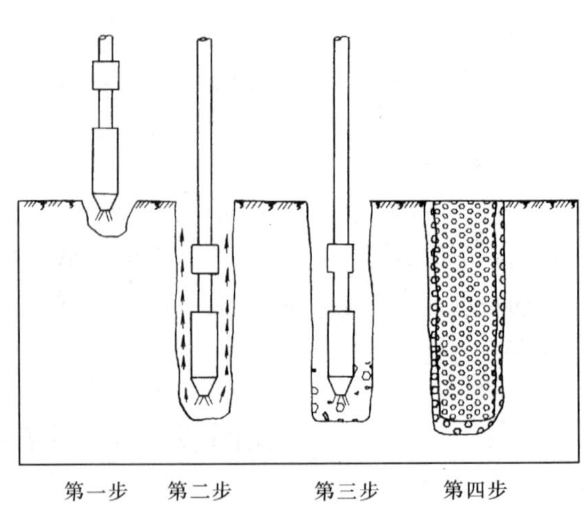

图 11-4 振冲法施工顺序图

在砂土中和粘性土中振冲法的加固机理是不同的。在砂土中，振冲器对土施加重复水平振动和侧向挤压作用，使土的结构逐渐破坏，孔隙水压力逐渐增大。由于土的结构破坏，土粒向低势能转移，土体由松变密。当孔隙水压力增大到大于主应力值时，土体开始液化。所以，振冲对砂土的作用主要是振动密实和振动液化，随后孔隙水消散固结。振动液化与振动加速度有关，而振动加速度又随着离振冲器的距离增大而衰减。因此把振冲器的影响范围从振冲器壁向外，按加速度的大小划分为液化区、过渡区和压密区。压密区外无压密效果。一般来说过渡区和压密区愈大，加固效果愈好。因为液化状态的土不易密实，液化区过大反而降低加密的效果。根据工程实践的结果，砂土加固的效果决定于土的性质（砂土的密度、颗粒的大小、形状、级配、比重、渗透性和上覆压力等）和振冲器的性能（如偏心力、振动频率、振幅和振动力时）。土的平均有效粒径 $d_{10}=0.2\sim2$mm 时加密的效果较好；颗粒较细易产生宽广的液化区，振冲加固的效果较差。所以对于颗粒较细的砂土地基，需在振冲孔中添加碎石形成碎石桩，才能获得较好的加密效果。颗粒较粗的中、粗砂土可不必加料，也可以获得较好的加密效果。

在粘性土中，振动不能使粘性土液化；除了部分非饱和土或粘粒含量较少的粘性土在振动挤压作用下可能压密外，对于饱和粘性土，特别是饱和软土，振动挤压不可能使土密实，甚至扰动了土的结构，引起土中孔隙水压力的升高，降低有效应力，使土的强度降低。所以振冲法在粘性土中的作用主要是振冲制成碎石桩，置换软弱土层，碎石桩与周围土组成复合地基。在复合地基中，碎石桩的变形模量远远大于粘性土，因而使应力集中于碎石桩，相应减少软弱土中的附加应力，从而改善地基承载能力的变形特性。但在软弱土中形成复合地基是有条件的，即在振冲器制成碎石桩的过程中，桩周围必须具有一定的强度，以便抵抗振冲器对土产生的振动挤压并其后在荷载作用下支撑碎石桩的侧向挤压作用。若地基土的强度太低，不能承受振冲过程的挤压力和支撑碎石桩的侧向挤压，复合地基的作用就不可能形成了。由此可见，被加固土的抗剪强度是影响加固效果的关键。工程实践证明，具有一定的抗剪强度（$c_u>20$kPa）的地基土采用碎石桩处理地基的效果较好，反之，处理效果就不显著，甚至不能采用。许多人认为：当地基土的不固结不排水抗剪强度 $c_u<20$kPa 时，采用振冲碎石桩应该慎重对待。实践证明振动挤压可能引起饱和软土强度衰减，但经过一段间歇期后，土的抗剪强度是可以恢复的。所以，在比较软弱的土层中，如能振冲制成碎石桩，应间歇一段时间，待强度恢复后，再能施加上部荷载。

总之振冲法的机理，在砂土中主要是振动挤密和振动液化作用；在粘性土中主要是振冲置换作用，置换的桩体与土组成复合地基。近年来振冲法已广泛应用处理各类地基土，但是主要应用于处理砂土、湿陷性黄土及部分非饱和粘性土，提高这些土的地基承载力和抗液化性能；也应用于处理不排水剪强度稍高（$c_u>20$kPa）的饱和粘性土和粉土，改善这类土的地基承载力和变形特性。

二、设计和计算原理

利用振冲法和挤密法处理地基的设计理论和方法目前尚不完善，主要依靠工程实践的经验进行综合分析，在工程实践的基础上提出了一些半经验方法。由于在砂土和粘性土中挤密和振冲的加固机理不同，现分别讨论如下：

1. 砂土地基中的设计

在砂土地基中，主要是从挤密的角度出发来考虑地基加固的设计问题。首先根据工程对地基加固的要求（如提高地基承载能力、减少沉降、抗地震液化等），按土力学的基本理论，计算出加固后要求达到的密度和孔隙比，并考虑建筑基础的形状，合理布置桩柱（单独基础按正方形布置，大面积基础按梅花形布置）。如果把砂土从初始孔隙比 e_0，加固后达到孔隙比 e_1，那么振冲碎石桩（或挤密砂桩）的间距 s 可按下式确定，对于正方形布置

$$s=0.89\xi d\sqrt{\frac{1+e_0}{e_0-e_1}} \tag{11-5}$$

对于梅花形布置则为

$$s=0.95\xi d\sqrt{\frac{1+e_0}{e_0-e_1}} \tag{11-6}$$

$$e_1=e_{max}-D_{r1}(e_{max}-e_{min}) \tag{11-7}$$

式中　s——砂桩的间距；

e_0、e_1——地基处理前和处理后要求达到的孔隙比；

e_{max}、e_{min}——砂土最大和最小孔隙比，按现行规定确定；

ξ——修正系数，当考虑振动下沉密实作用时，可取 1.1～1.2，不考虑振动下沉密实作用时，可取 1.0；

D_{r1}——挤密后要求达到的相对密实度，可以取 0.7～0.85。

关于估算加固后达到的承载力特征值，按照《建筑地基处理技术规范》（JGJ 79—2002），用现场载荷试验确定地基承载力特征值。

2. 粘性土地基设计

对粘性土地基利用挤密砂石桩或振冲碎石桩加固后，形成复合地基。复合地基的承载力和变形特征一方面取决于被加固土的特性，另一方面取决于置换率的大小。置换率用截面积比表示，即

$$m=\frac{A_p}{A_e}=\frac{A_p}{A_p+A_s}=\frac{d^2}{d_e^2} \tag{11-8}$$

式中 m——面积置换率；

A_p——碎石桩（或砂石桩）的截面面积；

A_s——被加固范围内的土所占的面积；

A_e——一根桩所分担的处理地基面积，$A_e=A_p+A_s$；

d——碎石桩（或砂石桩）的直径；

d_e——一根桩所分担的处理地基面积的等效圆直径。

等边三角形布桩 $d_e=1.05s$

正方形布桩 $d_e=1.13s$

矩形布桩 $d_e=1.13s_1s_2$

s、s_1、s_2 分别为桩间距、纵向间距和横向间距。

在荷载作用下，应力分别由桩体和桩间土来承担，常用桩土应力比 n 表示，即

$$n=\frac{p_p}{p_s} \tag{11-9}$$

式中 n——桩土应力比；

p_p——桩顶所承担的应力值；

p_s——桩间土所受应力值。

复合地基承载力特征值应通过现场复合地基载荷试验确定，初步设计时也可用下式估算

$$f_{spk}=mf_{pk}+(1-m)f_{sk} \tag{11-10}$$

式中 f_{spk}——振冲桩或砂石桩复合地基承载力特征值；

f_{pk}——桩体承载力特征值，宜通过单桩载荷试验确定；

f_{sk}——处理后桩间土承载力特征值，可取天然地基承载力特征值。

对小型工程的粘性土地基如无现场载荷试验资料，初步设计时复合地基承载力特征值也可用下式估算

$$f_{spk}=[1+m(n-1)]f_{sk} \tag{11-11}$$

式中 n——桩土应力比，可取 2～4，原土强度高时取大值，原土强度低时取小值。

3. 桩长

振冲碎石桩和砂石桩的桩长可根据工程要求和工程地质条件通过计算确定。

当松软土层厚度不大时，桩长宜穿过松软土层。当松软土层厚度较大时，对按地基稳定性控制的工程，桩长应不小于最危险滑动面以下 2m 的深度；对按变形控制的工程，桩长应满足地基变形量不超过建筑物的地基变形允许值并满足软弱下卧层承载力的要求。对可液化地基，桩长应按现行国家标准《建筑抗震设计规范》（GB 50011—2001）的有关规定。桩长不宜低于 4m。

4. 加固范围

振冲法用于多层建筑和高层建筑时，宜在基础外缘扩大 1～2 排桩；当要求消除地基液化时，在基础外缘扩大宽度不应小于基底下液化土层厚度的 1/2。

挤密砂石桩处理范围也应大于基底范围，处理宽度宜在基础外缘扩大 1～3 排桩。对液化地基，在基础外缘扩大宽度不应小于可液化土层厚度的 1/2，并不应小于 5m。

第五节　水泥土搅拌法

水泥土搅拌法是近年来发展起来的地基处理方法，分为深层搅拌法（简称湿法）和粉体喷搅法（简称干法）。均是采用特制的深层搅拌机，在地基加固的深度内将水泥浆液或粉剂压入或喷入软土中，并与软土强制搅拌混合，使水泥与软土硬结成具有整体性、水稳性和足够强度的水泥加固桩体，与其周围未加固软土形成复合地基，从而提高地基承载力，减小地基变形。

深层搅拌法主要的机具是搅拌机。如图 11-5 所示，为一双轴或单轴回转式的深层搅拌机，由电机、搅拌轴、搅拌头和输浆管等组成。电机带动搅拌头回转，输浆管输入水泥浆液与周围土拌和，形成一个平面 8 字形或圆柱形的水泥土柱体。粉体喷搅法生石灰或水泥作为固化剂，用压缩空气通过喷粉搅拌机将其喷入周围软土，再通过搅拌叶片旋转搅拌使灰土混合形成桩体。施工顺序如图 11-6 所示。

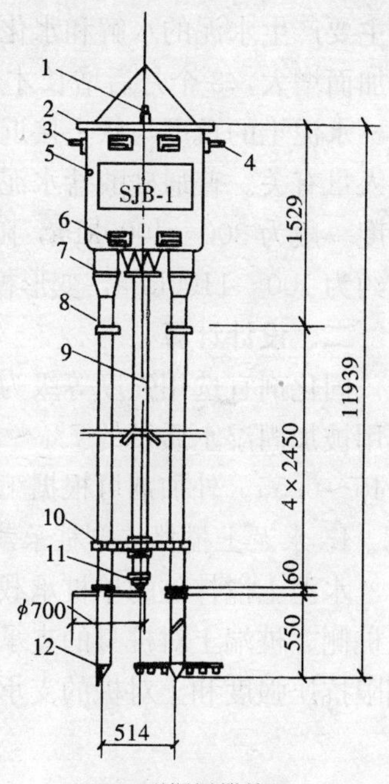

SJB-1 型深层搅拌机

图 11-5　双头深层搅拌机

1—输料管；2—外壳；3—出水口；4—进水口；5—电动机；6—导向滑头；7—减速器；8—搅拌轴；9—中心管；10—横向系板；11—球形阀；12—搅拌头

深层搅拌法和粉体喷搅法主要适用于处理淤泥、淤泥质土、粉土、饱和黄土、素填土、粘性土以及无流动地下水的饱和松散砂土等比较软弱的地基。不但可以应用于陆地，也可以用来处理水下软土；既可以用于处理各类建筑物地基，又可以用于加固岸坡。但当地基土的天然含水量小于 30%（黄土含水量小于 25%）、大于 70%或地下水的 pH 值小于 4 时不宜采用干法。另外，如果被加固土的强度较高，或土中含树根、坚硬障碍物，搅拌就很困难。

一、加固原理

水泥与软土搅拌混合加固是水、水泥与粘土间的物理化学反应过程，与混凝土的硬化有所区别。混凝土中的水泥是在粗骨料（砂、石）中进行的水解和水化作用，凝固速度较快。而在加固软土中，由于软土中的粘粒含量很高，水泥的掺入量较小（只占被加固软土的 5%～15%），水泥的水解和

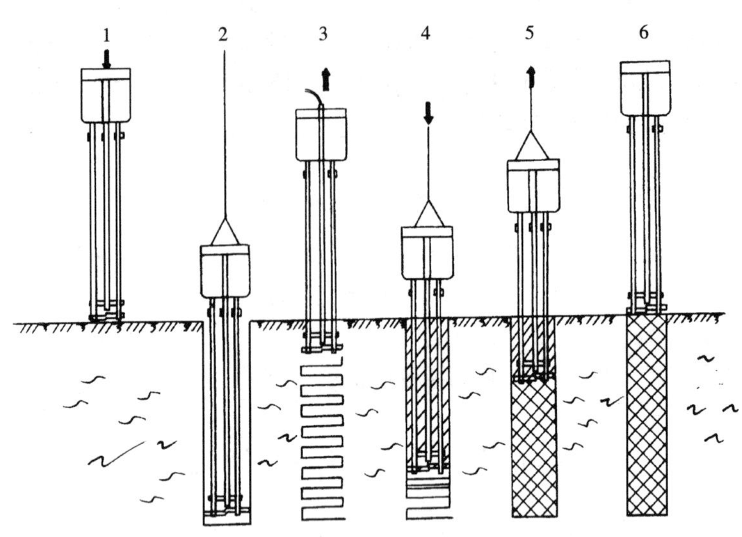

图 11-6 深层搅拌法的工艺流程

1—定位下沉；2—沉入到达底部；3—喷浆搅拌上升；4—重复搅拌（下沉）；5—重复搅拌（上升）；6—完毕

水化反应是在一定活性介质——土的围绕下进行的，所以硬凝速度缓慢。一般认为水泥加固土主要产生水泥的水解和水化反应、离子交换反应和硬凝反应。由于水泥土的强度随龄期的增加而增大，3 个月后增长才变缓，因此以 3 个月龄期的强度作为标准强度。

水泥土的重度与软土接近，土粒比重则稍大。水泥土的强度与水泥的化学成分及水泥的掺入量有关。普通硅酸盐水泥因其活性高，其加固效果优于其他品种。水泥土的无侧限抗压强度一般为 300～4000kPa，随水泥的掺入量的增加而增加。内摩擦角约为 20°～30°，内聚力约为 100～1100kPa，变形模量约为 40～600MPa。

二、设计计算

固化剂宜选用强度等级为 32.5R 及其以上的普通硅酸盐水泥。水泥掺量除块状加固时可用被加固湿土质量的 7%～12%外，其余宜为 12%～20%。湿法的水泥浆的水灰比可选用 0.45～0.55。外加剂可根据工程需要和土质条件选用早强、缓凝、减水等材料。

1. 水泥土搅拌桩单桩承载力特征值

水泥土搅拌桩的单桩承载力特征值取决于两个方面：一是水泥土搅拌桩的桩身强度，二是桩侧、桩端土对桩身的支承力。其大小应由单桩载荷试验确定，估算时也可按水泥土的无侧限抗压强度和土对桩的支承力两方面来确定，取其中较小值

$$R_a = \eta f_{cu} A_p \tag{11-12}$$

$$R_a = u_p \sum_{i=1}^{n} q_{si} l_i + \alpha q_p A_p \tag{11-13}$$

式中 R_a——水泥土搅拌桩单桩承载力特征值；

f_{cu}——与搅拌桩桩身水泥土配比相同的室内加固土试块（边长为 70.7mm 的立方体，也可采用边长为 50mm 的立方体）在标准养护条件下 90d 龄期的立方体抗压强度平均值；

η——桩身强度折减系数，干法可取 0.20～0.30，湿法可取 0.25～0.33；

u_p——桩的周长；

n——桩长范围内所划分的土层数；

l_i——桩长范围内第 i 层土的厚度；

q_{si}——桩周第 i 层土的桩侧阻力特征值，对淤泥可取 4～7kPa，对淤泥质土可取 6～12kPa，对软塑状态的粘性土可取 10～15kPa，对可塑状态的粘性土可取 12～18kPa；

q_p——桩端地基土未经修正的承载力特征值可按现行国家标准《建筑地基基础设计规范》（GB 50007—2002）的有关规定确定；

α——桩端土天然地基的承载力折减系数，可取 0.4～0.6，承载力高时取低值。

设计时，主要是确定桩的长度 l、选择水泥掺入比和确定桩数等。当软土较厚，搅拌桩不能穿透软土层时，可先由室内试验选定水泥掺入比和桩身水泥土的无侧限抗压强度 f_{cu}，按式（11-12）计算出单桩承载力特征值 R_a，再由式（11-13）反算出所需桩长。当软土层不厚，桩端可以进入下部硬土层，或因施工条件等因素限制搅拌桩的加固深度时，可先确定桩长，由式（11-13）计算 R_a，再由 R_a 推求水泥掺入比。

2. 水泥土搅拌桩复合地基承载力

水泥土搅拌桩复合地基承载力特征值应通过现场单桩或多桩复合地基载荷试验确定。初步设计时，可按下式估算：

$$f_{spk}=m\frac{R_a}{A_p}+\beta(1-m)f_{sk} \tag{11-14}$$

式中 f_{spk}——复合地基承载力特征值；

m——面积置换率；

R_a——单桩竖向承载力特征值；

A_p——桩的截面面积；

β——桩间土的承载力折减系数，当桩端土未经修正的承载力特征值大于桩周土承载力特征值的平均值时，可取 0.1～0.4，差值大时取低值，当桩端土未经修正的承载力特征值小或等于桩周土承载力特征值的平均值时，可取 0.5～0.9，差值大时或设置褥垫层时均取高值；

f_{sk}——处理后桩间土承载力特征值，可取天然地基承载力特征值。

具体设计时，根据式（11-12）或式（11-13）求得单桩承载力特征值 R_a，根据软土的物理力学性质指标确定出软土地基的承载力特征值 f_{sk}，再按上部结构荷载及基底面积、大小确定复合地基承载力特征值 f_{spk}，由式（11-14）反算置换率 m 和桩数 n。

三、高压喷射注浆法加固原理

高压喷射注浆法是利用高压喷射化学浆液与土混合固化处理地基的一种方法。它是将带有特殊喷嘴的注浆管，置入预定的深度后，以 20～40MPa 的高压喷射冲出破坏土体，并使浆液与土混合，经过凝结固化形成加固体。按注浆的形式分为旋喷注浆、定喷注浆和摆喷注浆三种类型。

旋喷注浆法的施工程序首先用钻机钻孔至设计处理深度，然后用高压脉冲泵，通过安装在钻杆下端的特殊喷射装置，向四周土喷射化学浆液。在喷射化学浆液的同时，钻杆以一定的速度旋转，并逐渐往上提升。高压射流使一定范围内土体结构遭受到破坏并与化学浆液强制混合，胶结硬化后即在地基中形成比较均匀的圆柱体，称为旋喷桩。

高压旋喷注浆法的主要设备是高压脉冲泵（要求工作压力在 20MPa 以上）和带有特殊喷嘴的钻头。脉冲泵把旋喷施所需要的浆液低压吸入，并借助于喷嘴高压喷出，使浆液具有很大的动能，以达到破坏土体、搅拌浆液的目的。装在钻头侧面的喷嘴是旋喷灌浆的关键部件，一般是由耐磨的钨合金制成。高压泵输出的浆液通过喷嘴后具有很大的动能，这种高速喷流，能破坏周围土的结构。旋喷时的压力、喷嘴的形状和喷嘴回旋的速度等对所形成的旋喷桩的质量影响很大。常用的喷嘴形状如图 11-7 所示，喷嘴出口的直径 D 取 2mm 左右，圆锥角 θ 约为 13°，喷嘴的直线段长为 $s=3\sim4D$，而锥部长度 l 视钻头的尺寸而定。喷射压力一般用 20～40MPa 喷嘴的回旋速度约 20 转/分，这样的组合效果较好。由于单一喷嘴的喷射水流破坏土的有效射程较短，因而又发展了二重管和三重管旋喷法，大大提高了喷射能力和加固效果。

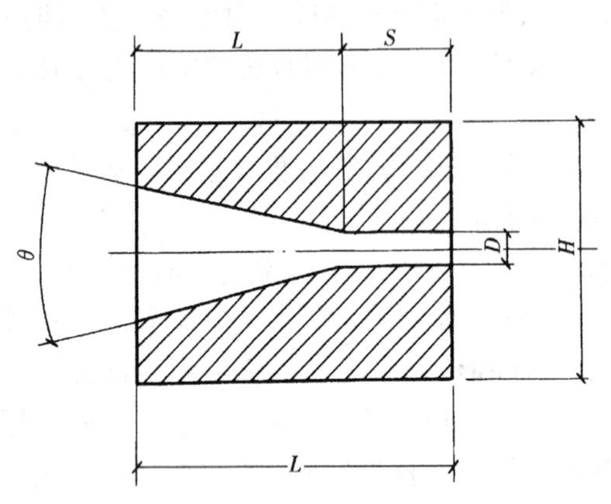

图 11-7 喷嘴构造图

旋喷桩的浆液有多种，一般应根据土质条件和工程设计的要求来选择，同时也要考虑材料的来源、价格和对环境的污染等因素。目前使用的是以水泥浆液为主，当土的透水性较大或地下水流动较大时，为了防止浆液流失，常在浆液中加速凝剂，如三乙醇胺和氯化钙等。

在软弱土地基中，所形成的旋喷桩式样的极限抗压强度可达 3.0～5.0MPa。桩体的直径随着地基土的性质及旋喷压力的大小而变化。在软土中，如压力为 5～10MPa，形成旋喷桩的直径约 0.8m。

高压喷射注浆法一般适用于标准贯入试验击数 $N<10$ 的砂土和 $N<5$ 的粘性土，超过上述限度，则可能影响成桩的直径，应慎重考虑。这种方法用途广泛，作为旋喷柱可以提高地基的承载力，作为连续墙可以防渗止水，还可应用于深基础的开挖，防止基坑隆起，减轻支撑基坑的侧壁压力，特别是对于已建建筑物的事故处理，有它独到之处。但对于拟建建筑物基础，其作用与灌注桩类似，而强度较差，造价较贵，显得逊色。如能发展无毒、廉价的化学浆液，高压喷射注浆法将会有更好的前途。

思 考 题

11-1 哪些土层被称为软弱土？它们各有哪些特性？

11-2 地基处理的方法有哪些？各适用何种地基？

11-3 换土垫层的作用是什么？如何进行设计计算？

11-4 强夯法的作用原理和适用范围是什么？

11-5 挤密砂桩的作用是什么？

11-6 何谓复合地基？其承载力如何计算？

11-7 深层搅拌法加固地基的原理是什么？其地基承载力如何计算？

习　题

11-1　某松砂地基，厚 12m，采用挤密砂桩法处理，正方形布置，砂桩直径 400mm。已知天然地基孔隙比 $e=0.85$，饱和度 $S_r=0.65$，土粒比重 $d_s=2.70$，要求加固后地基土的孔隙比 $e=0.65$，试确定砂桩的间距。

11-2　某柱下独立基础基底尺寸为 4m×8m，埋深 2.0m。基础下天然地基为淤泥质土，承载力特征值为 $f_{ak}=80$kPa，不能满足设计要求，拟采用水泥土搅拌桩进行加固，水泥搅拌桩直径选用500mm，桩体无侧限抗压强度为 2MPa，要求加固后复合地基承载力特征值为160kPa。试确定水泥搅拌桩的长度和数量。

第十二章 区域性地基

本章提要

通过本章学习了解区域性地基的特征与分布，熟悉其特殊的工程性质及其产生的原因和对工程的影响及危害，熟悉此类地基土各自的工程评价方法和处理措施。

第一节 概述

某些土类由于不同的地理环境、气候条件、地质成因、历史过程、物质成分和次生变化等原因，而各具有与一般土显然不同的特殊性质。人们把具有特殊工程性质的土类叫做特殊土。当其作为建筑物地基时，如果不注意这些特性，可能引起事故。各种天然形成的特殊土的地理分布，存在着一定的规律，表现出一定的区域性，所以有区域性特殊土之称。我国区域性特殊土主要有湿陷性黄土（分布于西北地区，还有华北、东北等地），沿海和内陆地区的软土以及分散各地的膨胀土、红粘土和高纬度和高海拔地区的多年冻土等。

我国山区（包括丘陵地带）广大，广泛分布在我国西南地区的山区地基同平原相比，其工程地质条件更为复杂。山区有多种不良地质现象，如滑坡、崩塌、岩溶和土洞等，对建筑物具有直接或潜在威胁。在以往山区建设中，由于对不良地质现象认识不足，工程建成后，有的被迫搬迁，有的耗费大量整治费用，也有工程遭受破坏。山区建设有时由于平整场地时大量挖方与填方、地表水下渗或其他因素的影响，使斜坡地段地基失去原有稳定性。

上述种种区域性地基问题，除软土已列入第十一章外，其余均在本章中予以介绍。

第二节 湿陷性黄土地基

一、黄土的特征和分布

黄土是一种在第四纪时期形成的、颗粒组成以粉粒（0.075～0.005mm）为主的黄色或褐黄色粉状土，主要分布在我国甘、陕、晋大部分地区以及豫、冀、鲁、宁夏、辽宁、新疆等部分地区。它含有大量的碳酸盐类，往往具有肉眼可见的大孔隙。以风力搬运堆积，又未经次生扰动，不具层理的称为原生黄土；而由风成以外的其他成因堆积而成、常具有层理或砾石夹层的，则称为次生黄土或黄土状土。

具有天然含水量的黄土，如未受水浸湿，一般强度较高，压缩性较小。有的黄土，在覆盖土层的自重应力或自重应力和建筑物附加应力的共同作用下受水浸湿，土的结构迅速破坏而发生显著的附加下沉（其强度也随着迅速降低），称为湿陷性黄土；而不发生湿陷的黄土则称为非湿陷性黄土。非湿陷性黄土地基的设计与施工与一般粘性土地基相同。湿陷性黄土分为非自重湿陷性和自重湿陷性两种。非自重湿陷性黄土在土自重应力作用下受水浸湿后不发生湿陷；自重湿陷性黄土在土自重应力下浸湿后则发生湿陷。

我国的湿陷性黄土，一般呈黄色或褐黄色，粉粒含量常占土重的60%以上，含有大量的碳酸盐、硫酸盐和氯化物等可溶盐类，天然孔隙比在1.0左右，一般具有肉眼可见的大孔隙，竖直节理发育，能保持直立的天然边坡。黄土的工程地质评价应综合考虑地层、地貌、水文地质条件等因素。

我国黄土的沉积经历了整个第四纪时期，按形成年代的早晚，有老黄土和新黄土之分。黄土形成年代愈久，大孔结构退化，土质愈趋密实，强度高而压缩性小，湿陷性减弱甚至不具湿陷性。反之，形成年代愈短，其湿陷性愈显著，见表12-1。

表12-1　　黄土的地层划分表

时　代	地层划分	试验压力（kPa）
		200～300
全新世 Q_4	黄土状土	具湿陷性
晚更新世 Q_3	马兰黄土	
中更新世 Q_2	离石黄土	不具湿陷性
早更新世 Q_1	午城黄土	

属于老黄土的地层有午城黄土（早更新世，Q_1）和离石黄土（中更新世，Q_2），前者色微红至棕红，而后者为深黄及棕黄。老黄土的土质密实，颗粒均匀，无大孔或略具大孔结构。离石黄土层除上部要通过浸水试验确定有无湿陷性外，一般不具湿陷性，常出露于山西高原、豫西山前高地、渭北高原、陕甘和陇西高原。午城黄土一般位于离石黄土层的下部。

黄土是指覆盖于离石黄土层上部的马兰黄土（晚更新世，Q_3），以及全新世（Q_4）中各种成因的次生黄土，色褐黄至黄褐。马兰黄土及全新世早期黄土土质均匀或较为均匀，结构疏松，大孔发育，一般具有湿陷性，主要分布在黄土地区的河岸阶地。值得注意的是，全新世近期的新近堆积黄土，形成历史较短，只有几十到几百年的历史。其土质不均，结构松散，大孔排列杂乱，多虫孔，孔壁有白色碳酸盐粉末状结晶，它在外貌和物理性质上与马兰黄土可能差别不大，但其力学性质则远逊于马兰黄土，一般有湿陷性并具有在小压力下变形很敏感的特点，呈现高压缩性，其承载力特征值一般为75～130kPa。新近堆积黄土多分布于河漫滩，低级阶地，山间洼地的表层，黄土塬、梁、峁的坡脚（塬、梁、峁是黄土高原特有的地貌形态）和洪积扇或山前坡积地带。

我国黄土地区面积约达60万平方千米，其中湿陷性黄土约占3/4。《湿陷性黄土地区建筑规范》（GBJ 50025—2004）（以后简称《黄土规范》）在调查和搜集各地区湿陷性黄土的物理力学性质指标、水文地质条件、湿陷性资料基础上，综合考虑各区域的气候、地貌、地层等因素，做出我国湿陷性黄土工程地质分区略图以供参考。

二、湿陷发生的原因和影响因素

黄土湿陷的发生是由于管道（或水池）漏水、地面积水、生产和生活用水等渗入地下，或由于降水量较大，灌溉渠和水库的渗漏或回水使地下水位上升而引起的。然而受水浸湿只不过是湿陷发生所必需的外界条件，而黄土的结构特征及其物质成分才是产生湿陷性的内在原因。

黄土的结构是在形成黄土的整个历史过程中造成的。干旱或半干旱的气候是黄土形成的必要条件。季节性的短期雨水把松散干燥的粉粒粘聚起来，而长期的干旱使土中水分不断蒸

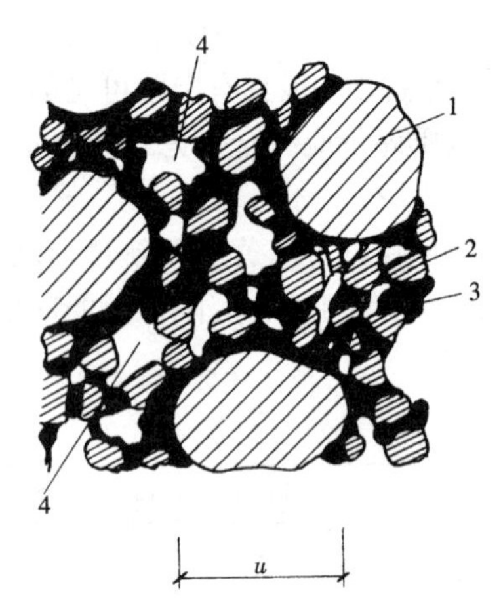

图 12-1 黄土结构示意图

1—砂粒；2—粗粉粒；3—胶结物；4—大孔隙

发，于是，少量的水分连同溶于其中的盐类都集中在粗粉粒的接触点处，可溶盐逐渐浓缩沉淀而成为胶结物。随着含水量的减少土粒彼此靠近，颗粒间的分子引力以及结合水和毛细水的联结力也逐渐加大。这些因素都增强了土粒之间抵抗滑移的能力，阻止了土体的自重压密，于是形成了以粗粉粒为主体骨架的多孔隙结构（图 12-1）。黄土结构中零星散布着较大的砂粒。附于砂粒和粗粉粒表面的细粉粒、粘粒、腐殖质胶体以及大量集合于大颗粒接触点处的各种可溶盐和水分子形成了胶结性联结，从而构成了矿物颗粒集合体。周边有几个颗粒包围着的孔隙就是肉眼可见的大孔隙。它可能是植物的根须造成的管状孔隙。

黄土受水浸湿时，结合水膜增厚楔入颗粒之间。于是，结合水联结消失，盐类溶于水中，骨架强度随着降低，土体在上覆土层的自重应力或在附加应力与自重应力综合作用下，其结构迅速破坏，土粒滑向大孔隙，粒间孔隙减少，这就是黄土湿陷现象的内在过程。

黄土中胶结物的多寡和成分，以及颗粒的组成和分布对于黄土的结构特点和湿陷性的强弱有着重要的影响，胶结物含量大，可把骨架颗粒包围起来，则结构致密；粘粒含量多且均匀分布在骨架之间也起了胶结物的作用。这些情况都会使湿陷性降低并使力学性质得到改善。反之，粒径大于 0.05mm 的颗粒增多，胶结物多呈薄膜状分布，骨架颗粒多数彼此直接接触，则结构疏松，强度降低而湿陷性增强。此外，黄土中的盐类，如以较难溶解的碳酸钙为主而具有胶结作用时，湿陷性减弱，但石膏及易溶盐的含量愈大时，湿陷性愈强。

黄土湿陷性还与孔隙比、含水量以及所受压力的大小有关，天然孔隙比愈大或天然含水量愈小则湿陷性愈强。在天然孔隙比和含水量不变的情况下，随着压力的增大，黄土的湿陷量增加，但当压力超过某一数值后，再增加压力，湿陷量反而减少。

三、湿陷性黄土地基的勘察与评价

（一）湿陷系数和湿陷起始压力

黄土是否具有湿陷性，以及湿陷性的强弱程度如何，应该用一个数值指标来判定。如上所述，黄土的湿陷量与所受的压力大小有关，所以湿陷性的有无、强弱应按某一给定的压力作用下土体浸水后的湿陷系数 δ_s 值来衡量，湿陷系数由室内压缩试验测定。在压缩仪中将原状试样逐级加压到规定的压力 p，等它压缩稳定后测得试样高度 h_p，然后加水浸湿，测得下沉稳定后的高度 h'_p。设土样的原始高度为 h_0，则按下式计算土的湿陷系数 δ_s

$$\delta_s = \frac{h_p - h'_p}{h_0} \tag{12-1}$$

测定湿陷系数的压力 p，用地基中黄土实际受到的压力是比较合理的，但在初勘阶段，建筑物的平面位置，基础尺寸和基础埋深等尚未决定，以实际压力评定黄土的湿陷性存在不少具体问题。因而《湿陷性黄土地区建筑规范》（GB 50025—2004）规定：对自基础底面算起（初步勘察时，自地面下 1.5m 算起）的 10m 内土层，该压力应用 200kPa，10m 以下至非湿陷性土层顶面应用其上覆土的饱和自重压力（当大于 300kPa 时，仍应用 300kPa）。如基底压力大于 300kPa 时，宜用实际压力判别黄土的湿陷性。对压缩性较高的新近堆积黄土，基底下 5m 以内的土层宜用 100～150kPa 压力，5～10m 和 10m 以下至非湿陷性黄土层顶面，应分别用 200kPa 和上覆土的饱和自重压力。

当 $\delta_s<0.015$ 时，应定为非湿陷性黄土；$\delta_s\geqslant0.015$ 时，应定为湿陷性黄土。

如上所述，黄土的湿陷量是压力的函数。因此，事实上存在着一个压力界限值，压力低于这个数值，黄土即使浸了水也只产生压缩变形，而不会出现湿陷现象。这个界限称为湿陷起始压力 p_{sh}（kPa），它是一个有一定实用价值的指标。例如，在设计非自重湿陷性黄土地基上荷载不大的基础和土垫层时，可以有意识地选择适当的基础底面尺寸及埋深，或土垫层厚度，使基底压力或垫层底面的总压力（自重应力与附加应力之和）不超过基底下土的湿陷起始压力，以避免湿陷的可能性。

湿陷起始压力可用室内压缩试验或野外载荷试验确定。不论室内或野外试验，都有双线法和单线法两种。当按压缩试验确定时，其方法如下：

采用双线法时，应在同一取土点的同一深度处，以环刀切取 2 个试样。一个在天然湿度下分级加荷，另一个在天然湿度下加第一级荷载，下沉稳定后浸水，待湿陷稳定后再分级加荷。分别测定这两个试样在各级压力下，下沉稳定后的试样高度 h_p 和浸水下沉稳定后的试样高度 h'_p，就可以绘出不浸水试样 $p-h_p$ 曲线和浸水试样 $p-h'_p$ 曲线，如图 12-2 所示。然后按式（12-1）计算各级荷载下的湿陷系数 δ_s，从而绘制出 $p-\delta_s$ 曲线。在 $p-\delta_s$ 曲线上取 δ_s 值为 0.015 所对应的压力作为湿陷起始压力。以上测定 p_{sh} 的方法，因需要绘制两条压缩曲线，故称双线法。

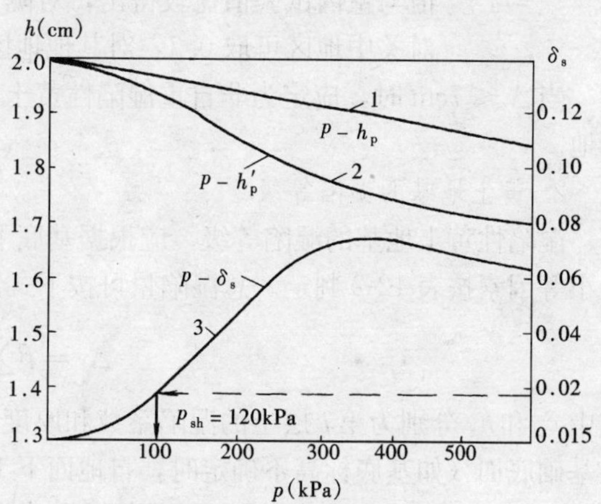

图 12-2 双线法压缩试验曲线

1—$p-h_p$ 曲线（不浸水）；2—$p-h'_p$ 曲线（浸水）；3—$p-\delta_s$ 曲线

采用单线法时，应在同一取土点的同一深度处，至少以环刀切取 5 个试样。各试样均分别在天然湿度下分级加荷至不同的规定压力。待下沉稳定测定土样高度 h_p 后浸水，并测定湿陷稳定后的土样高度 h'_p。绘制 $p-\delta_s$ 曲线后，确定 p_{sh} 值的方法与双线法同。此外，还可按载荷试验来确定 p_{sh} 值，这里不再详述。

试验结果表明：黄土的湿陷起始压力随着土的密度、湿度、胶结物含量以及土的埋藏深度等的增加而增加。

（二）湿陷类型和湿陷等级

1. 建筑场地湿陷类型的划分

自重湿陷性黄土在没有外荷载的作用下，浸水后也会迅速发生剧烈的湿陷，甚至一些很轻的建筑物也难免遭受其害。而在非自重湿陷性黄土地区，这种情况就很少见。所以，对于这两种类型的湿陷性黄土地基，所采取的设计和施工措施应有所区别。在黄土地区地基勘察中，应按实测自重湿陷量或计算自重湿陷量判定建筑场地的湿陷类型。实测自重湿陷量应根据现场试坑浸水试验确定。

计算自重湿陷量按下式计算

$$\Delta_{zs} = \beta_0 \sum_{i=1}^{n} \delta_{zsi} h_i \qquad (12\text{-}2)$$

式中 δ_{zsi}——第 i 层土在上覆土的饱和（$S_r>0.85$）自重应力作用下的湿陷系数，其测定和计算方法同 δ_s，即 $\delta_{zs}=\dfrac{h_z-h'_z}{h}$，式中 h_z 是加压至土的饱和自重压力时，下沉稳定后的高度；

h_i——第 i 层土的厚度，cm；

n——总计算厚度内湿陷土层的数目，总计算厚度应从天然地面算起（当挖、填方厚度及面积较大时，自设计地面算起）至其下全部湿陷性黄土层的底面为止，但其中 $\delta_s<0.015$ 的土层不累计；

β_0——因地区土质而异的修正系数，它从各地区湿陷性黄土地基试坑浸水试验实测值与室内试验值比较得出，对陇西地区可取 1.5，对陇东陕北地区可取 1.2，对关中地区可取 0.7，对其他地区可取 0.5。

当 $\Delta_{zs}\leqslant 7$cm 时，应定为非自重湿陷性黄土场地；$\Delta_{zs}>7$cm 时，应定为自重湿陷性黄土场地。

2. 黄土地基的湿陷等级

湿陷性黄土地基的湿陷等级，应根据基底下各土层累计的总湿陷量和计算自重湿陷量的大小等因素按表 12-2 判定。总湿陷量可按下式计算：

$$\Delta_s = \beta \sum_{i=1}^{n} \delta_{si} h_i \qquad (12\text{-}3)$$

式中 δ_{si} 和 h_i 分别为第 i 层土的湿陷系数和厚度（cm）；湿陷量的计算值 Δ_s 的计算深度，应自基础底面（如基底标高不确定时，自地面下 1.50m）算起；在非自重湿陷性黄土场地，累计至基底下 10m（或地基压缩层）深度止；在自重湿陷性黄土场地，累计至非湿陷黄土层的顶面止。其中湿陷系数 δ_s（10m 以下为 δ_{zs}）小于 0.015 的土层不累计。β 为考虑黄土地基侧向挤出和浸水等因素的修正系数。基底下 5m（或压缩层）深度内可取 1.5；5m（或压缩层）深度以下，在非自重湿陷性黄土场地，可不计算；基底下 10m 以下至非湿陷性黄土层顶面，在自重湿陷性黄土场地，可按 β_0 值取用。

表 12-2　　湿陆性黄土地基的湿陆等级表

湿陷类型 / 计算自重湿陷 / 总湿陷量（cm）	非自重湿陷性场地	自重湿陷性场地	
	$\Delta_{zs}\leqslant 7$cm	$7<\Delta_{zs}\leqslant 35$cm	$\Delta_{zs}>35$cm
$\Delta_s\leqslant 30$	Ⅰ（轻微）	Ⅱ（中等）	—
$30<\Delta_s\leqslant 60$	Ⅱ（中等）	Ⅱ或Ⅲ	Ⅲ（严重）
$\Delta_s>60$	—	Ⅲ	Ⅳ（很严重）

注 1. 当总湿陷量 $30\text{cm}<\Delta_s<50\text{cm}$，计算自重湿陷量 $7\text{cm}<\Delta_{zs}<30\text{cm}$ 时，可判为Ⅱ级。
2. 当总湿陷量 $\Delta_s\geqslant 50$cm，计算自重湿陷量 $\Delta_{zs}\geqslant 30$cm 时，可判为Ⅲ级。
Δ_s 是湿陷性黄土地基在规定压力作用下浸水后可能发生的湿陷变形值，设计时应按黄土地基的湿陷等级考虑相应的设计措施。在同样情况下，湿陷程度愈高，设计措施要求也愈高。

【例题 12-1】　关中地区某建筑场地初勘时 3 号探井的土工试验资料见表 12-3，试确定该场地的湿陷类型和地基的湿陷等级。

表 12-3　　**例题 12-1 表**

土样野外编号	取土深度 (m)	比重 d_s	孔隙比 e	重度 γ (kN/m^3)	δ_s	δ_{zs}	备注
3—1	1.5	2.70	0.975	17.8	0.085	0.002	
3—2	2.5	2.70	1.100	17.4	0.059	0.013	
3—3	3.5	2.70	1.215	16.8	0.076	0.022	
3—4	4.5	2.70	1.117	17.2	0.028	0.012	
3—5	5.5	2.70	1.126	17.2	0.094	0.031	δ_s 或 δ_{zs} < 0.015 属非湿陷土层不参加累计
3—6	6.5	2.70	1.300	16.5	0.091	0.075	
3—7	7.5	2.70	1.179	17.0	0.071	0.060	
3—8	8.5	2.70	1.072	17.4	0.039	0.012	
3—9	9.5	2.70	0.787	18.9	0.002	0.001	
3—10	10.5	2.70	0.778	18.9	0.0012	0.008	

解　(1) 自重湿陷量计算。

因场地挖方的厚度和面积都较大，应自设计地面起算，至其下全部湿陷性黄土层的底面为止。在关中地区，按《湿陷性黄土地区建筑规范》(GB 50025—2004) β_0 值取 0.7。

由式 (12-2) 计算其自重湿陷量

$$\begin{aligned}\Delta_{zs} &= \beta_0 \sum_{i=1}^{n} \delta_{zsi} h_i \\ &= 0.7 \times (0.022 \times 100 + 0.031 \times 100 + 0.075 \times 100 + 0.06 \times 100) \\ &= 0.7 \times 50.1 = 35.1\text{cm} > 7\text{cm}\end{aligned}$$

故应定为自重湿陷性黄土场地。

(2) 黄土地基的总湿陷量计算。

对自重湿陷性黄土地基，按地区建筑经验，在关中地区应自基础底面算起至其下方等于或大于 10m 深度为止，其中非湿陷性土层不累计。

修正系数 β 取值基底下 5m 深度内可取 1.5；5m 深度下与 β_0 同。将有关数据代入式 (12-3) 中得

$$\begin{aligned}\Delta_s &= \beta \sum_{i=1}^{n} \delta_{si} h_i \\ &= 1.5 \times (0.085 \times 50 + 0.059 \times 100 + 0.076 \times 100 + 0.028 \times 100 + 0.094 \times 100 \\ &\quad + 0.091 \times 50) + 0.7 \times (0.091 \times 50 + 0.071 \times 100 + 0.039 \times 100) \\ &= 51.76 + 10.89 \\ &= 62.64\text{cm}\end{aligned}$$

根据表 12-2 该湿陷性黄土地基的湿陷等级可判为Ⅲ级（严重）。

以上算式中的两对括号内的计算内容分别是 1.5m 以下 5m 范围内和其下深达 10m 范围内的湿陷量（其中略去非湿陷土层）。

(三) 黄土地区地基勘察的特点

在湿陷性黄土地区进行地基勘察时，除了按照勘察规范的基本要求和方法、查明一般工程地质条件外，还必须针对湿陷性黄土的特点进行下列勘察工作：

(1) 按不同的地质年代和成因以及土的工程特性划分黄土层，查明湿陷性黄土层的厚度和分布，测定土的物理力学性质（包括湿陷起始压力），划分湿陷类型和湿陷等级，确定湿

陷性、非湿陷性土层在平面与深度上的界限；

（2）研究地形的起伏和降水的积聚及排泄条件，调查山洪淹没范围及其发生时间，调查地下水位的深度、季节性的变化幅度、升降趋势、地表水体和灌溉情况；

（3）划分不同的地貌单元，查明不良地质现象（如湿陷洼地、黄土滑坡、崩塌、冲沟和泥石流）的分布地段、规模和发展趋势及其危害性；

（4）通过调查访问，了解场地内有无古墓、古井、坑、穴、地道、砂井和砂巷等地下坑穴；

（5）调查邻近已有建筑物的现状及其开裂与损坏情况。

湿陷性黄土地区勘探线的布置可按《湿陷性黄土地区建筑规范》（GB 50025—2004）的规定进行。在初勘阶段，场地内应有一定数量的取土勘探点穿透湿陷性黄土层。在详勘阶段，对非自重湿陷性黄土地基，勘探点深度除应大于地基压缩层深度外，还应大于基础底面下 5m；对自重湿陷性黄土地基，取土勘探点应穿透湿陷性黄土层。

湿陷性黄土的承载力特征值按现行《湿陷性黄土地区建筑规范》（GB 50025—2004）确定。

四、湿陷性黄土地基的工程措施

湿陷性黄土地基的设计和施工，除了必须遵循一般地基的设计和施工原则外，还应针对黄土湿陷性的特点和工程要求，因地制宜采用地基处理、防水隔水和结构措施。

地基处理，其目的在于破坏湿陷性黄土的大孔结构，以便全部或部分消除地基的湿陷性，从根本上避免或削弱湿陷现象的发生。常用的地基处理方法有土（或灰土）垫层、重锤夯实、强夯、预浸水、化学加固（主要是硅化和碱液加固）、土（灰土）桩挤密（见第十一章和有关地基处理专著）等，也可采用桩端进人非湿陷性土层的桩基。

防水措施，不仅要放眼于整个建筑场地的排水、防水问题，且要考虑到单体建筑物的防水措施，在建筑物长期使用过程中要防止地基被浸湿，同时也要做好施工阶段临时性排水、防水工作。

结构措施，在建筑物设计中，应从地基、基础和上部结构相互作用的概念出发，采用适当的措施，增强建筑物抵抗或适应因湿陷引起的不均匀沉降的能力。这样，即使地基处理或防水措施不周密而发生湿陷时，建筑物也不致造成严重破坏，或减轻其破坏程度。

在上述措施中，地基处理是主要的工程措施。防水、结构措施的采用，应根据地基处理的程度不同而有所差别。对地基作了处理，消除了全部地基土的湿陷性，就不必再考虑其他措施，若地基处理只消除地基主要部分湿陷量，为了避免湿陷对建筑物危害，还应辅以防水和结构措施。

第三节 膨 胀 土 地 基

一、膨胀土的特性

膨胀土一般系指粘粒成分主要由亲水性矿物组成，同时具有显著的吸水膨胀和失水收缩变形特性的粘性土，在天然状态下它一般强度较高，压缩性低，易被误认为是建筑性能较好的地基土。但由于具有膨胀和收缩的特性，当利用这种土作为建筑物地基时，如果对它的特性缺乏认识，或在设计和施工中没有采取必要的措施，结果会给建筑物、尤其是低层轻型的房屋或构筑物造成危害。膨胀土分布范围很广，根据现有资料，我国广西、云南、湖北、河南、安徽、四川、河北、山东、陕西、江苏、贵州和广东等地均有不同范围的分布。当前我国已制订了《膨胀土地区建筑技术规范》(GBJ 112—1987)(以后简称《膨胀土规范》)。在国外，不少国家也都存在膨胀土。在膨胀土地区进行建设，要认真调查研究。首先要通过勘察工作，对膨胀土做出必要的判断和评价，以便采取相应的设计和施工措施，从而保证房屋和构筑物的安全和正常使用。

(一) 膨胀土的特征

根据我国二十几个省区的资料，膨胀土多位于二级及二级以上的河谷阶地、山前和盆地边缘及丘陵地带。地形坡度平缓，无明显的天然陡坎。

我国膨胀土除少数形成于全新世(Q_4)外，其地质年代多属第四纪晚更新世(Q_3)或更早一些，在自然条件下，膨胀土多呈硬塑或坚硬状态，具黄、红、灰白等色，常呈斑状，并含有铁锰质或钙质结核。土中裂隙较发育，有竖向、斜交和水平三种，距地表1～2m内，常有竖向张开裂隙，裂隙面呈油脂或蜡状光泽，时有擦痕或水渍，以及铁锰氧化物薄膜。裂隙中常充填灰绿、灰白色粘土。在邻近边坡处，裂隙常构成滑坡的滑动面。膨胀土地区旱季地表常出现地裂，雨季则裂缝闭合。地裂上宽下窄，一般长10～80m，深度多在3.5～8.5m之间，壁面陡立而粗糙。

我国膨胀土的粘粒含量一般很高，其中粒径小于0.002mm的胶体颗粒含量一般超过20%。其液限w_L大于40%，塑性指数I_p大于17，且多数在22～35之间。自由膨胀率一般超过40%(红粘土除外)。膨胀土的天然含水量接近或略小于塑限，液性指数常小于零，土的压缩性小，多属低压缩性土。任何粘性土都有胀缩性，问题在于这种特性对房屋安全的影响程度。GBJ 112—1987规范是根据未经处理的一层砖混结构房屋的极限变形幅度15mm作为划分标准。有关设计、施工和维护的规定是以胀缩变形量超过这个标准制订的。

(二) 膨胀土对建筑物的危害

膨胀土具有显著的吸水膨胀和失水收缩的变形特性。建造在膨胀土地基上的建筑物，随季节性气候的变化会反复不断地产生不均匀的升降，从而使房屋破坏，并具有如下特征：

建筑物的开裂破坏具有地区性成群出现的特点。遇干旱年份裂缝发展更为严重，建筑物裂缝随气候变化时而张开和闭合。

发生变形破坏的建筑物，多数为一、二层的砖木结构房屋。因为这类建筑物的重量轻，整体性差，基础埋置较浅，地基土易受外界因素的影响而产生胀缩变形，故极易裂损。

房屋墙面角端的裂缝常表现为山墙上的对称或不对称的倒八字形缝[图12-3(a)]，这是由于山墙的两侧下沉量比中部下沉量大的缘故。外纵墙下部出现水平缝[图12-3(b)]，

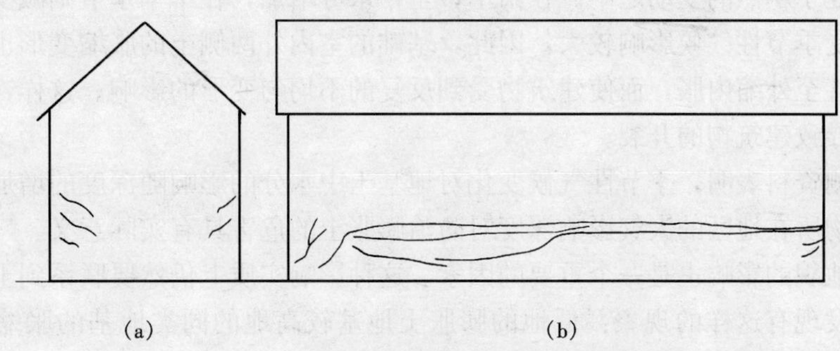

图12-3 膨胀土地基上房屋墙面的裂缝

(a) 山墙上的对称倒八字缝；(b) 外纵墙的水平裂缝

墙体外倾并有水平错动。由于土的胀缩交替变形，还会使墙体出现交叉裂缝。

房屋的独立砖柱可能发生水平断裂，并伴随有水平位移和转动。隆起的地坪多出现纵长裂缝，并常与室外地面相连。在地裂通过建筑物的地方，建筑物墙体上出现上小下大的竖向或斜向裂缝。

膨胀土边坡极不稳定，易产生浅层滑坡，并引起房屋和构筑物的开裂。

（三）影响膨胀土胀缩变形的主要因素

膨胀土的胀缩变形特性由土的内在因素所决定，同时受到外部因素的制约。胀缩变形的产生是膨胀土的内在因素在外部适当的环境条件下综合作用的结果。

影响土胀缩变形的主要内在因素有：

(1) 矿物成分。膨胀土主要由蒙脱石、伊利石等亲水性矿物组成。蒙脱石矿物亲水性强，具有既易吸水又易失水的强烈活动性。伊利石亲水性比蒙脱石低，但也有较高的活动性。蒙脱石矿物吸附外来的阳离子的类型对土的胀缩性也有影响，如吸附钠离子（钠蒙脱石）时就具有特别强烈的胀缩性。

(2) 微观结构特征。膨胀土的胀缩变形，不仅取决于组成膨胀土的矿物成分，而且取决于这些矿物在空间分布上的结构特征。由于膨胀土中普遍存在着片状粘土矿物，颗粒彼此叠聚成微集聚体基本结构单元，从电子显微镜观察证明，膨胀土的微观结构为集聚体与集聚体彼此面—面接触形成分散结构，这种结构具有很大的吸水膨胀和失水收缩的能力。

(3) 粘粒的含量。由于粘土颗粒细小，比面积大，因而具有很大的表面能，对水分子和水中阳离子的吸附能力强。因此，土中粘粒含量愈多，则土的胀缩性愈强。

(4) 土的密度和含水量。土的胀缩表现于土的体积变化。对于含有一定数量的蒙脱石和伊利石的粘土来说，当其在同样的天然含水量条件下浸水，天然孔隙比愈小，土的膨胀愈大，其收缩愈小。反之，孔隙比愈大，收缩愈大。因此，在一定条件下，土的天然孔隙比（密实状态）是影响胀缩变形的一个重要因素。此外，土中原有的含水量与土体膨胀所需的含水量相差愈大时，则遇水后土的膨胀愈大，而失水后土的收缩愈小。

(5) 土的结构强度。结构强度愈大，土体限制胀缩变形的能力也愈大。当土的结构受到破坏以后，土的胀缩性随之增强。

影响土胀缩变形的主要外部因素有：

(1) 气候条件是首要的因素。从现有的资料分析，膨胀土分布地区年降雨量的大部分一般集中在雨季，继之是延续较长的旱季。如建筑场地潜水位较低，则表层膨胀土受大气影响，土中水分处于剧烈的变动之中。在雨季，土中水分增加，在干旱季节则减少。房屋建造后，室外土层受季节性气候影响较大，因此，基础的室内外两侧土的胀缩变形也就有了明显的差别，有时甚至外缩内胀，而使建筑物受到反复的不均匀变形的影响。这样，经过一段时间以后，就会导致建筑物的开裂。

据野外实测资料表明，季节性气候变化对地基土中水分的影响随深度的增加而递减。因此，确定建筑物所在地区的大气影响深度对防治膨胀土的危害具有实际意义。

(2) 地形地貌的影响也是一个重要的因素。这种影响实质上仍然要联系到土中水分的变化问题。经常发现有这样的现象：低地的膨胀土地基较高地的同类地基的胀缩变形要小得多；在边坡地带，坡脚地段比坡肩地段的同类地基的胀缩变形又要小得多。这是由于高地的临空面大，地基土时蒸发条件好，因此，含水量变化幅度大，地基土的胀缩变形也较剧烈。

(3) 在炎热和干旱地区，建筑物周围的阔叶树（特别是不落叶的桉树）对建筑物的胀缩变形造成不利影响。尤其在旱季，当无地下水或地表水补给时，由于树根的吸水作用，会使土中的含水量减少，更加剧了地基土的干缩变形，使近旁有成排树木的房屋产生裂缝。

(4) 对具体建筑物来说，日照的时间和强度也是不可忽略的因素。许多调查资料表明，房屋向阳面（即东、南、西三面，尤其是南、西面）开裂较多，背阳面（即北面）开裂较少。另外，建筑物内、外有局部水源补给时，会增加胀缩变形的差异。高温建筑物如无隔热措施，也会因不均匀变形而开裂。

二、膨胀土地基的勘察与评价

膨胀土地基勘察，除应满足一般要求外，还应着重研究下列问题：

(1) 收集当地多年的气象资料（降水量、气温、蒸发量、地温等），了解其变化特点；

(2) 调查地表水排泄积累情况以及地下水的类型、埋藏条件、水位和变化幅度；

(3) 调查植被对建筑物影响；

(4) 测定土的物理力学性质，确定膨胀土地基的胀缩等级。

(一) 膨胀土的胀缩性指标

评价膨胀土胀缩性的常用指标及其测定方法如下：

(1) 自由膨胀率 δ_{ef} 指研磨成粉末的干燥土样（结构内部无约束力），浸泡于水中，经充分吸水膨胀后所增加的体积与原干体积的百分比。试验时将烘干土样经无颈漏斗注入量土杯（容积 10mL），盛满刮平后，将试样倒入盛有蒸馏水的量筒（容积 50mL）内。然后加入凝聚剂并用搅拌器上下均匀搅拌 10 次。土粒下沉后每隔一定时间读取土样体积数，直至认为膨胀到达稳定为止。自由膨胀率按下式计算

$$\delta_{ef}\ (\%)=\frac{V_w-V_0}{V_0}\times 100 \tag{12-4}$$

式中　V_0——试样原有的体积（即量土杯的容积），10mL；

V_w——膨胀稳定后测得的量筒内试样的体积，mL。

(2) 不同压力下的膨胀率 δ_{ep} 指不同压力作用下，处于侧限条件下的原状土样在浸水后，其单位体积的膨胀量（以百分数表示）。试验时，将原状土置于压缩仪中，按工程实际需要确定对试样施加的最大压力。对试样逐级加荷至最大压力，待下沉稳定后，浸水使其膨胀并测得膨胀稳定值。然后按加荷等级逐级卸荷至零、测定各级压力下膨胀稳定时的土样高度变化值。δ_{ep} 值按下式计算

$$\delta_{ep}\ (\%)=\frac{h_w-h_0}{h_0}\times 100 \tag{12-5}$$

式中　h_w——在侧限条件下土样浸水在压力为 p_i 膨胀稳定后的高度；

h_0——试验开始时土样的原始高度。

(3) 线缩率 δ_s，指土的垂直收缩变形与原始高度之百分比。试验时把土样从环刀中推出后，置于 20℃恒温条件下、或 15～40℃自然条件下干缩，按规定时间测读试样高度，并同时测定其含水量（w）。用下式计算土的线缩率

$$\delta_s\ (\%)=\frac{h_0-h}{h_0}\times 100 \tag{12-6}$$

式中　h_0——试验开始时的土样高度；

h——试验中某次测得的土样高度。

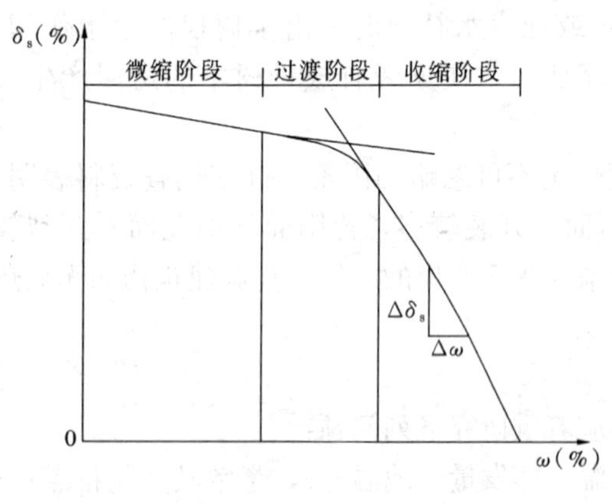

图 12-4 收缩曲线

（4）收缩系数 λ_s，绘制收缩曲线如图 12-4所示。原状土样在直线收缩阶段中含水量每降低 1%时，所对应的竖向线缩率的改变即为收缩系数 λ_s

$$\lambda_s = \Delta\delta_s / \Delta\omega \tag{12-7}$$

式中 $\Delta\delta_s$——在直线段中与含水量减少值 $\Delta\omega$ 相对应的线缩率增加值。

（二）膨胀土地基的评价

1. 膨胀土的判别

膨胀土的判别是解决膨胀土地基勘察、设计的首要问题。根据我国大多数地区的膨胀土和非膨胀土试验指标的统计分析，认为自由膨胀率 $\delta_{ef} \geqslant 40\%$，一般具有上述膨胀土野外特征和建筑物开裂破坏特征，且为胀缩性能较大的粘性土，则应判别为膨胀土。

2. 膨胀土的膨胀潜势

由于不同胀缩性能的膨胀土对建筑物的危害程度有明显差别，因此通过上述判别膨胀土以后，要进一步确定膨胀土的胀缩性能强弱程度。研究表明：自由膨胀率能较好反映土中的粘土矿物成分、颗粒组成、化学成分和交换阳离子性质的基本特征。土中的蒙脱石矿物愈多，小于 0.002mm 的粘粒在土中占较多分量，且吸附着较活泼的钠、钾阳离子时，那么土体内部积储的膨胀潜势愈强，自由膨胀率就愈大，土体显示出强烈的胀缩性。调查表明：自由膨胀率较小的膨胀土，膨胀潜势较弱，建筑物损坏轻微；自由膨胀率高的土，具有强的膨胀潜势，则较多建筑物将遭到严重破坏。因此用自由膨胀率作为膨胀土的判别和分类指标，一般能获得较好效果。《膨胀土地区建筑技术规范》（GBJ 112—1987）按自由膨胀率大小划分土的膨胀潜势强弱，以判别土的胀缩性高低，详见表 12-4。

3. 膨胀土地基的胀缩等级

根据建筑物地基的胀缩变形对低层砖混结构房屋的影响程度，对膨胀土地基评价时，其胀缩等级按分级胀缩变形量 s_c 大小进行划分，详见表 12-5。

表 12-4 膨胀土的膨胀潜势分类

自由膨胀率（%）	膨胀潜势
$40 \leqslant \delta_{ef} < 65$	弱
$65 \leqslant \delta_{ef} < 90$	中
$\delta_{ef} > 90$	强

表 12-5 膨胀土地基的胀缩等级

地基分组变形量 s_c（mm）	级别
$15 \leqslant s_c < 35$	Ⅰ
$35 \leqslant s_c < 70$	Ⅱ
$s_c \geqslant 70$	Ⅲ

地基的胀缩变形量 s_c 可按下式计算

$$s_c = \sum_{i=1}^{n} (\delta_{epi} + \lambda_{si}\Delta\omega_i) h_i \tag{12-8}$$

式中 δ_{epi}——基础底面下第 i 层土在压力为 p_i（该层土的平均自重应力与平均附加应为之和）作用下的膨胀率，由室内试验确定；

λ_{si}——第 i 层土的垂直线收缩系数；

h_i——第 i 层土计算厚度（cm），一般为基础宽度的 0.4 倍；

$\Delta\omega_i$——第 i 层土在收缩过程中可能发生的含水量变化的平均值（以小数表示），按《膨胀土地区建筑技术规范》（GBJ 112—1987）公式计算；

n——自基础底面至计算深度内所划分的土层数，计算深度一般根据大气影响深度确定，有浸水可能时，可按浸水影响深度确定。

膨胀土地基的设计，按场地的地形、地貌条件分为平坦场地和斜披场地：地形坡度小于 5 度或地形坡度大于 5 度而小于 14 度的坡脚地带和距坡肩水平距离大于 10m 的坡顶地带为平坦场地；地形坡度大于或等于 5 度，或地形坡度虽然小于 5 度，而同一座建筑物范围内地形高差大于 1m 者为斜坡场地。位于平坦场地的建筑物地基，应按胀缩变形量控制设计；而位于斜坡场地上的建筑物地基，除按胀缩变形量设计外，尚应进行地基稳定性计算。

三、膨胀土地基的工程措施

1. 设计措施

建筑场地的选择：根据工程地质和水文地质条件，建筑物应尽量避免布置在地质条件不良的地段（如浅层滑坡和地裂发育区，以及地质条件不均匀的区域）。重要建筑物最好布置在胀缩性较小和土质较均匀的地方。山区建筑应根据山区地基的特点，妥善地进行总平面布置，并进行竖向设计，避免大开大挖，建筑物应依山就势布置。同时应利用和保护天然排水系统，并设置必要的排洪、截流和导流等排水措施。有组织的排除雨水、地表水、生活和生产废水，防止局部浸水和渗漏现象。

建筑措施：建筑物的体型力求简单，尽量避免平面凹凸曲折和立面高低不一。建筑物不宜过长，必要时可设置沉降缝。膨胀土地区的民用建筑层数宜多于 1～2 层。外廊式房屋的外廊部分宜采用悬挑结构。一般无特殊要求的地坪，可用混凝土预制块或其他块料，其下铺砂和炉渣等垫层。如用现浇混凝土地坪，其下铺块石或碎石等垫层，每 3m 左右设分格缝。对于有特殊要求的工业地坪，应尽量使地坪与墙体脱开，并填以嵌缝材料。房屋附近不宜种植吸水量和蒸发量大的树木（如桉树），应根据树木的蒸发能力和当地气候条件合理确定树木与房屋之间的距离。

结构处理：在Ⅰ、Ⅱ、Ⅲ级膨胀土地基上，一般应避免采用砖拱结构和无筋中型砌块建造的房屋。为了加强建筑物的整体刚度，可适当设置钢筋混凝土圈梁。排架结构的工业厂房包括山墙、外墙及内隔墙均宜采用单独柱基承重，角端部分适当加深，围护墙宜砌在基础梁上，基础梁底与地面应脱空 10～15cm。建筑物的角端和内外墙的连接处，必要时可增设水平钢筋。

地基处理：基础埋置深度的选择应考虑膨胀土的胀缩性、膨胀土层埋藏深度和厚度以及大气影响深度等因素，一般基础的埋深宜超过大气影响深度。当膨胀土位于地表下 3m 或地下水位较高时，基础可以浅埋。若膨胀土层不厚，则尽可能将基础埋置在非膨胀土上。膨胀土地区的基础设计，应充分利用地基土的承载力，并采用缩小基底面积、合理选择基础形式等措施，以便增大基底压力、减小地基膨胀变形量。采用垫层时，须将地基中膨胀土全部或部分挖除，用砂、碎石、块石、煤渣、灰土等材料作垫层，而且必须有足够的厚度。当采用垫层作为主要设计措施时，垫层宽度应大于基础宽度，两侧回填相同的材料。如采用深基础，宜选用穿透膨胀土层的桩（墩）基。

2. 施工措施

膨胀土地区的建筑物，应根据设计要求、场地条件和施工季节，作好施工组织设计。在施工中应尽量减少地基中含水量的变化，以便减少土的胀缩变形。建筑场地施工前，应完成场地土方、挡土墙、护坡、防洪沟及排水沟等工程，使排水畅通、边坡稳定。施工用水应妥善管理，防止管网漏水。临时水池、洗料场、搅拌站与建筑物的距离不少于 5m。应做好排水措施，防止施工用水流入基槽内。基槽施工宜采取分段快速作业，施工过程中，基槽不应曝晒或浸泡。被水浸湿后的软弱层必须清除，雨季施工应有防水措施。基础施工完毕后，应即将基槽和室内回填土分层夯实，填土可用非膨胀土、弱膨胀土或掺有石灰的膨胀土。地坪面层施工时应尽量减少地基浸水，并宜用覆盖物湿润养护。

第四节　岩溶、土洞和红粘土地基

岩溶或称“喀斯特”，它是石灰岩、泥灰岩、白云岩、大理岩、石膏、岩盐层等可溶性岩石受水的化学和机械作用而形成的溶洞、溶沟、裂隙、暗河、石芽、漏斗、钟乳石等奇特的地面及地下形态的总称。

土洞是岩溶地区上覆土层在地表水或地下水作用下形成的洞穴。

岩溶地区由于有溶洞、暗河及土洞等的存在，可能造成地面变形和地基陷落，发生水的渗漏和涌水现象，使场地工程地质条件大为恶化。实践表明：土洞对建筑物的影响远大于溶洞，其主要原因是土洞埋藏浅，分布密，发育快，顶板强度低，因而危害也大。有时在建筑施工阶段还未出现土洞，却由于建筑后改变地表水和地下水的条件而产生新的土洞和地表塌陷。

在岩溶地区，红粘土层常覆盖在基岩表面，其中可能有土洞发育。实际上，红粘土与岩溶、土洞三者之间有不可分割的联系。红粘土由于其物理力学性质的特点以及厚度多变而具有特殊的工程性质。

我国岩溶地区分布很广，其中以黔、桂、川、滇等省最为发育，其余如湘、粤、浙、苏、鲁、晋等省均有规模不同的岩溶。此外，我国西部和西北部，在夹有石膏、岩盐的地层中，也发现局部的岩溶。

一、岩溶发育的条件

岩溶的发育与可溶性岩层、地下水活动、气候条件、地质构造及地形等因素有关，前两项是形成岩溶的必要条件。若可溶性岩层具有裂隙，能透水，且位于地下水的侵蚀基准面以上，而地下水又具有化学溶蚀能力时，就可以出现岩溶现象。岩溶的形成必须有地下水的活动，因为当富含 CO_2 的大气降水和地表水渗入地下后，就能保持着地下水对可溶性岩层的化学溶解能力，从而加速岩溶的发展。在大气降水丰富及潮湿气候的地区，地下水经常得到地表水的补给，由于来源充沛，因而岩溶发展也快。从地质构造来看，具有裂隙的背斜顶部和向斜轴部、断层破碎带、岩层接触面和构造断裂带等处，地下水流动快的地区，地表水和地下水流速大，水对可溶性岩层的溶解和冲蚀作用就进行得强烈，从而加速岩溶的发育。

在各种可溶性岩层中，由于岩石的性质和形成条件不同，故岩溶的发育速度也不同。在一般情况下，石灰岩、泥灰岩、白云岩及大理岩中发育较慢。在岩盐、石膏及石膏质岩层中发育很快，经常存在有漏斗、洞穴并发生塌陷现象。岩溶的发育和分布规律主要受岩性、裂隙、断层以及可溶性不同的岩层接触面的控制，其分布常具有带状和成层性。当不同岩性的倾斜岩层相互成层时，岩溶在平面上呈带状分布。相应于地壳升降的次数，就会形成几级水平溶洞。两层水平溶洞之间一般都有垂直管状或脉状溶洞连通。

二、岩溶地基稳定性评价和处理措施

在岩溶地区首先要了解岩溶的发育规律、分布情况和稳定程度，查明溶洞、暗河、陷穴的界限以及场地内有无出现涌水、淹没的可能性，以便作为评价和选择建筑场地、布置总图时参考。下列地段属于工程地质条件不良或不稳定的地段：①地面石芽、溶沟、溶槽发育、基岩起伏剧烈，其间有软土分布；②有规模较大的浅层溶洞、暗河、漏斗、落水洞；③溶洞水流通路堵塞造成涌水时，有可能使场地暂时被淹没。在一般情况下，应避免在上述地区从事建筑，如果一定要利用这些地段作为建筑场地时，应采取必要的防护和处理措施。

在岩溶地区，如果基础底面以下的土层厚度大于地基沉降计算深度，且不具备形成土洞的条件时，或基础位于微风化的硬质岩表面，对于宽度小于1m的竖向溶蚀裂隙和落水洞近旁地段，可以不考虑岩溶对地基稳定性的影响。当溶洞顶板与基础底面之间的土层厚度小于地基沉降计算深度时，应根据洞体大小、顶板形状、厚度、岩体结构及强度、洞内充填情况以及岩溶地下水活动等因素进行洞体稳定性分析。如地基的地质条件符合下列情况之一时，对三层及三层以下的民用建筑或具有5t及5t以下吊车的单层厂房，可以不考虑溶洞对地基稳定性的影响：①溶洞被密实的沉积物填满，其承载力超过150kPa且无被冲蚀的可能性；②洞体较小、基础尺寸大于溶洞的平面尺寸，并有足够的支承长度；③微风化的硬质岩石中，洞体顶板厚度接近或大于洞跨。

如果在不稳定的岩溶地区进行建筑，应结合岩溶的发育情况、工程要求、施工条件、经济与安全的原则，考虑采取如下处理措施：

（1）对个体溶洞与溶蚀裂隙，可采用调整柱距、用钢筋混凝土梁板或桁架跨越的办法。当采用梁板和桁架跨越时，应查明支承端岩体的结构强度及其稳定性。

（2）对浅层洞体，若顶板不稳定，可进行清、爆、挖、填处理，即清除覆土，爆开顶板，挖去软土，用块石、碎石、粘土或毛石混凝土等分层填实。若溶洞的顶板已被破坏，又有沉积物充填，当沉积物为软土时，除了采用前述挖、填处理外，还可根据溶洞和软土的具体条件采用石砌柱、灌注桩、换土或沉井等办法处理。

（3）溶洞大、顶板具有一定厚度，但稳定条件较差时，如能进入洞内，为了增加顶板岩体的稳定性，可用石砌柱、拱或用钢筋混凝土柱支撑，以增加顶板岩体的稳定性。采用此方法，应着重查明洞底的稳定性。

（4）地基岩体内的裂隙，可采用灌注水泥浆、沥青或粘土水泥浆等方法处理。

（5）地下水宜疏不宜堵，在建筑物地基内宜用管道疏导。对建筑物附近排泄地表水的漏斗、落水洞以及建筑范围内的岩溶泉（包括季节性泉）应注意清理和疏导，防止水流通路堵塞，避免场地或地基被水淹没。

三、土洞地基

土洞的形成和发育与土层的性质、地质构造、水的活动、岩溶的发育等因素有关，其中以土层、岩溶的发育和水的活动等三因素最为重要。根据地表水或地下水的作用可把土洞分为：①地表水形成的土洞，由于地表水下渗，内部冲蚀淘空而逐渐形成土洞或导致地表塌陷；②地下水形成的土洞，当地下水升降频繁或人工降低地下水位时，水对松软的土产生潜蚀作用，这样就在岩土交界面处形成土洞。当土洞逐渐扩大就会引起地表塌陷。

在土洞发育的地区进行工程建设时，应查明土洞的发育程度和分布规律，查明土洞和塌陷的形状、大小、深度和密度，以便提供选择建筑场地和进行建筑总平面布置所需的资料。建筑场地最好选择在地势较高或地下水的最高水位低于基岩面的地段，并避开岩溶强烈发育及基岩面上软粘土厚而集中的地段。若地下水位高于基岩面，在建筑施工或建筑物使用期间，应注意由于人工降低地下水位或取水时形成土洞或发生地表塌陷的可能性。

在建筑物地基范围内有土洞和地表塌陷时，必须认真进行处理。常用的措施如下：

（1）处理地表水和地下水。在建筑场地范围内，做好地表水的截流、防渗、堵漏等工作，以便杜绝地表水渗入土层内。这种措施对由地表水引起的土洞和地表塌陷，可起到根治的作用。对形成土洞的地下水，当地质条件许可时，可采用截流、改道的办法，防止土洞和地表塌陷的发展。

（2）挖填处理。这种措施常用于浅层土洞。对地表水形成的土洞和塌陷，应先挖除软土，然后用块石或毛石混凝土回填。对地下水形成的土洞和塌陷，可挖除软土和抛填块石后做反滤层，面层用粘土夯实。

（3）灌砂处理。灌砂适用于埋藏深、洞径大的土洞。施工时在洞体范围的顶板上钻两个或多个钻孔，其中直径小的（50mm）作为排气孔，直径大的（大于100mm）用来灌砂。灌砂的同时冲水，直到小孔冒砂为止。如果洞内有水、灌砂困难时，可用压力灌注强度等级为C15的细石混凝土，也可灌注水泥或砾石。

（4）垫层处理。在基础底面下夯填粘性土夹碎石作垫层，以提高基底标高，减小土洞顶板的附加压力，这样以碎石为骨架可降低垫层的沉降量并增加垫层的强度，碎石之间有粘性土充填，可避免地表水下渗。

（5）梁板跨越。当土洞发育剧烈，可用梁、板跨越土洞，以支承上部建筑物，采用这种方案时，应注意洞旁土体的承载力和稳定性。

（6）采用桩基或沉井。对重要的建筑物，当土洞较深时，可用桩或沉井穿过覆盖土层，将建筑物的荷载传至稳定的岩层上。

四、红粘土地基

炎热湿润气候条件下的石灰岩、白云岩等碳酸盐岩系的出露区，岩石在长期的成土化学风化作用（又称红土化作用）下形成的高塑性粘土物质，其液限一般大于50%，一般呈褐红、棕红、紫红和黄褐色等色，称为红粘土。它常堆积于山麓坡地、丘陵、谷地等处。当原地红粘土层受间歇性水流的冲蚀，红粘土的颗粒被带到低洼处堆积成新的土层，其颜色相对较浅，常含粗颗粒，仍保持红粘土的基本特性，液限大于45%者称次生红粘土。

红粘土的化学成分以SiO_2、Fe_2O_3、Al_2O_3为主，矿物成分则以石英和高岭石（或伊利石）为主。土中基本结构单元除静电引力和吸附水膜连结外，还有铁质胶结，使土体具有较高的连接强度，抑制土粒扩散层厚度和晶格扩展，在自然条件下浸水可表现出较好的水稳性。由于红粘土分布区现今气候仍潮湿多雨，其起始含水量远高于其缩限，在自然条件下失水，土粒结合水膜减薄，颗粒距离缩小，使红粘土具有明显的收缩性和裂隙发育等特征。红粘土常为岩溶地区的覆盖层，因受基岩起伏的影响，其厚度不大，但变化颇剧。

红粘土中较高的粘土颗粒含量（55%～70%）使其具有高分散性和较大的孔隙比（1.1～

1.7)。常处于饱和状态（S_r＞85%），它的天然含水量（30%～60%）几乎与塑限相等，但液性指数较小（0.1～0.4），这说明红粘土以含结合水为主。因此，红粘土的含水量虽高，但土体一般仍处于硬塑或坚硬状态，而且具有较高的强度和较低的压缩性。在孔隙比相同时，它的承载力约为软粘土的2～3倍。因此，从土的性质来说，红粘土是建筑物较好的地基，但也存在下列一些问题：

(1) 有些地区的红粘土受水浸湿后体积膨胀，干燥失水后体积收缩而具有胀缩性。

(2) 红粘土厚度分布不均，其厚度与下卧基岩面的状态和风化深度有关。常因石灰岩表面石芽、溶沟等的存在，而使上覆红粘土的厚度在短距离内相差悬殊（有的1m之间相差竟达8m)，造成地基的不均匀性。

(3) 红粘土沿深度从上向下含水量增加、土质有由硬至软的明显变化。接近下卧基岩面处，土常呈软塑或流塑状态，其强度低，压缩性较大。

(4) 红粘土地区的岩溶现象一般较为发育。由于地表水和地下水的运动引起的冲蚀和潜蚀作用，在隐伏岩溶上的红粘土层常有土洞存在，因而影响场地的稳定性。

思　考　题

12-1　湿陷性黄土的湿陷机理是什么？

12-2　何谓湿陷性黄土、自重湿陷性黄土和非自重湿陷性黄土？

12-3　湿陷性黄土的湿陷等级如何确定？处理措施有哪些？

12-4　膨胀土的涨缩机理是什么？

12-5　膨胀土地基上建筑物的工程处理措施有哪些？

12-6　岩溶和土洞地基上的工程措施有哪些？

参考文献

[1] 高大钊. 土力学与地基基础. 北京：中国建筑工业出版社，1998.

[2] 华南理工大学等四院校. 地基及基础. 3版. 北京：中国建筑工业出版社，1998.

[3] 龚晓南. 土力学. 北京：中国建筑工业出版社，2002.

[4] 袁聚云，李镜培，楼晓明，等. 基础工程设计原理. 上海：同济大学出版社，2001.

[5] 洪毓康. 土质学与土力学. 北京：人民交通出版社，1987.

[6] 钱家欢，殷宗泽. 土工原理与计算. 2版. 北京：水利水电出版社，2003.

[7] 陈希哲. 土力学及基础工程. 北京：中央广播电视大学出版社，1995.

[8] 赵明华. 土力学与地基基础. 武汉：武汉工业大学出版社，2000.

[9] 天津大学. 土力学与地基. 北京：人民交通出版社，1980.

[10] 蔡伟铭，胡中雄. 土力学与地基基础. 北京：中国建筑工业出版社，1991.

[11] 中国建筑科学研究院. GB 50007—2002 建筑地基基础设计规范. 北京：中国建筑工业出版社，2002.

[12] 中国建筑科学研究院. JGJ 94—1994 建筑桩基技术规范. 北京：中国建筑工业出版社，1995.

[13] 中华人民共和国建设部. GB 50010—2002 混凝土结构设计规范. 北京：中国建筑工业出版社，2002.

[14] 建设部综合勘察研究设计院. GB 50021—1994 岩土工程勘察规范. 北京：中国建筑工业出版社，1995.

[15] 周景星，王洪瑾，虞石民，李广信. 基础工程. 北京：清华大学出版社，1996.

[16] 顾晓鲁. 地基及基础. 北京：中国建筑工业出版社，1993.

[17] 东南大学，浙江大学，湖南大学，苏州科技学院. 土力学. 2版. 北京：中国建筑工业出版社，2005.

[18] 华南理工大学，浙江大学，湖南大学. 基础工程. 北京：中国建筑工业出版社，2003.